技能应用速成系列

ANSYS Workbench 18.0 有限元分析从入门到精通

（升级版）

CAX 技术联盟

陈艳霞　编著

电子工业出版社

Publishing House of Electronics Industry

北京·BEIJING

内 容 简 介

本书以 ANSYS Workbench 18.0 为操作平台，详细介绍软件的功能和应用，内容丰富，涉及面广，使读者在掌握软件操作的同时，也能掌握解决相关工程领域实际问题的思路与方法，自如地解决本领域所出现的问题。

全书分为 5 部分共 19 章，第 1 部分从 ANSYS Workbench 18.0 各个功能模块着手，介绍常用命令的使用以及几何建模、网格划分和后处理的相关知识；第 2 部分以项目范例为引导，主要讲解在 Workbench 平台中进行的结构静力学分析、模态分析、谐响应分析、响应谱分析、瞬态动力学分析和随机振动分析等；第 3 部分作为结构有限元分析的进阶部分，主要讲解在 Workbench 平台中进行的显示动力学分析、结构非线性分析、接触分析、特征值屈曲分析等；第 4 部分以项目范例为引导，主要讲解在 Workbench 平台中进行的热力学分析、疲劳分析、流体动力学分析和结构优化分析等；第 5 部分主要介绍多物理场耦合分析中的电磁热耦合分析。

本书工程实例丰富、讲解详尽，内容循序渐进、深入浅出，可供理工科院校土木工程、机械工程、力学、电气工程等相关专业的高年级本科生、研究生和教师使用，同时也可作为相关工程技术人员从事工程研究的参考书。

未经许可，不得以任何方式复制或抄袭本书之部分或全部内容。
版权所有，侵权必究。

图书在版编目（CIP）数据

ANSYS Workbench 18.0 有限元分析从入门到精通：升级版 / 陈艳霞编著. —北京：电子工业出版社，2018.3
（技能应用速成系列）

ISBN 978-7-121-33576-1

Ⅰ. ①A… Ⅱ. ①陈… Ⅲ. ①有限元分析—应用软件 Ⅳ. ①O241.82-39

中国版本图书馆 CIP 数据核字（2018）第 018506 号

策划编辑：许存权（QQ：76584717）
责任编辑：许存权　　　特约编辑：谢忠玉　等
印　　刷：三河市鑫金马印装有限公司
装　　订：三河市鑫金马印装有限公司
出版发行：电子工业出版社
　　　　　北京市海淀区万寿路 173 信箱　邮编　100036
开　　本：787×1 092　1/16　印张：32.75　字数：840 千字
版　　次：2018 年 3 月第 1 版
印　　次：2020 年 10 月第 9 次印刷
定　　价：79.00 元

凡所购买电子工业出版社图书有缺损问题，请向购买店调换。若书店售缺，请与本社发行部联系，联系及邮购电话：(010) 88254888，88258888。
质量投诉请发邮件至 zlts@phei.com.cn，盗版侵权举报请发邮件至 dbqq@phei.com.cn。
本书咨询联系方式：(010) 88254484，xucq@phei.com.cn。

ANSYS Workbench 作为多物理场及优化分析平台,将占流体市场份额最大的 FLUENT 及 CFX 软件集成起来,同时也将电磁行业分析标准的 ANSOFT 系列软件集成到其平台,并且提供了软件之间的数据耦合,给用户提供了巨大的便利。

目前,ANSYS 公司的最新版 ANSYS Workbench 18.0 所提供的 CAD 双向参数链接互动、项目数据自动更新机制、全面的参数管理、无缝集成的优化设计工具等,使 ANSYS 在"仿真驱动产品设计(Simulation Driven Product Development,SDPD)"方面达到了前所未有的高度,同时 ANSYS Workbench 18.0 具有强大的结构、流体、热、电磁及其相互耦合分析的功能。

1. 本书特点

由浅入深,循序渐进。本书以初中级读者为对象,首先从有限元基本原理及 ANSYS Workbench 使用基础讲起,再辅以 ANSYS Workbench 在工程中的应用案例帮助读者尽快掌握 ANSYS Workbench 进行有限元分析的技能。

步骤详尽,内容新颖。本书结合作者多年 ANSYS Workbench 使用经验与实际工程应用,将 ANSYS Workbench 软件的使用方法与技巧详细地讲解给读者。本书在讲解过程中步骤详尽、内容新颖,讲解过程辅以相应的图片,使读者在阅读时一目了然,从而快速掌握书中所讲内容。

版本最新,质量保证。本书在上一版的基础上,为适应新版软件要求进行版本升级,在结构上进行了局部调整,对原书中存在的错误进行了修订,对模型和程序重新进行了仿真计算校核,提高了图书质量。

2. 本书内容

本书在进行必要的理论概述基础上,通过大量的典型案例对 ANSYS Workbench 分析平台中的模块进行详细介绍,并结合实际工程与生活中的常见问题进行详细讲解,全书内容简洁明快,给人耳目一新的感觉。

本书分为 5 部分共 19 章,介绍 ANSYS Workbench 在结构、热学、流体力学和疲劳分析等各个领域中的有限元分析及操作过程。

第 1 部分介绍有限元理论和 ANSYS Workbench 18.0 常用命令、几何建模与导入方法、网格划分及网格质量评价方法、结果的后处理操作等方面的内容。

第 1 章　ANSYS Workbench 18.0 概述　　第 2 章　几何建模
第 3 章　网格划分　　　　　　　　　　　第 4 章　后处理

第 2 部分介绍 ANSYS Workbench 结构基础分析内容,包括结构静力学分析、模态分析、谐响应分析、响应谱分析、瞬态动力学分析和随机振动分析六个方面的内容。

第 5 章　结构静力学分析　　　　　　　　第 6 章　模态分析

第 7 章　谐响应分析　　　　　　　　第 8 章　响应谱分析
第 9 章　瞬态动力学分析　　　　　　第 10 章　随机振动分析

第 3 部分介绍 ANSYS Workbench 结构进阶分析功能，主要包括显示动力学分析、结构非线性分析、接触分析和特征值屈曲分析等内容。

第 11 章　显示动力学分析　　　　　　第 12 章　结构非线性分析
第 13 章　接触分析　　　　　　　　　第 14 章　特征值屈曲分析

第 4 部分介绍 ANSYS Workbench 在热力学分析、疲劳分析、流体动力学分析和结构优化分析等方面的内容。

第 15 章　热力学分析　　　　　　　　第 16 章　疲劳分析
第 17 章　流体动力学分析　　　　　　第 18 章　结构优化分析

第 5 部分介绍 ANSYS Workbench 结构高级分析功能中的电磁耦合分析，本部分一章内容。

第 19 章　耦合场分析

注意：其中的电磁分析模块（Maxwell）及疲劳分析模块（nCode）需要读者单独安装。另外，本书中部分章节的内容需要安装接口程序。

3．配套资源

本书配套资源包括案例模型与案例的操作文档，其中案例的模型文件与案例工程文件同放于相关章节的目录中。

例如，第 16 章的第 2 个操作实例"项目分析 2——实体疲劳分析"的几何文件和工程项目管理文件放置在"Chapter16\char16-2\"路径的文件夹下。

本书配套资源下载地址为华信教育资源网（www.hxedu.com.cn）的本书页面，或与本书作者和编辑联系。

4．读者对象

本书适合 ANSYS Workbench 18.0 初学者和期望提高有限元分析及建模仿真工程应用能力的读者，具体包括如下。

★ 大中专院校的教师和学生　　　　★ 相关培训机构的教师和学员
★ 广大科研工作人员　　　　　　　★ ANSYS Workbench 18.0 爱好者

5．本书作者

本书主要由陈艳霞编写，其他参与编写的人员还有张明明、吴光中、魏鑫、石良臣、刘冰、林晓阳、唐家鹏、丁金滨、王菁、吴永福、张小勇、李昕、刘成柱、乔建军、张迪妮、张岩、温光英、温正、郭海霞、王芳、曹渊。虽然作者在编写过程中力求叙述准确、完善，但由于水平有限，书中欠妥之处，请读者及各位同行批评指正，在此表示诚挚的谢意。

6．读者服务

为了方便解决本书疑难问题，读者若在学习过程中遇到有关的技术问题，可以发邮件到邮箱 caxbook@126.com，或访问作者博客 http://blog.sina.com.cn/caxbook，我们会尽快给予解答，竭诚为您服务。

编　者

目 录

第 1 章 ANSYS Workbench 18.0 概述 ········· 1
1.1 Workbench 平台界面 ········· 2
1.1.1 菜单栏 ········· 3
1.1.2 工具栏 ········· 9
1.1.3 工具箱 ········· 9
1.2 操作实例——用户自定义分析模板建立 ········· 12
1.3 本章小结 ········· 15

第 2 章 几何建模 ········· 16
2.1 DesignModeler 几何建模概述 ········· 17
2.1.1 DesignModeler 几何建模平台 ········· 17
2.1.2 菜单栏 ········· 18
2.1.3 工具栏 ········· 26
2.1.4 常用命令栏 ········· 28
2.1.5 Tree Outline（模型树） ········· 28
2.1.6 DesignModeler 启动与草绘 ········· 31
2.1.7 DesignModeler 特有操作 ········· 35
2.2 几何建模实例 ········· 41
2.2.1 几何建模实例 1——实体建模 ········· 42
2.2.2 几何建模实例 2——概念建模 ········· 45
2.3 本章小结 ········· 51

第 3 章 网格划分 ········· 52
3.1 ANSYS Meshing 网格划分 ········· 53
3.1.1 Meshing 网格划分适用领域 ········· 53
3.1.2 Meshing 网格划分方法 ········· 53
3.1.3 Meshing 网格默认设置 ········· 57
3.1.4 Meshing 网格尺寸设置 ········· 58
3.1.5 Meshing 网格 Quality 设置 ········· 62
3.1.6 Meshing 网格膨胀层设置 ········· 68
3.1.7 Meshing 网格高级选项 ········· 69
3.1.8 Meshing 网格统计 ········· 70
3.2 ANSYS Meshing 网格划分实例 ········· 71
3.2.1 应用实例 1——Inflation 网格划分 ········· 71
3.2.2 应用实例 2——MultiZone 网格划分 ········· 76
3.3 ANSYS Workbench 其他网格划分工具 ········· 81
3.3.1 ICEM CFD 软件简介 ········· 81
3.3.2 TGrid 软件简介 ········· 82
3.3.3 Gambit 软件功能 ········· 83
3.4 本章小结 ········· 84

第 4 章 后处理 ········· 85
4.1 ANSYS Mechanical 18.0 后处理 ········· 86
4.1.1 查看结果 ········· 86
4.1.2 结果显示 ········· 89
4.1.3 变形显示 ········· 89

	4.1.4	应力和应变·················· 90
	4.1.5	接触结果···················· 91
	4.1.6	自定义结果显示·············· 92
4.2	案例分析··························· 93
	4.2.1	问题描述···················· 93
	4.2.2	启动 Workbench 并建立 分析项目···················· 93
	4.2.3	导入创建几何体·············· 94
	4.2.4	添加材料库·················· 95
	4.2.5	添加模型材料属性············ 96
	4.2.6	划分网格···················· 97
	4.2.7	施加载荷与约束·············· 98
	4.2.8	结果后处理················· 100
	4.2.9	保存与退出················· 103
4.3	本章小结·························· 104

第 5 章 结构静力学分析 ·············· 105

5.1 线性静力分析简介················ 106
　　5.1.1 线性静力分析············· 106
　　5.1.2 线性静力分析流程········· 106
　　5.1.3 线性静力分析基础········· 107
5.2 项目分析 1——实体静力
　　分析····························· 107
　　5.2.1 问题描述················· 107
　　5.2.2 启动 Workbench 并
　　　　　建立分析项目············· 108
　　5.2.3 导入创建几何体··········· 108
　　5.2.4 添加材料库··············· 109
　　5.2.5 添加模型材料属性········· 111
　　5.2.6 划分网格················· 111
　　5.2.7 施加载荷与约束··········· 112
　　5.2.8 结果后处理··············· 114
　　5.2.9 保存与退出··············· 115
5.3 项目分析 2——梁单元线性
　　静力分析························ 116
　　5.3.1 问题描述················· 116
　　5.3.2 启动 Workbench 并
　　　　　建立分析项目············· 116
　　5.3.3 创建几何体··············· 117

　　5.3.4 添加材料库··············· 123
　　5.3.5 添加模型材料属性········· 124
　　5.3.6 划分网格················· 125
　　5.3.7 施加载荷与约束··········· 126
　　5.3.8 结果后处理··············· 128
　　5.3.9 保存与退出··············· 129
5.4 项目分析 3——曲面实体
　　静力分析························ 130
　　5.4.1 问题描述················· 130
　　5.4.2 启动 Workbench 并
　　　　　建立分析项目············· 131
　　5.4.3 导入创建几何体··········· 131
　　5.4.4 添加材料库··············· 132
　　5.4.5 添加模型材料属性········· 134
　　5.4.6 划分网格················· 135
　　5.4.7 施加载荷与约束··········· 135
　　5.4.8 结果后处理··············· 137
　　5.4.9 保存与退出··············· 139
5.5 项目分析 4——支承座静态
　　结构分析························ 139
　　5.5.1 问题描述················· 139
　　5.5.2 赋予材料和划分网格······ 144
　　5.5.3 添加约束和载荷··········· 145
　　5.5.4 求解····················· 147
　　5.5.5 后处理··················· 148
　　5.5.6 保存与退出··············· 149
5.6 项目分析 5——子模型静力
　　分析····························· 149
　　5.6.1 问题描述················· 149
　　5.6.2 启动 Workbench 并
　　　　　建立分析项目············· 150
　　5.6.3 导入创建几何体··········· 150
　　5.6.4 添加材料库··············· 151
　　5.6.5 添加模型材料属性········· 153
　　5.6.6 划分网格················· 154
　　5.6.7 施加载荷与约束··········· 155
　　5.6.8 结果后处理··············· 156
　　5.6.9 子模型分析··············· 157
　　5.6.10 保存并退出············· 161

5.7 本章小结……162

第6章 模态分析……163

6.1 模态分析简介……164
  6.1.1 模态分析……164
  6.1.2 模态分析基础……165

6.2 项目分析1——计算机机箱模态分析……165
  6.2.1 问题描述……165
  6.2.2 启动Workbench并建立分析项目……166
  6.2.3 导入创建几何体……166
  6.2.4 添加材料库……167
  6.2.5 添加模型材料属性……169
  6.2.6 划分网格……170
  6.2.7 施加载荷与约束……170
  6.2.8 结果后处理……171
  6.2.9 保存与退出……173

6.3 项目分析2——有预应力模态分析……174
  6.3.1 问题描述……174
  6.3.2 启动Workbench并建立分析项目……175
  6.3.3 导入创建几何体……175
  6.3.4 添加材料库……176
  6.3.5 添加模型材料属性……178
  6.3.6 划分网格……178
  6.3.7 施加载荷与约束……179
  6.3.8 模态分析……181
  6.3.9 后处理……181
  6.3.10 保存与退出……183

6.4 项目分析3——制动鼓模态分析……184
  6.4.1 问题描述……184
  6.4.2 添加材料和导入模型……184
  6.4.3 赋予材料和划分网格……186
  6.4.4 添加约束和载荷……187
  6.4.5 求解……188
  6.4.6 后处理……188
  6.4.7 保存与退出……190

6.5 本章小结……191

第7章 谐响应分析……192

7.1 谐响应分析简介……193
  7.1.1 谐响应分析……193
  7.1.2 谐响应分析基础……193

7.2 项目分析1——计算机机箱谐响应分析……193
  7.2.1 问题描述……194
  7.2.2 启动Workbench并建立分析项目……194
  7.2.3 创建谐响应项目……194
  7.2.4 施加载荷与约束……195
  7.2.5 结果后处理……197
  7.2.6 保存与退出……199

7.3 项目分析2——齿轮箱谐响应分析……200
  7.3.1 问题描述……200
  7.3.2 启动Workbench并建立分析项目……200
  7.3.3 创建模态分析项目……201
  7.3.4 材料选择……202
  7.3.5 施加载荷与约束……202
  7.3.6 模态求解……204
  7.3.7 后处理……205
  7.3.8 创建谐响应分析项目……206
  7.3.9 施加载荷与约束……206
  7.3.10 谐响应计算……208
  7.3.11 结果后处理……209
  7.3.12 保存与退出……210

7.4 项目分析3——丝杆谐响应分析……211
  7.4.1 问题描述……211
  7.4.2 添加材料和导入模型……211
  7.4.3 赋予材料和划分网格……212
  7.4.4 添加约束和载荷……214
  7.4.5 谐响应求解……215
  7.4.6 谐响应后处理……216
  7.4.7 保存与退出……218

7.5 本章小结……219

第 8 章 响应谱分析 ………………… 220
8.1 响应谱分析简介 ………………… 221
8.2 项目分析 1——塔架响应谱分析 ………………… 222
8.2.1 问题描述 ………………… 222
8.2.2 启动 Workbench 并建立分析项目 ………………… 222
8.2.3 导入几何体模型 ………………… 222
8.2.4 模态分析 ………………… 223
8.2.5 添加材料库 ………………… 224
8.2.6 划分网格 ………………… 225
8.2.7 施加约束 ………………… 226
8.2.8 结果后处理 ………………… 227
8.2.9 响应谱分析 ………………… 228
8.2.10 添加加速度谱 ………………… 230
8.2.11 后处理 ………………… 231
8.2.12 保存与退出 ………………… 232
8.3 项目分析 2——计算机机箱响应谱分析 ………………… 233
8.3.1 问题描述 ………………… 233
8.3.2 启动 Workbench 并建立分析项目 ………………… 233
8.3.3 响应谱分析 ………………… 234
8.3.4 添加加速度谱 ………………… 235
8.3.5 后处理 ………………… 236
8.3.6 保存与退出 ………………… 237
8.4 本章小结 ………………… 237

第 9 章 瞬态动力学分析 ………………… 238
9.1 瞬态动力学分析简介 ………………… 239
9.1.1 瞬态分析简介 ………………… 239
9.1.2 瞬态分析公式 ………………… 239
9.2 项目分析 1——实体梁瞬态动力学分析 ………………… 240
9.2.1 问题描述 ………………… 240
9.2.2 启动 Workbench 并建立分析项目 ………………… 240
9.2.3 创建几何体模型 ………………… 240
9.2.4 模态分析 ………………… 243
9.2.5 创建材料 ………………… 243
9.2.6 模态分析前处理 ………………… 245
9.2.7 施加约束 ………………… 246
9.2.8 结果后处理 ………………… 248
9.2.9 瞬态动力学分析 ………………… 249
9.2.10 添加动态力载荷 ………………… 250
9.2.11 后处理 ………………… 253
9.2.12 保存与退出 ………………… 254
9.3 项目分析 2——弹簧瞬态动力学分析 ………………… 254
9.3.1 问题描述 ………………… 255
9.3.2 启动 Workbench 并建立分析项目 ………………… 255
9.3.3 创建几何体模型 ………………… 255
9.3.4 模态分析 ………………… 256
9.3.5 模态分析前处理 ………………… 257
9.3.6 施加约束 ………………… 258
9.3.7 结果后处理 ………………… 259
9.3.8 瞬态动力学分析 ………………… 260
9.3.9 添加动态力载荷 ………………… 262
9.3.10 后处理 ………………… 264
9.3.11 保存与退出 ………………… 266
9.4 本章小结 ………………… 266

第 10 章 随机振动分析 ………………… 267
10.1 随机振动分析简介 ………………… 268
10.2 项目分析 1——随机振动学分析 ………………… 268
10.2.1 问题描述 ………………… 268
10.2.2 启动 Workbench 并建立分析项目 ………………… 268
10.2.3 创建几何体模型 ………………… 269
10.2.4 模态分析 ………………… 271
10.2.5 创建材料 ………………… 272
10.2.6 模态分析前处理 ………………… 274
10.2.7 施加约束 ………………… 275
10.2.8 结果后处理 ………………… 276
10.2.9 随机振动分析 ………………… 277
10.2.10 添加加速度谱 ………………… 278
10.2.11 后处理 ………………… 280
10.2.12 保存与退出 ………………… 281

10.3 项目分析 2——弹簧随机振动分析·················281
   10.3.1 问题描述·················281
   10.3.2 启动 Workbench 并建立分析项目·················281
   10.3.3 创建几何体模型·················282
   10.3.4 模态分析·················283
   10.3.5 模态分析前处理·················283
   10.3.6 施加约束·················285
   10.3.7 结果后处理·················286
   10.3.8 随机振动分析·················287
   10.3.9 添加动态力载荷·················288
   10.3.10 后处理·················290
   10.3.11 保存与退出·················291
10.4 本章小结·················291

第 11 章 显式动力学分析·················292

11.1 显式动力学分析简介·················293
   11.1.1 ANSYS Explicit STR2·················293
   11.1.2 ANSYS AUTODYN·················293
   11.1.3 ANSYS LS-DYNA·················294
11.2 项目分析 1——钢钉受力显式动力学分析·················294
   11.2.1 问题描述·················294
   11.2.2 启动 Creo Parametric 3.0·················295
   11.2.3 启动 Workbench 建立项目·················297
   11.2.4 显式动力学分析·················298
   11.2.5 材料选择与赋予·················299
   11.2.6 建立项目分析·················299
   11.2.7 分析前处理·················300
   11.2.8 施加载荷与约束·················302
   11.2.9 结果后处理·················304
   11.2.10 保存与退出·················306
11.3 项目分析 2——钢板成型显式动力学分析·················306
   11.3.1 问题描述·················307
   11.3.2 启动 Workbench 并建立分析项目·················307
   11.3.3 导入几何模型·················307
   11.3.4 材料选择·················308
   11.3.5 显式动力学分析前处理·················309
   11.3.6 施加约束·················312
   11.3.7 结果后处理·················313
   11.3.8 启动 AUTODYN 软件·················315
   11.3.9 LS-DYNA 计算·················316
   11.3.10 保存与退出·················317
11.4 本章小结·················318

第 12 章 结构非线性分析·················319

12.1 结构非线性分析简介·················320
   12.1.1 Contact Type——接触类型·················321
   12.1.2 塑性·················321
   12.1.3 屈服准则·················321
   12.1.4 非线性分析·················322
12.2 项目分析——接触大变形分析·················322
   12.2.1 问题描述·················322
   12.2.2 启动 Workbench 并建立分析项目·················323
   12.2.3 创建几何体模型·················323
   12.2.4 瞬态分析·················324
   12.2.5 创建材料·················325
   12.2.6 瞬态分析前处理·················326
   12.2.7 施加约束·················328
   12.2.8 结果后处理·················329
12.3 本章小结·················331

第 13 章 接触分析·················332

13.1 接触分析简介·················333
13.2 项目分析 1——虎钳接触分析·················333
   13.2.1 问题描述·················333
   13.2.2 启动 Workbench 软件·················334
   13.2.3 导入几何体模型·················334
   13.2.4 创建分析项目·················335
   13.2.5 添加材料库·················336
   13.2.6 添加模型材料属性·················337
   13.2.7 创建接触·················338
   13.2.8 划分网格·················341
   13.2.9 施加载荷·················342

- 13.2.10 结果后处理 343
- 13.2.11 保存与退出 344
- 13.3 项目分析2——装配体接触分析 344
  - 13.3.1 问题描述 345
  - 13.3.2 启动Workbench软件 345
  - 13.3.3 导入几何体模型 346
  - 13.3.4 创建分析项目 347
  - 13.3.5 添加材料库 347
  - 13.3.6 添加模型材料属性 349
  - 13.3.7 创建接触 349
  - 13.3.8 划分网格 352
  - 13.3.9 施加载荷与约束 353
  - 13.3.10 结果后处理 355
  - 13.3.11 保存与退出 356
- 13.4 本章小结 356

第14章 特征值屈曲分析 357
- 14.1 特征值屈曲分析简介 358
  - 14.1.1 屈曲分析 358
  - 14.1.2 特征值屈曲分析 358
- 14.2 项目分析1——钢管屈曲分析 359
  - 14.2.1 问题描述 359
  - 14.2.2 启动Workbench并建立分析项目 359
  - 14.2.3 创建几何体 359
  - 14.2.4 设置材料 361
  - 14.2.5 添加模型材料属性 361
  - 14.2.6 划分网格 362
  - 14.2.7 施加载荷与约束 364
  - 14.2.8 结果后处理 366
  - 14.2.9 特征值屈曲分析 368
  - 14.2.10 施加载荷与约束 368
  - 14.2.11 结果后处理 369
  - 14.2.12 保存与退出 371
- 14.3 项目分析2——金属容器屈曲分析 371
  - 14.3.1 问题描述 371
  - 14.3.2 启动Workbench并建立分析项目 371
  - 14.3.3 创建几何体 372
  - 14.3.4 设置材料 374
  - 14.3.5 添加模型材料属性 374
  - 14.3.6 划分网格 375
  - 14.3.7 施加载荷与约束 375
  - 14.3.8 结果后处理 377
  - 14.3.9 特征值屈曲分析 379
  - 14.3.10 施加载荷与约束 380
  - 14.3.11 结果后处理 381
  - 14.3.12 保存与退出 382
- 14.4 项目分析3——工字梁屈曲分析 383
  - 14.4.1 问题描述 383
  - 14.4.2 添加材料和导入模型 383
  - 14.4.3 添加屈曲分析项目 386
  - 14.4.4 赋予材料和划分网格 387
  - 14.4.5 添加约束和载荷 388
  - 14.4.6 静态力求解 390
  - 14.4.7 屈曲分析求解 391
  - 14.4.8 后处理 391
  - 14.4.9 保存与退出 393
- 14.5 本章小结 393

第15章 热力学分析 394
- 15.1 热力学分析简介 395
  - 15.1.1 热力学分析 395
  - 15.1.2 瞬态分析 395
  - 15.1.3 基本传热方式 395
- 15.2 项目分析1——杯子稳态热力学分析 396
  - 15.2.1 问题描述 396
  - 15.2.2 启动Workbench并建立分析项目 397
  - 15.2.3 导入几何体模型 397
  - 15.2.4 创建分析项目 398
  - 15.2.5 添加材料库 398
  - 15.2.6 添加模型材料属性 400
  - 15.2.7 划分网格 401
  - 15.2.8 施加载荷与约束 401
  - 15.2.9 结果后处理 403
  - 15.2.10 保存与退出 404

目　录

15.3　项目分析 2——杯子瞬态
热力学分析 ·················· 405
 15.3.1　瞬态热力学分析 ············ 405
 15.3.2　设置分析选项 ·············· 405
 15.3.3　后处理 ························ 406
 15.3.4　保存与退出 ·················· 407
15.4　本章小结 ··························· 407

第 16 章　疲劳分析 ······················ 408

16.1　疲劳分析简介 ····················· 409
 16.1.1　疲劳概述 ······················ 409
 16.1.2　恒定振幅载荷 ················ 409
 16.1.3　成比例载荷 ···················· 409
 16.1.4　应力定义 ······················ 409
 16.1.5　应力—寿命曲线 ············ 410
 16.1.6　总结 ····························· 410
16.2　项目分析 1——椅子疲劳
分析 ································· 411
 16.2.1　问题描述 ······················ 411
 16.2.2　启动 Workbench 并
建立分析项目 ············ 411
 16.2.3　保存工程文件 ················ 412
 16.2.4　更改设置 ······················ 412
 16.2.5　添加疲劳分析选项 ········· 413
 16.2.6　保存与退出 ·················· 415
16.3　项目分析 2——实体疲劳
分析 ································· 416
 16.3.1　问题描述 ······················ 416
 16.3.2　启动 Workbench 并
建立分析项目 ············ 416
 16.3.3　导入创建几何体 ············ 417
 16.3.4　添加材料库 ·················· 417
 16.3.5　添加模型材料属性 ········· 417
 16.3.6　划分网格 ······················ 418
 16.3.7　施加载荷与约束 ············ 418
 16.3.8　结果后处理 ·················· 420
 16.3.9　保存文件 ······················ 421
 16.3.10　插入 Fatigue Tool 工具 ··· 421
 16.3.11　疲劳分析 ····················· 422
 16.3.12　保存与退出 ················· 423
16.4　本章小结 ··························· 423

第 17 章　流体动力学分析 ············ 425

17.1　流体动力学分析简介 ··········· 426
 17.1.1　流体动力学分析 ············ 426
 17.1.2　基本控制方程 ················ 429
17.2　项目分析 1——三通流体
动力学分析 ······················ 431
 17.2.1　问题描述 ······················ 432
 17.2.2　启动 Workbench 并
建立分析项目 ············ 432
 17.2.3　创建几何体模型 ············ 432
 17.2.4　流体动力学分析 ············ 434
 17.2.5　网格划分 ······················ 434
 17.2.6　流体动力学前处理 ········· 436
 17.2.7　流体计算 ······················ 439
 17.2.8　结果后处理 ·················· 440
17.3　项目分析 2——叶轮外流
场分析 ····························· 442
 17.3.1　问题描述 ······················ 443
 17.3.2　启动 Workbench 并
建立分析项目 ············ 443
 17.3.3　创建几何体模型 ············ 443
 17.3.4　创建外部流场 ················ 445
 17.3.5　流体动力学分析 ············ 446
 17.3.6　网格划分 ······················ 446
 17.3.7　流体动力学前处理 ········· 448
 17.3.8　流体计算 ······················ 452
 17.3.9　结果后处理 ·················· 453
 17.3.10　结构静力分析模块 ········ 455
17.4　本章小结 ··························· 459

第 18 章　结构优化分析 ················ 460

18.1　结构优化分析简介 ·············· 461
 18.1.1　优化设计概述 ················ 461
 18.1.2　Workbench 结构
优化分析简介 ············ 461
 18.1.3　Workbench 结构
优化分析 ···················· 462
18.2　项目分析——响应曲面
优化分析 ························· 463
 18.2.1　问题描述 ······················ 463

18.2.2	启动 Workbench 并建立分析项目 ········· 463		19.2.14	求解计算 ················· 494
			19.2.15	后处理 ··················· 495
18.2.3	导入几何模型 ········· 464		19.2.16	保存与退出 ············ 496
18.2.4	结果后处理 ············ 469	19.3	项目分析 2——螺线管电磁结构耦合分析 ········ 496	
18.3	本章小结 ························· 477			
			19.3.1	问题描述 ··············· 497
第 19 章 耦合场分析 ···················· 478			19.3.2	软件启动与保存 ···· 497
19.1	多物理场耦合分析简介 ······ 479		19.3.3	导入几何数据文件 ······ 498
19.2	项目分析 1——四分裂导线电磁结构耦合分析 ········ 479		19.3.4	建立电磁分析与数据读取 ············ 500
			19.3.5	求解器与求解域的设置 ···· 502
	19.2.1 问题描述 ··············· 480		19.3.6	赋予材料属性 ········ 503
	19.2.2 软件启动与保存 ···· 480		19.3.7	添加激励 ··············· 504
	19.2.3 建立电磁分析与数据读取 ············ 481		19.3.8	模型检查与计算 ···· 505
	19.2.4 求解器与求解域的设置 ···· 482		19.3.9	后处理 ··················· 505
	19.2.5 赋予材料属性 ········ 484		19.3.10	创建力学分析和数据共享 ············ 506
	19.2.6 添加激励 ··············· 484		19.3.11	材料设定 ··············· 507
	19.2.7 网格划分与分析步创建 ···· 485		19.3.12	网格划分 ··············· 508
	19.2.8 模型检查与计算 ···· 487		19.3.13	添加边界条件与映射激励 ············ 509
	19.2.9 后处理 ··················· 487		19.3.14	求解计算 ··············· 510
	19.2.10 创建力学分析和数据共享 ············ 488		19.3.15	后处理 ··················· 511
	19.2.11 材料设定 ··············· 490		19.3.16	保存与退出 ············ 511
	19.2.12 网格划分 ··············· 492	19.4	本章小结 ························· 511	
	19.2.13 添加边界条件与映射激励 ············ 493			

ANSYS Workbench 18.0 概述

ANSYS Workbench 18.0 是 ANSYS 公司的最新版多物理场分析平台，最新版中提供大量全新的先进功能，有助于更好地掌握设计情况，从而提升产品性能和完整性。将 ANSYS Workbench 18.0 的新功能与 ANSYS Workbench 相结合，可以实现更加深入和广泛的物理场研究，并通过扩展满足客户不断变化的需求。

ANSYS Workbench 18.0 采用的平台可以精确地简化各种仿真应用的工作流程。同时，ANSYS Workbench 18.0 提供多种关键的多物理场解决方案、前处理和网格剖分强化功能，以及一种全新的参数化高性能计算（HPC）许可模式，可以使设计探索工作更具扩展性。

学习目标

（1）了解 ANSYS Workbench 18.0 平台及各个模块的主要功能。
（2）了解 ANSYS Workbench 18.0 平台的启动方法。
（3）会使用用户自定义方式定义常用分析流程模板。

1.1 Workbench 平台界面

ANSYS Workbench 18.0 软件平台的启动路径如图 1-1 所示,经常使用 ANSYS Workbench 18.0,程序会自动在"开始"菜单"所有程序"的上方出现 Workbench 18.0 的快速启动图标,如图 1-2 所示,此时可以单击 Workbench 18.0 按钮启动 Workbench 18.0。

图 1-1　Workbench 启动路径

图 1-2　Workbench 快速启动

启动后的 Workbench 18.0 平台如图 1-3 所示。启动软件后,可以根据个人喜好设置下次启动是否同时开启导读对话框。如果不想启动导读对话框,将导读对话框底端的"√"去除即可。

如图 1-3 所示,ANSYS Workbench 18.0 平台界面由以下几部分构成:菜单栏、工具栏、工具箱(Toolbox)、工程项目窗口(Project Schematic)、信息窗口(Message)及进程窗口(Progress)6 个部分。

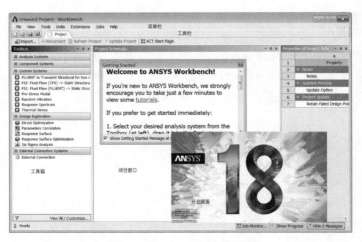

图 1-3　Workbench 软件平台

第1章 ANSYS Workbench 18.0 概述

1.1.1 菜单栏

菜单栏包括 File（文件）、Edit（编辑）、View（视图）、Tools（工具）、Units（单位）、Extensions（扩展）及 Help（帮助）7 个菜单。下面对这 7 个菜单中包括的子菜单及命令进行详述。

（1）File（文件）菜单中的命令如图 1-4 所示。下面对 File（文件）菜单中的常用命令进行简单介绍。

New：建立一个新的工程项目，在建立新工程项目前，Workbench 软件会提示用户是否需要保存当前的工程项目。

Open：打开一个已经存在的工程项目，同样会提示用户是否需要保存当前工程项目。

Save：保存一个工程项目，同时为新建立的工程项目命名。

Save As：将已经存在的工程项目另保存为一个新的项目名称。

Import：导入外部文件，单击 Import 命令会弹出如图 1-5 所示的对话框，在 Import 对话框的文件类型栏中可以选择多种文件类型。

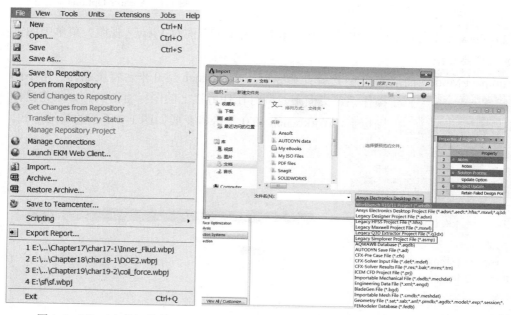

图 1-4 File（文件）菜单　　　　图 1-5 Import 支持文件类型

注意　文件类型中的 HFSS Project File（*.hfss）、Maxwell Project File（*.mxwl）和 Simplorer Project File（*.asmp）三个文件需要安装 ANSYS HFSS、ANSYS Maxwell 和 ANSYS Simplorer 三个软件才会出现。

ANSYS Workbench 18.0 平台支持最新版的电磁计算模块 ANSYS Electromagnetics

Suite 18.0。

Archive：将工程文件存档，选择 Archive 命令后，在弹出如图 1-6 所示的 Save Archive 对话框中单击"保存"按钮，在弹出如图 1-7 所示的 Archive Options 对话框中勾选所有选项，并单击 Archive 按钮将工程文件存档，在 Workbench 18.0 平台的 File 菜单中选择 Restore Archive 命令即可将存档文件读取出来，这里不再赘述，请读者自己完成。

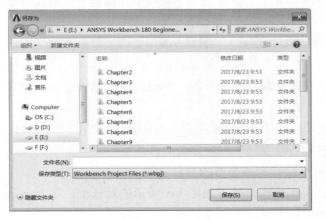

图 1-6　Save Archive 对话框

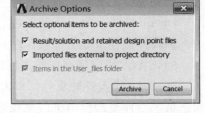

图 1-7　Archive Options 对话框

（2）View（视图）菜单中相关命令如图 1-8 所示。下面对 View（视图）菜单中的常用命令做简要介绍。

Compact Mode（简洁模式）：选择此命令后，Workbench 18.0 平台将压缩为一个小图标 Concept1 - Workbench 置于操作系统桌面上，同时在任务栏上的图标将消失。如果将鼠标移动到 Concept1 - Workbench 图标上，Workbench 18.0 平台将变成如图 1-9 所示的简洁形式。

图 1-8　View 菜单

图 1-9　Workbench 18.0 简洁形式

第1章 ANSYS Workbench 18.0 概述

Reset Workspace（复原操作平台）：将 Workbench 18.0 平台复原到初始状态。

Reset Window Layout（复原窗口布局）：将 Workbench 18.0 平台窗口布局复原到初始状态。

Toolbox（工具箱）：选择 Toolbox 命令来选择是否掩藏左侧面的工具箱，Toolbox 前面有"√"说明 Toolbox（工具箱）处于显示状态，单击 Toolbox 取消前面的√，Toolbox（工具箱）将被掩藏。

Toolbox Customization（用户自定义工具箱）：选择此命令将在窗口中弹出如图 1-10 所示的 Toolbox Customization 窗口，用户可通过单击各个模块前面的√来选择是否在 Toolbox 中显示模块。

图 1-10 Toolbox Customization 窗口

Project Schematic（项目管理）：选择此命令来确定是否在 Workbench 平台上显示项目管理窗口。

Files（文件）：选择此命令会在 Workbench 18.0 平台下侧弹出如图 1-11 所示的 Files 窗口，窗口中显示了本工程项目中所有的文件及文件路径等重要信息。

Properties（属性）：选择此命令后再单击 A7 Results 表格，此时会在 Workbench 18.0 平台右侧弹出如图 1-12 所示的 Properties of Schematic A7：Results 对话框，其中显示的是 A7 Results 栏中的相关信息，此处不再赘述。

（3）Tools（工具）菜单中的命令如图 1-13 所示。下面对 Tools 中的常用命令进行介绍。

Refresh Project（刷新工程数据）：当上行数据中内容发生变化时，需要刷新板块（更新也会刷新板块）。

Update Project（更新工程数据）：数据已更改，必须重新生成板块的数据输出。

License Preference（参考注册文件）：选择此命令后，会弹出如图 1-14 所示的注册文件对话框。

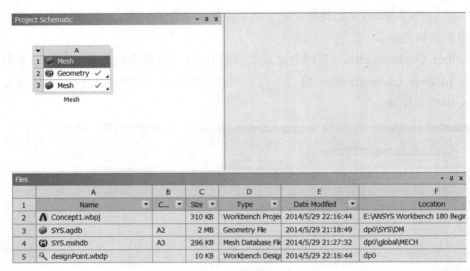

图 1-11　Files 窗口

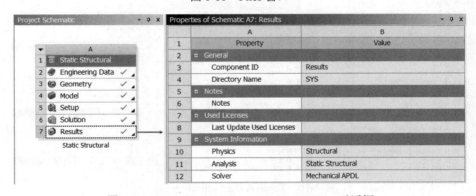

图 1-12　Properties of Schematic A7：Results 对话框

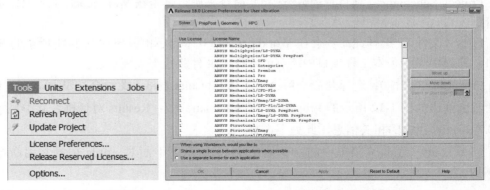

图 1-13　Tools 菜单　　　图 1-14　Release 18.0 License Preference for User 对话框

Launch Remote Solve Manager(加载远程求解管理器):选择此命令会弹出远程求解管理器对话框,在这里可以进行远程求解的提交工作。

Options(选项):选择 Option 命令会弹出如图 1-15 所示的 Options 对话框,其中主要包括以下选项卡。

Project Management(项目管理)选项卡:在如图 1-16 所示的 Project Management 选项卡中可以设置 Workbench 18.0 平台启动的默认目录和临时文件的位置、是否启动导读对话框及是否加载新闻信息等参数。

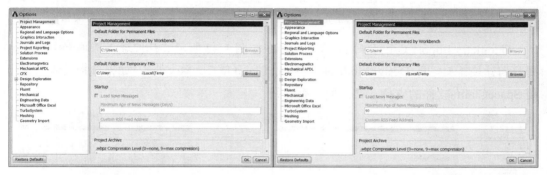

图 1-15　Options 对话框　　　　　　图 1-16　Project Management 选项卡

Appearance(外观)选项卡:在如图 1-17 所示的外观选项卡中可对软件的背景、文字颜色、几何图形的边等进行颜色设置。

Regional and Language Options(区域和语言选项)选项卡:通过如图 1-18 所示的选项可以设置 Workbench 18.0 平台的语言,其中包括德语、英语、法语及日语 4 种。

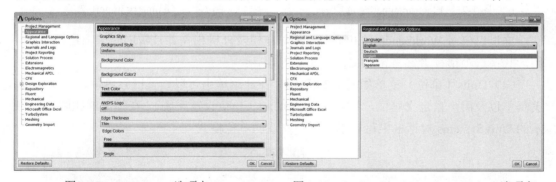

图 1-17　Appearance 选项卡　　　　　图 1-18　Regional and Language Options 选项卡

Graphics Interaction(几何图形交互)选项卡:在如图 1-19 所示的选项卡中可以设置鼠标对图形的操作,如平移、旋转、放大、缩小、多体选择等操作。

Extensions(扩展)选项卡:扩展选项卡是 ANSYS Workbench 18.0 平台中新增加的一个模块,在模块中可以添加一些用户自己编写的 Python 程序代码。如图 1-20 所示,添加了一些前后处理的代码,这部分内容在后面有介绍,这里不再赘述。

Electromagnetics(电磁分析)选项卡:在如图 1-21 所示的选项卡中可以添加如 HFSS、Maxwell、Simplorer、Designer 及 Q3D Extractor 的软件启动程序目录。

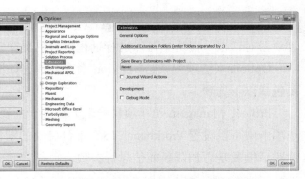

图 1-19　Graphics Interaction 选项卡　　　　图 1-20　Extensions 选项卡

Geometry Import（几何导入）选项卡：在如图 1-22 所示的几何导入选项卡中可以选择几何建模工具，即 DesignModeler 和 SpaceClaim Direct Modeler，如果选择后者，则需要 SpaceClaim 软件的支持，在后面会有介绍。

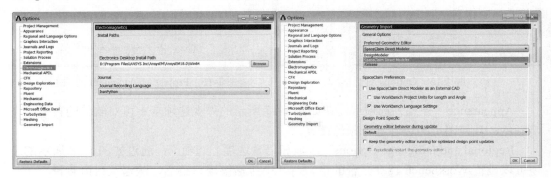

图 1-21　Electromagnetics 选项卡　　　　图 1-22　Geometry Import 选项卡

这里仅仅对 Workbench 18.0 平台一些与建模及分析相关并且常用的选项进行简单介绍，其余选项请读者参考帮助文档的相关内容。

（4）Units（单位）菜单如图 1-23 所示。在此菜单中可以设置国际单位、米制单位、美制单位及用户自定义单位，单击 Unit Systems（单位设置系统），在弹出的如图 1-24 所示的 Unit Systems 对话框中可以指定用户喜欢的单位格式。

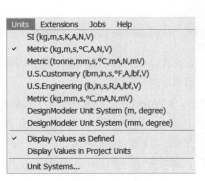

图 1-23　Units 菜单　　　　图 1-24　Unit Systems 对话框

（5）Extensions（扩展）菜单如图1-25所示。扩展菜单包含ACT Start Page、Manage Extensions、Install Extension、Build Binary Extension、View ACT Console、Open App Builder、View Log file七项子菜章，都是涉及扩展模块的设置相关的操作，可以让用户在模块中添加ACT（客户化应用工具套件），这里不再一一赘述这个菜单。

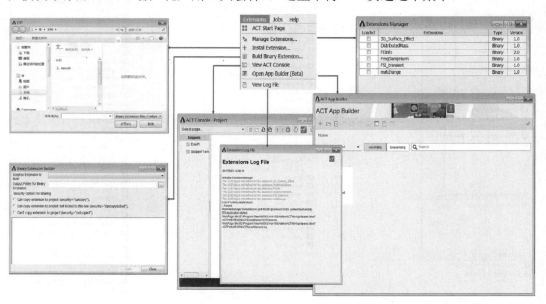

图1-25　扩展菜单

（6）Jobs（工作任务）菜单。其下面仅有一项子菜单Open Job Monitor。

（7）Help（帮助）菜单。在帮助菜单中，软件可实时地为用户提供软件操作和理论上的帮助。

1.1.2　工具栏

Workbench 18.0的工具栏如图1-26所示，命令已经在前面菜单中出现，这里不再赘述。

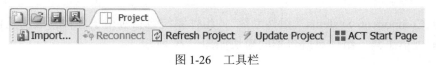

图1-26　工具栏

1.1.3　工具箱

工具箱（Toolbox）位于Workbench 18.0平台的左侧，如图1-27所示。工具箱（Toolbox）中包括各类分析模块，下面针对这6个模块简要介绍其包含的内容。

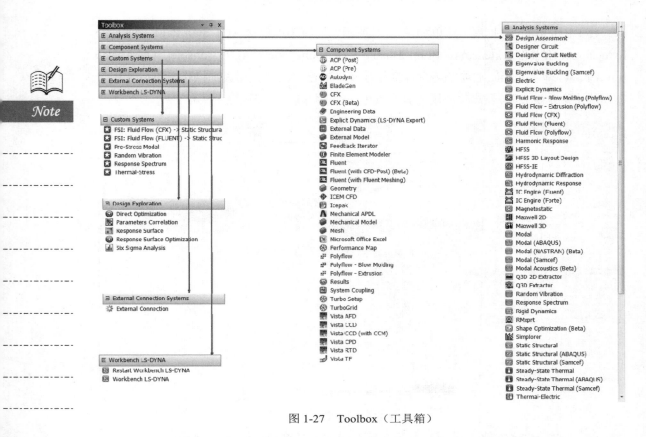

图 1-27 Toolbox（工具箱）

（1）Analysis Systems（分析系统）：分析系统中包括不同的分析类型，如静力分析、热分析、流体分析等，同时模块中也包括用不同种求解器求解相同分析的类型，如静力分析就包括用 ANSYS 求解器分析和用 Samcef 求解器两种。如图 1-28 所示为分析系统中所包含的分析模块的说明。

在 Analysis Systems（分析模块）中需要单独安装的分析模块有 Maxwell 2D（二维电磁场分析模块）、Maxwell 3D（三维电磁场分析模块）、RMxprt（电动机分析模块）、Simplorer（多领域系统分析模块）及 nCode（疲劳分析模块）。读者应单独安装此模块。

（2）Component Systems（组件系统）：组件系统包括应用于各种领域的几何建模工具及性能评估工具，组件系统包括的模块如图 1-29 所示。

组件系统中的 ACP 复合材料建模模块需要单独安装。

第 1 章　ANSYS Workbench 18.0 概述

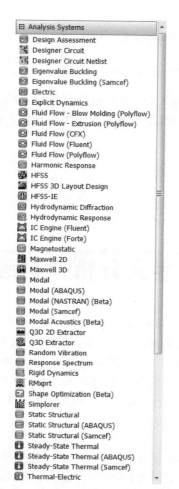

图 1-28　Analysis Systems（分析系统）

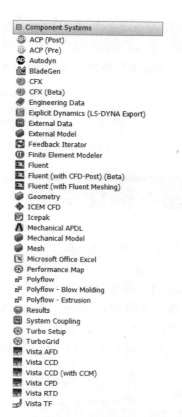

图 1-29　Component Systems（组件系统）

（3）Custom Systems（用户自定义系统）：在如图 1-30 所示的用户自定义系统中，除了有软件默认的几个多物理场耦合分析工具外，Workbench 18.0 平台还允许用户自己定义常用的多物理场耦合分析模块。

（4）Design Exploration（设计优化）：如图 1-31 所示为设计优化模块。在设计优化模块中允许用户使用其中的工具对零件产品的目标值进行优化设计及分析。

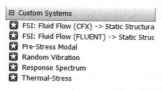

图 1-30　Custom Systems（用户自定义系统）

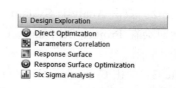

图 1-31　Design Exploration（设计优化）

（5）External Connection Systems（外部连接系统）：如图 1-32 所示为外部连接系统模块，用于连接外部的程序。

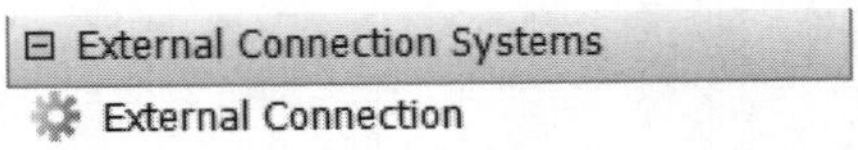

图 1-32　Workbench Connection Systems 模块

（6）Workbench LS-DYNA（显示动力学分析模块）：如图 1-33 所示为显示动力学分析模块。在显示动力学分析模块中程序将使用 LS-DYNA 求解器对模型进行显示动力学分析，需要用户单独安装 Workbench LS-DYNA 插件。

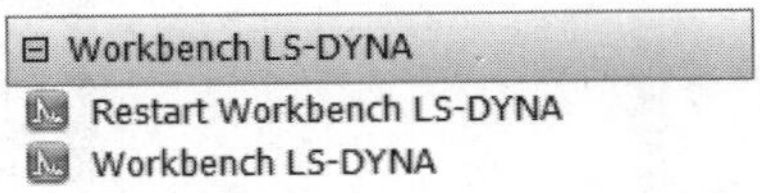

图 1-33　Workbench LS-DYNA 模块

1.2　操作实例——用户自定义分析模板建立

ANSYS Workbench 18.0 平台最突出的管理功能就是用户自定义分析模板的建立及使用，下面用一个简单的实例来说明如何在用户自定义系统中建立用户自己的分析模块。

Step1：启动 Workbench 18.0 后，单击左侧 Toolbox（工具箱）→Analysis System（分析系统）中的 Fluid Flow（FLUENT）模块不放，直接拖曳到 Project Schematic（工程项目管理窗口）中，如图 1-34 所示，此时会在 Project Schematic（工程项目管理窗口）中生成一个如同 Excel 表格一样的 FLUENT 分析流程图表。

FLUENT 分析图表显示了执行 FLUENT 流体分析的工作流程，其中每个单元格命令代表每一个分析流程步骤。根据 FLUENT 分析流程图标从上往下执行每个单元格命令，就可以完成流体的数值模拟工作。具体流程为：

A2：Geometry 得到模型几何数据。
A3：Mesh 中进行网格的控制与剖分。
A4：Setup 进行边界条件的设定与载荷的施加。
A5：Solution 进行分析计算。
A6：Results 中进行后处理显示，包括流体流速、压力等结果。

Step2：双击 Analysis System（分析系统）中的 Static Structural（静态结构）分析模块，此时会在 Project Schematic（工程项目管理窗口）中的项目 A 下面生成项目 B，如图 1-35 所示。

Step3：双击 Component System（组件系统）中的 System Coupling（系统耦合）模块，此时会在 Project Schematic（工程项目管理窗口）中的项目 B 下面生成项目 C，如图 1-36 所示。

Step4：创建好三个项目后，单击 A2:Geometry 不放，直接拖曳到 B3:Geometry 中，如图 1-37 所示。

第1章　ANSYS Workbench 18.0 概述

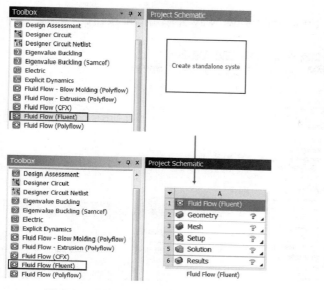

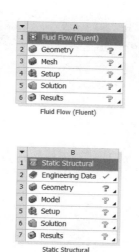

图 1-34　创建 FLUENT 分析项目　　　　图 1-35　创建结构分析项目

Step5：同样操作，将 B5:Setup 拖曳到 C2:Setup，将 A4:Setup 拖曳到 C2:Setup，操作完成后项目连接形式如图 1-38 所示，此时在项目 A 和项目 B 中的 Solution 表中的图标变成了 ，即实现工程数据传递。

> 在工程分析流程图表之间如果存在 ▱—■（一端是小正方形），表示数据共享；如果存在 ╱—●（一端是小圆点），表示实现数据传递。

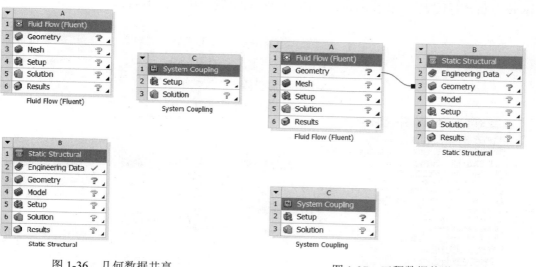

图 1-36　几何数据共享　　　　　　　　图 1-37　工程数据传递

Step6：在 Workbench 18.0 平台的 Project Schematic（工程项目管理窗口）中单击右键，在弹出的如图 1-38 所示的快捷菜单中选择 Add to Custom（添加到用户）命令。

Step7：在弹出的如图 1-39 所示的 Add Project Template（添加工程模板）对话框中

输入名字为 FLUENT to Static Structural for two way 并单击 OK 按钮。

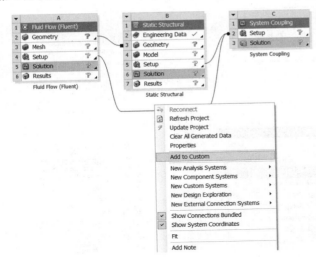

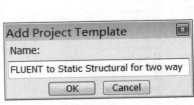

图 1-38　快捷菜单　　　　　　　图 1-39　添加工程模板对话框

Step8：完成用户自定义的分析模板添加后，单击 Workbench 18.0 左侧 Toolbox 下面的 Custom System 前面的"＋"，如图 1-40 所示，刚才定义的分析模板已成功添加到 Custom System 中。

Step9：选择 Workbench 18.0 平台 File 菜单中的 New 命令，新建立一个空的项目工程管理窗口，然后双击 Toolbox 下面的 Custom System→FLUENT to Static Structural for two way 模板，如图 1-40 方框中所示，此时刚才建立的 FLUENT to Static Structural for two way 分析流程图表被成功添加到 Project Schematic 窗口中（图 1-41）。

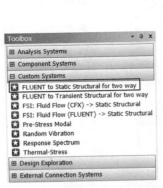
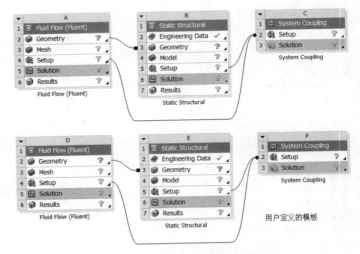

图 1-40　用户定义的分析流程模板　　　　图 1-41　用户定义的模板

分析流程图表模板建立完成后，要想进行分析还需要添加几何文件及边界条件等，后面章节会一一介绍，这里不再赘述。

ANSYS Workbench 安装完成后，系统自动创建了部分用户自定义系统。

ANSYS Workbench 18.0 平台整合了世界上所有主流研发技术及数据，在保持多学科技术核心多样化的同时，建立了统一的研发环境。在 ANSYS Workbench 18.0 平台环境中，工作人员始终面对同一界面，无须在各种软件工具程序界面之间频繁切换，所有研发工具只是这个环境的后台技术，各类研发数据在此平台上交换与共享。

无缝地将各个场中的分析数据进行传递，这使得 ANSYS Workbench 18.0 平台成为了世界上最领先的多物理场模拟工具，以先进的分析技术和理念引领多物理场仿真的发展方向。

1.3 本章小结

本章对 ANSYS Workbench 18.0 平台界面的主要功能及模块进行了介绍，同时对常用的功能设置方法进行了讲解，最后通过一个简单的操作方法介绍了用户自定义分析流程模板的建立方法。

第2章

几何建模

在有限元分析之前,首先最重要的工作就是几何建模,几何建模的好坏直接影响计算结果的正确性。一般在整个有限元分析的过程中,几何建模的工作量占据了非常多的时间,同时也是非常重要的过程。

学习目标

(1) 熟练掌握 ANSYS Workbench 几何建模的方法。
(2) 熟练掌握 ANSYS Workbench 几何导入方法。
(3) 熟练掌握 ANSYS Workbench 草绘面板的使用方法。

第 2 章 几何建模

2.1 DesignModeler 几何建模概述

前面章节简单地介绍了 ANSYS Workbench 18.0 平台的主要功能及作用，从本章开始以有限分析的一般步骤（即概括起来为有限元前处理、有限元计算及后处理三个方面）将分别介绍几何模型的建立、几何网格剖分技术及有限元分析的一般后处理过程。ANSYS Workbench 18.0 平台的几何建模功能非常强大，在 Workbench 平台中的几何建立方法有如下几种方式：

（1）外部中间格式的几何模型导入，如 stp、x_t、sat、igs 等。

（2）处于激活状态的几何模型导入。此种方法需要保证几何建模软件（CAD 软件）的版本号与 ANSYS Workbench 的版本号具有相关性，例如在 Creo（即 Pro/E）中建立完几何模型后，不要关闭，启动软件的几何模型 DM 从菜单中直接导入激活状态的几何即可。

（3）ANSYS 自带的强大的几何建模工具——DesignModeler 模块，具有所有 CAD 的几何建模功能，同时也是有限元分析中前处理的强大工具。

（4）ANSYS SpaceClaim Direct Modeler——ANSYS 外部几何建模模块，SpaceClaim 是先进的以自然方式建模的几何建模平台，无缝地集成到 Workbench 平台中。

 2014 年，ANSYS 已经成功收购了 SpaceClaim 公司，并将其作为另一个强大的几何建模模块集成到 ANSYS Workbench 平台中。

针对不同类型的 CAD 软件使用人群，ANSYS 能与市场上大部分 CAD 建模软件进行集成，无缝的几何导入避免了由于中间格式带来的几何破损问题。

本章将着重讲述利用 ANSYS Workbench 自带的几何建模工具——DesignModeler 进行几何建模。

2.1.1 DesignModeler 几何建模平台

在如图 1-34 所示的分析流程中，双击项目 A 中的 A2（Geometry）栏，或者右击 A2（Geometry）栏，在弹出的快捷菜单中选择 New DesignModelerGeometry 命令即可进入如图 2-1 所示的 DesignModeler 平台界面，如同其他 CAD 软件一样，DesignModeler 平台构成有以下几个关键部分：菜单栏、工具栏、命令栏、图形交互窗口、模型树及草绘面板、详细视图及单位设置等，在几何建模之前先对常用的命令及菜单进行详细介绍。

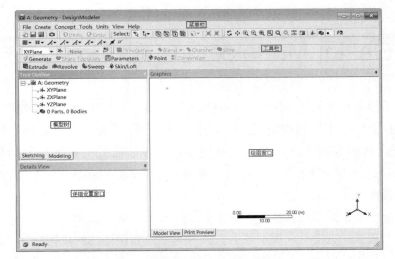

图 2-1　DesignModeler 平台界面

2.1.2　菜单栏

菜单栏中包括 File（文件）、Create（创建）、Concept（概念）、Tools（工具）、Units（单位）、View（视图）及 Help（帮助）7 个基本菜单。

1. File（文件）菜单

File（文件）菜单中的命令如图 2-2 所示，下面对 File（文件）菜单中的常用命令进行简单介绍。

Refresh Input（刷新输入）：当几何数据发生变化，选择此命令保持几何文件同步。

Save Project（保存工程文件）：选择此命令保存工程文件，如果是新建立未保存的工程文件，Workbench 18.0 平台会提示输入文件名。

Export（几何输出）：选择 Export 命令后，DesignModeler 平台会弹出如图 2-3 所示的"另存为"对话框。在对话框的"保存类型"中，读者可以选择喜欢的几何数据类型。

图 2-2　File 菜单

图 2-3　"另存为"对话框

Attach to Active CAD Geometry（动态链接开启的 CAD 几何）：选择此命令后，DesignModeler 平台会将当前活动的 CAD 软件中的几何数据模型读入到图形交互窗口中。

 在 CAD 中建立的几何文件未保存，DesignModeler 平台将读不出几何文件模型。

Import External Geometry File（导入外部几何文件）：选择此命令，在弹出的如图 2-4 所示的对话框可以选择所要读取的文件名。此外，DesignModeler 平台支持的所有外部文件格式在"打开"对话框的文件类型中被列出。

其余命令这里不再讲述，请读者参考帮助文档的相关内容。

2. Create（创建）菜单

Create（创建）菜单如图 2-5 所示。Create 菜单中包含对实体操作的一系列命令，包括实体拉伸、倒角、放样等操作。下面对 Create（创建）菜单中的实体操作命令进行简单介绍。

图 2-4 "打开"对话框

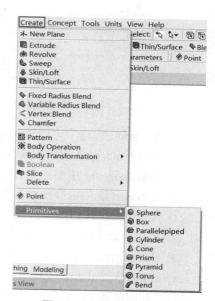

图 2-5 Create 菜单

（1）New Plane（创建新平面）：选择此命令后，会在 Details View 窗口中出现如图 2-6 所示的平面设置面板，在 Details of Plane7→Type 中显示了 8 种设置新平面的类型。

① From Plane（以平面）：从已有的平面中创建新平面。
② From Face（以一个表面）：从已有的表面中创建新平面。
③ From Centroid（以质心）：从已有的质心中创建新平面。
④ From Circle/Ellipse（以圆或椭圆）：从已有的圆或椭圆中创建新平面。

⑤ From Point and Edge（以一点和一条边）：从已经存在的一条边和一个不在这条边上的点创建新平面。

⑥ From Point and Normal（以一点和法线方向）：从一个已经存在的点和一条边界方向的法线创建新平面。

⑦ From Three Points（以三点）：从已经存在的三个点创建一个新平面。

⑧ From Coordinates（以坐标系）：通过设置与坐标系相对位置来创建新平面。

当选择以上 8 种中的任何一种方式来建立新平面，Type 下面的选项会有所变化，具体请参考帮助文档。

（2）Extrude（拉伸）：如图 2-7 所示，本命令可以将二维的平面图形拉伸成三维的立体图形，即对已经草绘完成的二维平面图形沿着二维图形所在平面的法线方向进行拉伸操作。

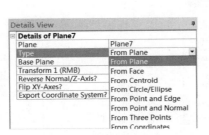

图 2-6　新建平面设置面板

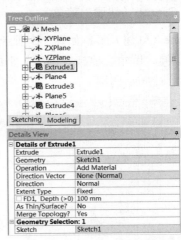

图 2-7　拉伸设置面板

在 Operation 选项中可以选择两种操作方式：

① Add Material（添加材料）：与常规的 CAD 拉伸方式相同，这里不再赘述。

② Add Frozen（添加冻结）：添加冻结零件，后面会提到。

在 Direction 选项中有四种拉伸方式可以选择：

① Normal（普通方式）：默认设置的拉伸方式。

② Reversed（相反方向）：此拉伸方式与 Normal 方向相反。

③ Both-Symmetric（双向对称）：沿着两个方向同时拉伸指定的拉伸深度。

④ Both-Asymmetric（双向非对称）：沿着两个方向同时拉伸指定的拉伸深度，但是两侧的拉伸深度不相同，需要在下面的选项中设定。

在 As Thin/Surface? 选项中选择拉伸是否薄壳拉伸，如果在选项中选择 Yes，则需要分别输入薄壳的内壁和外壁数值。

（3）Revolve（旋转）：选择此命令后，出现如图 2-8 所示旋转设置面板。

在 Geometry（几何）中选择需要做旋转操作的二维平面几何图形。

在 Axis（旋转轴）中选择二维几何图形旋转所需要的轴线。

Operation、As Thin/Surface、Merge Topology 选项参考 Extrude 命令相关内容。

在 Direction 栏中输入旋转角度。

（4）Sweep（扫掠）：选择此命令后，弹出如图 2-9 所示的扫掠设置面板。

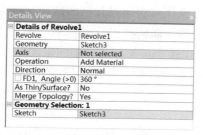

图 2-8　旋转设置面板

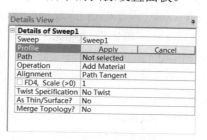

图 2-9　扫掠设置面板

在 Profile（截面轮廓）中选择二维几何图形作为要扫掠的对象。

在 Path（扫掠路径）中选择直线或者曲线来确定二维几何图形扫掠的路径。

在 Alignment（扫掠调整方式）中选择按 Path Tangent（沿着路径切线方向）或者 Global Axes（总体坐标轴）两种方式。

在 FD4,Scale（>0）中输入比例因子来设置扫掠比例。

在 Twist Specification（扭曲规则）中选择扭曲的方式，有 No Twist（不扭曲）、Turns（圈数）及 Pitch（螺距）3 种选项。

① No Twist（不扭曲）：扫掠出来的图形是沿着扫掠路径的。

② Turns（圈数）：在扫掠过程中设置二维几何图形绕扫掠路径旋转的圈数；如果扫掠的路径是闭合环路，则圈数必须是整数；如果扫掠路径是开路，则圈数可以是任意数值。

③ Pitch（螺距）：在扫掠过程中设置扫掠的螺距大小。

（5）Skin/Loft（蒙皮/放样）：选择此命令后，弹出如图 2-10 所示的蒙皮/放样设置面板。

在 Profile Selection Method（轮廓文件选择方式）栏中可以用 Select All Profiles（选择所有轮廓）或者 Select Individual Profiles（选择单个轮廓）两种方式选择二维几何图形。

选择完成后，会在 Profiles 下面出现所选择的所有轮廓几何图形名称。

（6）Thin/Surface（抽壳）：选择此命令后，弹出如图 2-11 所示的抽壳设置面板。

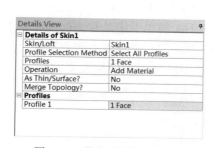

图 2-10　蒙皮/放样设置面板

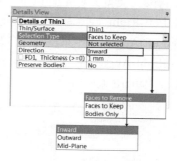

图 2-11　抽壳设置面板

在 Selection Type（选择方式）栏中可以选择以下 3 种方式。

① Faces to Keep（保留面）：选择此选项后，对保留面进行抽壳处理。

② Faces to Remove（去除面）：选择此选项后，对选中面进行去除操作。

③ Bodies Only（仅体）：选择此选项后，将对选中的实体进行抽空处理。

在 Direction（方向）栏中可以通过以下 3 种方式对抽壳进行操作。

① Inward（内部壁面）：选择此选项后，抽壳操作对实体进行壁面向内部抽壳处理。

② Outward（外部壁面）：选择此选项后，抽壳操作对实体进行壁面向外部抽壳处理。

③ Mid-Plane（中间面）：选择此选项后，抽壳操作对实体进行中间壁面抽壳处理。

（7）Fixed Radius Blend（确定半径倒圆角）：选择此命令，弹出如图 2-12 所示的倒圆角设置面板。

在 FD1，Radius（>0）栏中输入圆角的半径。

在 Geometry 栏中选择要倒圆角的棱边或者平面，如果选择的是平面，倒圆角命令将平面周围的几条棱边全部倒成圆角。

（8）Variable Radius Blend（变化半径倒圆角）：选择此命令，弹出如图 2-13 所示的倒圆角设置面板。

在 Transition（过渡）选项栏中可以选择 Smooth（平滑）和 Linear（线性）两种。

在 Edges（棱边）选项中选择要倒角的棱边。

在 Start Radius（>=0）栏中输入初始半径大小。

在 End Radius（>=0）栏中输入尾部半径大小。

图 2-12　确定半径倒圆角设置面板　　　　图 2-13　变化半径倒圆角设置面板

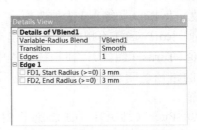

（9）Chamfer（倒角）：选择此命令会弹出如图 2-14 所示的倒角设置面板。

在 Geometry 栏中选择实体棱边或者表面，当选择表面时，将表面周围的所有棱边全部倒角。

在 Type（类型）栏中有以下 3 种数值输入方式。

① Left-Right（左-右）：选择此选项后，在下面的栏中输入两侧的长度。

② Left-Angle（左-角度）：选择此选项后，在下面的栏中输入左侧长度和一个角度。

③ Right-Angle（右-角度）：选择此选项后，在下面的栏中输入右侧长度和一个角度。

（10）Pattern（阵列）：选择此命令会弹出如图 2-15 所示的阵列设置面板。

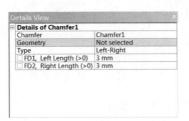
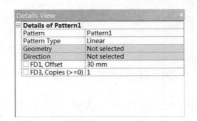

图 2-14　倒角设置面板　　　　图 2-15　阵列设置面板

在 Pattern Type（阵列类型）栏中可以选择以下 3 种阵列样式。

① Linear（线性）：选择此选项后，阵列的方式将沿着某一方向阵列，需要在 Direction（方向）栏中选择要阵列的方向及偏移距离和阵列数量。

② Circular（圆形）：选择此选项后，阵列的方式将沿着某根轴线阵列一圈，需要在 Axis（轴线）栏中选择轴线及偏移距离和阵列数量。

③ Rectangular（矩形）：选择此选项后，阵列方式将沿着两根相互垂直的边或者轴线阵列，需要选择两个阵列方向及偏移距离和阵列数量。

（11）Body Operation（体操作）：选择此命令会弹出如图 2-16 所示的体操作设置面板。

在 Type（类型）栏中有以下几种体操作样式。

① Mirror（镜像）：对选中的体进行镜像操作，选择此命令后，需要在 Bodies（体）栏中选择要镜像的体，在 Mirror Plane（镜像平面）栏中选择一个平面，如 XYPlane 等。

② Move（移动）：对选中的体进行移动操作，选择此命令后，需要在 Bodies（体）栏中选择要镜像的体，在 Source Plane（源平面）栏中选择一个平面作为初始平面，如 XYPlane 等；在 Destination Plane（目标平面）栏中选择一个平面作为目标平面，两个平面可以不平行，本操作主要应用于多个零件的装配。

③ Delete（删除）：对选中平面进行删除操作。

④ Scale（缩放）：对选中实体进行等比例放大或者缩小操作，选中此命令后，在 Scaling Origin（缩放原点）栏中可以选择 World Origin（全局坐标系原点）、Body Centroids（实体的质心）及 Point（点）三个选项；在 FD1,Scaling Factor（>0）栏中输入缩放比例。

⑤ Sew（缝合）：对有缺陷的体进行补片复原后，再利用缝合命令对复原部位进行实体化操作。

⑥ Simplify（简化）：对选中材料进行简化操作。

⑦ Translate（平移）：对选中实体进行平移操作，需要在 Direction Selection（方向选择）栏中选择一条边作为平移的方向矢量。

⑧ Rotate（旋转）：对选中实体进行旋转操作，需要在 Axis Selection（轴线选择）栏中选择一条边作为旋转的轴线。

⑨ Cut Material（切材料）：对选中的体进行去除材料操作。

⑩ Imprint Faces（表面印记）：对选中体进行表面印记操作。

⑪ Slice Material（材料切片）：需要在一个完全冻结的体上执行操作，对选中材料进行材料切片操作。

（12）Boolean（布尔运算）：选择此命令会弹出如图 2-17 所示的布尔运算设置面板。

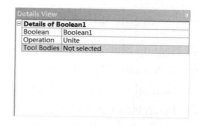

图 2-16　体操作设置面板　　　　图 2-17　布尔运算设置面板

在 Operation（操作）选项中有以下 4 种操作选项。

① Unit（并集）：将多个实体合并到一起，形成一个实体，此操作需要在 Tools Bodies（工具体）栏中选中所有进行体合并的实体。

② Subtract（差集）：用一个实体（Tools Bodies）从另一个实体（Target Bodies）中去除；需要在 Target Bodies（目标体）中选择所要切除材料的实体，在 Tools Bodies（工具体）栏中选择要切除的实体工具。

③ Intersect（交集）：将两个实体相交部分取出来，其余的实体被删除。

④ Imprint Faces（表面印记）：生成一个实体（Tools Bodies）与另一个实体（Target Bodies）相交处的面；需要在 Target Bodies（目标体）和 Tools Bodies（工具体）栏中分别选择两个实体。

（13）Slice（切片）：增强了 DesignModeler 的可用性，可以产生用来划分映射网格的可扫掠分网的体。当模型完全由冻结体组成时，本命令才可用。选择此命令会弹出如图 2-18 所示的切片设置面板。

在 Slice Type（切片类型）选项中有以下几种方式对体进行切片操作.

① Slice by Plane（用平面切片）：利用已有的平面对实体进行切片操作，平面必须经过实体，在 Base Plane（基准平面）栏中选择平面。

② Slice off Faces（用表面偏移平面切片）：在模型上选中一些面，这些面大概形成一定的凹面，本命令将切开这些面。

③ Slice by Surface（用曲面切片）：利用已有的曲面对实体进行切片操作，在 Target Face（目标面）栏中选择曲面。

④ Slice off Edges（用边做切片）：选择切分边，用切分出的边创建分离体。

⑤ Slice By Edge Loop（用封闭棱边切片）：在实体模型上选择一条封闭的棱边来创建切片。

（14）Face Delete（删除面）：本命令用来"撤销"倒角和去材料等操作，可以将倒角、去材料等特征从体上移除；选择此命令会弹出如图 2-19 所示的删除面设置面板。

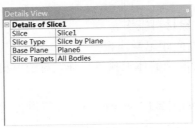

图 2-18　切片设置面板

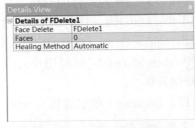

图 2-19　删除面设置面板

在 Healing Method（处理方式）栏中有以下几种方式来实现删除面的操作。

① Automatic（自动）：选择本选项后，在 Face 栏中选择要去除的面，即可将面删除。

② Natural Healing（自然处理）：对几何体进行自然复原处理。

③ Patch Healing（修补处理）：对几何实体进行修补处理。

④ No Healing（不处理）：不进行任何修复处理。

（15）Edge Delete（删除边线）：与 Face Delete 作用相似，这里不再赘述。

（16）Primitives（原始图形）：如图 2-5 所示，可以创建一些原始的图形，如圆形、矩形等。

3．Concept（概念）菜单

如图 2-20 所示为 Concept（概念）菜单，其中包含对线体和面操作的一系列命令，包括线体的生成与面的生成等。

4．Tools（工具）菜单

如图 2-21 所示为 Tools（工具）菜单，其中包含对线、体和面操作的一系列命令，包括冻结、解冻、选择命名、属性、包含、填充等命令。

下面对一些常用的工具命令进行简单介绍。

（1）Freeze（冻结）：DM 平台会默认地将新建立的几何体和已有的几何体合并起来保持单个体，如果想将新建立的几何体与已有的几何体分开，需要将已有的几何体进行冻结处理。

冻结特征可以将所有的激活体转到冻结状态，但是在建模过程中除切片操作以外，其他命令都不能用于冻结体。

（2）Unfreeze（解冻）：冻结的几何体可以通过本命令解冻。

（3）Named Selection（选择命名）：用于对几何体中的节点、边线、面、体等进行命名。

（4）Mid-Surface（中间面）：用于将等厚度的薄壁类结构简化成"壳"模型。

（5）Enclosure（包含）：在体附近创建周围区域以方便模拟场区域，本操作主要应用于流体动力学（CFD）及电磁场有限元分析（EMAG）等计算的前处理，通过 Enclose 操作可以创建物体的外部流场或者绕组的电场或磁场计算域模型。

（6）Fill（填充）：与 Enclosure（包含）命令相似，Fill 命令主要为几何体创建内部计算域，如管道中的流场等。

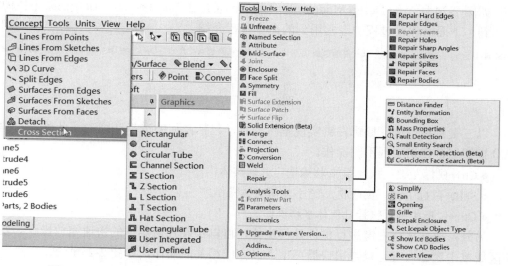

图 2-20　Concept 菜单　　　　　图 2-21　Tools 菜单

5. View（视图）菜单

如图2-22所示为View（视图）菜单，其中的各个命令主要是对几何体显示的操作，这里不再赘述。

6. Help（帮助）菜单

如图2-23所示为Help（帮助）菜单，其中提供了在线帮助等。

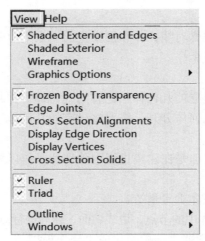

图2-22　View菜单

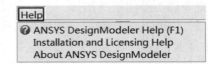

图2-23　Help菜单

2.1.3　工具栏

如图2-24所示为DesignModeler平台默认的常用工具命令，这些命令在菜单栏中均可找到，下面对建模过程中经常用到的命令进行介绍。

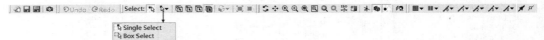

图2-24　工具栏

以三键鼠标为例，鼠标左键实现基本控制，包括几何的选择和拖动。此外，与键盘部分按钮结合使用实现不同操作。

- **Ctrl+鼠标左键**：执行添加/移除选定几何实体。
- **Shift+鼠标中键**：执行放大/缩小几何实体操作。
- **Ctrl+鼠标中键**：执行几何体平移操作。

另外，按住鼠标右键进行框选几何实体，可以实现几何实体的快速缩放操作。在绘图区域单击鼠标右键可以弹出快捷菜单，以完成相关的操作，如图2-25所示。

第 2 章 几何建模

1. 选择过滤器

在建模过程中，会经常需要选择实体的某个面、某个边或者某个点等操作，可以在工具栏相应的过滤器中进行选择切换，如图 2-26 所示。如果想选择模型上的某个面，首先单击工具栏中的 按钮使其处于凹陷状态，然后选择所关心的面即可。如果想要选择线或者点，则只需单击工具栏中的 或者 按钮，然后选中所关心的线或者点即可。

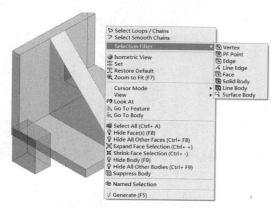

图 2-25　快捷菜单

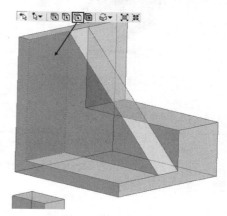

图 2-26　面选择过滤器

如果需要对多个面进行选择，如图 2-27 所示，则需要单击工具栏中的 按钮，在弹出的菜单中选择 Box Select 命令，然后单击 按钮，在绘图区域中框选所关心的面即可。

线或者点的框选与面类似，这里不再赘述。

框选的时候有方向性，具体说明如下。

- 鼠标从左到右拖动：选中所有完全包含在选择中的对象。
- 鼠标从右到左拖动：选中包含于或经过选择框的对象。

利用鼠标还能直接对几何模型进行控制，如图 2-27 所示。

2. 窗口控制

DesignModeler 平台的工具栏上面有各种控制窗口的快捷按钮，通过单击不同按钮，实现图形控制，如图 2-28 所示。

- 按钮用来实现几何旋转操作；
- 按钮用来实现几何平移操作；
- 按钮实现图形的放大缩小操作；
- 按钮实现窗口的缩放操作；
- 按钮实现自动匹配窗口大小操作。

利用鼠标还能直接在绘图区域控制图形，如图 2-28 所示。当鼠标位于图形的中心区域相当于 操作，当鼠标位于图形之外时为绕 Z 轴旋转操作，当鼠标位于图形界面的上下边界附近时为绕 X 轴旋转操作，当鼠标位于图形界面的左右边界附近时为绕 Y 轴旋转操作。

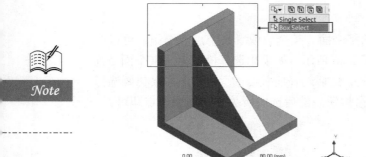
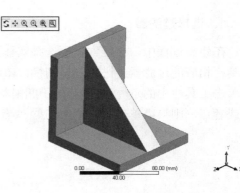

图 2-27 面框选过滤器　　　　　图 2-28 窗口控制

2.1.4　常用命令栏

如图 2-29 所示为 DesignModeler 平台默认的常用命令,这些命令在菜单栏中均可找到,这里不再赘述。

图 2-29 常用命令栏

2.1.5　Tree Outline（模型树）

如图 2-30 所示的模型树中包括两个模块：Modeling（实体模型）和 Sketching（草绘），下面对 Sketching（草绘）模块中命令进行详细介绍。

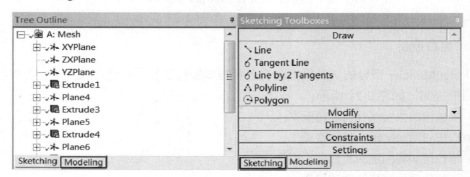

图 2-30　Tree Outline（模型树）

Sketching（草绘）模块主要由以下几个部分组成。

1. Draw（草绘）

如图 2-31 所示为 Draw（草绘）卷帘菜单,其中包括了二维草绘需要的所有工具,如直线、圆、矩形、椭圆等,操作方法与其他 CAD 软件一样。

2. Modify（修改）

如图 2-32 所示为 Modify（修改）卷帘菜单，其中包括了二维草绘修改需要的所有工具，如倒圆角、倒角、裁剪、延伸、分割等，操作方法与其他 CAD 软件一样。

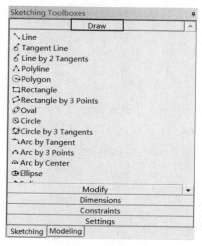

图 2-31 Draw

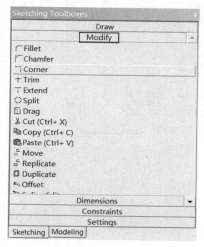

图 2-32 Modify

3. Dimensions（尺寸标注）

如图 2-33 所示为 Dimensions（尺寸标注）卷帘菜单，其中包括了二维图形尺寸标注需要的所有工具，如一般、水平标注、垂直标注、长度/距离标注、半径直径标注、角度标注等，操作方法与其他 CAD 软件一样。

4. Constraints（约束）

如图 2-34 所示为 Constraints（约束）卷帘菜单，其中包括了二维图形约束需要的所有工具，如固定、水平约束、竖直约束、垂直约束、相切约束、对称约束、平行约束、同心约束、等半径约束、等长度约束等，操作方法与其他 CAD 软件一样。

5. Settings（设置）

如图 2-35 所示为 Settings（设置）卷帘菜单，其主要完成草绘界面的栅格大小及移动捕捉步大小的设置任务。

（1）在 Settings（设置）菜单下选择 Grid 命令，使 Grid 图标处于凹陷状态同时在后面生成 Show in 2D：□和 Snap：□，勾选□使其处于选中状态 ，此时用户交互窗口出现如图 2-36 所示的栅格。

（2）在 Settings（设置）菜单下选择 Major Grid Spacing 命令，使 Major Grid Spacing 图标处于凹陷状态同时在后面生成 10 mm，在此文本框中输入主栅格的大小，默认为 10mm，将此值改成 20mm 后在用户交互窗口出现如图 2-37 右侧所示的栅格。

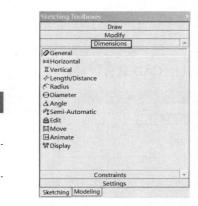  

图 2-33　Dimensions　　　　图 2-34　Constraints　　　　图 2-35　Settings

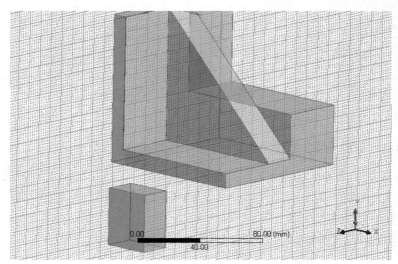

图 2-36　Grid 栅格

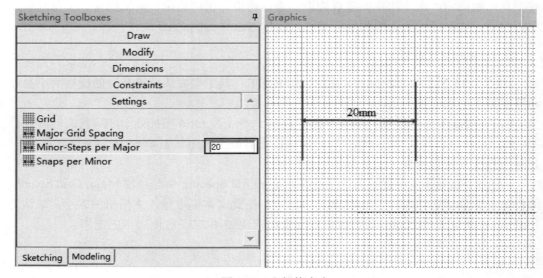

图 2-37　主栅格大小

(3)在 Settings（设置）菜单下选择 Minor-Steps per Major 命令，使 Minor-Steps per Major 图标处于凹陷状态同时在后面生成 5，在此文本框中输入每个主栅格上划分的网格数，默认为 10，将此值改成 5 后在用户交互窗口出现如图 2-38 右侧所示的栅格。

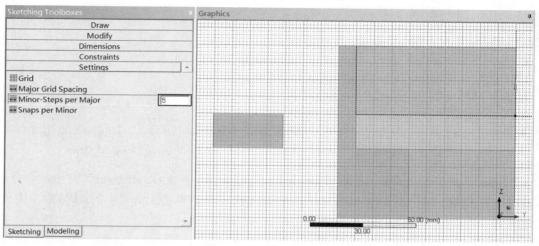

图 2-38 主栅格中小网格数量设置

（4）在 Settings（设置）菜单下选择 Snaps per Minor 命令，使 Snaps per Minor 图标处于凹陷状态同时在后面生成 1，在此文本框中输入每个小网格上捕捉的次数，默认为 1，将此值改成 2 后，选择绘制直线命令，在用户交互窗口中单击直线上第一点，然后移动鼠标，此时吸盘会在每个小网格四条边的中间位置被吸一次，如果值是默认的 1，则在 4 个角点被吸住。

前面几节简单介绍了 DesignModeler 平台截面，下面将利用上述工具对稍复杂的几何模型进行建模。

2.1.6 DesignModeler 启动与草绘

与其他 CAD 软件操作方法一样，实体建模需要先创建二维图形，这部分工作在草绘模式下完成，本节主要介绍如何在草绘模式下绘制 2D 图形。

Step1：启动 ANSYS Workbench 18.0。在 Windows 系统下选择"开始"→"所有程序"→ANSYS 18.0 →Workbench 18.0 命令，启动 ANSYS Workbench 18.0，进入主界面。

Step2：创建项目。双击主界面 Toolbox（工具箱）中的 Component Systems→Geometry（几何）命令，即可在 Project Schematic（项目管理区）中创建项目 A，如图 2-39 所示。

Step3：启动 DesignModeler。双击项目 A 中的 A2（Geometry）选项，此时会启动如图 2-40 所示的 DesignModeler 绘图平台，依次选择 Units→Millimeters 命令，完成单位设置。

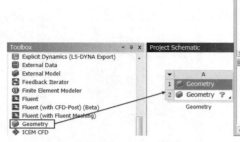

图 2-39 创建项目

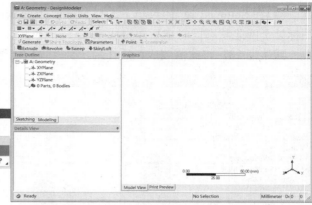

图 2-40 启动 DesignModeler

Step4：选择绘图平面。选择 Tree Outline（模型树）→A:Geometry→XYPlane 命令，此时会在绘图区域出现如图 2-41 所示的坐标平面，然后单击工具栏中的 按钮，使平面正对窗口。

Step5：创建草绘。如图 2-42 所示，单击 Tree Outline 下面的 Sketching（草绘）选项卡，此时会切换到草绘命令操作面板。

Step6：自动捕捉。单击 Draw→Circle 按钮，此时 Circle 按钮处于凹陷状态，即被选中，如图 2-43 所示。移动鼠标至绘图区域中的坐标原点附近，此时会在绘图区域出现 P 字符，表示此时鼠标在坐标原点。

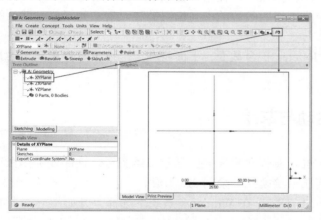

图 2-41 坐标平面

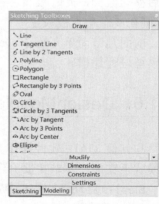

图 2-42 草绘操作面板

如果鼠标在坐标轴附近移动，此时绘图区域会出现 C 字符，表示此时创建的点在坐标轴上，如图 2-44 所示。

Step7：草绘操作。将鼠标移动到坐标原点后，单击鼠标，此时会出现如图 2-45 所示的图形，在绘图区域任意位置单击鼠标，确定圆的创建。

Step8：尺寸标注。单击 Dimensions→General 按钮，此时 General 按钮处于凹陷状态，表示一般性质的标注被选择，如图 2-46 所示，单击刚才绘制的圆，然后在 Details View

面板中 Dimensions:1 下面的 D1 后面输入 50，并按 Enter 键，确定输入。

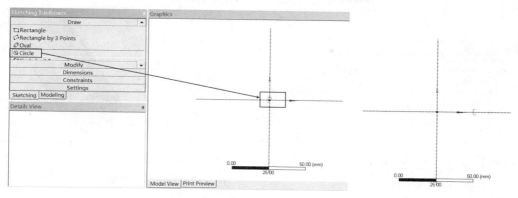

图 2-43　原点自动捕捉　　　　　　图 2-44　坐标轴自动捕捉

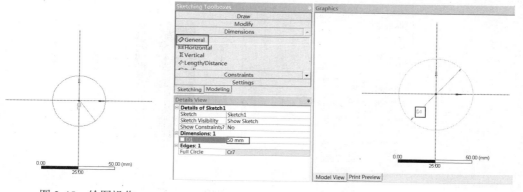

图 2-45　绘图操作　　　　　　图 2-46　尺寸标注

Step9：拉伸草绘。单击 Sketching 右侧的 Modeling 按钮，将 Sketching Toolboxes（草绘工具箱）切换到 Tree Outline（模型树）下，如图 2-47 所示。

Step10：单击工具栏中的 Extrude（拉伸）按钮，此时在 Tree Outline（模型树）的 A:Geometry 下出现一个"拉伸"命令，如图 2-48 所示，在 Details View 面板的 Details of Extrude1 下面设置如下。

① 在 Geometry 栏中 Sketch1 已被选中。

② 在 Operation 栏中选择 Add Material，默认为 Add Material。

③ 在 Extent Type→FD1, Depth（>0）栏中输入 100，其余默认。

完成以上设置后，单击工具栏中的 Generate 按钮，生成拉伸特征。

　在 Operation 栏后面的选项中有 Add Material、Add Frozen 两个操作命令，后面详细讲解。

Step11：去材料操作。与 Step7 相同，在 YZ 平面绘制如图 2-49 所示的圆，直径为 35mm，V1（距离原点的竖直距离）为 75mm，按 Enter 键确定。

Step12：单击工具栏中的 Extrude（拉伸）按钮，此时在 Tree Outline（模型树）的 A:Geometry 下出现一个"拉伸"选项，如图 2-50 所示，在 Details View 面板的 Details of Extrude2 下面设置如下。

33

图 2-47 切换模式

图 2-48 拉伸操作

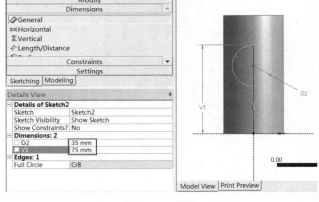

图 2-49 草绘

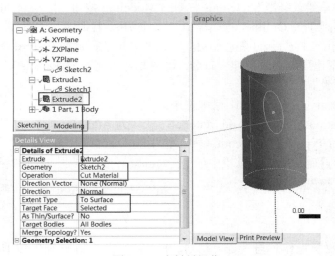

图 2-50 去材料操作

① 在 Geometry 栏中 Sketch2 已被选中。
② 在 Operation 栏中选择 Cut Material 选项，默认为 Add Material。
③ 在 Direction Vector 栏中选择 None（Normal）选项。

④ 在 Extent Type 栏中选择 To Surface 选项；单击圆柱外表面，Target Face 栏中显示 Selected。

完成以上设置后，单击工具栏中的 ✨Generate 按钮，生成去材料特征，如图 2-51 所示。

Step13：保存模型。单击工具栏中的 按钮，在弹出的如图 2-52 所示的"另存为"对话框的"文件名"文本框内输入 extent1.wbpj，单击"保存"按钮，完成模型的存储。

Step14：关闭 DesignModeler 程序，单击右上角的 ❌ 按钮关闭程序。

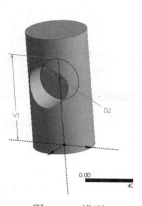

图 2-51 模型

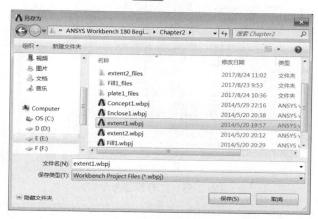

图 2-52 保存模型

2.1.7 DesignModeler 特有操作

在 DesignModeler 中有部分命令是其他 CAD 软件所不具备的功能，现在简要介绍以下比较常用的一些功能。

（1）Unfreeze（激活状态）和 Freeze（冻结状态），此命令在 Tools 菜单中。下面简单介绍两者的区别。

① Unfreeze：在这种状态下，几何体可以进行常规的建模等操作，如布尔运算、切材料等，但是不能被 Slice（切片）。

② Freeze：处于此状态的几何体可以进行 Slice（切片）操作，方便以后划分高质量的六面体网格。

（2）Multi-body Parts（多体部件体）：在有限元分析过程中，往往不只是单一零件的仿真计算，经常会对一个结构复杂的装配体进行仿真分析，而 DesignModeler 可以先将装配体中的某些零部件或者全部装配体组成一个或者多体部件体（Multi-body Parts），这样在形成多体部件体的零部件的仿真计算时能够实现拓扑共享。

（3）Imprint Faces（表面印记）：当对一个零件施加载荷的时候，如果只需要对一个表面的一小块区域施加外部载荷，这样就需要首先在表面进行表面印记操作。
在如图 2-60 所示模型的零部件的上端（处于 Z 轴最大位置处）圆面上的直径 15mm 范围内施加 150N 的力，方向为 Z 轴负方向，具体操作步骤如下。

Step1：读取文件。在 Workbench 主窗口的工具栏中单击 📂 命令，如图 2-53 所示，找到文件路径与 extent1 文件名，单击"打开"按钮。

Step2：此时在 Workbench 主窗口的"项目管理"窗口中加载了一个项目 A，如图 2-54

所示。

Step3：双击项目 A 中的 A2（Geometry）表格，此时 DesignModeler 平台将被加载。

Step4：当 DesignModeler 加载成功后，如图 2-55 所示。

Step5：选择模型的上端面，然后在工具栏中单击 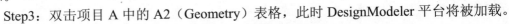 按钮，再单击 Sketching 选项卡，切换到草绘状态，如图 2-56 所示。

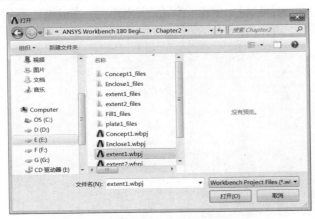

图 2-53　打开模型 1

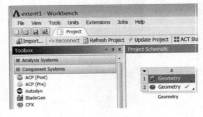

图 2-54　项目 A

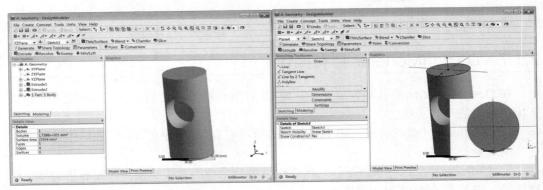

图 2-55　打开模型 2　　　　　　　　　　　图 2-56　草绘 1

Step6：如图 2-57 所示，在中心绘制一个直径为 15mm 的圆。

Step7：将状态切换到 Modeling 状态，单击 Extrude 按钮，此时在 Tree Outline（模型树）的 A:Geometry 下出现一个"拉伸"命令，如图 2-58 所示，在 Details View 面板的 Details of Extrude3 下面做如下设置。

① 在 Geometry 栏中 Sketch3 已被选中。

② 在 Operation 栏中选择 Imprint Faces 选项，默认为 Add Material。

③ 其余设置保持默认即可。

完成以上设置后，单击工具栏中的 Generate 按钮，生成印记特征，如图 2-59 所示，这时，就可以在印记特征上施加载荷了，如图 2-60 所示，在印记面上施加 150N 的力，方向为 Z 轴负方向。

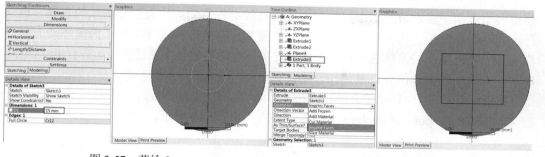

图 2-57　草绘 2　　　　　　　　　　　图 2-58　印记设置

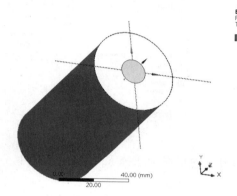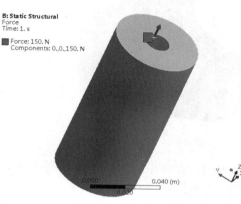

图 2-59　印记特征　　　　　　　　　　图 2-60　施加载荷

Step8：保存文件。切换到 Workbench 主界面中，单击工具栏中的 按钮，在弹出的如图 2-61 所示的"另存为"对话框的"文件名"文本框内输入 extent2.wbpj，单击"保存"按钮，完成模型的存储。

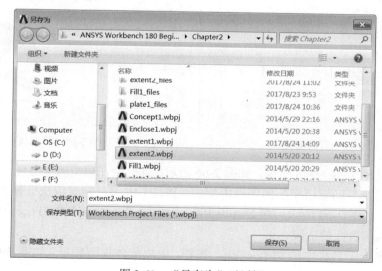

图 2-61　"另存为"对话框

Step9：关闭 DesignModeler 程序。单击右上角的 按钮关闭程序。

（4）Fill（填充）：这个特征是为 CFD（计算流体力学）服务的。图 2-62 所示的三通管道模型有两个进水口和一个出水口。流体在管道内流动，如果想对图示的三通管道进行流体动力学分析，而且在建模过程中只创建管道部分，即固体部分，而流体动力学分析实际上是对内部的流体进行分析，此时就需要对现有实体（三通管道）进行 Fill 操作，使其在内部生成流体部分，具体操作步骤如下。

Step1：新创建一个项目 A。然后在项目 A 的 A2（Geometry）中右击，从弹出的快捷菜单中选择 Import Geometry→Browse 命令，如图 2-63 所示。

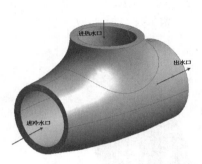
图 2-62　三通模型

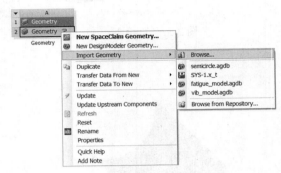
图 2-63　读入文件

Step2：在弹出的如图 2-64 所示的"打开"对话框中选择 santong.stp 文件，并单击"打开"按钮。

Step3：双击项目 A 中的 A2Geometry 栏，启动 DesignModeler，单位选择 mm，关闭"单位设置"对话框，DesignModeler 平台显示的模型如图 2-65 所示。

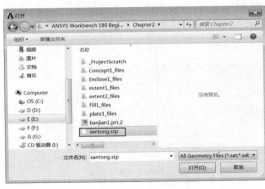
图 2-64　打开文件

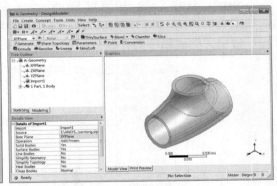
图 2-65　模型显示

Step4：选择 Tools→Fill 命令，如图 2-66 所示，此时会在模型树中出现一个 Fill 命令。

Step5：选择三通管道模型的所有内部面，按住 Ctrl 键，同时依次选择三通管道的所有内部表面，如图 2-67 所示，在 Details View 面板的 Details of Fill→Faces 中单击 Apply 按钮，完成内部表面的选取。

Step6：单击工具栏中的 Generate 按钮，生成流体模型特征，如图 2-68 和图 2-69 所示。

Step7：保存文件。切换到 Workbench 主界面中，单击工具栏中的 按钮，在弹出的如图 2-70 所示的"另存为"对话框的"文件名"文本框内输入 Fill1.wbpj，单击"保存"按钮,完成模型的存储。

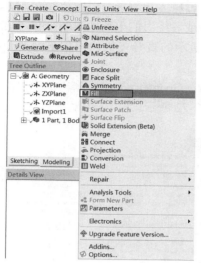

图 2-66　Fill 命令

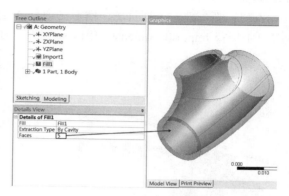

图 2-67　选择内表面

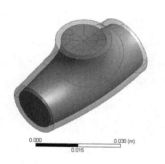

图 2-68　流体模型

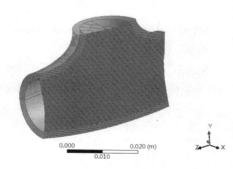

图 2-69　流体部分剖面

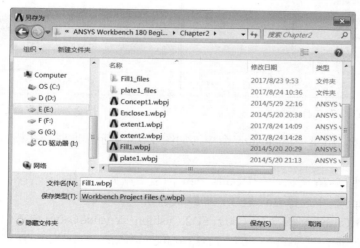

图 2-70　保存文件

Step8：关闭 DesignModeler 程序。单击右上角的 ❌ 按钮关闭程序。

（5）Enclose（包围）：这个特征是为流体动力学（CFD）及电磁场有限元分析（EMAG）服务的，通过 Enclose 操作可以计算物体的外部流场或者绕组的电场或磁场分布。这个操作方法与 Fill 操作类似，下面用一个如图 2-71 所示的直升飞机的模型来简要介绍 Enclose 操作步骤。

Step1：新创建一个项目 A，然后在项目 A 的 A2（Geometry）中右击，从弹出的快捷菜单中选择 Import Geometry→Browse 命令，如图 2-72 所示。

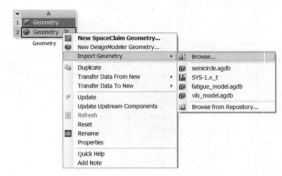

图 2-71　飞机模型　　　　　　　　　　图 2-72　读入文件

Step2：在弹出的如图 2-73 所示的"打开"对话框中选择 apaqi.x_t 文件，并单击"打开"按钮。

Step3：双击项目 A 中的 A2（Geometry）栏，启动 DesignModeler，单位选择 mm，关闭"单位设置"对话框，DesignModeler 平台显示的模型如图 2-74 所示。

图 2-73　打开文件　　　　　　　　　　图 2-74　模型显示

Step4：选择 Tools→Enclosure 命令，如图 2-75 所示，此时会在模型树中出现一个 Enclosure 命令。

Step5：如图 2-76 所示，在 Details View 面板中做如下操作。

① 在 Shape 栏中选择 Box 选项，即默认选项。

② 在 FD1,Cushion +X value（>0）、FD2,Cushion +Y value（>0）、FD1,Cushion +Z value（>0）、FD1,Cushion -X value（>0）、FD2,Cushion -Y value（>0）、FD1,Cushion -Z value（>0）6 栏中分别输入 10mm，其余默认即可。

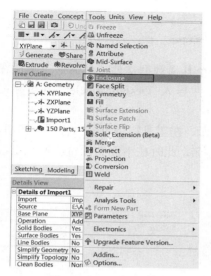

图 2-75 Enclosure 命令

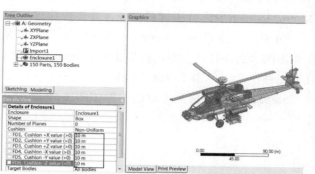

图 2-76 选择内表面

Step6：单击工具栏中的 ＊Generate 按钮，生成飞机及外部流场模型，如图 2-77 所示。

Step7：保存文件。切换到 Workbench 主界面中，单击工具栏中的 按钮，在弹出的如图 2-78 所示的"另存为"对话框的"文件名"文本框内输入 Enclose1.wbpj，单击"保存"按钮，完成模型的存储。

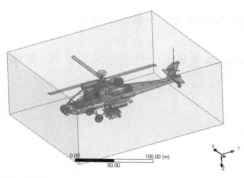

图 2-77 飞机及外部流场模型

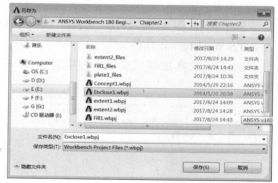

图 2-78 保存文件

Step8：关闭 DesignModeler 程序。单击右上角的 按钮关闭程序。

2.2 几何建模实例

在初步了解了 DesignModeler 的基本功能后，现在通过一个实例来巩固一下建模的操作步骤。

2.2.1 几何建模实例 1——实体建模

下面的实例首先利用 Pro/E（Creo）软件加载一个几何数据文件，然后通过集成在 Pro/E（Creo）上的 Workbench 菜单将几何数据文件导入 DesignModeler 中，并在 DesignModeler 中进行去材料操作，具体操作过程如下。

Step1：打开 Creo Parametric 程序，如图 2-79 所示，在工具栏上单击"打开"按钮，在弹出的"文件打开"对话框中选择 banjian1.prt 文件名，此时在下面的预览区域会出现几何文件图形，单击"打开"按钮。

Step2：读入几何文件后的图形如图 2-80 所示。

图 2-79　文件读入　　　　　　　　　图 2-80　文件模型

Step3：如图 2-81 所示，选择工具栏中的 ANSYS 18.0→Workbench，此时开始加载 ANSYS Workbench 软件。

Step4：数据加载成功后，程序将在 Workbench 主界面上自动创建项目 A，如图 2-82 所示。

图 2-81　几何数据显示　　　　　　　图 2-82　创建项目 A

Step5：双击项目 A 中的 A2（Geometry）选项，此时会加载 DesignModeler 几何建模平台，如图 2-83 所示，设置单位为 m，关闭"单位设置"对话框，此时在 Tree Outline 下面的 A:Geometry 下出现一个 Import1 命令。

Step6:单击工具栏中的 ≠Generate 按钮,如图 2-84 所示,生成几何图形。

Step7:单击要进行操作的平面,此面位于 Z 轴最大位置,如图 2-85 所示,单击 按钮,在左侧的 Tree Outline 下侧单击 Sketching 选项卡,切换到草绘模式。

Step8:在 Sketching Toolboxes(草绘工具箱)面板中选择 Draw→Rectangle(矩形)命令并且勾选后面的uto-Fillet☑图标,此图标表示创建的矩形带倒角。在绘图区域绘制矩形,如图 2-86 所示。

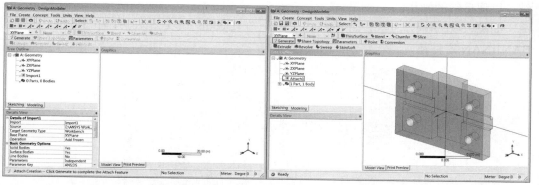

图 2-83　DesignModeler 几何建模平台　　　　图 2-84　DesignModeler 中的几何图形 1

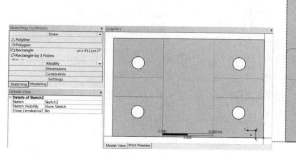 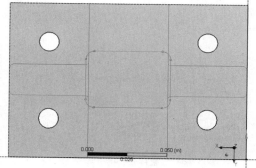

图 2-85　DesignModeler 界面　　　　　　图 2-86　DesignModeler 中的几何图形 2

Step9:选择 Dimensions→Radius 命令,选择矩形的一个倒角圆弧,单击鼠标确定,如图 2-87 所示,此时会在圆弧上标注出 R1。

Step10:选择 Dimensions→Horizontal 命令标注如图 2-88 所示的水平尺寸。同样操作,选择 Dimensions→Horizontal 命令标注垂直尺寸。

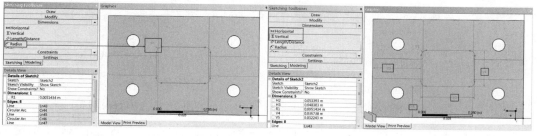

图 2-87　半径标注　　　　　　　　　图 2-88　尺寸标注

Step11：如图 2-89 所示，在 Details View 面板的 Dimensions:5 中更改以下参数。

① 在 H2 栏中输入 0.06m；在 H3 栏中输入 0.045m。

② 在 R1 栏中输入 0.01m。

③ 在 V4 栏中输入 0.05m；在 V5 栏中输入 0.025m。

④ 其余默认即可。

Step12：如图 2-90 所示，在菜单栏选择 Tools→Unfreeze 命令，对导入的模型解除冻结。以便后续的操作。

如图 2-91 所示，点击 Unfreeze1 选项，在 Details of Unfreeze1 中 Bodies 选择为 BANJINAN 零件体。

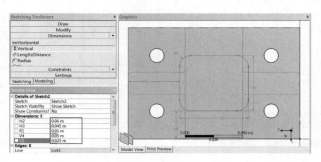

图 2-89　修改标注 1

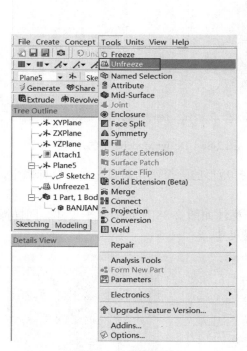

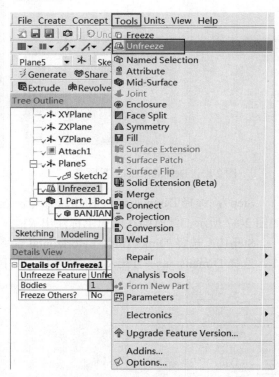

图 2-90　解除冻结　　　　　　　　　　图 2-91　Unfreeze 设置

Step13：如图 2-92 所示，单击工具栏中的  按钮，在 Details View 面板中

做如下修改。

① 在 Operation 栏中选择 Cut Material 选项，默认为 Add Material。

② 在 Direction 栏中选择 Reversed 选项，表示拉伸方向为默认的反方向。

③ 在 FD1,Depth（>0）栏中输入 0.02m，其余设置默认即可。

Step14：单击工具栏中的 Generate 按钮，生成去材料特征，如图 2-93 所示。

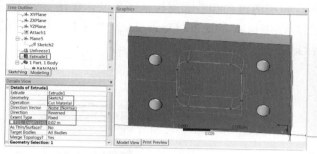

图 2-92　设置 Details of Extude1　　　　图 2-93　去除材料

Step15：单击工具栏中的 Blend ▼ 按钮，并选择 Fixed Radius 选项，同时会在 Tree Outline（模型树）中出现 FBlend1 命令。

Step16：如图 2-94 所示，在 Details View 面板中做如下修改。

① 在 FD1,Radius（>0）栏中输入 0.02m。

② 选择模型的四个边，在 Geometry 栏中确定如图 2-94 所示的四个边界被选中。生成后的倒圆角如图 2-95 所示。

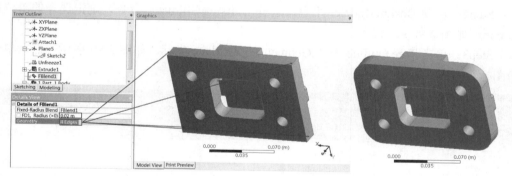

图 2-94　倒角命令　　　　图 2-95　生成倒圆角

Step17：单击工具栏中的 按钮，在弹出的"保存"对话框中输入 plate1，单击"保存"按钮保存文件。

Step18：关闭 DesignModeler 程序。单击右上角的 按钮关闭程序。

2.2.2　几何建模实例2——概念建模

概念建模（Concept）主要用于创建和修改模型中的线或者面，使之成为有限元中的梁单元（Beam）或者壳单元（Shell）。Concept 菜单如图 2-20 所示。从菜单可知，有以下四种生成梁模型的方法，即 Lines From Points（点生成线）、Lines From Sketches（草绘生成线）、Lines From Edges（边线生成线）、3D Curve（从 3D 曲线生成线）；生成面的方式有以下两种，即 Surfaces From Edges（边线生成面）、Surfaces From Sketches（草绘生成面）。

此外，菜单中还有一些常见形状的截面形状和用户自定义截面，如长方形、圆形、空心圆形等。

下面通过一个例子简要介绍概念建模的过程和截面属性赋予方法，如图 2-96 所示。

Step1：新创建一个项目 A，然后在项目 A 的 A2（Geometry）中右击，从弹出的快捷菜单中选择 New DesignModeler Geometry 命令，如图 2-97 所示。

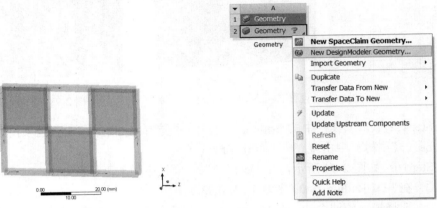

图 2-96 模型　　　　　　　　　　图 2-97 编辑几何文件

Step2：启动 DesignModeler 平台，选择 Units→Millimeter 命令，确定选择的单位制为 mm，如图 2-98 所示。

Step3：单击 Tree Outline 中 A:Geometry→ZXPlane 坐标，如图 2-99 所示，然后单击图标。

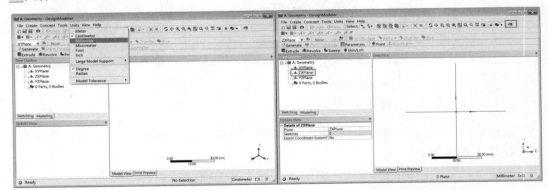

图 2-98 单位设置　　　　　　　　　　图 2-99 草绘平面

Step4：切换到 Sketching 草绘模式后，选择 Draw→Line 命令，在绘图区域绘制如图 2-100 所示的图形。

Step5：如图 2-101 所示，选择 Constraints→Parallel 命令，然后单击图形右下角的两条水平线段，如图 2-101 右侧所示，使其被约束为平行。

Step6:如图 2-102 所示,选择 Constraints→Equal Length 命令,然后单击图形的各条线,约束各条边的长度相等。

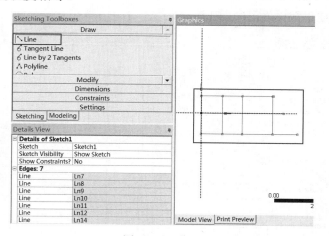

图 2-100　草绘

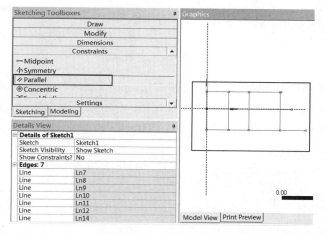

图 2-101　平行约束

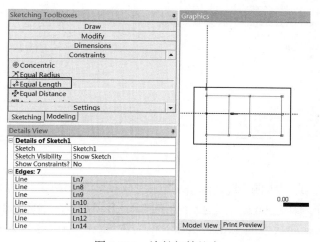

图 2-102　边长相等约束

Step7：如图 2-103 所示，选择 Dimensions→General 命令，然后单击图形的任何一条线段，标注其长度，在 Details View 面板的 Dimensions:1→H1 栏中输入 15mm，并按 Enter 键确定。其余尺寸也都标为等间距 15mm。

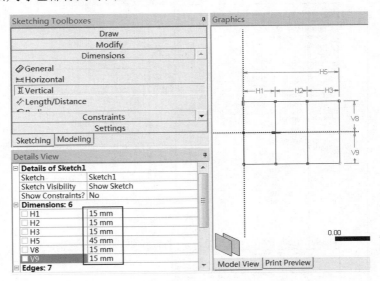

图 2-103　标注长度

Step8：切换到 Modeling 模式下，选择 Concept→Lines From Sketches（草绘生成线）命令，如图 2-104 所示，在下面出现的 Details View 面板的 Details of Line1→Base Objects 栏中选择刚刚草绘的图形，然后单击 Apply 按钮确定选择。

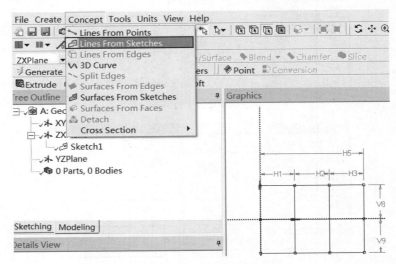

图 2-104　保存文件

Step9：单击工具栏中的 Generate 按钮生成线体，如图 2-105 所示。

Step10：选择 1 Part, 1 Body 下面的 Line Body 命令，如图 2-106 所示，在下面出现的 Details View 面板中 Cross Section 栏为黄色，其中内容为 Not Selected，表示界面特性未被选择。

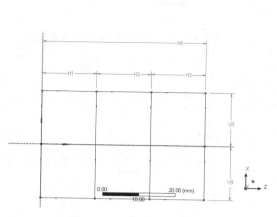

图 2-105　线体模型

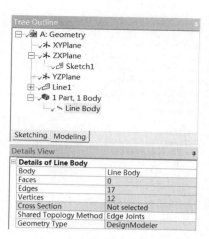

图 2-106　未赋予截面特性

Step11：选择 Concept→Cross Section→Rectangular 命令，如图 2-107 所示，在 Details View 面板的 Dimensions:2 下面的 B 栏中输入 2mm，在 H 栏中输入 2mm，并按 Enter 键确定输入。

Step12：选择 Line Body 命令，如图 2-108 所示，在 Details View 面板的 Cross Section 栏中选择 Rect1 选项。

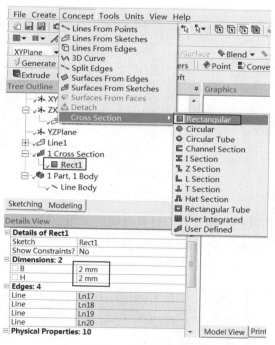

图 2-107　截面特性定义

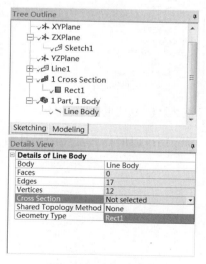

图 2-108　赋截面特性

Step13：显示图形截面。选择 View→Cross Section Solids 命令，如图 2-109 所示，此时，Cross Section Solids 子菜单前面会出现一个 √，表示子菜单被选中，同时图形显示为如图 2-110 所示。

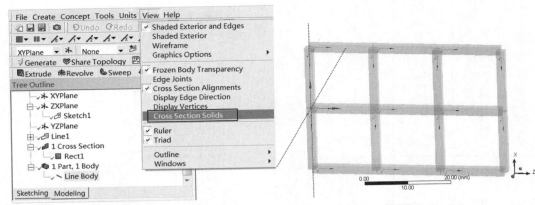

图 2-109　图形显示设置图　　　　图 2-110　显示截面体

Step14：创建壳模型。如图 2-111 所示，选择 Concept→Surfaces From Edges（边线生成曲面）命令。

Step15：选择 Tree Outline（模型树）中的 Surf 1 选项，选择绘图区域的四条边线，如图 2-112 所示。在 Details View 面板的 Edges 栏中单击 Apply 按钮，并单击工具栏中的 Generate 图标生成壳体。

 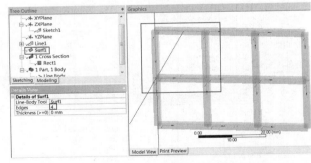

图 2-111　边线生成曲面命令 1　　　　图 2-112　边线生成曲面命令 2

Step16：以同样方法完成另外两个区域的曲面设置，设置完成后如图 2-113 所示。

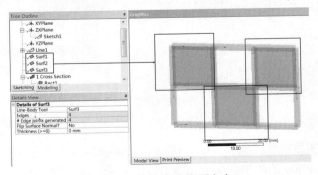

图 2-113　边线生成曲面命令 3

Step17：单击工具栏中的 按钮，在弹出的"另存为"对话框的"文件名"文本框中输入 Concept1.wbpj，如图 2-114 所示，单击"保存"按钮保存文件。

Step18：关闭 DesignModeler 程序，单击右上角的 按钮关闭程序。

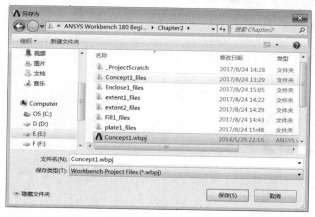

图 2-114　保存文件

2.3　本章小结

本章是有限元分析中的第一个关键过程——几何建模，介绍了 ANSYS Workbench 18.0 几何建模的方法及集成在 Workbench 平台上的 DesignModeler 几何建模工具的建模方法。另外，通过一个应用实例讲解了在 Workbench 平台中几何建模的操作方法。

第3章

网格划分

在有限元计算中只有网格的节点和单元参与计算,在求解开始,Meshing 平台会自动生成默认的网格,用户可以使用默认网格,并检查网格是否满足要求,如果自动生成的网格不能满足工程计算的需要,则需要人工划分网格、细化网格,不同的网格对结果影响比较大。

网格的结构和网格的疏密程度直接影响计算结果的精度,但是网格加密会增加 CPU 计算时间和需要更大的存储空间。理想的情况下,用户需要的网格密度是结果不再随网格的加密而改变的密度,即当网格细化后,解没有明显改变;但是,细化网格不能弥补不准确的假设和输入引起的错误,这一点需要读者引起注意。

学习目标

(1) 熟练掌握 ANSYS Workbench 网格划分的原理。
(2) 熟练掌握 ANSYS Workbench 网格质量的检查方法与使用。
(3) 熟练掌握 ANSYS Workbench 不同求解域网格划分的设置。
(4) 熟练掌握 ANSYS Workbench 外部网格数据的导入与导出方法。

第 3 章 网格划分

3.1 ANSYS Meshing 网格划分

3.1.1 Meshing 网格划分适用领域

Meshing 网格划分可以根据不同的物理场需求提供不同的网格划分方法。如图 3-1 所示为 Mesh 平台的物理场参照类型（Physics Preference）。

（1）Mechanical：为结构及热力学有限元分析提供网格划分。

（2）Nonlinear Mechanical：为非线性力学类型提供网格划分。

（3）Electromagnetics：为电磁场有限元分析提供网格划分。

（4）CFD：为计算流体动力学分析提供网格划分，如 CFX 及 Fluent 求解器。

（5）Explicit：为显示动力学分析软件提供网格划分，如 AUTODYN 及 LS-DYNA 求解器。

（6）Custom：为用户自定义物理场参照类型提供网格划分。

（7）Hydrodynamics：为流体动力学分析类型提供网格划分。

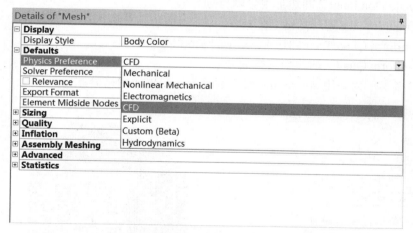

图 3-1 网格划分物理参照设置

3.1.2 Meshing 网格划分方法

对于三维几何来说，ANSYS Meshing 有以下几种不同的网格划分方法。

（1）Automatic（自动网格划分）

（2）Tetrahedrons（四面体网格划分）

当选择此选项时，网格划分方法又可细分为以下两种。

① Patch Conforming 法（Workbench 自带功能）

■ 默认时考虑所有的面和边（尽管在收缩控制和虚拟拓扑时会改变且默认损伤外貌基于最小尺寸限制）。

- 适度简化 CAD（如 native CAD、Parasolid、ACIS 等）。
- 在多体部件中可能结合使用扫掠方法生成共形的混合四面体/棱柱和六面体网格。
- 有高级尺寸功能。
- 表面网格→体网格。

② Patch Independent 法（基于 ICEM CFD 软件）
- 对 CAD 有长边的面、许多面的修补、短边等有用。
- 内置 defeaturing/simplification 基于网格技术。
- 体网格→表面网格。

（3）Hex Dominant（六面体主导网格划分）

当选择此选项时，Mesh 将采用六面体单元划分网格，但是会包含少量的金字塔单元和四面体单元。

（4）Sweep（扫掠法）

（5）MultiZone（多区法）

（6）Inflation（膨胀法）

对于二维几何体来说，ANSYS Meshing 有以下几种不同的网格划分方法。

（1）Quad Dominant（四边形主导网格划分）。

（2）Triangles（三角形网格划分）。

（3）Uniform Quad/Tri（四边形/三角形网格划分）。

（4）Uniform Quad（四边形网格划分）。

如图 3-2 所示为采用 Automatic 网格划分方法得出的网格分布。

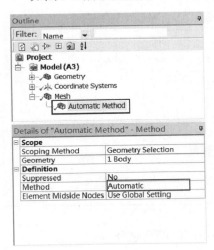 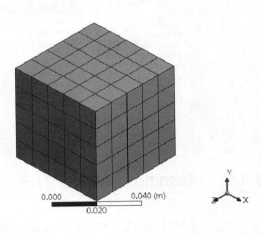

图 3-2 Automatic 网格划分方法

如图 3-3 所示为采用 Patch Conforming 网格划分方法得出的网格分布。

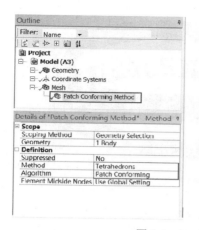 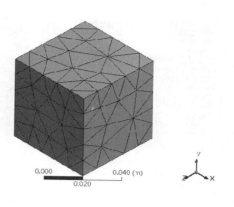

图 3-3　Patch Conforming 网格划分方法

如图 3-4 所示为采用 Patch Independent 网格划分方法得出的网格分布。

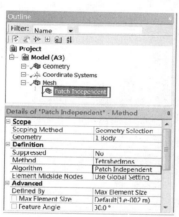 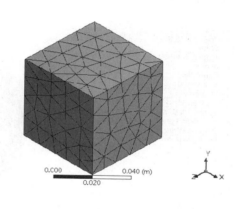

图 3-4　Patch Independent 网格划分方法

如图 3-5 所示为采用 Hex Dominant 网格划分方法得出的网格分布。

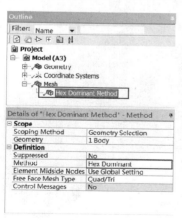 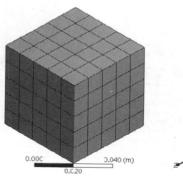

图 3-5　Hex Dominant 网格划分方法

如图 3-6 所示为采用 Sweep 网格划分方法得出的网格模型。

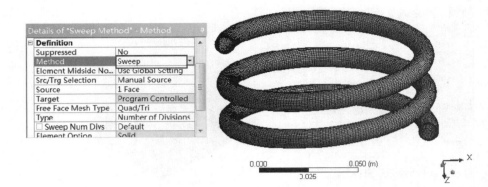

图 3-6 Sweep 网格划分方法

如图 3-7 所示为采用 MultiZone 网格划分方法得到的网格模型。

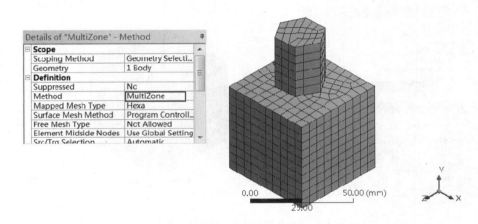

图 3-7 MultiZone 网格划分方法

如图 3-8 所示为采用 Inflation 网络划分方法得出的网格模型。

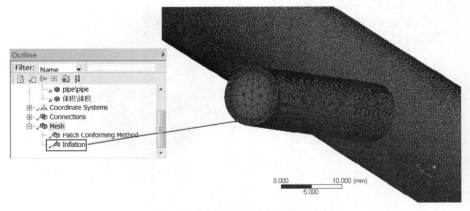

图 3-8 Inflation 网格划分方法

3.1.3 Meshing 网格默认设置

Meshing 网格设置可以在 Mesh 下进行操作，单击模型树中的 Mesh 图标，在出现的 Details of "Mesh" 参数设置面板的 Defaults 中进行物理模型选择和相关性设置。

如图 3-9~图 3-12 所示为 1mm×1mm×1mm 的立方体在默认网格设置情况下，结构计算（Meshing）、电磁场计算（Electromagnetics）、流体动力学计算（CFD）及显示动力学分析（Explicit）四个不同物理模型的节点数和单元数。

从中可以看出，在程序默认情况下，单元数量由小到大的顺序为：流体动力学分析=结构分析<显示动力学分析=电磁场分析；节点数量由小到大的顺序为：流体动力学分析<结构分析<显示动力学分析<电磁场分析。

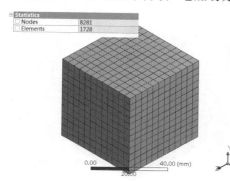
图 3-9 结构计算网格

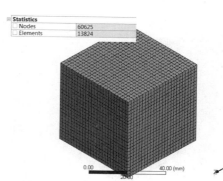
图 3-10 电磁场计算网格

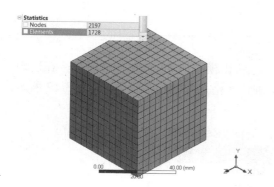
图 3-11 流体动力学计算网格

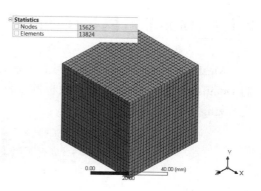
图 3-12 显示动力学分析网格

当物理模型确定后，可以通过调整 Relevance 选项来调整网格疏密程度，如图 3-13~图 3-16 所示为在 Meshing（结构计算物理模型）时，Relevance 分别为-100、0、50、100 四种情况时的单元数量和节点数量。对比这四张图可以发现 Relevance 值越大，则节点和单元划分的数量越多。

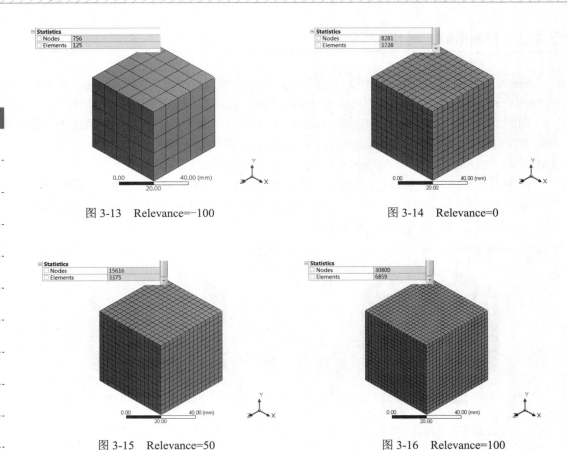

图 3-13　Relevance=-100　　图 3-14　Relevance=0

图 3-15　Relevance=50　　图 3-16　Relevance=100

3.1.4　Meshing 网格尺寸设置

Meshing 网格设置可以在 Mesh 下进行操作，单击模型树中的 Mesh 图标，在出现的 Details of "Mesh" 参数设置面板的 Sizing 中进行网格尺寸的相关设置。如图 3-17 所示为 Sizing（尺寸）设置面板。

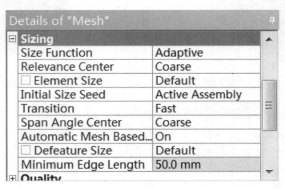

图 3-17　Sizing 设置面板

（1）Size Function（网格划分方式）：网格细化的方法，此选项默认为 Adaptive，单击后面的，可以看到其他四个选项 Proximity and Curvature，Curvature，Proximity，Uniform。

当选择 Proximity and Curvature（接近和曲率）选项时，此时面板会增加网格控制设置，如图 3-18 所示。

针对 Proximity and Curvature 选项的设置 Meshing 平台根据几何模型的尺寸，均有相应的默认值，读者亦可以结合工程需要对以下各个选项进行修改与设置，来满足工程仿真计算的要求。

当选择其他三个选项时的设置与此相似，这里不再赘述，请读者自己完成。

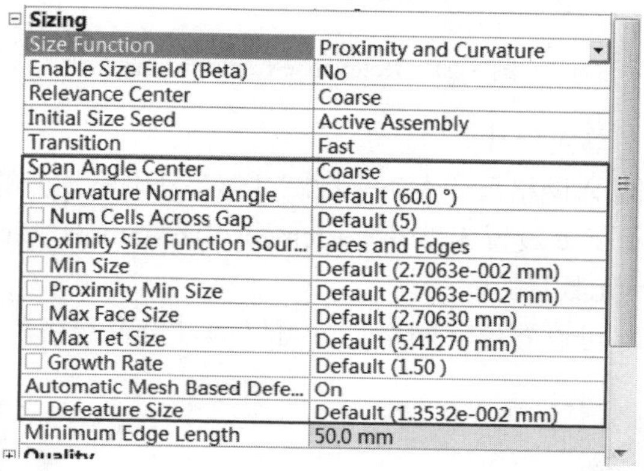

图 3-18 Size Function 设置

（2）Relevance Center（相关性中心）

此选项的默认值为 Coarse（粗糙），根据需要可以分别设置为 Medium（中等）和细化（Fine）。如图 3-19～图 3-21 所示为将 1mm×1mm×1mm 的立方体中 Relevance Center 分别设为 Coarse、Medium、Fine 三种情况时的节点和单元数量。

从以上三种设置可以看出，当 Relevance Center 的选项由 Coarse 改变到 Fine 后，几何模型的节点数量和单元数量增加，已达到细化网格的目的。

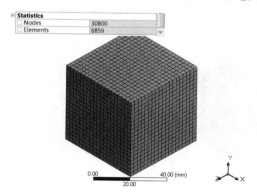

图 3-19 Relevance Center =Coarse

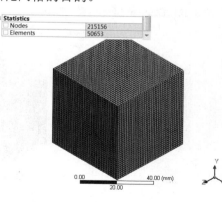

图 3-20 Relevance Center =Medium

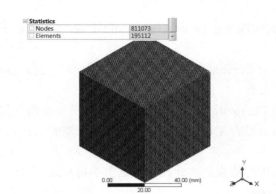

图 3-21　Relevance Center =Fine

（3）Element Size（单元尺寸）

通过在此选项后面输入网格尺寸大小来控制几何尺寸网格划分的粗细程度。如图 3-22～图 3-24 所示是 Element Size 设置为默认、Element Size=5mm、Element Size=10mm 三种情况下的节点数量及单元数量。

从图 3-22～图 3-24 可以看出，网格划分可以通过设置网格单元尺寸的大小来控制。

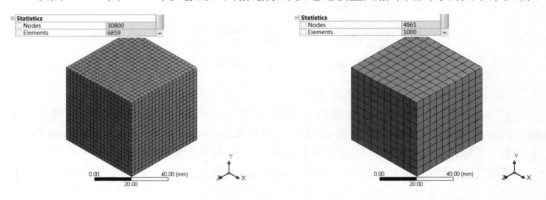

图 3-22　Element Size 设置为默认　　　　图 3-23　Element Size =5mm

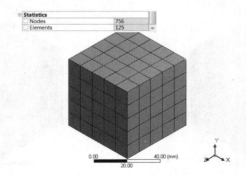

图 3-24　Element Size =10mm

（4）Initial Size Seed（初始化尺寸种子）

此选项用来控制每一个部件的初始网格种子，如果单元尺寸已被定义，则会被忽略，在 Initial Size Seed 栏中有三种选项可供选择，即 Active Assembly（激活的装配体）、Full

Assembly（全部装配体）及 Part（零件）。下面对这三种选项分别进行讲解。

① Active Assembly（激活的装配体）：基于这个设置，初始种子放入未抑制部件，网格可以改变。

② Full Assembly（全部装配体）：由于抑制部件网格不改变，故基于这个设置，初始种子可放入所有装配部件，而不管抑制部件的数量。

③ Part（零件）：基于这个设置，初始种子在网格划分时放入个别特殊部件，由于抑制部件网格不改变。

（5）Smoothing（平滑度）

平滑网格是通过移动周围节点和单元的节点位置来改进网格质量的。下列选项和网格划分器开始平滑的门槛尺度一起控制平滑迭代次数。

① 低（Low）：主要应用于结构计算，即 Meshing。
② 中（Medium）：主要应用于流体动力学和电磁场计算，即 CFD 和 Emag。
③ 高（High）：主要应用于显示动力学计算，即 Explicit。

（6）Transition（过渡）

过渡是控制邻近单元增长比的设置选项，有以下两种设置。

① 快速（Fast）：在 Meshing 和 Emag 网格中产生网格过渡。
② 慢速（Slow）：在 CFD 和 Explicit 网格中产生网格过渡。

（7）Span Angle Center（跨度中心角）

跨度中心角设定基于边的细化的曲度目标，网格在弯曲区域细分，直到单独单元跨越这个角，有以下几种选择。

① 粗糙（Coarse）：角度范围在-90°～60°之间。
② 中等（Medium）：角度范围在-75°～24°之间。
③ 细化（Fine）：角度范围在-36°～12°之间。

需要注意的是，Span Angle Center 功能只能在 Advanced Size Function 选项关闭时使用。

如图 3-25 和图 3-26 所示为当 Span Angle Center 选项分别设置为 Coarse 和 Fine 时的网格。从图中可以看出，当 Span Angle Center 选项设置由 Coarse 改变到 Fine 的过程中，中心圆孔的网格剖分数量加密，网格角度变小。

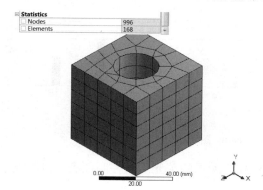

图 3-25　Span Angle Center=Coarse

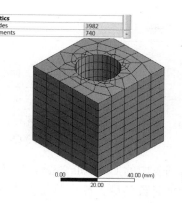

图 3-26　Span Angle Center=Fine

3.1.5 Meshing 网格 Quality 设置

Meshing 网格设置可以在 Mesh 下进行操作，单击模型树中的 Mesh 图标，在弹出的 "Details of 'Mesh'" 参数设置面板 Quality 中进行网格的相关设置。Quality 设置选项如图 3-27 所示。

图 3-27 Quality 设置面板

（1）Check Mesh Quality（检查网格质量）选项中包括 No、Yes, Errors and Warnings 和 Yes, Errors 三个选项可供选择。分别表示不检查，检查网格中的错误和警告，检查网格中的错误。

（2）Error Limits（错误限制）选项中包括适用于线性模型 Standard Mechanical 和大变形模型 Aggressive Mechanical 两个选项可供选择。

（3）Target Quality（目标质量）默认为 0.05mm，可自定义大小。

（4）Smoothing（顺滑）选项中包括 Low、Medium 和 High，即低、中、高三个选项可供选择。

（5）Mesh Metric（网格质量）：默认为 None（无），用户可以从中选择相应的网格质量检查工具来检查划分网格质量的好坏。

①Element Quality（单元质量）：选择单元质量选项后，此时在信息栏中会出现如图 3-28 所示的 Mesh Metric 窗口，在窗口内显示了网格质量划分图表。图中横坐标由 0~1，网格质量由坏到好，衡量准则为网格的边长比，图中纵坐标显示的是网格数量，网格数量与矩形条成正比；Element Quality 图表中的值越接近于 1，说明网格质量越好。

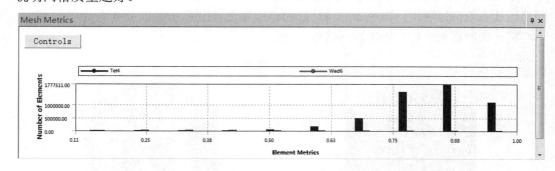

图 3-28 Element Quality 图表

单击图表中的 Controls 按钮，将弹出如图 3-29 所示的单元质量控制图表，在图表中可以进行单元数及最大最小单元设置。

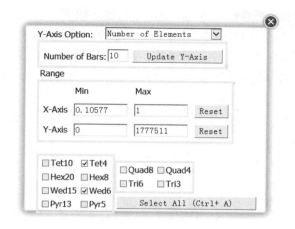

图 3-29　单元质量控制图表

②Aspect Radio（网格宽高比）：选择此选项后，此时在信息栏中会出现如图 3-30 所示的 Mesh Metrics 窗口，在窗口内显示了网格质量划分图表。

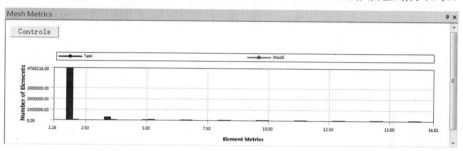

图 3-30　Aspect Ratio 图表

对于三角形网格来说，Aspect Ratio 值按法则判断如下。

如图 3-31 所示，从三角形的一个顶点引出对边的中线，另外两边中点相连，构成线段 KR，ST；分别做两个矩形：以中线 ST 为平行线，分别过点 R、K 构造矩形两条对边，另外两条对边分别过点 S、T；以中线 RK 为平行线，分别过点 S、T 构造矩形两条对边，另两条对边分别过点 R、K；对另外两个顶点也如上面步骤做矩形，共 6 个矩形；找出各矩形长边与短边之比并开立方，数值最大者即为该三角形的 Aspect Ratio 值。

Aspect Ratio 值=1，三角形 IJK 为等边三角形，此时说明划分的网格质量最好。

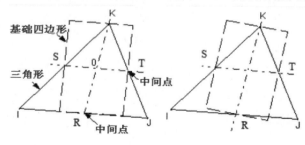

图 3-31　三角形判断法则

对于四边形网格来说，Aspect Ratio 值按法则判断如下。

如图 3-32 所示，如果单元不在一个平面上，各个节点将被投影到节点坐标平均值所在的平面上；画出两条矩形对边中点的连线，相交于一点 O；以交点 O 为中心，分别过 4 个中点构造两个矩形；找出两个矩形长边和短边之比的最大值，即为四边形的 Aspect Ratio 值。

Aspect Ratio 值=1，四边形 IJKL 为正方形，此时说明划分的网格质量最好。

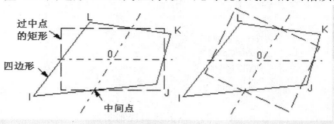

图 3-32　四边形判断法则

③Jacobian Ratio（雅可比比率）适应性较广，一般用于处理带有中节点的单元，选择此选项后，此时在信息栏中会出现如图 3-33 所示的 Mesh Metric 窗口，在窗口内显示了网格质量划分图表。

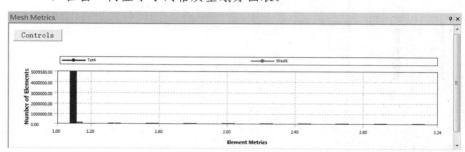

图 3-33　Jacobian Ratio 图表

Jacobian Ratio 计算法则如下。

计算单元内的样本点雅可比矩阵的行列式值 R_j；雅可比值是样本点中行列式最大值与最小值的比值；若两者正负号不同，雅可比值将为-100，此时该单元不可接受。

三角形单元的雅可比比率：如果三角形的每个中间节点都在三角形边的中点上，那么这个三角形的雅可比比率为 1。如图 3-34 所示为雅可比比率分别为 1、30、1000 时的三角形网格。

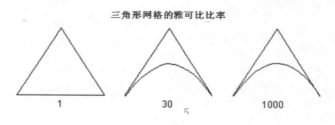

图 3-34　三角形网格 Jacobian Ratio

四边形单元的雅可比比率：任何一个矩形单元或平行四边形单元，无论是否含有中间节点，其雅可比比率都为 1，如果垂直一条边的方向向内或者向外移动这一条边上的中间节点，可以增加雅可比比率。如图 3-35 所示为为雅可比比率分别为 1、30、100 时的四边形网格。

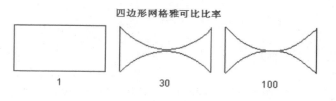

图 3-35　四边形网格 Jacobian Ratio

六面体单元雅可比比率：满足以下两个条件的四边形单元和块单元的雅科比比率为 1。

- 所有对边都相互平行。
- 任何边上的中间节点都位于两个角点的中间位置。

如图 3-36 所示为雅可比比率分别为 1、30、1000 时的四边形网格，此四边形网格可以生成雅可比为 1 的六面体网格。

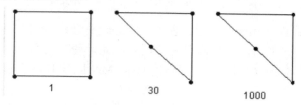

图 3-36　四边形网格 Jacobian Ratio

④Wraping Factor（扭曲系数）用于计算或评估四边形壳单元、含有四边形面的块单元、楔形单元及金字塔单元等，高扭曲系数表明单元控制方程不能很好地控制单元，需要重新划分。选择此选项后，此时在信息栏中会出现如图 3-37 所示的 Mesh Metric 窗口，在窗口内显示了网格质量划分图表。

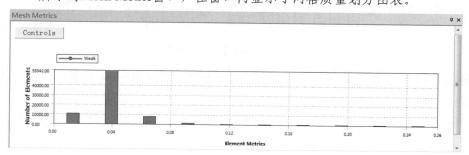

图 3-37　Wraping Factor 图表

如图 3-38 所示为二维四边形壳单元的扭曲系数逐渐增加的二维网格图形变化，从图中可以看出扭曲系数由 0.0 增大到 5.0 的过程中网格扭曲程度逐渐增加。

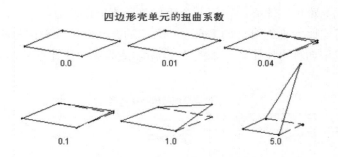

图 3-38　Wraping Factor 二维网格图形变化

对于三维块单元扭曲系数来说，分别比较 6 个面的扭曲系数，从中选择最大值作为扭曲系数，如图 3-39 所示。

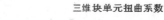

图 3-39　Wraping Factor 三维块单元变化

⑤Parallel Deviation（平行偏差）计算对边矢量的点积，通过点积中的余弦值求出最大的夹角。平行偏差为 0 最好，此时两对边平行。选择此选项后，在信息栏中会出现如图 3-40 所示的 Mesh Metrics 窗口，在窗口内显示了网格质量划分图表。

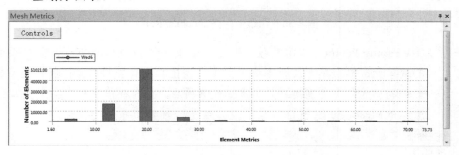

图 3-40　Parallel Deviation 图表

如图 3-41 所示为当 Parallel Deviation（平行偏差）值从 0～170 时的二维四边形单元变化图形。

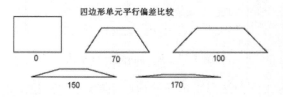

图 3-41　Parallel Deviation 二维四边形单元变化图形

⑥Maximum Corner Angle（最大壁角角度）计算最大角度。对三角形而言，60°最好，为等边三角形。对四边形而言，90°最好，为矩形。选择此选项后，在信息栏中会出现如图3-42所示的Mesh Metrics窗口，在窗口内显示了网格质量划分图表。

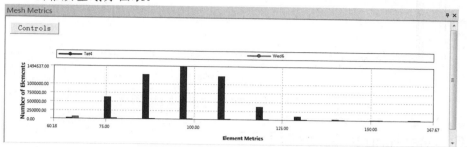

图3-42　Maximum Corner Angle 图表

⑦Skewness（偏斜）为网格质量检查的主要方法之一，有两种算法，即Equilateral-Volume-Based Skewness和Normalized Equiangular Skewness。其值位于0~1之间，0最好，1最差。选择此选项后，在信息栏中会出现如图3-43所示的Mesh Metrics窗口，在窗口内显示了网格质量划分图表。

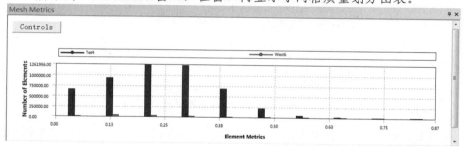

图3-43　Skewness 图表

⑧Orthogonal Quality（正交品质）为网格质量检查的主要方法之一，其值位于0~1之间，0最差，1最好。选择此选项后，在信息栏中会出现如图3-44所示的Mesh Metrics窗口，在窗口内显示了网格质量划分图表。

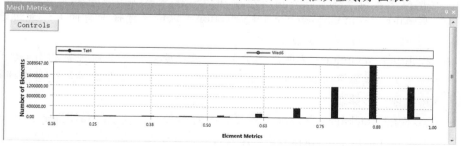

图3-44　Orthogonal Quality 图表

⑨Characteristic Length（特征长度）为网格质量检查的主要方法之一，二维单元是面积的平方根，三维单元是体积的立方根。在信息栏中会出现如图3-45所示的Mesh Metrics窗口，在窗口内显示了网格质量划分图表。

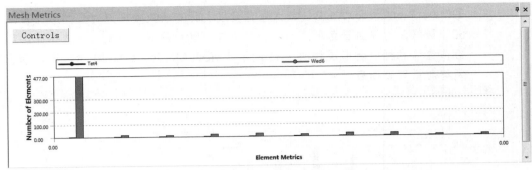

图 3-45　Characteristic Length 图表

3.1.6　Meshing 网格膨胀层设置

Meshing 网格设置可以在 Mesh 下进行操作，单击模型树中的 Mesh 图标，在弹出的"Details of 'Mesh'"参数设置面板 Inflation 中进行网格膨胀层的相关设置。如图 3-46 所示为 Inflation（膨胀层）设置面板。

图 3-46　Inflation 设置面板

（1）Use Automatic Inflation（使用自动控制膨胀层）：使用自动控制膨胀层默认为 None，其后面有 3 个可选择的选项。

①None（不使用自动控制膨胀层）：程序默认选项，即不需要人工控制程序自动进行膨胀层参数控制。

②Program Controlled（程序控制膨胀层）：人工控制生成膨胀层的方法，通过设置总厚度、第一层厚度、平滑过渡等来控制膨胀层生成的方法。

③All Faces in Chosen Named Selection（以命名选择所有面）：通过选取已经被命名的面来生成膨胀层。

（2）Inflation Option（膨胀层选项）：膨胀层选项对于二维分析和四面体网格划分的默认设置为平滑过渡（Smoothing Transition），除此之外膨胀层选项还有以下几项可以选择。

①Total Thickness(总厚度):需要输入网格最大厚度值(Maximum Thickness)。

②First Layer Thickness（第一层厚度）：需要输入第一层网格的厚度值（First Layer Height）。

③First Aspect Ratio（第一个网格的宽高比）：程序默认的宽高比为 5，用户可以修改宽高比。

④Last Aspect Ratio（最后一个网格的宽高比）：需要输入第一层网格的厚度值（First Layer Height）。

（3）Transition Ratio（平滑比率）：程序默认值为0.272，用户可以根据需要对其进行更改。

（4）Maximum Layers（最大层数）：程序默认的最大层数为5，用户可以根据需要对其进行更改。

（5）Growth Rate（生长速率）：相邻两侧网格中内层与外层的比例，默认值为1.2，用户可根据需要对其进行更改。

（6）Inflation Algorithm（膨胀层算法）：膨胀层算法有前处理（基于Tgrid算法）和后处理（基于ICEM CFD算法）两种算法。

①Pre（前处理）：基于Tgrid算法，所有物理模型的默认设置。首先表面网格膨胀，然后生成体网格，可应用扫掠和二维网格的划分，但是不支持邻近面设置不同的层数。

②Post（后处理）：基于ICEM CFD算法，使用一种在四面体网格生成后作用的后处理技术，后处理选项只对patching conforming和patch independent四面体网格有效。

（7）View Advanced Options（显示高级选项）：当此选项为开（Yes）时，此时Inflation（膨胀层）设置会增加如图3-47所示的选项。

Inflation	
Use Automatic Inflation	None
Inflation Option	Smooth Transition
Transition Ratio	0.272
Maximum Layers	5
Growth Rate	1.2
Inflation Algorithm	Pre
View Advanced Options	Yes
Collision Avoidance	Layer Compression
Fix First Layer	No
Gap Factor	0.5
Maximum Height over Base	1
Growth Rate Type	Geometric
Maximum Angle	140.0 °
Fillet Ratio	1
Use Post Smoothing	Yes
Smoothing Iterations	5

图3-47 膨胀层高级选项

3.1.7 Meshing网格高级选项

Meshing网格设置可以在Mesh下进行操作，单击模型树中的 Mesh图标，在弹出的“Details of ‘Mesh’”参数设置面板Advanced中进行网格高级选项的相关设置。如图3-48所示为Advanced（高级选项）设置面板。

Note

图 3-48 高级选项设置面板

（1）Straight Sided Elements：默认设置为 No（否）。

（2）Number of Retries（重试次数）：设置网格剖分失败时的重新划分次数。

（3）Rigid Body Behavior（刚体行为）：默认设置为 Dimensionally Reduced 尺寸缩减。

（4）Mesh Morphing（网格变形）：设置是否允许网格变形，即允许（Enable）或不允许（Disabled）。

（5）Triangle Suface Mesher（三角面网格）：有 Program Controlled 和 Advancing Front 两个选项可供选择。

（6）Use Asymmetric Mapped Mesh（非对称映射网格划分）：可以设置使用非对称映射网格划分。

（7）Topology Checking（拓扑检查）：默认设置为 No（否），可调置为 Yes，即使用拓扑检查。

（8）Pinch Tolerance（收缩容差）：网格生成时会产生缺陷，收缩容差定义了收缩控制，用户自己定义网格收缩容差控制值，收缩只能对顶点和边起作用，对于面和体不能收缩。以下网格方法支持收缩特性。

①Patch Conforming 四面体。
②薄实体扫掠。
③六面体控制划分。
④四边形控制表面网格划分。
⑤所有三角形表面划分。

（9）Generate Pinch on Refresh（重新刷新时产生收缩）：默认为是（Yes）。

3.1.8 Meshing 网格统计

Meshing 网格设置可以在 Mesh 下进行操作，单击模型树中的 Mesh 图标，在弹出的"Details of 'Mesh'"参数设置面板 Statistics（统计）中进行网格统计及质量评估的相关设置。如图 3-49 所示为 Statistics（统计）面板。

第 3 章　网格划分

```
Statistics
  Nodes      1106136
  Elements   5082730
```

图 3-49　Statistics（统计）面板

（1）Nodes（节点数）：当几何模型的网格划分完成后，此处会显示节点数量。
（2）Elements（单元数）：当几何模型的网格划分完成后，此处会显示单元数量。

3.2　ANSYS Meshing 网格划分实例

以上简单介绍了 ANSYS Meshing 网格划分的基本方法和一些常用的网格质量评估工具，下面通过几个实例简单介绍一下 ANSYS Meshing 网格划分的操作步骤和常见的网格格式的导入方法。

3.2.1　应用实例 1——Inflation 网格划分

模型文件	Chapter03\char03-1\ santong.x_t
结果文件	Chapter03\char03-1\ santong_mesh.wbpj

Inflation 法一般用于流体动力学分析（CFD）的网格划分。图 3-50 所示为一个简化后的三通流体部分模型，下面采用 Inflation 法对模型进行网格划分。

Step1：在 Windows 系统下选择"开始"→"所有程序"→ANSYS 18.0→Workbench 18.0 命令，启动 ANSYS Workbench 18.0，进入主界面。

Step2：双击主界面 Toolbox（工具箱）中的 Component Systems→Mesh（网格）命令，即可在 Project Schematic（项目管理区）创建分析项目 A，如图 3-51 所示。

Step3：右击项目 A 中的 A2（Geometry）栏，如图 3-52 所示，在弹出的快捷菜单中选择 Import Geometry→Browse 命令。

Step4：如图 3-53 所示，在弹出的对话框中选择如下。

图 3-50　三通模型

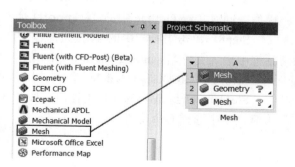

图 3-51　创建分析项目 A

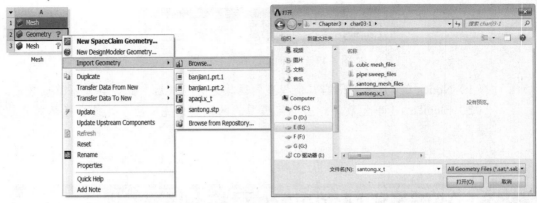

图 3-52　加载几何文件　　　　　　　　图 3-53　选择文件名

① 将文件类型更改为 Parasolid（*.x_t）。
② 选择 santong.x_t 格式文件，然后单击"打开"按钮。

Step5：双击项目 A 中的 A2（Geometry）栏，此时会弹出如图 3-54 所示的 DesignModeler 平台，设置单位为 mm。

Step6：DesignModeler 平台被加载，同时在 Tree Outline（模型树）中出现一个 Import1 选项，如图 3-55 所示，前面的 表示几何模型需要生成。

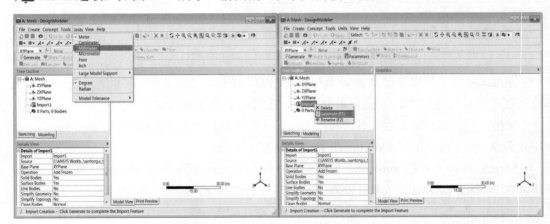

图 3-54　单位设置　　　　　　　　　　图 3-55　DesignModeler 界面

Step7：单击工具栏中的 General 按钮，如图 3-56 所示，此时会在绘图区中加载几何模型，同时 Tree Outline 中的 Import1 会变成 Import1，表示模型成功被加载。

Step8：单击工具栏中的 按钮保存文件，在弹出的如图 3-57 所示的"另存为"对话框中输入文件名 santong_mesh.wbpj，单击"保存"按钮。

Step9：单击 DesignModeler 平台右上角的 按钮，关闭软件。

Step10：回到 Workbench 主窗口，如图 3-58 所示，右击 A3（Mesh）栏，在弹出的快捷菜单中选择 Edit 命令。

图 3-56　载入几何模型

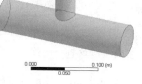

图 3-57　保存文件

Step11：Mesh 网格划分平台被加载，如图 3-59 所示。

图 3-58　载入 Mesh

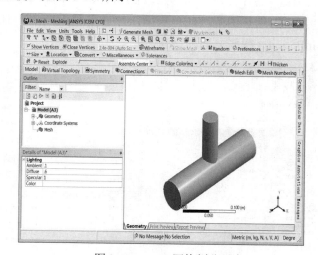

图 3-59　Mesh 网格划分平台

Step12：右击 Outline 中的 Project→Model（A3）→Mesh，此时弹出一个"网格设置"快捷菜单，如图 3-60 所示，在弹出的快捷菜单中选择 Insert→Method 命令。

Step13：此时在 Outline 中的 Mesh 下创建一个 Automatic Method 选项，如图 3-61 所示，选择此选项，在下面的 Details of "Automatic Method" 面板中做如下操作。

① 在绘图区选择实体，然后单击 Geometry 栏中的 Apply 按钮确定选择。

② 在 Definition→Method 栏中选择 Tetrahedrons（四面体网格划分）选项。

Step14：右击 Project→Model（A3）→Mesh，在弹出的如图 3-62 所示的快捷菜单中选择 Insert→Inflation 命令。

Step15：此时在 Project→Model（A3）→Mesh 下面出现一个 Inflation 命令，？表示此命令还未设置。

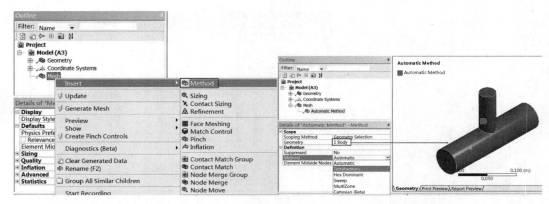

图 3-60　插入网格划分　　　　　　　　图 3-61　网格划分方法

Step16：选择 Inflation 命令，在如图 3-63 所示的下面出现的 Details of "Inflation" 面板中设置如下。

① 选择几何实体，然后在 Scope→Geometry 栏中单击 Apply 按钮。

② 选择两圆柱的外表面，然后在 Definition→Boundary 栏中单击 Apply 按钮，完成 Inflation（膨胀）面的设置。

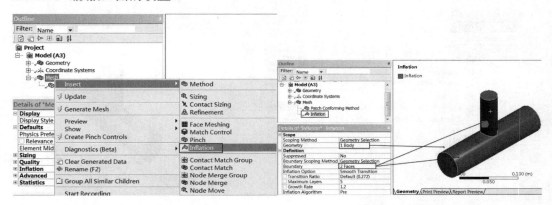

图 3-62　插入 Inflation　　　　　　　　图 3-63　选择几何模型

Step17：选择 Project→Model（A3）→Mesh 命令，下面出现了 Details of Mesh 面板，在如图 3-64 所示的面板中设置如下。

在 Sizing→Element Size 栏中输入 0.005，并按 Enter 键确认输入。

Step18：右击 Project→Model（A3）→Mesh，此时弹出如图 3-65 所示的快捷菜单，从中选择 Generate Mesh 命令。

Step19：此时会弹出如图 3-66 所示的网格划分进度栏，其中显示出网格划分的进度条。

Step20：划分完成的网格如图 3-67 所示。

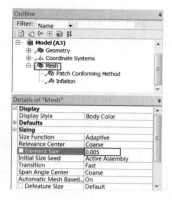
图 3-64 网格尺寸设置

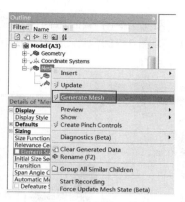
图 3-65 划分网格

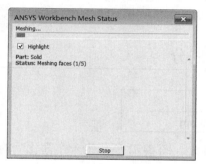
图 3-66 网格划分进度栏

图 3-67 网格模型

Step21：单击工具栏中的 面选择过滤器图标，然后右击如图 3-68 所示的面，在弹出的快捷菜单中选择 Create Named Selection（创建选择）命令。

> 此面位于 Z 轴最大值侧，请旋转视图位置以方便选择。

Step22：在弹出的如图 3-69 所示的 Selection Name 对话框中输入截面名 Cool_inlet，单击 OK 按钮确定。

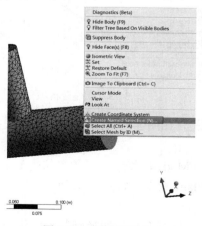
图 3-68 设置截面名

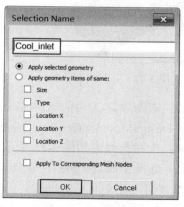
图 3-69 输入截面名

Step23：对另外两个截面做同样设置，设置完成后如图3-70所示。

Step24：如图3-71所示，选择Mesh平台的File→Save Project命令，保存文件，然后退出Mesh平台。

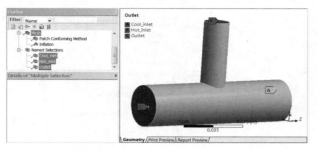
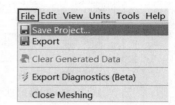

图3-70　截面命名　　　　　　　　　　　　　图3-71　保存文件

3.2.2　应用实例2——MultiZone网格划分

模型文件	无
结果文件	Chapter03\char03-2\ MultiZone.wbpj

MultiZone法一般用于对几何体多重区域网格划分。图3-72所示为一个简化后的模型，下面采用MultiZone法对模型进行网格划分。

Step1：在Windows系统下选择"开始"→"所有程序"→ANSYS 18.0 →Workbench 18.0命令，启动ANSYS Workbench 18.0，进入主界面。

Step2：双击主界面Toolbox（工具箱）中的Component Systems→Mesh（网格）命令，即可在Project Schematic（项目管理区）创建分析项目A，如图3-73所示。

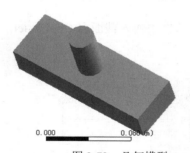
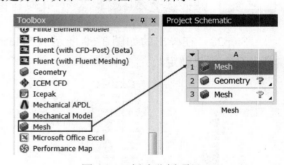

图3-72　几何模型　　　　　　　　　　　　　图3-73　创建分析项目A

Step3：右击项目A中的A2（Geometry）栏，如图3-74所示，在弹出的快捷菜单中选择New DesignModeler Geometry命令。

Step4：此时会弹出如图3-75所示的DesignModeler平台，设置单位为mm。

Step5：选择Tree Outline中的Mesh→XYPlane命令，如图3-76所示，然后单击工具栏中的按钮，使平面正对屏幕。

Step6：如图3-77所示，单击Sketching（草绘）命令，切换到草绘操作面板，选择Draw→Rectangule命令，在图形操作区域草绘一个长方形，左起点为坐标原点。

第 3 章 网格划分

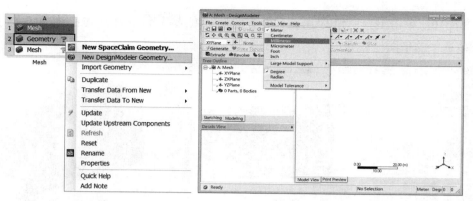

图 3-74 创建几何文件　　　　图 3-75 启动 DesignModeler 软件

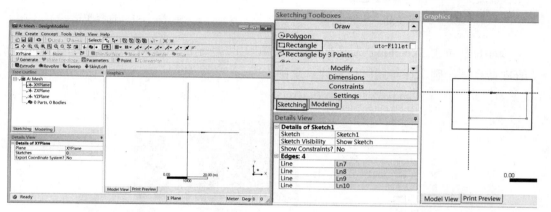

图 3-76 草绘平面　　　　图 3-77 绘图

Step7：选择 Dimensions→General 命令，如图 3-78 所示，创建两个标注分别为水平方向的 H1 和竖直方向的 V 2。

Step8：如图 3-79 所示，在下面弹出的 Details View 面板 Dimensions:2 的 H1 栏中输入 150mm，在 V2 栏中输入 50mm。

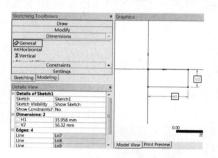
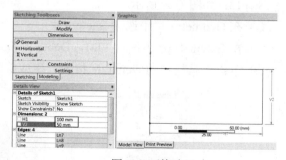

图 3-78 标注　　　　图 3-79 修改尺寸

Step9：如图 3-80 所示，在工具栏中单击 Extrude 按钮，在出现的面板中做如下操作。

① 在 Geometry 栏中选中 Sketch1。

② 在 Extent Type 下面的 Depth 中输入 35mm。

③ 单击工具栏中的 Generate 按钮，生成实体几何。

Step10：单击工具栏中的 按钮，在绘图区域选择最上端的平面，如图3-81所示，此时被选中的平面被加亮。

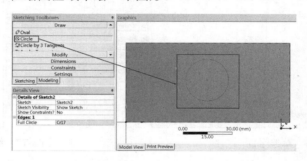

图3-80　生成实体　　　　　　　　　图3-81　选择平面

Step11：单击Sketching选项卡，弹出如图3-82所示的草绘操作面板，选择Draw→Circle命令草绘圆，在绘图区域草绘一个圆形。

图3-82　草绘圆

Step12：选择Dimensions→General命令，如图3-83所示，在绘图区域标注圆心到左端的距离L3、圆心到底边的距离L2及圆形的直径D1。

Step13：如图3-84所示，在工具栏中单击 Extrude 按钮，在出现的面板中做如下操作。

① 在Geometry栏中选中Sketch2。

② 在Extent Type下面的FD1，Depth（>0）中输入35mm。

③ 单击工具栏中的Generate按钮，生成实体几何。

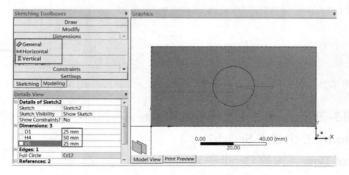

图3-83　尺寸标注

第 3 章 网格划分

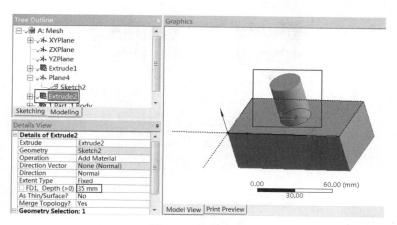

图 3-84 拉伸实体

Step14：单击 DesignModeler 平台右上角的 × 按钮，关闭软件。

Step15：回到 Workbench 主界面中，双击项目 A 中的 A3（Mesh）栏，加载如图 3-85 所示的 Mesh 网格划分平台。

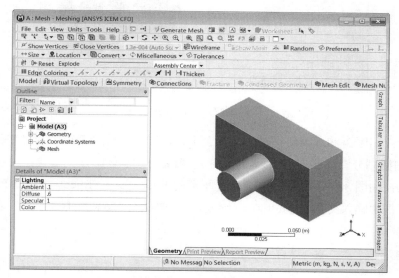

图 3-85 Mesh 网格划分平台

Step16：选择 Project→Model（A3）→Mesh 命令，如图 3-86 所示，在出现的 Mesh 工具栏中选择 Mesh Control→Method 命令。

Step17：在如图 3-87 所示的 Details of "MultiZone" 面板中做如下设置。

① 在 Geometry 栏中显示 1 Body，表示一个实体被选中。

② 在 Method 栏中选择 MultiZone 选项。

③ 在 Src/Trg Selection 栏中选择 Manual Source 选项。

④ 在 Source 栏中选择圆柱和长方体的三个平行端面，单击 Apply 按钮。

Step18：选择 Project→Model（A3）→Mesh 命令，在弹出的如图 3-88 所示的 Details of "Mesh" 面板中设置 Element Size 栏的数值为 5.e-003m。

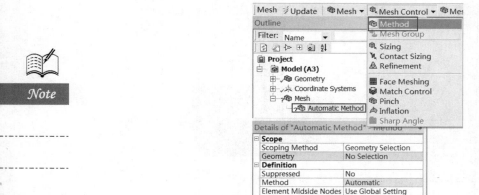

图 3-86　Mesh 设置

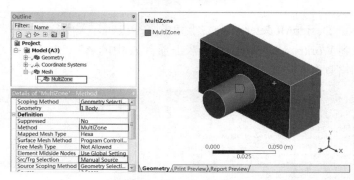

图 3-87　划分网格 1

Step19：如图 3-89 所示，右击 Mesh 选项，在弹出的快捷菜单中选择 Generate Mesh 命令进行网格划分。如图 3-90 所示为划分完网格的几何模型。

Step20：如图 3-91 所示，选择 Mesh 平台的 File→Save Project 命令，在弹出的"另存为"对话框中输入文件名 MultiZone.wbpj，单击"保存"按钮保存文件，然后退出 Mesh 平台。

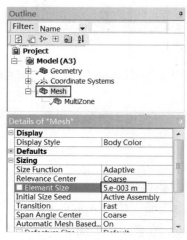

图 3-88　设置网格大小

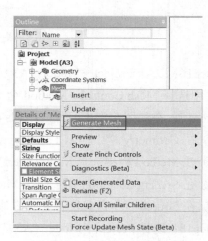

图 3-89　划分网格 2

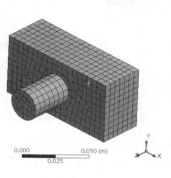

图 3-90　网格模型

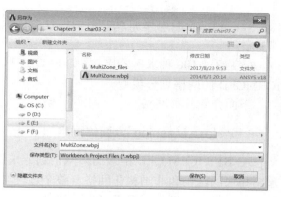

图 3-91　保存文件

3.3　ANSYS Workbench 其他网格划分工具

ANSYS Workbench 18.0 软件除了自带了强大的几何模型网格划分工具——Mechanical 外，同时还有一些专业的网格划分工具，如 ICEM CFD、TGrid、Gambit 等，这些工具具有非常强大的网格划分能力，同时也能根据不同需要划分出满足不同第三方软件格式的有限元网格，如划分完的网格支持 Abaqus、Nastran 等主流的有限元分析软件的格式。

由于篇幅限制，不能一一讲解，仅对以上三种网格划分软件的基本功能进行简单介绍。

3.3.1　ICEM CFD 软件简介

ICEM CFD 是 The Integrated Computer Engineering and Manufacturing code for Computational Fluid Dynamics 的简称，是专业的 CAE 前处理软件。

作为专业的前处理软件，ICEM CFD 为所有世界流行的 CAE 软件提供高效可靠的分析模型。它拥有强大的 CAD 模型修复能力、自动中面抽取、独特的网格"雕塑"技术、网格编辑技术及广泛的求解器支持能力。同时，作为 ANSYS 家族的一款专业分析软件，还可以集成于 ANSYS Workbench 平台，获得 Workbench 的所有优势。

ICEM CFD 软件功能如下所述。

（1）直接几何接口（CATIA、CADDS5、ICEM Surf/DDN、I-DEAS、SolidWorks、Solid Edge、Pro/ENGINEER 和 Unigraphics）。

（2）忽略细节特征设置：自动跨越几何缺陷及多余的细小特征。

（3）对 CAD 模型的完整性要求很低，提供完备的模型修复工具，方便处理"烂模型"。

（4）一劳永逸的 Replay 技术，对几何尺寸改变后的几何模型自动重划分网格。

（5）方便的网格雕塑技术实现任意复杂的几何体纯六面体网格划分。

（6）快速自动生成六面体为主的网格。

(7)自动检查网格质量,自动进行整体平滑处理,坏单元自动重划,可视化修改网格质量。

(8)超过 100 种求解器接口,如 FLUENT、ANSYS、CFX、Nastran、Abaqus、LS-Dyna ICEMCFD 的网格划分模型。

下面介绍几种网格。

(1) Hexa Meshing 六面体网格

ANSYS ICEM CFD 中六面体网格划分采用了由顶至下的"雕塑"方式,可以生成多重拓扑块的结构和非结构化网格。整个过程半自动化,使用户能在短时间内掌握原本只能由专家进行的操作。采用了先进的 O-Grid 等技术,用户可以方便地在 ICEM CFD 中对非规则几何形状画出高质量的 O 形、C 形、L 形六面体网格。

(2) Tetra Meshing 四面体网格

四面体网格适合对结构复杂的几何模型进行快速高效的网格划分。在 ICEM CFD 中,四面体网格的生成实现了自动化,系统自动对已有的几何模型生成拓扑结构。用户只需要设定网格参数,系统就可以自动快速地生成四面体网格。系统还提供丰富的工具,使用户能够对网格质量进行检查和修改。

(3) Prism Meshing 棱柱型网格

Prism 网格主要用于四面体总体网格中对边界层的网格进行局部细化,或是用在不同形状网格(Hexa 和 Tetra)之间交接处的过渡。与四面体网格相比,Prism 网格形状更为规则,能够在边界层处提供较好的计算区域。

3.3.2 TGrid 软件简介

TGrid 是一款专业的前处理软件,用于在复杂和非常庞大的表面网格上产生非结构化的四面体网格和六面体核心网格。TGrid 提供高级的棱柱层网格产生工具,包含冲突检测和尖角处理的功能。

TGrid 还拥有一套先进的包裹程序,可以在一大组由小面构成的非连续表面基础上生成高质量的、基于尺寸函数的连续三角化表面网格。

TGrid 软件的健壮性及自动化算法节省了前处理时间,产生的高质量网格提供给 ANSYS FLUENT 软件做计算流体动力学分析。

表面或者体网格可以从 GAMBIT、ANSYS 结构力学求解器、CATIA®、I-DEAS®、NASTRAN®、PATRAN®、Pro/ENGINEER®、Hypermesh®等更多软件中直接导入 TGrid。

TGrid 中拥有大量的修补工具,可以改善导入的表面网格质量,快速地将多个部件的网格装配起来。

TGrid 方便的网格质量诊断工具使得对网格大小和质量的检查非常简单。

TGrid 软件功能如下所述。

(1) TGrid 使用笛卡尔悬挂节点六面体、四面体、棱锥体、棱柱体(楔形体或六面体),以及在二维情况下的三角形和四边形等生成先进的混合类型体网格。

（2）先进的基于尺寸函数的表面包裹技术，拥有手动或者自动的漏洞修复工具。
（3）包裹后的操作有特征边烙印、粗化、区域提取和质量提升工具。
（4）棱柱层网格的生成使用包含自动接近率处理的先进边界层方法。
（5）产生六面体核心和前沿法四面体体积网格。
（6）改善表面网格和体积网格质量的工具。
（7）操作表面/单元区域的工具。
（8）使用 Delaunay 三角剖分方法进行表面生成和网格重分。
（9）生成、交叉、修补、替换和改善边界网格的工具。
（10）TGrid 可以从 ANSYS 前处理 GAMBIT 导入边界网格，同样也可以从很多第三方前处理工具导入。

3.3.3 Gambit 软件功能

Gambit 是为了帮助分析者和设计者建立并网格化计算流体力学（CFD）模型和其他科学应用而设计的一个软件包。

Gambit 通过它的用户界面（GUI）来接受用户的输入。Gambit GUI 简单而又直接地做出建立模型、网格化模型、指定模型区域大小等基本步骤，然而这对很多的模型应用来说已是足够了。

面向 CFD 分析的高质量的前处理器，其主要功能包括几何建模和网格生成。由于 Gambit 本身所具有的强大功能及快速的更新，在目前所有的 CFD 前处理软件中，Gambit 稳居上游。

Gambit 软件具有以下特点。

（1）在 ACIS 内核基础上的全面三维几何建模能力，通过多种方式直接建立点、线、面、体，而且具有强大的布尔运算能力，ACIS 内核已提高为 ACIS R12，该功能大大领先于其他 CAE 软件的前处理器。

（2）可对自动生成的 Journal 文件进行编辑，以自动控制修改或生成新的几何模型与计算网格。

（3）可以导入 Pro/E、UG、CATIA、Solidworks、ANSYS、PATRAN 等大多数 CAD/CAE 软件所建立的几何和网格。导入过程新增自动公差修补几何功能，以保证 Gambit 与 CAD 软件接口的稳定性和保真性，使得几何质量高，并大大减轻工程师的工作量。

（4）新增 Pro/E、CATIA 等直接接口，使得导入过程更加直接和方便。

（5）强大的几何修正功能，在导入几何时会自动合并重合的点、线、面；新增几何修正工具条，在消除短边、缝合缺口、修补尖角、去除小面、去除单独辅助线和修补倒角时更加快速、自动、灵活，而且准确保证几何体的精度。

（6）G/TURBO 模块可以准确而高效地生成旋转机械中的各种风扇及转子、定子等的几何模型和计算网格。

（7）强大的网格划分能力，可以划分包括边界层等 CFD 特殊要求的高质量网格。Gambit 中专用的网格划分算法可以保证在复杂的几何区域内直接划分出高质量的四面体、六面体网格或混合网格。

（8）先进的六面体核心（HEXCORE）技术是 Gambit 所独有的，集成了笛卡尔网格和非结构网格的优点，使用该技术划分网格时更加容易，而且大大节省网格数量、提高网格质量。

（9）居于行业领先地位的尺寸函数（Size Function）功能可使用户能自主控制网格的生成过程及在空间上的分布规律，使得网格的过渡与分布更加合理，最大限度地满足 CFD 分析的需要。

（10）Gambit 可高度智能化地选择网格划分方法，可对极其复杂的几何区域划分出与相邻区域网格连续的完全非结构化的混合网格。

（11）新版本中增加了新的附面层网格生成器，可以方便地生成高质量的附面层网格。

（12）可为 FLUENT、POLYFLOW、FIDAP、ANSYS 等解算器生成和导出所需要的网格和格式。

3.4　本章小结

本章详细介绍了 ANSYS Workbench 平台网格划分模块的一些相关参数设置与网格质量检测方法，并通过两个网格划分实例介绍了不同类型网格划分的方法和操作过程，最后介绍了其他几种网格划分工具。

第4章

后处理

后处理技术——以其对计算数据优秀的处理能力,被众多有限元软件和计算软件所应用。结果的输出为了方便对计算数据的处理而产生,减少了对大量数据的分析过程,可读性强,理解方便。

有限元计算的最后一个关键步骤为数据的后处理,后处理使用者可以很方便地对结构的计算结果进行相关操作,以输出感兴趣的结果,如变形、应力、应变等。另外,对于一些高级用户,还可以通过简单的代码编写,输出一些特殊的结果。

ANSYS Workbench 18.0 平台的后处理器功能非常丰富,可以完成众多类型的后处理。本章将详细介绍 ANSYS Workbench 18.0 新版软件的后处理设置与操作方法。

学习目标

(1) 熟练掌握 ANSYS Workbench 后处理选项卡中各种结果的意义。
(2) 熟练掌握 ANSYS Workbench 后处理工具命令的使用方法。
(3) 熟练掌握 ANSYS Workbench 用户自定义后处理。
(4) 熟练掌握 ANSYS Workbench 后处理数据的判断方法。

4.1 ANSYS Mechanical 18.0 后处理

Workbench 平台的后处理包括以下几部分内容：查看结果、结果显示（Scope Results）、输出结果、坐标系和方向解、结果组合（Solution Combinations）、应力奇异（Stress Singularities）、误差估计、收敛状况等。

4.1.1 查看结果

当选择一个结果选项时，文本工具框就会显示该结果所要表达的内容，如图 4-1 所示。

图 4-1 结果选项卡

缩放比例：对于结构分析（静态、模态、屈曲分析等），模型的变形情况将发生变化。默认状态下，为了更清楚地看到结构的变化，比例系数自动被放大，同时用户可以改变为非变形或者实际变形情况，如图 4-2 所示设置变形因子。同时可以自己输入变形因子，如图 4-3 所示。

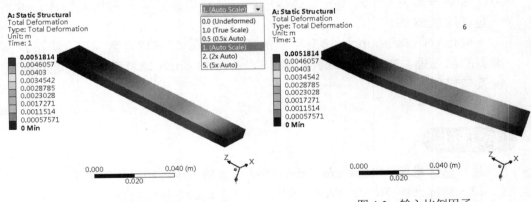

图 4-2 默认比例因子　　　　　　　　图 4-3 输入比例因子

显示方式：几何按钮控制云图显示方式，共有 4 种可供选择的选项。

（1）Exterior：默认的显示方式并且是最常使用的方式，如图 4-4 所示。

（2）IsoSurface：对于显示相同的值域是非常有用的，如图 4-5 所示。

（3）Capped IsoSurface：指删除了模型的一部分之后的显示结果，删除的部分是可变的，高于或者低于某个指定值的部分被删除，如图 4-6 和图 4-7 所示。

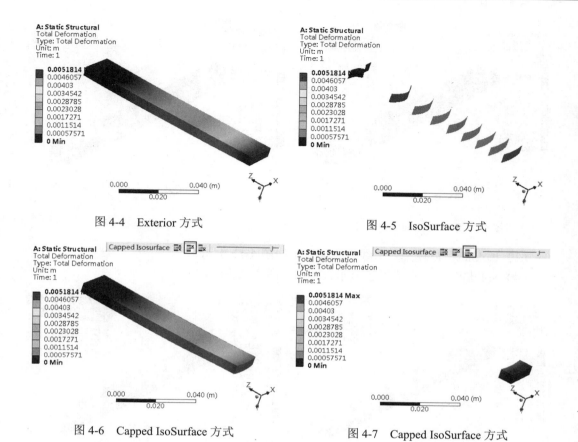

图 4-4　Exterior 方式　　　　　　　图 4-5　IsoSurface 方式

图 4-6　Capped IsoSurface 方式　　　图 4-7　Capped IsoSurface 方式

（4）Slice Planes：允许用户真实地去切模型，需要先创建一个界面，然后显示剩余部分的云图，如图 4-8 所示。

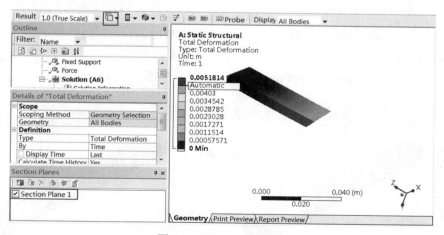

图 4-8　Slice Planes 方式

色条设置：Contour 按钮可以控制模型的显示云图方式。

（1）Smooth Contour：光滑显示云图，颜色变化过度变焦光滑，如图 4-9 所示。

（2）Contour Bands：云图显示有明显的色带区域，如图 4-10 所示。

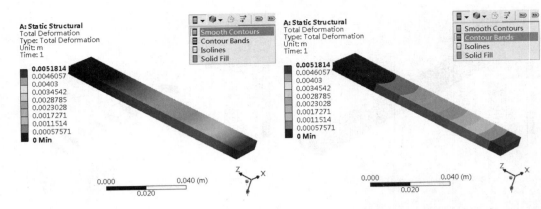

图 4-9 Smooth Contour 方式　　　　　图 4-10 Contour Bands 方式

（3）Isolines：以模型等值线方式显示，如图 4-11 所示。
（4）Solid Fill：不在模型上显示云图，如图 4-12 所示。

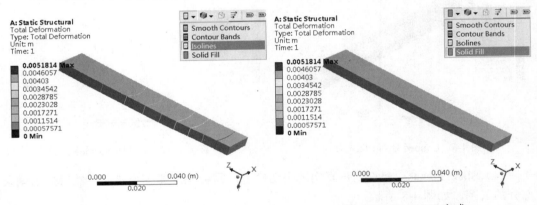

图 4-11 Isolines 方式　　　　　图 4-12 Solid Fill 方式

外形显示：Edge 按钮允许用户显示未变形的模型或者划分网格的模型。
（1）No WireFrame：不显示几何轮廓线，如图 4-13 所示。
（2）Show Underformed WireFrame：显示未变形轮廓，如图 4-14 所示。

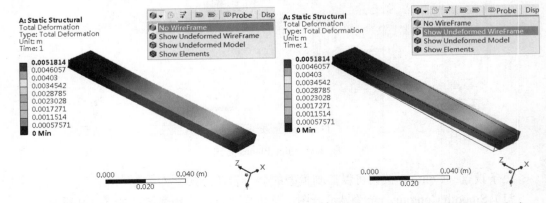

图 4-13 No WireFrame 方式　　　　　图 4-14 Show Underformed WireFrame 方式

(3) Show Underformed Model：显示未变形的模型，如图 4-15 所示。

(4) Show Element：显示单元，如图 4-16 所示。

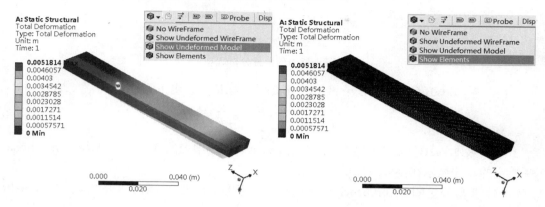

图 4-15　Show Underformed Model 方式　　　　图 4-16　Show Element 方式

最大值、最小值与刺探工具：单击相应按钮此时在图形中将显示最大值、最小值和刺探位置的数值。

4.1.2　结果显示

在后处理中，读者可以指定输出的结果，软件默认的输出结果以静力计算为例有如图 4-17 所示的一些类型，其他分析结果请读者自行查看，这里不再赘述。

关于后处理的一些常见计算方法将在另一本书中详细介绍。

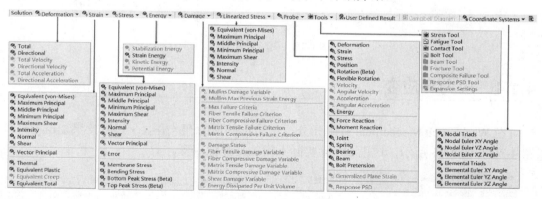

图 4-17　后处理

4.1.3　变形显示

在 Workbench Mechanical 的计算结果中，可以显示模型的变形量，主要包括 Total 及 Directional，如图 4-18 所示。

图 4-18 变形量分析选项

（1）Total（整体变形）：整体变形是一个标量，它由下式决定。

$$U_{tatal} = \sqrt{U_x^2 + U_y^2 + U_z^2}$$

（2）Directional（方向变形）：包括 x、y 和 z 方向上的变形，它们是在 Directional 中指定的，并显示在整体或局部坐标系中。

（3）变形矢量图：Workbench 中可以给出变形的矢量图，表明变形的方向，如图 4-19 所示。

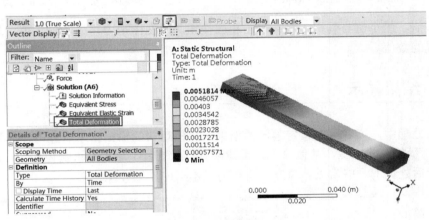

图 4-19 变形矢量形式

4.1.4 应力和应变

在 Workbench Mechanical 有限元分析中给出的应力 Stress 和应变 Strain 如图 4-20 和图 4-21 所示，这里 Strain 实际上指的是弹性应变。

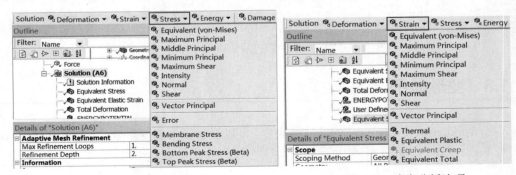

图 4-20 应力分析选项　　　　图 4-21 应变分析选项

在分析结果中，应力和应变有六个分量（x、y、z、xy、yz、xz），热应变有三个分量（x、y、z）。对应力和应变而言其分量可以在 Normal（x、y、z）和 Shear（xy、yz、xz）下指定，而热应变是在 Thermal 中指定的。

由于应力为一张量，因此单从应力分量上很难判断出系统的响应。在 Mechanical 中可以利用安全系数对系统响应做出判断，它主要取决于所采用的强度理论。使用每个安全系数的应力工具，都可以绘制出安全边界及应力比。

应力工具（Stress Tool）可以利用 Mechanical 的计算结果，操作时在 Stress Tool 下选择合适的强度理论即可，如图 4-22 所示。

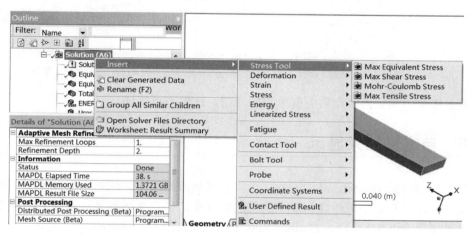

图 4-22　应力分析工具

最大等效应力理论及最大剪切应力理论适用于塑性材料（Ductile），Mohr-Coulomb 应力理论及最大拉应力理论适用于脆性材料（Brittle）。

其中等效应力 Max Equivalent Stress 为材料力学中的第四强度理论，定义为

$$\sigma_e = \sqrt{\frac{1}{2}\left[(\sigma_1 - \sigma_2)^2 + (\sigma_2 - \sigma_3)^2 + (\sigma_3 - \sigma_1)^2\right]}$$

最大剪应力 Max Shear Stress 定义为

$$\tau_{max} = \frac{\sigma_1 - \sigma_3}{2}$$

对于塑性材料，τ_{max} 与屈服强度相比可以用来预测屈服极限。

4.1.5　接触结果

在 Workbench Mechanical 中选择 Solution 工具栏 Tools 下的 Contact Tool（接触工具），如图 4-23 所示，可以得到接触分析结果。

接触工具下的接触分析可以求解相应的接触分析结果，包括摩擦应力、接触压力、

滑动距离等计算结果，如图 4-24 所示。为 Contact Tool 选择接触域有以下两种方法。

（1）Worksheet view（details）：从表单中选择接触域，包括接触面、目标面或同时选择两者。

（2）Geometry：在图形窗口中选择接触域。

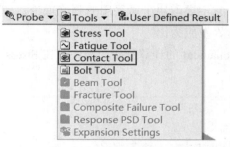

图 4-23　接触分析工具

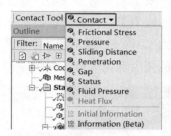

图 4-24　接触分析选项

关于接触的相关内容在后面有单独的介绍，这里不再赘述。

4.1.6　自定义结果显示

在 Workbench Mechanical 中，除了可以查看标准结果外，还可以根据需要插入自定义结果，可以包括数学表达式和多个结果的组合等，自定义结果显示有以下两种方式。

（1）选择 Solution→User Defined Result 命令，如图 4-25 所示。

图 4-25　Solution 菜单

（2）在 Solution Worksheet 中选中结果后单击鼠标右键，在弹出的快捷菜单中选择 Create User Defined Result 即可，如图 4-26 所示。

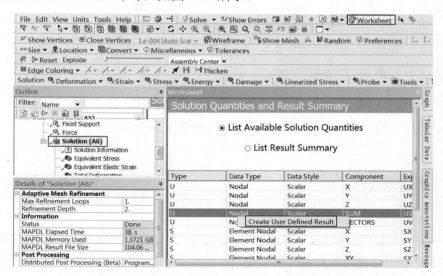

图 4-26　在 Solution Worksheet 中定义结果显示

在自定义结果显示参数设置列表中，表达式允许使用各种数学操作符号，包括平方根、绝对值、指数等，如图 4-27 所示。

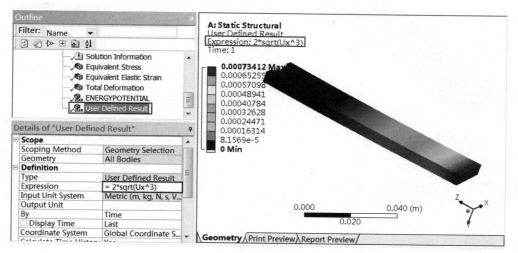

图 4-27　自定义结果显示

4.2　案例分析

前面一节介绍了一般后处理的常用方法及步骤，下面通过一个简单的案例讲解一下后处理的操作方法。

4.2.1　问题描述

某铝合金模型如图 4-28 所示，请用 ANSYS Workbench 分析作用在侧面的压力为 15 000N 时，中间圆杆的变形及应力分布。

4.2.2　启动 Workbench 并建立分析项目

Step1：在 Windows 系统下选择"开始"→"所有程序"→ANSYS 18.0→Workbench 18.0 命令，启动 ANSYS Workbench 18.0，进入主界面。

Step2：双击主界面 Toolbox（工具箱）中的 Analysis Systems→Static Structural（静态结构分析）选项，即可在 Project Schematic（项目管理区）创建分析项目 A，如图 4-29 所示。

图 4-28　铝合金模型

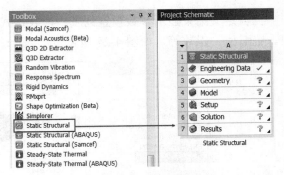

图 4-29　创建分析项目 A

4.2.3　导入创建几何体

Step1：在 A3 Geometry 上右击，在弹出的快捷菜单中选择 Import Geometry→Browse 命令，如图 4-30 所示，此时会弹出"打开"对话框。

Step2：在弹出的"打开"对话框中选择文件路径，导入 Part.step 几何体文件，如图 4-31 所示，此时 A3 Geometry 后的 ? 变为 √，表示实体模型已经存在。

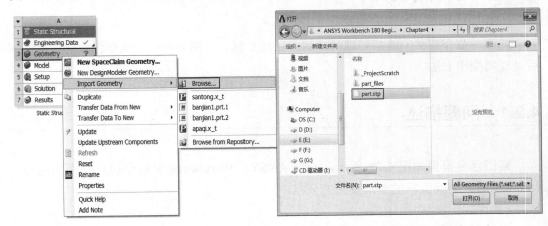

图 4-30　导入几何体　　　　　　　　　图 4-31　"打开"对话框

Step3：双击项目 A 中的 A3 Geometry，此时会进入到 DesignModeler 界面，选择单位为 mm，单击 OK 按钮，此时设计树中 Import1 前显示 ，表示需要生成，图形窗口中没有图形显示，如图 4-32 所示。

Step4：单击 Generate（生成）按钮，即可显示生成的几何体。

Step5：单击 DesignModeler 界面右上角的 ×（关闭）按钮，退出 DesignModeler，返回到 Workbench 主界面。

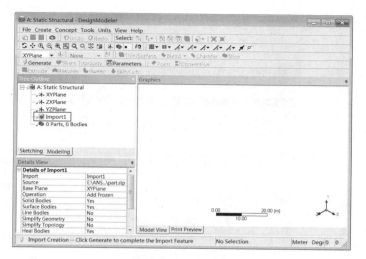

图 4-32 生成前的 DesignModeler 界面

4.2.4 添加材料库

Step1：双击项目 A 中的 A2 Engineering Data 项，进入如图 4-33 所示的材料参数设置界面，在该界面下即可进行材料参数设置。

Step2：在界面的空白处单击鼠标右键，在弹出的快捷菜单中选择 Engineering Data Sources（工程数据源）命令，此时的界面会变为如图 4-34 所示的界面。原界面窗口中的 Outline of Schematic B2:Engineering Data 消失，取代以 Engineering Data Sources 及 Outline of Favorites。

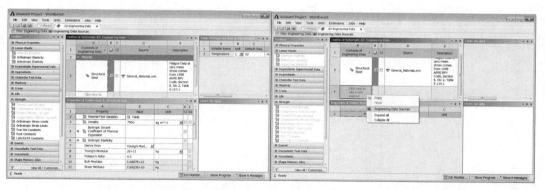

图 4-33 材料参数设置界面　　　　　图 4-34 材料参数设置界面

Step3：在 Engineering Data Sources 表中选择 A3 栏 General Materials，然后单击 Outline of Favorites 表中 A5 栏 Aluminum Alloy（铝合金）后的 B5 栏的 ✚ （添加），此时在 C5 栏中会显示 ▣ （使用中的）标识，如图 4-35 所示，标识材料添加成功。

Step4：同 Step2，在界面的空白处单击鼠标右键，在弹出的快捷菜单中选择 Engineering Data Sources（工程数据源）命令，返回到初始界面中。

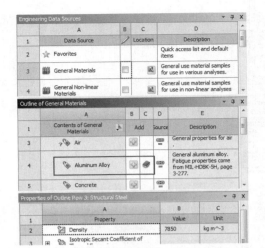

图 4-35 添加材料

Step5：根据实际工程材料的特性，在 Properties of Outline Row 5:Aluminum Alloy 表中可以修改材料的特性，如图 4-36 所示。本实例采用的是默认值。

 用户也可以通过在 Engineering Data 窗口中自行创建新材料添加到模型库中，这在后面的讲解中会有涉及，本实例不介绍。

图 4-36 材料属性窗口

Step6：单击工具栏中的 Project 按钮，返回到 Workbench 主界面，材料库添加完毕。

4.2.5 添加模型材料属性

Step1：双击主界面项目管理区项目 A 中的 A4 栏 Model 项，进入如图 4-37 所示的

Mechanical 界面。在该界面下即可进行网格的划分、分析设置、结果观察等操作。

 ANSYS Workbench 18.0 程序默认的材料为 Structural Steel。

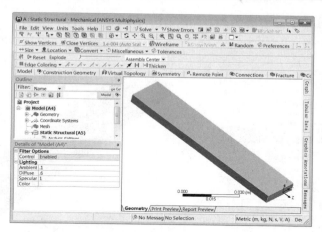

图 4-37 Mechanical 界面

Step2：选择 Mechanical 界面左侧 Outlines（分析树）中 Geometry 选项下的 1，此时即可在 Details of "1"（参数列表）中给模型添加材料，如图 4-38 所示。

Step3：单击参数列表中的 Material 下 Assignment 区域后的 ▶，此时会出现刚刚设置的材料 Aluminum Alloy，选择即可将其添加到模型中去。如图 4-39 所示，表示材料已经添加成功。

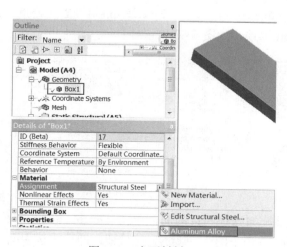

图 4-38 变更材料

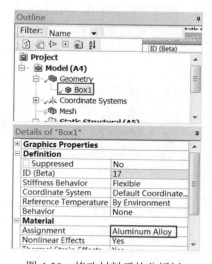

图 4-39 修改材料后的分析树

4.2.6 划分网格

Step1：选择 Mechanical 界面左侧 Outline（分析树）中的 Mesh 选项，此时可在 Details of "Mesh"（参数列表）中修改网格参数。本例在 Sizing 的 Element Size 中设置为 5.e-004m，

其余采用默认设置，如图 4-40 所示。

Step2：在 Outlines（分析树）中的 Mesh 选项单击鼠标右键，在弹出的快捷菜单中选择 Generate Mesh 命令，最终的网格效果如图 4-41 所示。

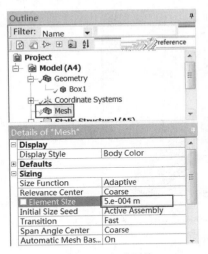

图 4-40　生成网格

图 4-41　网格效果

4.2.7　施加载荷与约束

Step1：选择 Mechanical 界面左侧 Outline（分析树）中的 Static Structural（A5）选项，此时会出现如图 4-42 所示的 Environment 工具栏。

Step2：选择 Environment 工具栏中的 Supports（约束）→Fixed Support（固定约束）命令，此时在分析树中会出现 Fixed Support 选项，如图 4-43 所示。

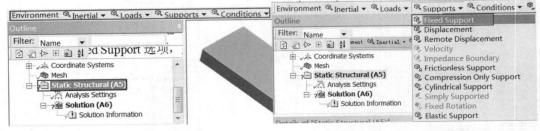

图 4-42　Environment 工具栏　　　　图 4-43　添加固定约束

Step3：选中 Fixed Support，选择需要施加固定约束的面，单击 Details of "Static Structural（A5）"（参数列表）中 Geometry 选项下的 Apply 按钮，即可在选中面上施加固定约束，如图 4-44 所示。

Step4：如同 Step2，选择 Environment 工具栏中的 Loads（载荷）→Force（力）命令，如图 4-45 所示，此时在分析树中会出现 Force 选项。

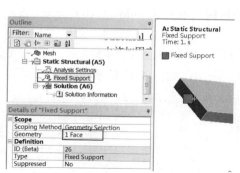
图 4-44 施加固定约束

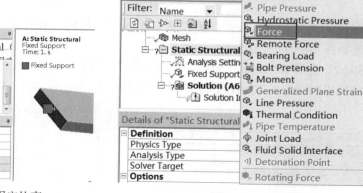
图 4-45 添加力

Step5：选中 Force，在 Details of "Force"（参数列表）面板中做如下设置及输入。

① 在 Geometry 选项下确保如图 4-46 所示的面被选中并单击 Apply 按钮，此时在 Geometry 栏中显示 1Face，表明一个面已经被选中。

② 在 Define By 栏中选择 Components。

③ 在 X Component 栏中输入 15000N，保持其他选项默认即可。

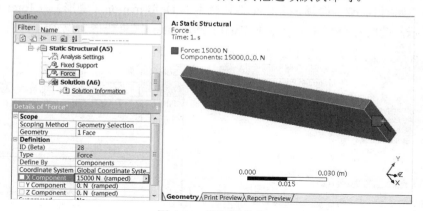
图 4-46 添加面载荷

Step6：在 Outline（分析树）中的 Static Structural（A5）选项单击鼠标右键，在弹出的快捷菜单中选择 Solve 命令，如图 4-47 所示。

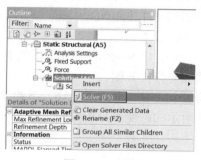
图 4-47 求解

4.2.8 结果后处理

Step1：选择 Mechanical 界面左侧 Outline（分析树）中的 Solution（A6）选项，此时会出现如图 4-48 所示的 Solution 工具栏。

Step2：选择 Solution 工具栏中的 Stress（应力）→Equivalent（von-Mises）命令，此时在分析树中会出现 Equivalent Stress（等效应力）选项，如图 4-49 所示。

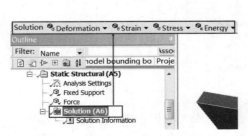

图 4-48 Solution 工具栏

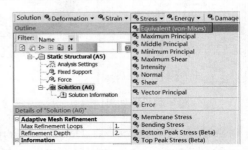

图 4-49 添加等效应力选项

Step3：如同 Step2，选择 Solution 工具栏中的 Strain（应变）→Equivalent（von-Mises）命令，如图 4-50 所示，此时在分析树中会出现 Equivalent Elastic Strain（等效应变）选项。

Step4：如同 Step2，选择 Solution 工具栏中的 Deformation（变形）→Total 命令，如图 4-51 所示，此时在分析树中会出现 Total Deformation（总变形）选项。

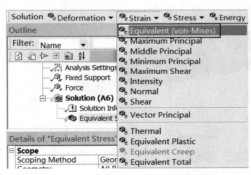

图 4-50 添加等效应变选项

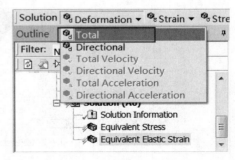

图 4-51 添加总变形选项

Step5：在 Outlines（分析树）中的 Solution（A6）选项上单击鼠标右键，在弹出的快捷菜单中选择 Evaluate All Results 命令，如图 4-52 所示。

Step6：选择 Outline（分析树）中 Solution（A6）下的 Equivalent Stress 选项，此时会出现如图 4-53 所示的应力分析云图。

Step7：选择 Outline（分析树）中 Solution（A6）下的 Equivalent Elastic Strain 选项，此时会出现如图 4-54 所示的应变分析云图。

Step8：选择 Outline（分析树）中 Solution（A6）下的 Total Deformation（总变形）选项，此时会出现如图 4-55 所示的总变形分析云图。

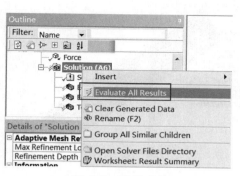

图 4-52 快捷菜单

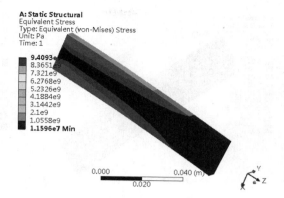

图 4-53 应力分析云图

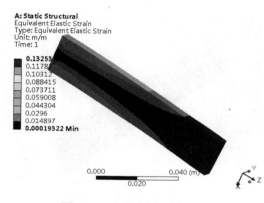

图 4-54 应变分析云图

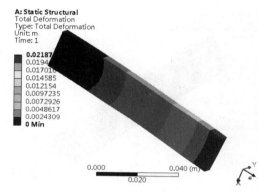

图 4-55 总变形分析云图

Step9：选择工具栏中的 ▤▾ 下的 ▤ Smooth Contours 命令，此时分别显示应力、应变及位移如图 4-56～图 4-58 所示。

Step10：选择工具栏中的 ▤▾ 下的 ▤ Isolines 命令，此时分别显示应力、应变及位移如图 4-59～图 4-61 所示。

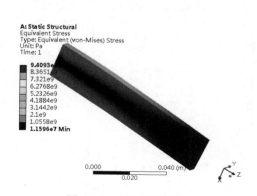

图 4-56 应力分析云图

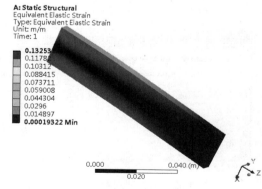

图 4-57 应变分析云图

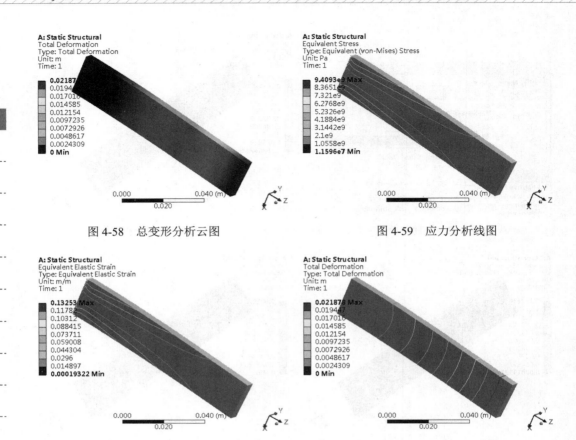

图 4-58　总变形分析云图　　　　　图 4-59　应力分析线图

图 4-60　应变分析线图　　　　　　图 4-61　总变形线图

Step11：选择 Solution（C4）命令，单击工具栏中的 Worksheet 命令，选择 List Result Summary 选项，此时绘图窗口中弹出如图 4-62 所示的后处理列表。

Step12：选择 List Available Solution Quantities 选项，此时绘图窗口显示如图 4-63 所示的列表。

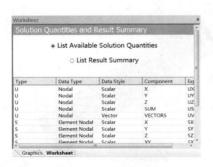 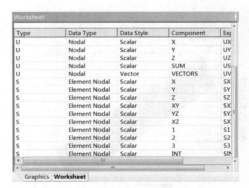

图 4-62　后处理列表　　　　　　　图 4-63　可列的后处理选项

Step13：选择 ENERGY 选项，并单击鼠标右键，在弹出的快捷菜单中选择 Create User Defined Result 命令，此时绘图窗口显示如图 4-64 所示的列表。

Step14：此时在 Outline 列表框中出现 ENERGYPOTENTIAL 选项，单击鼠标右键，在弹出的快捷菜单中选择 Equivalent All Results，此时绘图窗口显示如图 4-65 所示的云图。

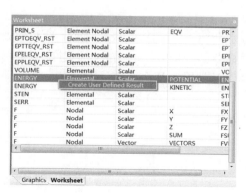

图 4-64 选择项

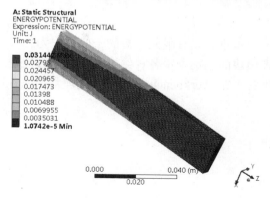

图 4-65 云图

Step15：选择 Solution（C4）命令，单击工具栏中 User Defined Result 的命令，此时出现如图 4-66 所示的 Details of "User Defined Result" 窗口，在窗口的 Expression 栏中输入如下关系式：2*sqrt(UX^3)并计算，此时将显示如图 4-67 所示的云图。

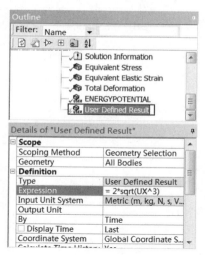

图 4-66 设置

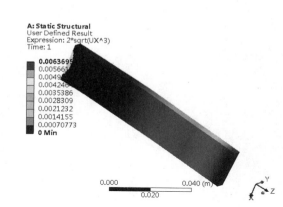

图 4-67 自定义云图

4.2.9 保存与退出

Step1：单击 Mechanical 界面右上角的 ✖（关闭）按钮，退出 Mechanical 返回到 Workbench 主界面。

Step2：在 Workbench 主界面中单击常用工具栏中的 🖫（保存）按钮，在"文件名"文本框中输入 Part 保存包含有分析结果的文件。

Step3：单击右上角的 ✖（关闭）按钮，退出 Workbench 主界面，完成项目分析。

4.3 本章小结

本章是以有限元分析的一般过程为总线，分别介绍了 ANSYS Workbench 18.0 后处理模块的选项卡中各种结果的意义和后处理工具命令的使用方法。另外，通过应用实例讲解了在 Workbench 平台中后处理常用的各选项以及常用工具命令的使用方法。

第 5 章

结构静力学分析

结构静力学分析是有限元分析中最简单同时也是最基础的分析方法，在日常生活中也是应用最为广泛的分析方式。

本章将对 ANSYS Workbench 软件的结构静力学分析模块进行详细讲解，并通过几个典型案例对结构静力学分析的一般步骤进行详细讲解，包括几何建模（外部几何数据的导入）、材料赋予、网格设置与划分、边界条件的设定、后处理操作。

学习目标

(1) 熟练掌握外部几何数据导入方法，包括 ANSYS Workbench 软件支持的几何数据格式。
(2) 熟练掌握 ANSYS Workbench 材料赋予的方法。
(3) 熟练掌握 ANSYS Workbench 网格划分操作步骤。
(4) 熟练掌握 ANSYS Workbench 边界条件的设置与后处理的设置。

5.1 线性静力分析简介

线性静力分析是最基本但又是应用最广的一类分析类型。

线性分析有两方面的含义:首先就是材料为线性,应力应变关系为线性,变形是可恢复的。另外,结构发生的是小位移、小应变、小转动,结构刚度不因变形而变化。

5.1.1 线性静力分析

静力就是结构受到静态荷载的作用,惯性和阻尼可以忽略,在静态载荷作用下,结构处于静力平衡状态,此时必须充分约束,但由于不考虑惯性,则质量对结构没有影响。

ANSYS Workbench 18.0 的线性静力分析可以将多种载荷组合到一起进行分析。图 5-1 所示为 ANSYS Workbench 18.0 平台进行静力分析的项目流程图。其中,项目 A 为利用 Samcef 软件求解器进行静力分析流程卡,项目 B 为利用 ANSYS 软件自带求解器进行静力分析流程卡。

在项目 A 中有 A1~A7 共 7 个表格(如同 Excel 表格),从上到下依次设置即可完成一个静力分析过程。

(1) A1 Static Structural (Samcef):静力分析求解器类型,即求解的类型和求解器的类型。

(2) A2 Engineering Data:工程数据,即材料库,从中可以选择和设置工程材料。

(3) A3 Geometry:几何数据,即几何建模工具或者导入外部几何数据平台。

(4) A4 Model:前处理,即几何模型材料赋予和网格设置与划分平台。

(5) A5 Setup:有限元分析,即求解计算有限元分析模型。

(6) A6 Solution:后处理,即完成应力分布及位移响应等云图的显示。

(7) A7 Results:分析结果,即完成分析的结果。

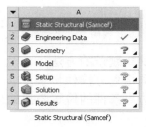

图 5-1 静力分析流程 1

5.1.2 线性静力分析流程

图 5-2 所示为静力分析流程,每个表格右侧都有一个提示符号,如对号(√)、问号

（？）等。图 5-3 所示为在流程分析过程遇到的各种提示符号及解释。

图 5-2　静力分析流程 2　　　　　图 5-3　提示符号含义及解释

5.1.3　线性静力分析基础

由经典力学理论可知，物体的动力学通用方程为

$$[M]\{x''\}+[C]\{x'\}+[K]\{x\}=\{F(t)\} \qquad (5-1)$$

式中，$[M]$ 是质量矩阵；$[C]$ 是阻尼矩阵；$[K]$ 是刚度矩阵；$\{x\}$ 是位移矢量；$\{F(t)\}$ 是力矢量；$\{x'\}$ 是速度矢量；$\{x''\}$ 是加速度矢量。

而现行结构分析中，与时间 t 相关的量都将被忽略，于是上式简化为

$$[K]\{x\}=\{F\} \qquad (5-2)$$

下面通过几个简单的实例介绍一下静力分析的方法和步骤。

5.2　项目分析 1——实体静力分析

本节主要介绍用 ANSYS Workbench 的 DesignModeler 模块外部几何模型导入功能，并对其进行静力分析。

学习目标：

（1）熟练掌握 ANSYS Workbench 的 DesignModeler 模块外部几何模型导入的方法，了解 DesignModeler 模块支持外部几何模型文件的类型。

（2）掌握 ANSYS Workbench 实体单元静力学分析的方法及过程。

模型文件	Chapter5\char5-1\ chair.stp
结果文件	Chapter5\char5-1\ StaticStructure.wbpj

5.2.1　问题描述

如图 5-4 所示为某旋转座椅模型，请用 ANSYS Workbench 分析如果人坐到座椅上，座椅的位移与应力分布。假设人对座椅的均布载荷为 $q=8200\text{Pa}$。

5.2.2 启动 Workbench 并建立分析项目

Step1：在 Windows 系统下选择"开始"→"所有程序"→ANSYS 18.0 →Workbench 18.0 命令，启动 ANSYS Workbench 18.0，进入主界面。

Step2：双击主界面 Toolbox（工具箱）中的 Analysis Systems→Static Structural（静态结构分析）命令，即可在 Project Schematic（项目管理区）创建分析项目 A，如图 5-5 所示。

图 5-4 座椅模型

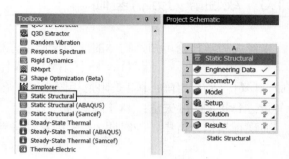

图 5-5 创建分析项目 A

5.2.3 导入创建几何体

Step1：在 A3（Geometry）上右击，在弹出的快捷菜单中选择 Import Geometry→Browse 命令，如图 5-6 所示，此时会弹出"打开"对话框。

Step2：在弹出的"打开"对话框中选择文件路径，导入 chair.stp 几何体文件，如图 5-7 所示，此时 A3（Geometry）后的 ? 变为 ✓，表示实体模型已经存在。

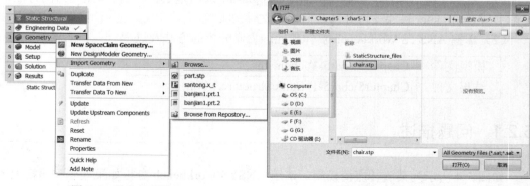

图 5-6 导入几何体　　　　　　　　　图 5-7 "打开"对话框

Step3：双击项目 A 中的 A3 Geometry，此时会进入到 DesignModeler 界面，此时设计树中 Import1 前显示✓，选择 Units→Millimeter 命令，如图 5-8 所示。

Step4：单击 ≫Generate（生成）按钮，即可显示生成的几何体，如图 5-9 所示，此时可在几何体上进行其他的操作。本例无须进行操作。

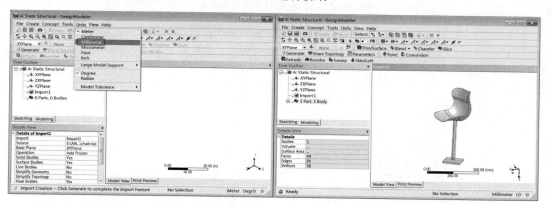

图 5-8　生成前的 DesignModeler 界面　　　　图 5-9　生成后的 DesignModeler 界面

Step5：单击 DesignModeler 界面右上角的 （关闭）按钮，退出 DesignModeler，返回 Workbench 主界面。

5.2.4　添加材料库

Step1：双击项目 A 中的 A2（Engineering Data）选项，进入如图 5-10 所示的材料参数设置界面。在该界面下即可进行材料参数设置。

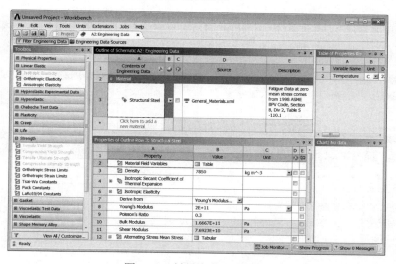

图 5-10　材料参数设置界面

Step2：在界面的空白处右击，在弹出的快捷菜单中选择 Engineering Data Sources（工程数据源）命令，此时的界面会变为如图 5-11 所示的界面。原界面窗口中的 Outline of Schematic A2: Engineering Data 消失，被 Engineering Data Sources 及 Outline of General Materials 取代。

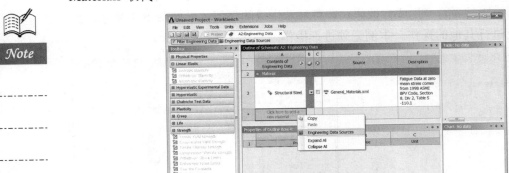

图 5-11 材料参数设置界面

Step3：在 Engineering Data Sources 表中选择 A3 栏 General Materials 选项，然后单击 Outline of General Materials 表中 A10 栏 Polyethylene（聚乙烯）后的 B10 栏的 （添加）按钮，此时在 C10 栏中会显示 （使用中的）标识，如图 5-12 所示，标识材料添加成功。

Step4：同 Step2，在界面的空白处右击，在弹出的快捷菜单中选择 Engineering Data Sources（工程数据源）命令，返回到初始界面中。

Step5：根据实际工程材料的特性，在 Properties of Outline Row 10: Polyethylene 表中可以修改材料的特性，如图 5-13 所示。本实例采用的是默认值。

> 提示：用户也可以通过在 Engineering Data 窗口自行创建新材料添加到模型库中，这在后面的讲解中会涉及，本实例不介绍。

图 5-12 添加材料　　　　图 5-13 材料参数修改窗口

Step6：单击工具栏中的 Project 按钮，返回 Workbench 主界面，材料库添加完毕。

5.2.5 添加模型材料属性

Step1：双击主界面项目管理区项目 A 中的 A4 栏 Model 选项，进入如图 5-14 所示 Mechanical 界面。在该界面下即可进行网格的划分、分析设置、结果观察等操作。

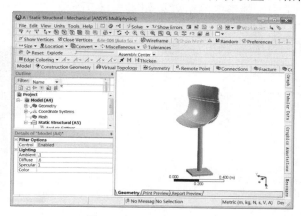

图 5-14　Mechanical 界面

 此时分析树 Geometry 前显示问号❓，表示数据不完全，需要输入完整的数据。本例是因为没有为模型添加材料。

Step2：选择 Mechanical 界面左侧 Outline（分析树）中 Geometry 选项下的 CHAIR，此时即可在 Details of "CHAIR"（参数列表）中给模型添加材料，如图 5-15 所示。

Step3：单击参数列表中 Material 下 Assignment 后的 ▶ 按钮，此时会出现刚刚设置的材料 Polyethylene，选择即可将其添加到模型中去。此时分析树 Geometry 前的❓变为✓，如图 5-16 所示，表示材料已经添加成功。

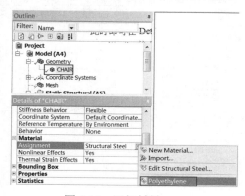

图 5-15　添加材料

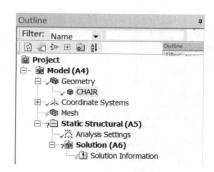

图 5-16　添加材料后的分析树

5.2.6 划分网格

Step1：选择 Mechanical 界面左侧 Outline（分析树）中的 Mesh 选项，此时可在 Details of "Mesh"（参数列表）中修改网格参数。本例在 Sizing 的 Element Size 中设置为 5.e-003m，其余采用默认设置。

Step2：在 Outline（分析树）中的 Mesh 选项右击，在弹出的快捷菜单中选择 Generate Mesh 命令，此时会弹出如图 5-17 所示的进度显示条，表示网格正在划分，当网格划分完成后，进度条自动消失。最终的网格效果如图 5-18 所示。

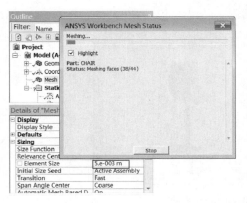
图 5-17 生成网格

图 5-18 网格效果

5.2.7 施加载荷与约束

Step1：选择 Mechanical 界面左侧 Outline（分析树）中的 Static Structural（A5）选项，此时会出现如图 5-19 所示的 Environment 工具栏。

Step2：选择 Environment 工具栏中的 Supports（约束）→Fixed Support（固定约束）命令，此时在分析树中会出现 Fixed Support 选项，如图 5-20 所示。

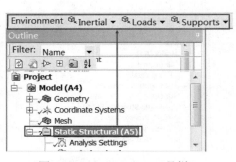
图 5-19 Environment 工具栏

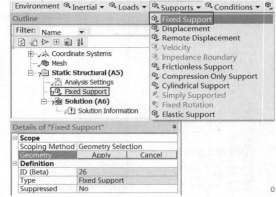
图 5-20 添加固定约束

Step3：选择 Fixed Support 选项，选择需要施加固定约束的面，单击 Details of "Fixed Support"（参数列表）中 Geometry 选项下的 Apply 按钮，即可在选中面上施加固定约束，如图 5-21 所示。

Step4：同 Step2，选择 Environment 工具栏中的 Loads（载荷）→Pressure（压力）

命令，此时在分析树中会出现 Pressure 选项，如图 5-22 所示。

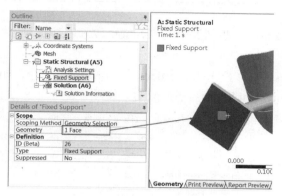
图 5-21　施加固定约束

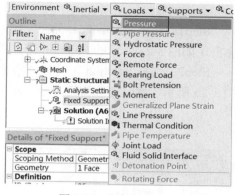
图 5-22　添加压力

Step5：同 Step3，选择 Pressure 选项，选择需要施加压力的面，单击 Details of "Pressure"（参数列表）中 Geometry 选项下的 Apply 按钮，同时在 Magnitude 选项下设置压力为 8200Pa 的面载荷，如图 5-23 所示。

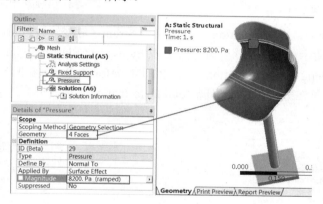
图 5-23　添加面载荷

Step6：在 Outline（分析树）中的 Static Structural（A5）选项上右击，在弹出的快捷菜单中选择 Solve 命令，如图 5-24 所示，此时会弹出进度显示条，表示正在求解。当求解完成后进度条自动消失。

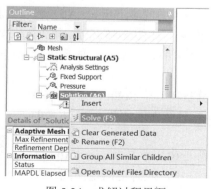
图 5-24　求解过程界面

5.2.8 结果后处理

Step1：选择 Mechanical 界面左侧 Outline（分析树）中的 Solution（A6）选项，此时会出现如图 5-25 所示的 Solution 工具栏。

Step2：选择 Solution 工具栏中的 Stress（应力）→Equivalent（von-Mises）命令，如图 5-26 所示，此时在分析树中会出现 Equivalent Stress（等效应力）选项。

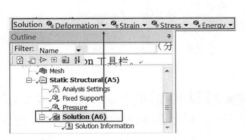

图 5-25 Solution 工具栏

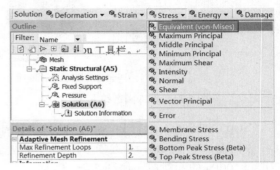

图 5-26 添加等效应力选项

Step3：同 Step2，选择 Solution 工具栏中的 Strain（应变）→Equivalent（von-Mises）命令，如图 5-27 所示，此时在分析树中会出现 Equivalent Elastic Strain（等效应变）选项。

Step4：同 Step2，选择 Solution 工具栏中的 Deformation（变形）→Total 命令，如图 5-28 所示，此时在分析树中会出现 Total Deformation（总变形）选项。

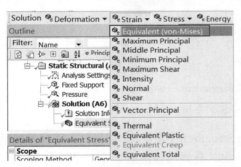

图 5-27 添加等效应变选项

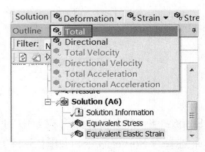

图 5-28 添加总变形选项

Step5：在 Outline（分析树）中的 Solution（A6）选项上右击，在弹出的快捷菜单中选择 Evaluate All Results 命令，如图 5-29 所示，此时会弹出进度显示条，表示正在求解，当求解完成后进度条自动消失。

Step6：选择 Outline（分析树）中 Solution（A6）下的 Equivalent Stress 选项，此时会出现如图 5-30 所示的应力分析云图。

Step7：选择 Outline（分析树）中 Solution（A6）下的 Equivalent Elastic Strain 选项，此时会出现如图 5-31

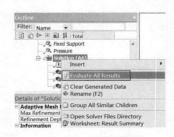

图 5-29 快捷菜单

所示的应变分析云图。

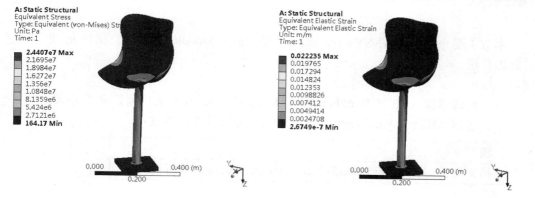

图 5-30　应力分析云图　　　　　图 5-31　应变分析云图

Step8：选择 Outline（分析树）中 Solution（A6）下的 Total Deformation（总变形）选项，此时会出现如图 5-32 所示的总变形分析云图。

5.2.9　保存与退出

Step1：单击 Mechanical 界面右上角的 ✕（关闭）按钮，退出 Mechanical 返回到 Workbench 主界面。此时，主界面的项目管理区中显示的分析项目均已完成，如图 5-33 所示。

Step2：在 Workbench 主界面中单击常用工具栏中的 💾（保存）按钮，保存包含有分析结果的文件。

Step3：单击右上角的 ✕（关闭）按钮，退出 Workbench 主界面，完成项目分析。

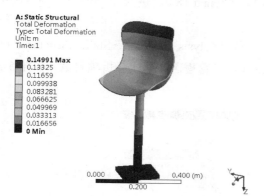

图 5-32　总变形分析云图

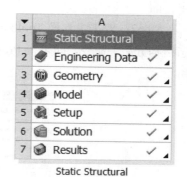

图 5-33　项目管理区中的分析项目

5.3 项目分析2——梁单元线性静力分析

本节主要介绍使用 ANSYS Workbench 的 DesignModeler 模块建立梁单元,并对其进行静力分析。

学习目标:

(1)熟练掌握 ANSYS Workbench 的 DesignModeler 梁单元模型建立的方法。

(2)掌握 ANSYS Workbench 梁单元静力学分析的方法及过程。

模型文件	无
结果文件	Chapter5\char5-2\ BeamStaticStructure.wbpj

5.3.1 问题描述

图 5-34 所示是一个工程上用的塔架模型,请用 ANSYS Workbench 建模并分析当右侧的顶点上作用力 F_x=20 000N, F_y=-30 000N 时,塔架所受的内力及变形情况。

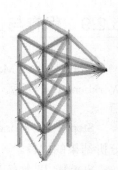

图5-34 塔架模型

5.3.2 启动 Workbench 并建立分析项目

Step1:在 Windows 系统下选择"开始"→"所有程序"→ANSYS 18.0 →Workbench 18.0 命令,启动 ANSYS Workbench 18.0,进入主界面。

Step2:双击主界面 Toolbox(工具箱)中的 Analysis Systems→Static Structural(静态结构分析)命令,即可在 Project Schematic(项目管理区)创建分析项目 A,如图 5-35 所示。

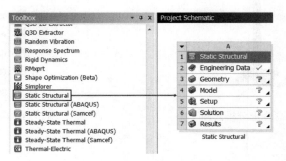

图5-35 创建分析项目 A

第 5 章 结构静力学分析

5.3.3 创建几何体

Step1：在 A3 Geometry 上双击，此时会弹出如图 5-36 所示的 DesignModeler 软件窗口，选择 Meter 选项，然后单击 OK 按钮。

Step2：如图 5-37 所示，单击 XYPlane 按钮选择绘图平面，然后再单击 按钮，使得绘图平面与绘图区域平行。

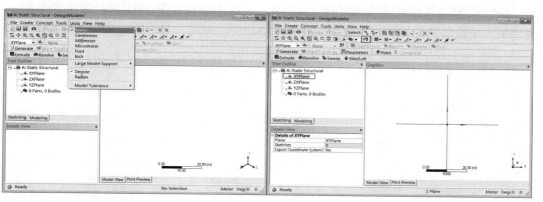

图 5-36　创建几何体　　　　　　　图 5-37　选择绘图平面

Step3：在 Tree Outline 下面单击 Sketching 按钮，此时，会出现如图 5-38 所示的 Sketching Toolboxes（草绘工具箱），草绘所有命令都在 Sketching Toolboxes（草绘工具箱）中。

Step4：单击 Line（线段）按钮，此时按钮变成 Line 的凹陷状态，表示本命令已被选中，将鼠标移动到绘图区域中的 X 轴上，此时会出现一个 C 提示符，表示即将创建的第一点是在坐标轴上，如图 5-39 所示。

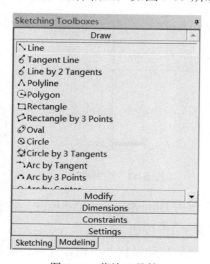

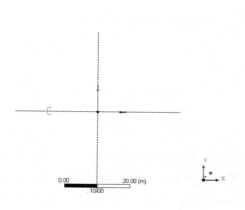

图 5-38　草绘工具箱　　　　　　　图 5-39　草绘

Step5：当出现 C 提示符后，单击在 X 轴上创建第一点，然后向上移动鼠标，此时会出现一个 V 的提示符，表示即将绘制的线段是竖直的线段，如图 5-40 所示，单击鼠标完成第一条线段的建立。

 绘制直线时，如果在绘图区域出现了 V（竖直）或 H（水平）提示符，则说明绘制完的直线为竖直或者水平。

Step6：移动鼠标到刚绘制完的线段上端，此时会出现如图 5-41 所示的 P 提示符，说明下一个线段的起始点与该点重合，当 P 提示符出现后，单击确定第一点位置。

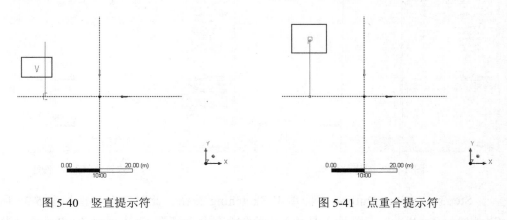

图 5-40　竖直提示符　　　　　　　图 5-41　点重合提示符

Step7：向右移动鼠标，此时会出现如图 5-42 所示的 H 提示符，说明要绘制的线段是水平方向的。

Step8：与以上操作相同，绘制如图 5-43 所示的另外几条线段。

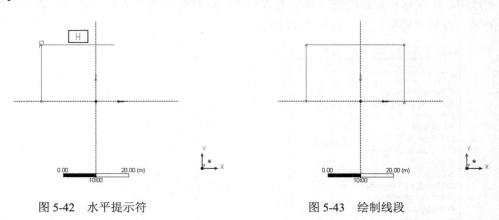

图 5-42　水平提示符　　　　　　　图 5-43　绘制线段

Step9：在 Sketching Toolbox（草绘工具箱）中单击 Dimensions（尺寸标注）按钮，此时工具箱会出现如图 5-44 所示命令栏，并单击 General 按钮。

Step10：单击图 5-45 中最左侧那条竖直线段，然后移动鼠标并单击，此时会出现如图 5-45 所示的尺寸标注。

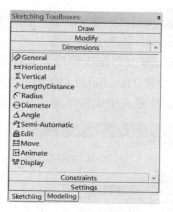

图 5-44 尺寸标注面板

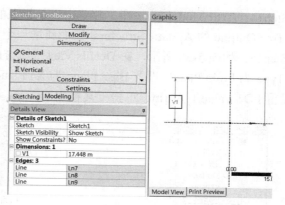

图 5-45 尺寸标注

Step11：同样操作标注如图 5-46 所示的尺寸。

Step12：在如图 5-46 所示的 Details View 下面的 Dimensions:3 中，做如下修改。

H5=1m，H6=0.5m，V1=1m，单击工具栏中的 Generate 按钮生成尺寸设定，如图 5-47 所示。

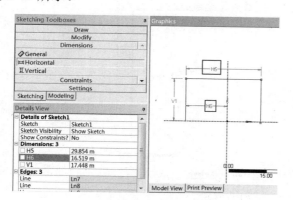

图 5-46 尺寸标注

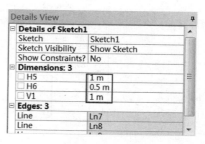

图 5-47 尺寸修改

Step13：用同样操作完成如图 5-48 所示的模型绘制并更改尺寸。

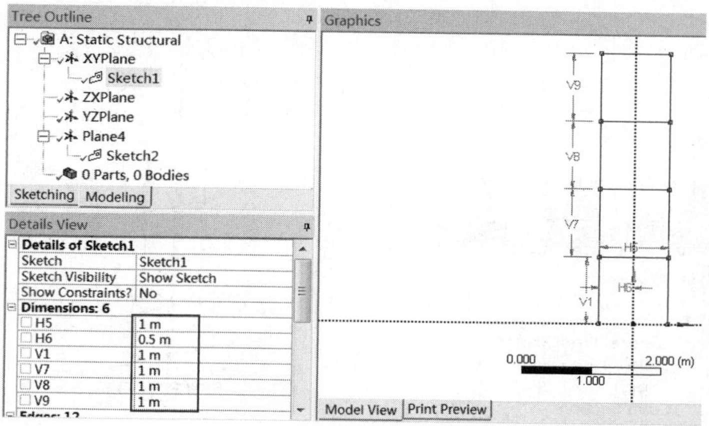

图 5-48 尺寸标注

Step14：单击 Modeling 按钮，并单击工具栏上的 ✈ 按钮，创建一个新平面，此时，会在 Tree Outline 的 A:Static Structural 下面新增一个 Plane4，如图 5-49 所示。

Step15：如图 5-50 所示，在 Details View 面板的 Details of Plane5 中做如下设定，即设置 Type 为 From Plane，设置 Base Plane 为 XYPlane，设置 Transform1（RMB）为 Offset Z，设置 FD1,Value 1 为 1m。单击工具栏中的 Generate 按钮，生成新平面。

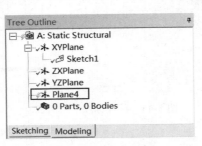

图 5-49 创建新平面

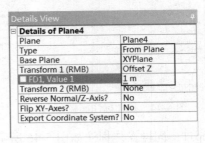

图 5-50 设定新平面

Step16：在 Plane4 上绘制如上所述的线条，绘制完成后如图 5-51 所示。

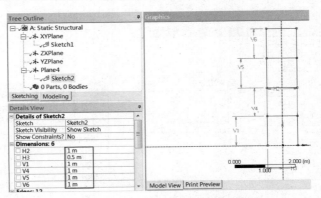

图 5-51 新平面草绘

Step17：单击 Modeling 按钮，选择绘制完成的 Sketch1 和 Sketch2，选择 Concept→Lines From Sketches 命令，如图 5-52 所示，并单击 Generate 按钮，此时生成的图形如图 5-53 所示。

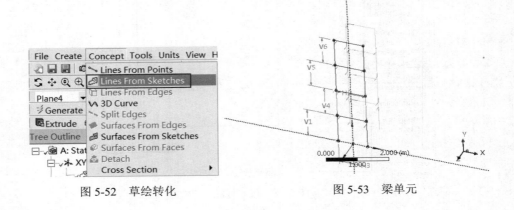

图 5-52 草绘转化   图 5-53 梁单元

Step18:选择 Concept→3D Curve 命令,选择如图 5-54 所示的两个顶点,此时顶点加亮,并在中间生成一条加亮的线段,单击 Generate 按钮,生成线段。

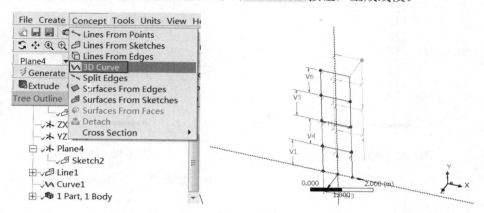

图 5-54 三维线段命令

Step19:重复以上操作,完成模型梁单元的建立,如图 5-55 所示。

Step20:单击工具栏上的 Point 按钮,在 Details View 面板的 Details of Point1 中做如下更改,如图 5-56 所示。在 Definition 中选择 Manual Input 选项,在出现的 Point Group 1(RMB)中依次输入 2.5m、4m、0.5m。

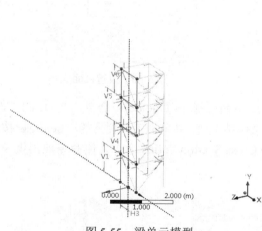

图 5-55 梁单元模型

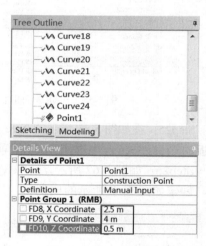

图 5-56 定义点坐标

Step21:单击工具栏上的 Generate 按钮,如图 5-57 所示,创建了一个点。

Step22:选择 Concept→3D Curve 命令,然后做如图 5-58 所示的连接,并单击工具栏上的 Generate 按钮,创建悬臂梁单元。

Step23:如图 5-59 所示,选择 Concept→Cross Section→Rectangular 命令。

Step24:将如图 5-60 所示的 Details View 面板的 Dimensions:2 中 B 设置为 0.1m,H 设置为 0.1m,其余保持不变,并单击 Generate 按钮,创建悬臂梁单元截面形状。

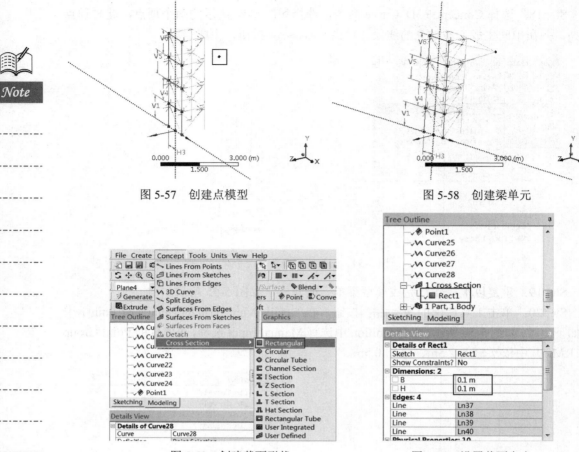

图 5-57　创建点模型　　　　　　　　图 5-58　创建梁单元

图 5-59　创建截面形状　　　　　　　图 5-60　设置截面大小

Step25：在如图 5-61 所示的 Tree Outline 下面选择 Line Body 命令，在 Details View 面板的 Cross Section 中选择 Rect1 选项，其余保持不变，并单击工具栏上的 Generate 按钮。

Step26：如图 5-62 所示，选择 View→Cross Section Solids 命令，使命令前出现 ✓ 标志，创建如图 5-63 所示的模型。

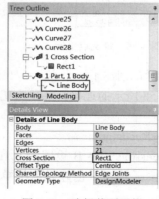 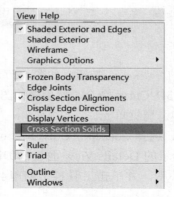 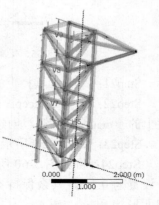

图 5-61　选择截面形状　　　图 5-62　显示截面特性　　　图 5-63　模型

5.3.4 添加材料库

Step1：双击项目 A 中的 A2 Engineering Data 选项，进入如图 5-64 所示的材料参数设置界面。在该界面下即可进行材料参数设置。

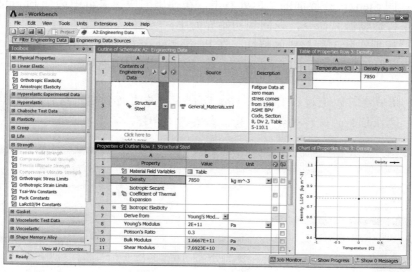

图 5-64 材料参数设置界面

Step2：在界面的空白处右击，在弹出的快捷菜单中选择 Engineering Data Sources（工程数据源）命令，此时的界面会变为如图 5-65 所示的界面。原界面窗口中的 Outline of Schematic A2: Engineering Data 消失，被 Engineering Data Sources 及 Outline of General Materials 取代。

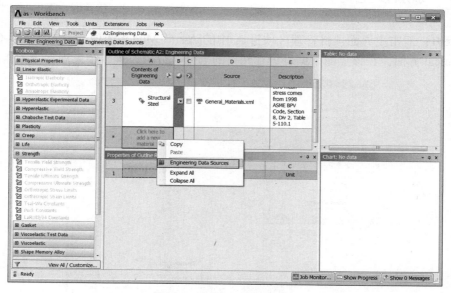

图 5-65 材料参数设置界面

Step3:在 Engineering Data Sources 表中选择 A3 栏 General Materials 选项,然后单击 Outline of General Materials 表中 A13 栏 Structural Steel(结构钢)后的 B13 栏的 (添加)按钮,此时在 C13 栏中会显示 ◉(使用中的)标识,如图 5-66 所示,标识材料添加成功。

Step4:同 Step2,在界面的空白处右击,在弹出的快捷菜单中选择 Engineering Data Sources(工程数据源)命令,返回到初始界面中。

Step5:根据实际工程材料的特性,在 Properties of Outline Row 4: Structural Steel 表中可以修改材料的特性,如图 5-67 所示。本实例采用的是默认值。

 用户也可以通过在 Engineering Data 窗口中自行创建新材料添加到模型库中,这在后面的讲解中会有涉及,本实例不介绍。

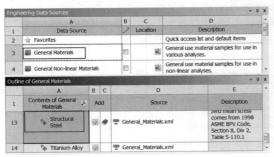

图 5-66 添加材料

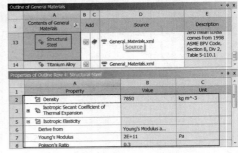

图 5-67 材料参数修改窗口

Step6:单击工具栏中的 Project 按钮,返回到 Workbench 主界面,材料库添加完毕。

5.3.5 添加模型材料属性

Step1:双击主界面项目管理区项目 A 中的 A4 栏 Model 选项,进入如图 5-68 所示 Mechanical 界面。在该界面下即可进行网格的划分、分析设置、结果观察等操作。

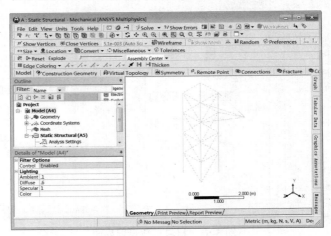

图 5-68 Mechanical 界面

此时分析树 Geometry 前显示的为问号?,表示数据不完全,需要输入完整的数据。本例是因为没有为模型添加材料。

Step2:选择 Mechanical 界面左侧 Outline(分析树)中 Geometry 选项下的 Line Body,此时即可在 Details of "Line Body"(参数列表)中给模型添加材料,如图 5-69 所示。

Step3:选择参数列表中的 Material 下的 Assignment 选项,此时,会出现刚刚设置的材料 Stainless Steel,选择即可将其添加到模型中去。此时分析树 Geometry 前的?变为√,如图 5-70 所示,表示材料已经添加成功。

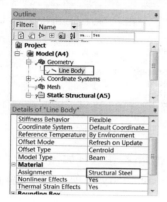

图 5-69 添加材料

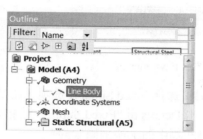

图 5-70 添加材料后的分析树

5.3.6 划分网格

Step1:如图 5-71 所示,选择 Mechanical 界面左侧 Outline(分析树)中的 Mesh 选项,此时可在 Details of "Mesh"(参数列表)中修改网格参数。本例在 Sizing 的 Element Size 中设置为 0.1m,其余采用默认设置。

Step2:在 Outline(分析树)中的 Mesh 选项上右击,在弹出的快捷菜单中选择 Generate Mesh 命令,此时会弹出进度显示条,表示网格正在划分,当网格划分完成后,进度条自动消失。最终的网格效果如图 5-72 所示。

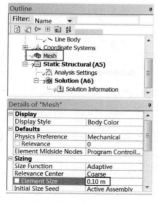

图 5-71 生成网格

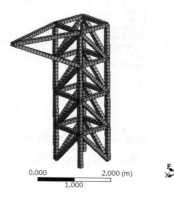

图 5-72 网格效果

5.3.7 施加载荷与约束

Step1：选择 Mechanical 界面左侧 Outline（分析树）中的 Static Structural（A5）选项，此时会出现如图 5-73 所示的 Environment 工具栏。

Step2：选择 Environment 工具栏中的 Supports（约束）→Fixed Support（固定约束）命令，如图 5-74 所示，此时在分析树中会出现 Fixed Support 选项。

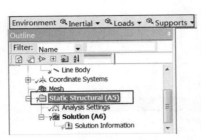

图 5-73 Environment 工具栏

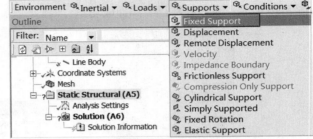

图 5-74 添加固定约束

Step3：选择 Fixed Support 选项，在工具栏中单击 按钮选择如图 5-75 所示的四个节点，单击 Details of "Fixed Support"（参数列表）中 Geometry 选项下的 Apply 按钮，即可在选中面上施加固定约束。

选择 View 中的 Cross Section Solids (Geometry) 命令使其前面出现 ✓，即可显示实体。

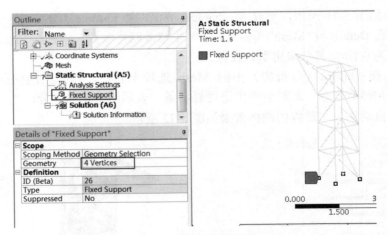

图 5-75 施加固定约束

Step4：同 Step3，选择 Environment 工具栏中的 Loads（载荷）→Force（力）命令，此时在分析树中会出现 Force 选项，如图 5-76 所示。

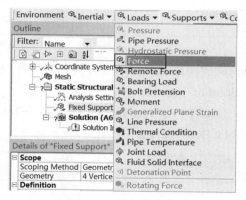

图 5-76 添加力载荷

Step5：同 Step3，选择 Force 选项，选择需要施加力的点，确保 Details of "Force"（参数列表）中 Geometry 选项中显示 1 Vertex，同时在 Define By 中选择 Components 选项，然后在 X Component 中输入 20 000N，在 Y Component 中输入-30 000N，其余保持默认，如图 5-77 所示。

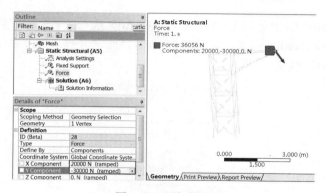

图 5-77 添加载荷

Step6：在 Outline（分析树）中的 Static Structural（A5）选项上右击，在弹出的快捷菜单中选择 Solve 命令，如图 5-78 所示，此时会弹出进度显示条，表示正在求解，当求解完成后进度条自动消失。

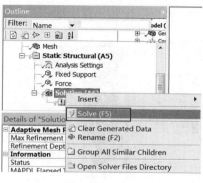

图 5-78 求解

5.3.8 结果后处理

Step1：选择 Mechanical 界面左侧 Outline（分析树）中的 Solution（A6）选项，此时会出现如图 5-79 所示的 Solution 工具栏。

Step2：选择 Solution 工具栏中的 Deformation（变形）→Total 命令，如图 5-80 所示，此时在分析树中会出现 Total Deformation（总变形）选项。

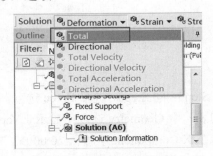

图 5-79 Solution 工具栏　　　　　图 5-80 添加总变形选项

Step3：在 Outline（分析树）中的 Solution（A6）选项上右击，在弹出的快捷菜单中选择 Evaluate All Results 命令，如图 5-81 所示，此时会弹出进度显示条，表示正在求解，当求解完成后进度条自动消失。

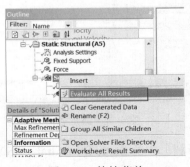

图 5-81 快捷菜单

Step4：选择 Outline（分析树）中 Solution（A6）下的 Total Deformation（总变形）选项，此时会出现如图 5-82 所示的总变形分析云图。

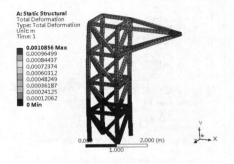

图 5-82 总变形分析云图

Step5：选择 Solution 工具栏中的 Tools（工具）→Beam Tool 命令，如图 5-83 所示，此时在分析树中会出现 Beam Tool（梁单元工具）选项。

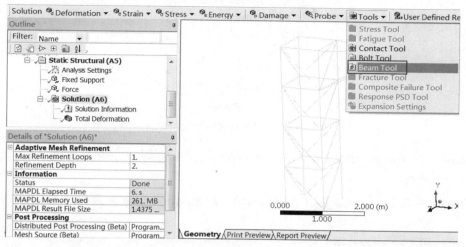

图 5-83　梁单元工具

Step6：同 Step3，在 Outline（分析树）中的 Solution（A6）选项上右击，在弹出的快捷菜单中选择 Evaluate All Results 命令，如图 5-84 所示，此时会弹出进度显示条，表示正在求解，当求解完成后进度条自动消失。

Step7：选择 Outline（分析树）中 Solution（A6）下的 Beam Tool→Direct Stress 命令，此时会出现如图 5-85 所示的应力分析云图。

图 5-84　快捷菜单

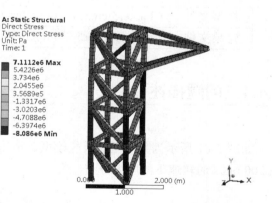

图 5-85　梁单元直接应力分布

5.3.9　保存与退出

Step1：单击 Mechanical 界面右上角的 ✖（关闭）按钮，退出 Mechanical 返回到 Workbench 主界面。此时主界面的项目管理区中显示的分析项目均已完成，如图 5-86 所示。

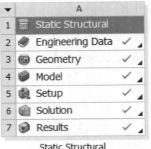

图 5-86 项目管理区中的分析项目

Step2：在 Workbench 主界面中单击常用工具栏中的 ![保存] （保存）按钮，保存包含有分析结果的文件。

Step3：单击右上角的 ![关闭] （关闭）按钮，退出 Workbench 主界面，完成项目分析。

5.4 项目分析 3——曲面实体静力分析

本节主要介绍 ANSYS Workbench 18.0 的结构线性静力分析模块，计算某增压器叶轮自转状态下的应力分布。

学习目标：熟练掌握 ANSYS Workbench 静力学分析的方法及过程。

模型文件	Chapter5\char5-3\ impeller_teleyhan.stp
结果文件	Chapter5\char5-3\ impeller_teleyhan_StaticStructure.wbpj

5.4.1 问题描述

如图 5-87 所示为某增压器叶轮模型，请用 ANSYS Workbench18.0 分析增压器叶轮在 200 rad/s 的转速下的应力分布。

图 5-87 叶轮模型

5.4.2 启动 Workbench 并建立分析项目

Step1：在 Windows 系统下选择"开始"→"所有程序"→ANSYS 18.0 →Workbench 18.0 命令，启动 ANSYS Workbench 18.0，进入主界面。

Step2：双击主界面 Toolbox（工具箱）中的 Analysis Systems→Static Structural（静态结构分析）命令，即可在 Project Schematic（项目管理区）创建分析项目 A，如图 5-88 所示。

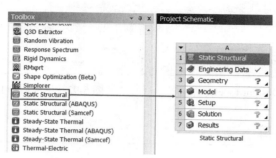

图 5-88　创建分析项目 A

5.4.3 导入创建几何体

Step1：在 A3 Geometry 上右击，在弹出的快捷菜单中选择 Import Geometry→Browse 命令，如图 5-89 所示，此时会弹出"打开"对话框。

Step2：在弹出的"打开"对话框中选择文件路径，导入 impeller_teleyhan.stp 几何体文件，如图 5-90 所示，此时 A3 Geometry 后的 ? 变为 √，表示实体模型已经存在。

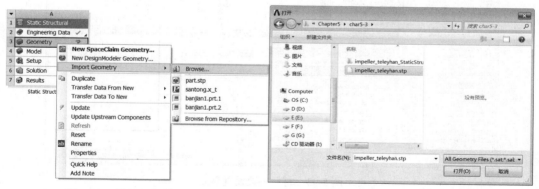

图 5-89　导入几何体　　　　　　图 5-90　"打开"对话框

Step3：双击项目 A 中的 A3 Geometry 栏，此时会进入到 DesignModeler 界面，此时设计树中 Import1 前显示 ⚡，表示需要生成，图形窗口中没有图形显示，如图 5-91 所示。

Step4：单击 ⚡Generate（生成）按钮，即可显示生成的几何体，如图 5-92 所示，此时可在几何体上进行其他的操作。本例无须进行操作。

131

Step5：单击 DesignModeler 界面右上角的 ❌（关闭）按钮，退出 DesignModeler，返回到 Workbench 主界面。

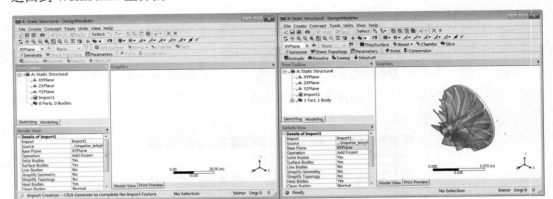

图 5-91　生成前的 DesignModeler 界面　　　　图 5-92　生成后的 DesignModeler 界面

5.4.4　添加材料库

Step1：双击项目 A 中的 A2 Engineering Data 选项，进入如图 5-93 所示的材料参数设置界面。在该界面下即可进行材料参数设置。

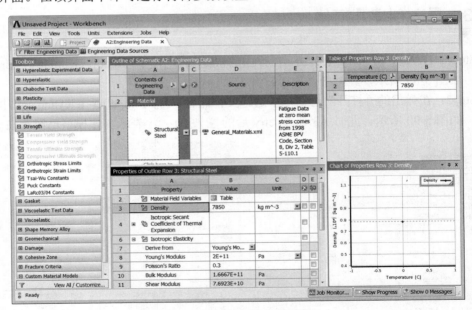

图 5-93　材料参数设置界面

Step2：在界面的空白处右击，在弹出的快捷菜单中选择 Engineering Data Sources（工程数据源）命令，此时的界面会变为如图 5-94 所示的界面。原界面窗口中的 Outline of Schematic A2: Engineering Data 消失，被 Engineering Data Sources 及 Outline of Favorites 取代。

Step3：在 Engineering Data Sources 表中选择 A3 栏 General Materials 选项，然后单击 Outline of General Materials 表中 A4 栏 Aluminium Alloy（铝合金）后的 B4 栏的 ➕（添加）按钮，此时在 C4 栏中会显示 📖（使用中的）标识，如图 5-95 所示，标识材料添加成功。

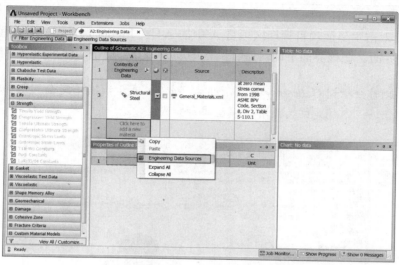

图 5-94　材料参数设置界面

Step4：同 Step2，在界面的空白处右击，在弹出的快捷菜单中选择 Engineering Data Sources（工程数据源）命令，返回到初始界面中。

Step5：根据实际工程材料的特性，在 Properties of Outline Row 4: Aluminium Alloy 表中可以修改材料的特性，如图 5-96 所示。本实例采用的是默认值。

 用户也可以通过在 Engineering Data 窗口中自行创建新材料添加到模型库中，这在后面的讲解中会有涉及，本实例不介绍。

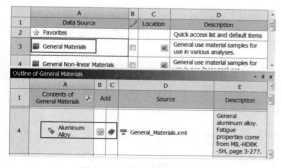

图 5-95　添加材料　　　　　图 5-96　材料参数修改窗口

Step6：单击工具栏中的 Project 按钮，返回到 Workbench 主界面，材料库添加完毕。

5.4.5 添加模型材料属性

Step1：双击主界面项目管理区项目 A 中的 A4 栏 Model 选项，进入如图 5-97 所示 Mechanical 界面。在该界面下即可进行网格的划分、分析设置、结果观察等操作。

此时分析树 Geometry 前显示的为问号?，表示数据不完全，需要输入完整的数据。本例是因为没有为模型添加材料。

图 5-97 Mechanical 界面

Step2：选择 Mechanical 界面左侧 Outline（分析树）中 Geometry 选项下的 TELEYHAN-293，此时即可在 Details of "TELEYHAN-293"（参数列表）中给模型添加材料，如图 5-98 所示。

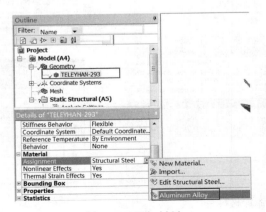

图 5-98 添加材料

5.4.6 划分网格

Step1：选择 Mechanical 界面左侧 Outline（分析树）中的 Mesh 选项，此时可在 Details of "Mesh"（参数列表）中修改网格参数，如图 5-99 所示，在 Sizing 下的 Relevance Center 中选择 Fine 选项，在 Element Size 中输入 1.e-003m，其余采用默认设置。

Step2：在 Outline（分析树）中的 Mesh 选项上右击，在弹出的快捷菜单中选择 Generate Mesh 命令，此时会弹出进度显示条，表示网格正在划分，当网格划分完成后，进度条自动消失。最终的网格效果如图 5-100 所示。

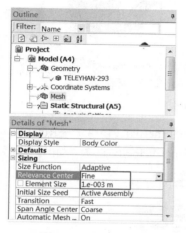

图 5-99 生成网格

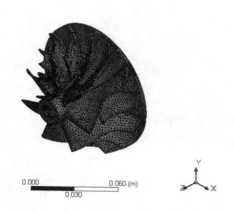

图 5-100 网格效果

5.4.7 施加载荷与约束

Step1：选择 Mechanical 界面左侧 Outline（分析树）中的 Static Structural（A5）选项，此时会出现如图 5-101 所示的 Environment 工具栏。

Step2：选择 Environment 工具栏中的 Supports（约束）→Displacement（位移约束）命令，此时在分析树中会出现 Displacement 选项，如图 5-102 所示。

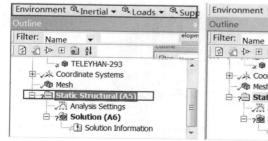

图 5-101 Environment 工具栏

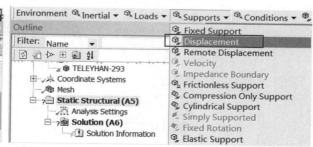

图 5-102 添加固定约束

Step3：选择 Displacement 选项，选择需要施加固定约束的面，单击 Details of "Displacement"（参数列表）中 Geometry 选项下的 Apply 按钮，即可在选中面上施加位移约束，如图 5-103 所示，同时在 X Component、Y Component、Z Component 三栏中分别输入 0，其余采用默认。

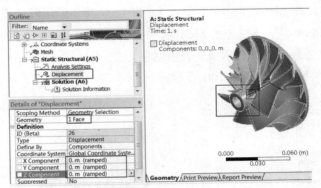

图 5-103　施加位移约束

Step4：同 Step2，选择 Environment 工具栏中的 Inertial（惯性）→Rotational Velocity（转动速度）命令，此时在分析树中会出现 Rotational Velocity 选项，如图 5-104 所示。

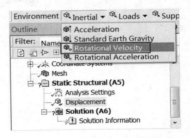

图 5-104　添加旋转速度载荷

Step5：同 Step3，选择 Rotational Velocity 选项，此时整个实体模型已被选中，在 Details of "Rotational Velocity"（参数列表）的 Magnitude 栏中输入 200rad/s，同时在 Axis 栏中选择叶轮中心孔壁面，此时 Axis 后面的栏中会显示 Click to Change 字样，如图 5-105 所示，确定旋转轴后，在绘图区域出现一个旋转箭头。

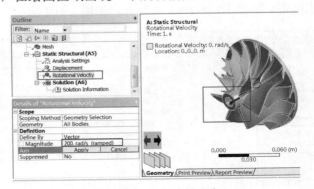

图 5-105　添加旋转速度

Step6:在 Outline(分析树)中的 Static Structural(A5)选项上右击,在弹出的快捷菜单中选择 Solve 命令,如图 5-106 所示,此时会弹出进度显示条,表示正在求解,当求解完成后进度条自动消失。

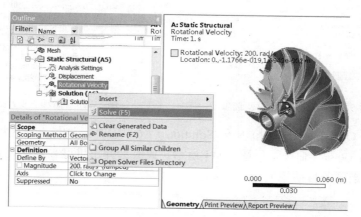

图 5-106 求解

5.4.8 结果后处理

Step1:选择 Mechanical 界面左侧 Outline(分析树)中的 Solution(A6)选项,此时会出现如图 5-107 所示的 Solution 工具栏。

Step2:选择 Solution 工具栏中的 Stress(应力)→Equivalent(von-Mises)命令,此时在分析树中会出现 Equivalent Stress(等效应力)选项,如图 5-108 所示。

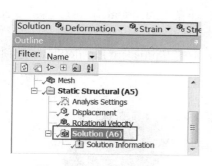

图 5-107 Solution 工具栏

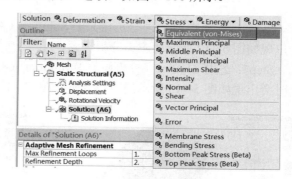

图 5-108 添加等效应力选项

Step3:同 Step2,选择 Solution 工具栏中的 Strain(应变)→Equivalent(von-Mises)命令,如图 5-109 所示,此时在分析树中会出现 Equivalent Elastic Strain(等效应变)选项。

Step4:同 Step2,选择 Solution 工具栏中的 Deformation(变形)→Total 命令,如图 5-110 所示,此时在分析树中会出现 Total Deformation(总变形)选项。

 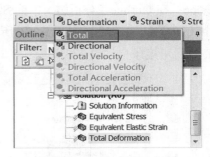

图 5-109　添加等效应变选项　　　　　图 5-110　添加总变形选项

Step5：在 Outline（分析树）中的 Solution（A6）选项上右击，在弹出的快捷菜单中选择  Evaluate All Results 命令，如图 5-111 所示，此时会弹出进度显示条，表示正在求解，当求解完成后进度条自动消失。

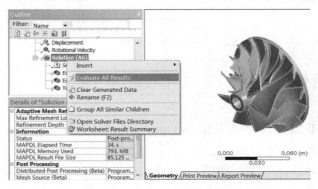

图 5-111　快捷菜单

Step6：选择 Outline（分析树）中 Solution（A6）下的 Equivalent Stress 选项，此时会出现如图 5-112 所示的应力分析云图。

Step7：选择 Outline（分析树）中 Solution（A6）下的 Equivalent Elastic Strain 选项，此时会出现如图 5-113 所示的应变分析云图。

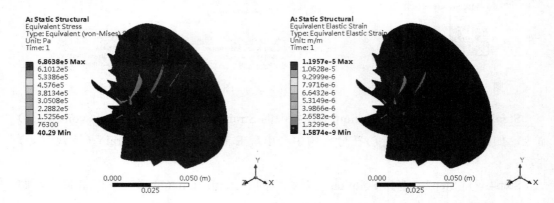

图 5-112　应力分析云图　　　　　　　图 5-113　应变分析云图

Step8：选择 Outline（分析树）中 Solution（A6）下的 Total Deformation（总变形）

选项，此时会出现如图 5-114 所示的总变形分析云图。

5.4.9 保存与退出

Step1：单击 Mechanical 界面右上角的 ✖（关闭）按钮，退出 Mechanical 返回到 Workbench 主界面。此时，主界面的项目管理区中显示的分析项目均已完成，如图 5-115 所示。

Step2：在 Workbench 主界面中单击常用工具栏中的 💾（保存）按钮，保存文件名为 impeller_teleyhan_StaticStructure。

Step3：单击右上角的 ✖（关闭）按钮，退出 Workbench 主界面，完成项目分析。

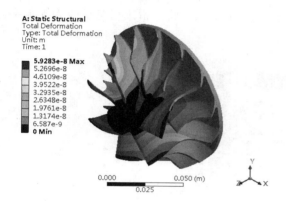

图 5-114 总变形分析云图

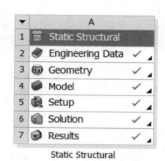

图 5-115 项目管理区中的分析项目

5.5 项目分析 4——支承座静态结构分析

本节主要介绍 ANSYS Workbench 18.0 的结构线性静力分析模块，计算某支承座在受力情况下的应力分布。

学习目标：熟练掌握 ANSYS Workbench 静力学分析的方法及过程。

模型文件	Chapter5\char5-4\ zhichengzuo.x_t
结果文件	Chapter5\char5-4\ zhichengzuo.x_t.wbpj

5.5.1 问题描述

轴类件是机械结构中常使用的部件之一，与之配套的轴支承座也常出现在各类机构中，如图 5-116 所示。假设支承座承受-2000N 的载荷，该支承座材料为铝合金。

（1）添加材料和导入模型。

Step1：在主界面中建立分析项目，项目为静态结构分析（Static Structural）。双击分析系统（Analysis System）中的 Static Structural 选项，生成静态结构分析项目，如图 5-117

所示。

图 5-116　支承座

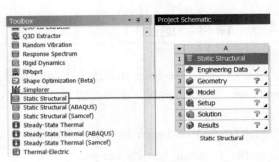

图 5-117　静态结构分析项目

Step2：双击 A 项目下部的 Static Structural 选项，将分析项目名更改为支承座，如图 5-118 所示。

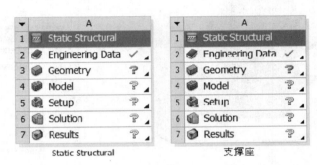

图 5-118　更改分析项目名称

Step3：双击 A2 栏 Engineering Data 选项进入如图 5-119 所示的材料参数设置界面，在该界面下即可进行材料参数设置。

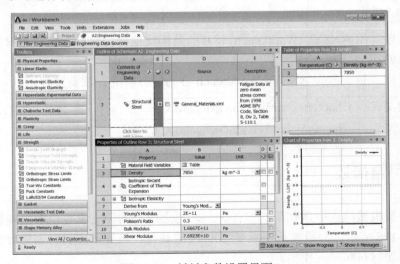

图 5-119　材料参数设置界面 1

Step4：在界面的空白处单击鼠标右键，在弹出的快捷菜单中选择 Engineering Data Sources（工程数据源）命令，此时的界面会变为如图 5-120 所示的界面。原界面窗口中的 Outline of Schematic A2: Engineering Data 消失，被 Engineering Data Sources 及 Outline of General Materials 取代。

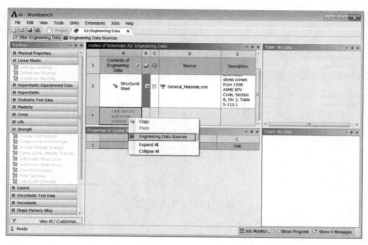

图 5-120　材料参数设置界面 2

Step5：在 Engineering Data Sources 表中选择 A3 栏 General Materials 选项，然后单击 Outline of General Materials 表中 A4 栏 Aluminum Alloy（铝合金）后的 B4 栏的 ✚（添加）按钮，此时在 C4 栏中会显示 ▦（使用中的）标识，如图 5-121 所示，标识材料添加成功。

Step6：同 Step3，在界面的空白处右击，在弹出的快捷菜单中选择 Engineering Data Sources（工程数据源）命令，返回到初始界面中。

Step7：根据实际工程材料的特性，在 Properties of Outline Row 4: Aluminum Alloy 表中可以修改材料的特性，如图 5-122 所示。本实例采用的是默认值。

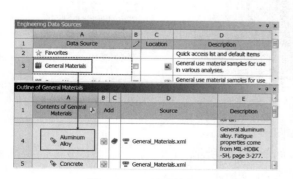

图 5-121　添加材料　　　　　　　　图 5-122　材料参数修改窗口

Step8：单击工具栏中的 Project 按钮，返回到 Workbench 主界面，材料库添加完毕。

Step9：在 A3 栏的 Geometry 上右击，在弹出的快捷菜单中选择 Import Geometry→Browse 命令，在弹出的对话框中选择需要导入的模型 zhichengzuo.x_t，如图 5-123 所示。

图 5-123 导入模型

（2）修改模型。

观察该支承座模型，它的上下两个部分是由两个简单模型组成的，如果将该模型切开可以方便地使用 Sweep（扫掠）方式划分较高质量的网格。

Step1：双击 A3 栏的 Geometry 选项打开 DM，在 DM 中单击 Generate 按钮，生成模型，如图 5-124 所示。

Step2：选择需要加载的面，如图 5-125 所示。在背景中右击，从弹出的快捷菜单中选择 Look At 命令，如图 5-126 所示。

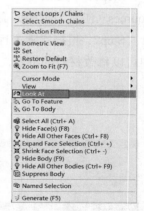

图 5-124 支承座模型　　图 5-125 选择面　　图 5-126 调整绘图视角

Step3：选择 Tools→Freeze 命令，如图 5-127 所示。

Step4：选择 Sketching→Line 命令，如图 5-128 所示。

Step5：选择需要切割的两个点，如图 5-129 所示。

Step6：单击特征工具栏中的 Extrude 按钮，如图 5-130 所示。

图 5-127 选择 Freeze

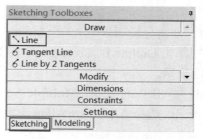

图 5-128 草图绘制选项

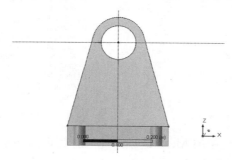

图 5-129 绘制切割线

图 5-130 单击 Extrude（拉伸）按钮

Step7：在 Details View 栏的 Operation 项中选择 Slice Material 选项，如图 5-131 所示。
Step8：在 Extent Type 框选择 Through All 选项，如图 5-132 所示。

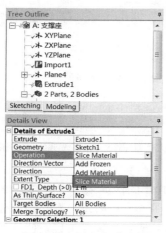

图 5-131 选择操作方式

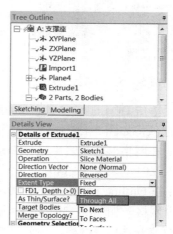

图 5-132 选择拉伸距离

Step9：单击 Generate 按钮完成切割操作，此时体已经被切割完成。读者可尝试使用 （体选择命令）来选择不同的体。

Step10：单击 按钮关闭 DM。

5.5.2 赋予材料和划分网格

Step1：双击分析项目中 A4 栏 Model 选项，打开 Mechanical 界面。

Step2：单击 Outline 栏 Geometry 项前部的 按钮，按住 Ctrl 键选择两个 Solid 选项，如图 5-133 所示。

Step3：单击 Details of "Multiple Selection"栏中 Assignment 选项后的 按钮，如图 5-134 所示，选择 Aluminum Alloy 选项。

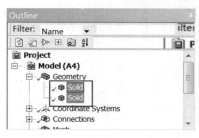

图 5-133 选择 Solid

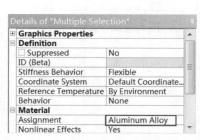

图 5-134 更改材料

Step4：选择 Outline 栏中的 Mesh 选项，此时会出现网格参数设置列表，选择 Mesh Contral→Method 命令，如图 5-135 所示。

Step5：选择 Details of "Automatic Method"-Method 栏中的 Geometry 选项，选择两个体，单击 Apply 按钮，如图 5-136 所示。

图 5-135 网格控制方法

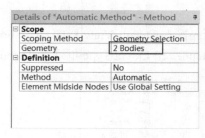

图 5-136 选择需要控制的体

Step6：单击 Details of "Automatic Method"-Method 栏中 Method 项后的下拉箭头，选择 Sweep 选项，如图 5-137 所示。

Step7：在网格参数列表中选择 Details of "Mesh"栏中的 Sizing 选项，在 Element Size 选项中输入 0.01，如图 5-138 所示。

Step8：在 Outline 栏中的 Mesh 选项上右击，从弹出的快捷菜单中选择 Generate Mesh 命令，划分网格，如图 5-139 所示。划分后网格如图 5-140 所示。有兴趣的读者可以尝试不使用扫掠方式划分网格，划分后效果如图 5-141 所示，读者可以对比这两个网格的质量。

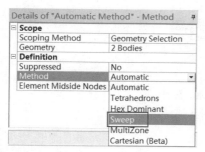

图 5-137　选择扫掠方式

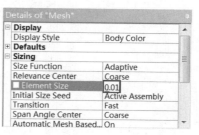

图 5-138　设置网格尺寸

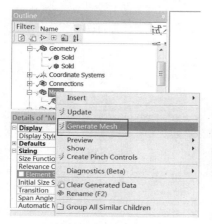

图 5-139　网格划分

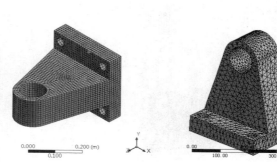

图 5-140　扫掠法网格图　　图 5-141　普通网格

5.5.3 添加约束和载荷

Step1：选择 Outline 栏中的 Static Structural（A5）选项，如图 5-142 所示，此时会出现如图 5-143 所示的 Environment（环境）工具栏。

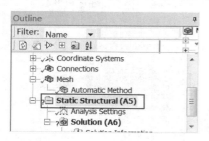

图 5-142　"边界条件"选项　　图 5-143　环境工具栏

Step2：选择 Environment（环境）工具栏中的 Supports→Displacement 命令，如图 5-144 所示。

Step3：选择支承座的底面，如图 5-145 所示。在 Details of "Displacement" 栏中，单击 Geometry 中的 Apply 按钮，如图 5-146 所示。

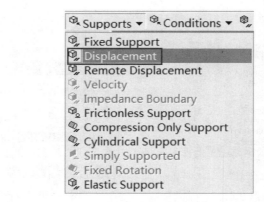

图 5-144　选择约束

图 5-145　选择约束面

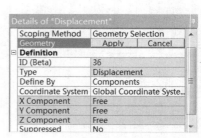

图 5-146　位移约束参数设置

Step4：在 X Component，Y Component，Z Component 栏中均输入 0，如图 5-147 所示。

Step5：选择 Environment（环境）工具栏中 Loads→Bearing Load（轴承载荷）命令，如图 5-148 所示。

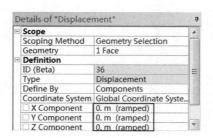

图 5-147　输入位移约束

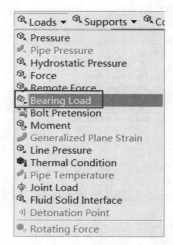

图 5-148　选择轴承载荷

Step6：选择圆柱面，如图5-149所示。在Details of "Bearing Load"栏的Define By中选择Components选项，如图5-150所示。在Geometry中确定图5-149所示的圆柱面被选中，并在Z Component中输入-2000，如图5-151所示。

图 5-149　选择轴承载荷面

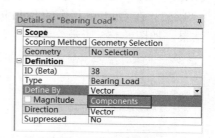

图 5-150　选择载荷方向

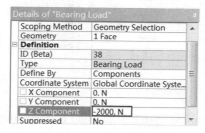

图 5-151　力载荷参数设置

5.5.4　求解

在Outline栏中的Solution（A6）项上右击，在弹出的快捷菜单中选择Solve命令，如图5-152所示。求解时会出现进度栏。当进度栏消失，同时Solution（A6）项前方出现✓标识，说明求解已经结束，如图5-153所示。

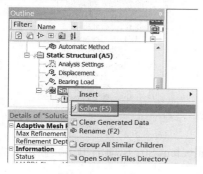

图 5-152　求解

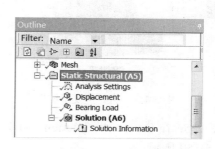

图 5-153　求解完成

5.5.5 后处理

Step1：在 Outline 栏中的 Solution（A6）项上右击，在弹出的快捷菜单中选择 Insert→Deformation→Total 命令，添加变形分析结果，如图 5-154 所示。

Step2：在 Outline 栏中的 Solution（A6）项上右击，在弹出的快捷菜单中选择 Insert→Stress→Equivalent 命令，添加应力分析结果。

Step3：在 Outline 栏中的 Solution（A6）项上右击，选择 Evaluate All Results 命令显示结果，如图 5-155 所示。

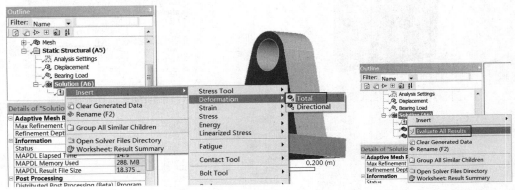

图 5-154 添加求解结果　　　　　图 5-155 提取求解结果

Step4：在 Outline 栏 Solution（A6）中的 Total Deformation 项上单击，显示变形结果，如图 5-156 所示。读者可以发现虽然变形量只有 6.3777e-5Max，但显示的模型形变量很大。这里可以更改显示结果。在 Result 项中选择 1.0（True Scale）选项，如图 5-157 所示。这时可以发现变形图成为真实比例，如图 5-158 所示。

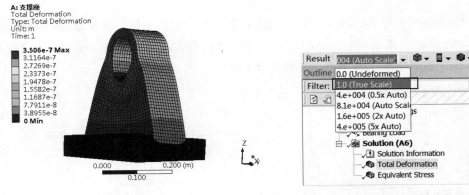

图 5-156 大比例变形结果　　　　　图 5-157 选择显示比例

Step5：在 Outline 栏 Solution（A6）中的 Equivalent Stress 项上单击，显示应力结果，如图 5-159 所示。

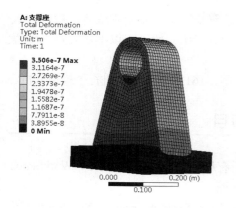

图 5-158 真实比例变形结果

图 5-159 真实比例应力结果

5.5.6 保存与退出

Step1：单击 Mechanical 界面右上角的 ❌ 按钮，退出 Mechanical，返回 Workbench 主界面。此时，主界面的项目管理区中显示的分析项目均已完成，如图 5-160 所示。

Step2：在 Workbench 主界面中单击常用工具栏中的 💾 按钮，保存包含有分析结果的文件。

Step3：单击主界面右上角的 ❌ 按钮，退出 Workbench，完成项目分析。

图 5-160 项目分析完成

5.6 项目分析 5——子模型静力分析

前面三节分别介绍了梁单元、板单元与实体单元的静力分析，本节将通过一个简单的实例介绍一下 ANSYS Workbench 18.0 的特有分析方法，即子模型分析。

子模型分析是 ANSYS Workbench 18.0 新加的一个模块，子模型分析比较广泛地应用于模型的细化分析，提高局部的分析精度，请读者掌握子模型分析的基本过程。

学习目标：熟练掌握 ANSYS Workbench 子模型分析方法及过程。

模型文件	Chapter5\char5-5\Sub_Model.sat；Model.sat
结果文件	Chapter5\char5-5\Sub_Model.wbpj

5.6.1 问题描述

在工程分析中常常会遇到一些结构比较复杂的模型，而在这类模型的某些位置，特别是在一些过渡连接的位置或者特征比较复杂的位置需要细化网格，以满足计算精度的要求，但是由于硬件的资源显示，往往这些问题尽管原理很简单，但是有时很棘手。老版的 ANSYS Workbench 只能通过 APDL 编程来辅助分析,对于初学者或者一般工程人员来说,上手比较困难,自从 ANSYS Workbench 18.0 版本开始,可以不需要特殊编程即可完成细化分析——子模型分析。

下面将通过一个简单的例子,讲解一下如何对如图 5-161 所示的模型进行子模型分析。

5.6.2 启动 Workbench 并建立分析项目

Step1:在 Windows 系统下选择"开始"→"所有程序"→ANSYS 18.0→Workbench 18.0 命令,启动 ANSYS Workbench 18.0,进入主界面。

Step2:双击主界面 Toolbox(工具箱)中的 Analysis Systems→Static Structural(静态结构分析)选项,即可在 Project Schematic(项目管理区)创建分析项目 A,如图 5-162 所示。

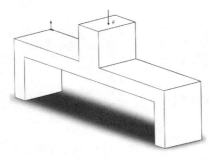

图 5-161 铝合金模型

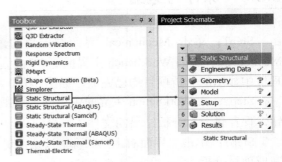

图 5-162 创建分析项目 A

5.6.3 导入创建几何体

Step1:在 A3 Geometry 上右击,在弹出的快捷菜单中选择 Import Geometry→Browse 命令,如图 5-163 所示,此时会弹出"打开"对话框。

Step2:在弹出的"打开"对话框中选择文件路径,导入 model.sat 几何体文件,如图 5-164 所示,此时 A3 Geometry 后的 ? 变为 ✓,表示实体模型已经存在。

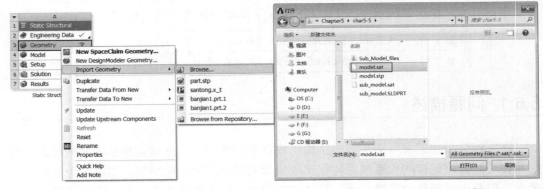

图 5-163 导入几何体   图 5-164 "打开"对话框

Step3：双击项目 A 中的 A2 Geometry，此时会进入到 DesignModeler 界面，选择单位为 m，单击 OK 按钮，此时设计树中 Import1 前显示 ，表示需要生成，图形窗口中没有图形显示，如图 5-165 所示。

Step4：单击 Generate（生成）按钮，即可显示生成的几何体，如图 5-166 所示，此时可在几何体上进行其他的操作。本例无须进行操作。

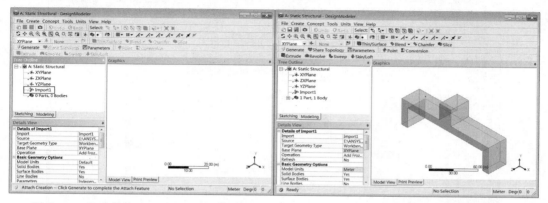

图 5-165　生成前的 DesignModeler 界面　　　　图 5-166　生成后的 DesignModeler 界面

Step5：单击 DesignModeler 界面右上角的 （关闭）按钮，退出 DesignModeler，返回到 Workbench 主界面。

5.6.4　添加材料库

Step1：双击项目 A 中的 A2 Engineering Data 项，进入如图 5-167 所示的材料参数设置界面。在该界面下即可进行材料参数设置。

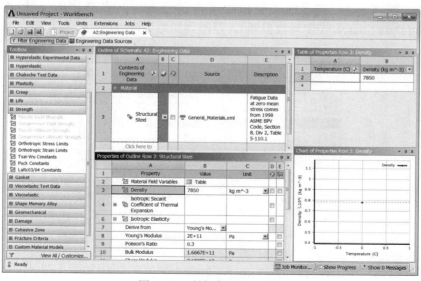

图 5-167　材料参数设置界面

Step2：在界面的空白处单击鼠标右键,在弹出的快捷菜单中选择 Engineering Data Sources(工程数据源),此时的界面会变为如图 5-168 所示的界面。原界面窗口中的 Outline of Schematic A2:Engineering Data 消失,取代以 Engineering Data Sources 及 Outline of Favorites。

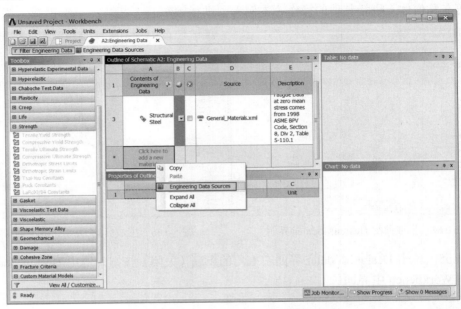

图 5-168　材料参数设置界面

Step3：在 Engineering Data Sources 表中选择 A3 栏 General Materials,然后单击 Outline of Favorites 表中 A4 栏 Aluminum Alloy(铝合金)后的 B4 栏的 （添加）按钮,此时在 C4 栏中会显示 ●（使用中的）标识,如图 5-169 所示,标识材料添加成功。

Step4：同 Step2,在界面的空白处单击鼠标右键,在弹出的快捷菜单中选择 Engineering Data Sources(工程数据源),返回到初始界面中。

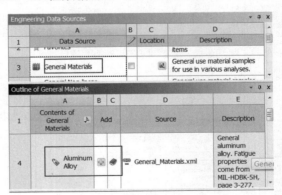

图 5-169　添加材料

Step5：根据实际工程材料的特性,在 Properties of Outline Row 4:Aluminum Alloy 表中可以修改材料的特性,如图 5-170 所示。本实例采用的是默认值。

用户也可以通过在 Engineering Data 窗口中自行创建新材料添加到模型库中，这在后面的讲解中会有涉及。本实例不介绍。

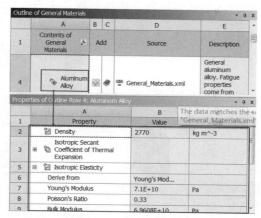

图 5-170 材料属性窗口

Step6：单击工具栏中的 Project 按钮，返回到 Workbench 主界面，材料库添加完毕。

5.6.5 添加模型材料属性

Step1：双击主界面项目管理区项目 A 中的 A4 栏 Model 项，进入如图 5-171 所示的 Mechanical 界面。在该界面下即可进行网格的划分、分析设置、结果观察等操作。

ANSYS Workbench15 程序默认的材料为 Structural Steel。

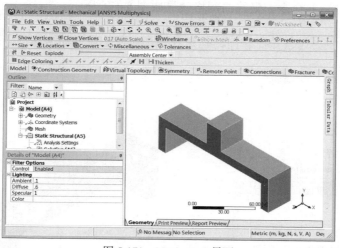

图 5-171 Mechanical 界面

Step2：选择 Mechanical 界面左侧 Outline（分析树）中 Geometry 选项下的实体，此

时即可在 Details of "Part1"（参数列表）中给模型添加材料，如图 5-172 所示。

Step3：单击参数列表中的 Material 下 Assignment 黄色区域后的 ▶，此时会出现刚刚设置的材料 Aluminum Alloy，选择即可将其添加到模型中去。如图 5-173 所示，表示材料已经添加成功。

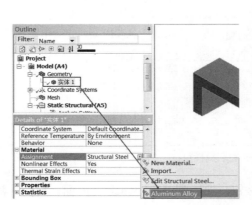

图 5-172　变更材料

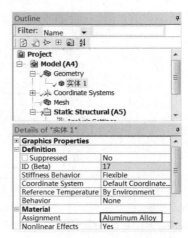

图 5-173　修改材料后的分析树

5.6.6　划分网格

Step1：选择 Mechanical 界面左侧 Outline（分析树）中的 Mesh 选项，此时可在 Details of "Mesh"（参数列表）中修改网格参数。本例在 Sizing 中的 Element Size 中设置为 5m，其余采用默认设置，如图 5-174 所示。

Step2：在 Outline（分析树）中的 Mesh 选项上单击鼠标右键，在弹出的快捷菜单中选择 Generate Mesh 命令。最终的网格效果如图 5-175 所示。

本算例为了演示子模型的使用方法，所以全模型的网格划分的比较粗糙。

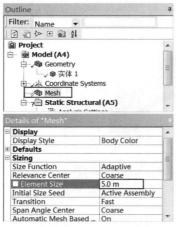

图 5-174　生成网格

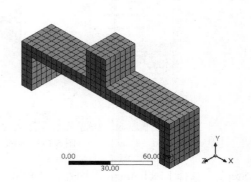

图 5-175　网格效果

5.6.7 施加载荷与约束

Step1：选择 Mechanical 界面左侧 Outline（分析树）中的 Static Structural（A5）选项，此时会出现如图 5-176 所示的 Environment 工具栏。

Step2：选择 Environment 工具栏中的 Supports（约束）→Fixed Support（固定约束）命令，此时在分析树中会出现 Fixed Support 选项，如图 5-177 所示。

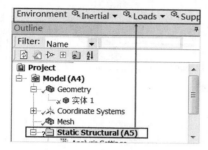

图 5-176　Environment 工具栏

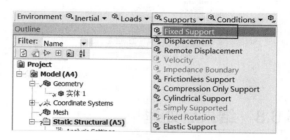

图 5-177　添加固定约束

Step3：选中 Fixed Support，选择需要施加固定约束的面，单击 Details of "Fixed Support"（参数列表）中 Geometry 选项下的 Apply 按钮，即可在选中面上施加固定约束，如图 5-178 所示。

Step4：同 Step2，选择 Environment 工具栏中的 Loads（载荷）→Force（力）命令，此时在分析树中会出现 Force 选项，如图 5-179 所示。

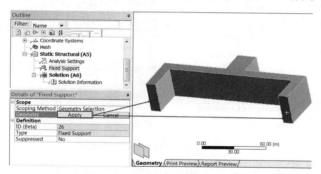

图 5-178　施加固定约束

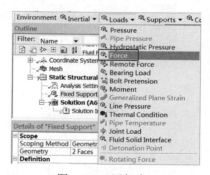

图 5-179　添加力

Step5：选中 Force，在 Details of "Force"（参数列表）面板中做如下设置及输入。

在 Geometry 选项下确保如图 5-180 所示的面被选中并单击 Apply 按钮，此时在 Geometry 栏中显示 1Face，表明一个面已经被选中；

在 Define By 栏中选择 Components 选项；

在 X Component 选项中输入-3000N，其余默认即可。

Step6：在 Outline（分析树）中的 Static Structural（A5）选项上单击鼠标右键，在弹出的快捷菜单中选择 Solve 命令。

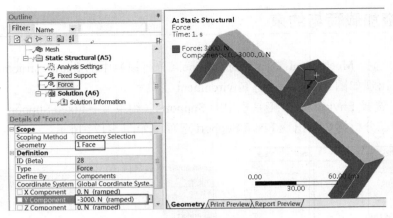

图 5-180　添加面载荷

5.6.8　结果后处理

Step1：选择 Mechanical 界面左侧 Outline（分析树）中的 Solution（A6）选项，此时会出现如图 5-181 所示的 Solution 工具栏。

Step2：选择 Solution 工具栏中的 Stress（应力）→Equivalent（von-Mises）命令，此时在分析树中会出现 Equivalent Stress（等效应力）选项，如图 5-182 所示。

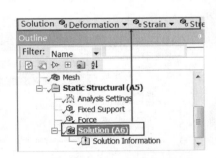

图 5-181　Solution 工具栏

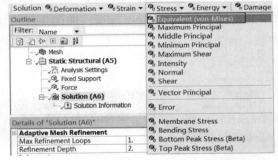

图 5-182　添加等效应力选项

Step3：同 Step2，选择 Solution 工具栏中的 Strain（应变）→Equivalent（von-Mises）命令，如图 5-183 所示，此时在分析树中会出现 Equivalent Elastic Strain（等效应变）选项。

Step4：同 Step2，选择 Solution 工具栏中的 Deformation（变形）→Total 命令，如图 5-184 所示，此时在分析树中会出现 Total Deformation（总变形）选项。

Step5：在 Outline（分析树）中的 Solution（A6）选项上单击鼠标右键，在弹出的快捷菜单中选择 Evaluate All Results 命令，如图 5-185 所示。

Step6：选择 Outline（分析树）中 Solution（A6）下的 Equivalent Stress 选项，此时会出现如图 5-186 所示的应力分析云图。

Step7：选择 Outline（分析树）中 Solution（A6）下的 Equivalent Elastic Strain 选项，此时会出现如图 5-187 所示的应变分析云图。

Step8：选择 Outline（分析树）中 Solution（A6）下的 Total Deformation（总变形）

选项，此时会出现如图 5-188 所示的总变形分析云图。

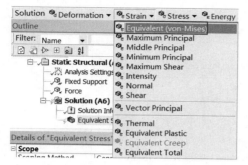

图 5-183　添加等效应变选项

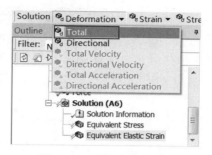

图 5-184　添加总变形选项

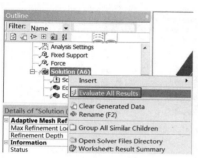

图 5-185　快捷菜单

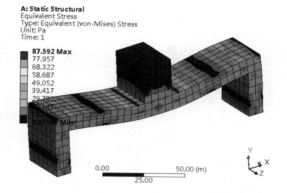

图 5-186　应力分析云图

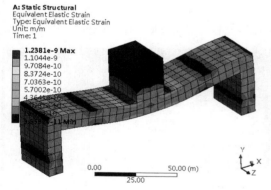

图 5-187　应变分析云图

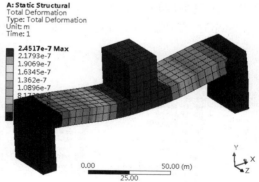

图 5-188　总变形分析云图

Step9：单击 Mechanical 界面右上角的 ![close] （关闭）按钮，退出 Mechanical，返回到 Workbench 主界面。

5.6.9　子模型分析

Step1：右击项目 A 中的 A1，在弹出的快捷菜单中选择 Duplicate（复制工程）命令，如图 5-189 所示，复制一个分析项目到项目 B。

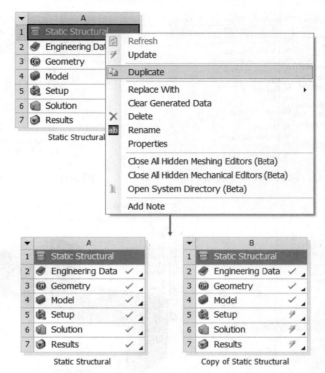

图 5-189　复制项目

Step2：右击项目 B 中的 B3，在弹出的快捷菜单中选择 Replace Geometry→Browse 命令，如图 5-190 所示。

Step3：在弹出的"打开"对话框中选择几何文件 sub_model.sat，如图 5-191 所示。

图 5-190　快捷菜单　　　　　　　　图 5-191　选择几何文件

Step4：单击项目 A 中的 A6 不放直接拖到项目 B 中的 B5，如图 5-192 所示。

Step5：右击 B5，在弹出的快捷菜单中选择 Refresh 命令，更新数据。

Step6：双击 B4 进入到 Mechanical 平台，此时在 Mechanical 平台中出现如图 5-193 所示命令，此命令表示可以添加子模型激励。

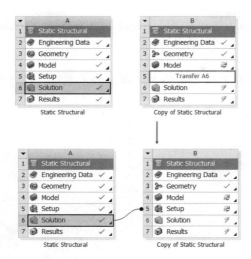

图 5-192 数据传递

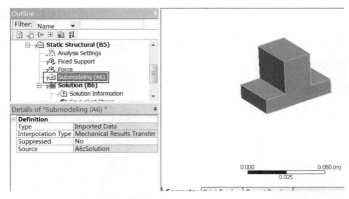

图 5-193 子模型激励

Step7：将材料设置为 Aluminum Alloy。

Step8：删除 Static Structural (B5)→Fixed Support 和 Force 两个选项。

Step9：划分网格，将网格大小设置为 0.005m，如图 5-194 所示。

Step10：划分完成后的网格模型如图 5-195 所示。

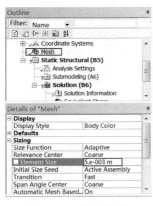

图 5-194 网格设置

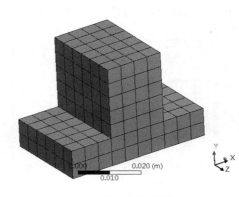

图 5-195 网格模型

Step11：右击 Submodeling (A6)，在弹出的快捷菜单中选择 Insert→Cut Boundary Constraint 命令，如图 5-196 所示。

ANSYS 18.0 的子模型命令与之前的版本不同，请读者注意！

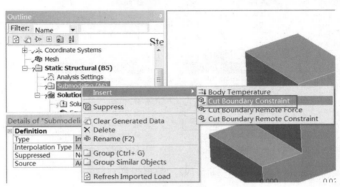

图 5-196　快捷菜单

Step12：在弹出的如图 5-197 所示的 Imported Cut Boundary Constraint 详细设置窗口的 Geometry 栏中选择图示中的三个面。

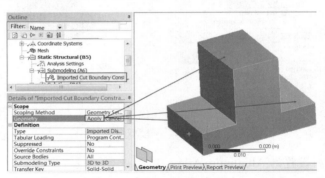

图 5-197　快捷菜单

Step13：右击 Imported Cut Boundary Constraint，在弹出的快捷菜单中选择 Imported Load 命令。

Step14：导入完成后的载荷添加及信息如图 5-198 所示。

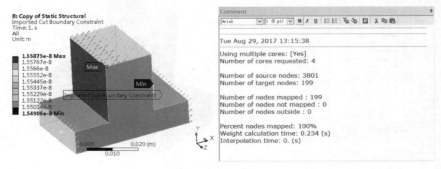

图 5-198　载荷及信息

Step15：在 Outline（分析树）中的 Static Structural（A5）选项上单击鼠标右键，在弹出的快捷菜单中选择 Solve 命令。

Step16：如图 5-199～图 5-201 所示为应力、应变及位移云图。

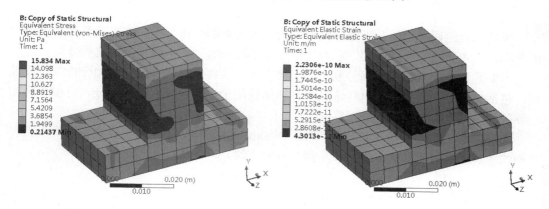

图 5-199　应力分布云图　　　　　图 5-200　应变分布云图

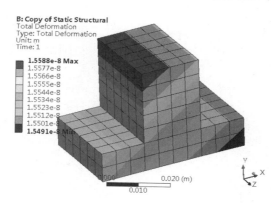

图 5-201　位移分布云图

5.6.10　保存并退出

Step1：单击 Mechanical 界面右上角的 ![close] （关闭）按钮，退出 Mechanical 返回到 Workbench 主界面。

Step2：在 Workbench 主界面单击常用工具栏中的 ![save] （保存）按钮，保存包含有分析结果的文件。

Step3：单击右上角的 ![close] （关闭）按钮，退出 Workbench 主界面，完成项目分析。

读者根据子模型分析的方法和步骤，详细揣摩子模型分析的机理，子模型分析比较适合几何模型比较复杂的结构，如汽车的轮毂结构一般比较复杂，而且属于周期对称结构，一般分析汽车轮毂时可以取其中一部分做有限元分析，但是考虑到结构在轮缘与辐射毂之间过渡的位置受力，容易出现奇异值，所以在过渡位置进行细化分析，提高计算精度以保证工程需要。

5.7 本章小结

线性材料结构静力学分析是有限元分析中最常见的分析类型。在工业品、制造业、消费品、土木工程、医学研究、电力传输和电子设计等领域中经常用到此类分析。

本章通过5个典型案例，分别介绍了梁单元、实体单元的有限元静力分析的一般过程，包括材料导入与建模、材料选择与材料属性赋予、有限元网格的划分、对模型施加边界条件与外载荷及结构后处理等。

通过本章的学习，读者应对 ANSYS Workbench 结构静力学分析模块和操作步骤有详细的了解，同时应熟悉掌握操作步骤与分析方法。

第6章

模态分析

本章将对 ANSYS Workbench 软件的模态分析模块进行详细讲解,并通过几个典型案例对模态分析的一般步骤进行详细讲解,包括几何建模(外部几何数据的导入)、材料赋予、网格设置与划分、边界条件的设定、后处理操作。

学习目标

(1) 熟练掌握 ANSYS Workbench 软件模态分析的过程。
(2) 了解模态分析与结构静力学分析的不同之处。
(3) 掌握模态分析的应用场合。

6.1 模态分析简介

模态分析是最基本的线性动力学分析，用于分析结构的自振频率特性，包括固有频率和振型及振型参与系数。

6.1.1 模态分析

模态分析的好处在于可以使结构设计避免共振或者以特定的频率进行振动；工程师从中可以认识到结构对不同类型的动力载荷是如何响应的；有助于在其他动力分析中估算求解控制参数。

ANSYS Workbench 18.0 模态求解器有如图 6-1 所示的几种类型，一般默认为程序自动控制类型（Program Controlled）。

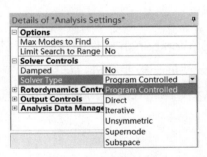

图 6-1 求解器控制

模态分析还是其他线性动力学分析的基础，如响应谱分析、谐响应分析、暂态分析等均需在模态分析的基础上进行。

除了常规的模态分析外，ANSYS Workbench 18.0 还可计算含有接触的模态分析及考虑有预应力的模态分析。

如图 6-2 所示为在工具箱中存在的两种进行模态计算的求解器，其中项目 A 为利用 Samcef 软件进行的模态分析，项目 B 为采用 ANSYS 默认求解器进行的模态分析。

图 6-2 模态分析项目

6.1.2 模态分析基础

经典力学理论可知，物体的动力学通用方程为

$$[M]\{x''\}+[C]\{x'\}+[K]\{x\}=\{F(t)\} \quad (6-1)$$

式中，$[M]$ 是质量矩阵；$[C]$ 是阻尼矩阵；$[K]$ 是刚度矩阵；$\{x\}$ 是位移矢量；$\{F(t)\}$ 是力矢量；$\{x'\}$ 是速度矢量；$\{x''\}$ 是加速度矢量。

无阻尼模态分析是经典的特征值问题，动力学问题的运动方程如下。

$$[M]\{x''\}+[K]\{x\}=\{0\} \quad (6-2)$$

结构的自由振动为简谐振动，即位移为正弦函数，即

$$x = x\sin(\omega t) \quad (6-3)$$

带入上式得

$$([K]-\omega^2[M])\{x\}=\{0\} \quad (6-4)$$

式（6-4）为经典的特征值问题，此方程的特征值为 ω_i^2，其开方 ω_i 就是自振圆频率，自振频率为 $f=\dfrac{\omega_i}{2\pi}$。

特征值 ω_i 对应的特征向量 $\{x\}_i$ 为自振频率 $f=\dfrac{\omega_i}{2\pi}$ 对应的振型。

模态分析实际上就是进行特征值和特征向量的求解，也称为模态提取。模态分析中材料的弹性模量、泊松比及材料密度是必须定义的。

下面通过几个简单的实例介绍一下模态分析的方法和步骤。

6.2 项目分析 1——计算机机箱模态分析

本节主要介绍 ANSYS Workbench 18.0 的模态分析模块，计算计算机机箱自振频率特性。

学习目标：熟练掌握 ANSYS Workbench 模态分析的方法及过程。

模型文件	Chapter6\char6-1\ ComputerCase.stp
结果文件	Chapter6\char6-1\ Modal.wbpj

6.2.1 问题描述

如图 6-3 所示为某计算机机箱模型，请用 ANSYS Workbench 分析计算机机箱自振频率变形。

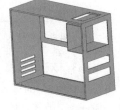

图 6-3 计算机机箱模型

6.2.2 启动 Workbench 并建立分析项目

Step1：在 Windows 系统下选择"开始"→"所有程序"→ANSYS 18.0 →Workbench 18.0 命令，启动 ANSYS Workbench 18.0，进入主界面。

Step2：双击主界面 Toolbox（工具箱）中的 Analysis Systems→Modal（模态分析）命令，即可在 Project Schematic（项目管理区）创建分析项目 A，如图 6-4 所示。

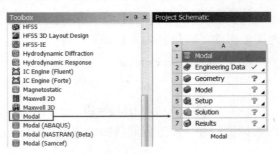

图 6-4 创建分析项目 A

6.2.3 导入创建几何体

Step1：在 A3 Geometry 上右击，在弹出的快捷菜单中选择 Import Geometry→Browse 命令，如图 6-5 所示，此时会弹出"打开"对话框。

Step2：在弹出的"打开"对话框中选择文件路径，导入 ComputerCase.stp 几何体文件，如图 6-6 所示，此时 A3 Geometry 后的 ? 变为 ✓，表示实体模型已经存在。

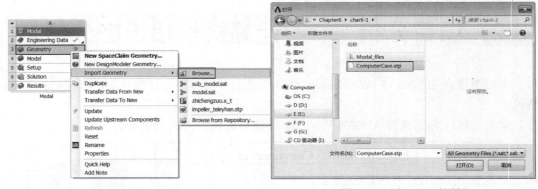

图 6-5 导入几何体　　　　　　　　　图 6-6 "打开"对话框

Step3：双击项目 A 中的 A3 Geometry 按钮，会进入到 DesignModeler 界面，此时设计树中 Import1 前显示 ≯，表示需要生成，图形窗口中没有图形显示，如图 6-7 所示。

Step4：单击 ≯ Generate （生成）按钮，即可显示生成的几何体，如图 6-8 所示，此时可在几何体上进行其他的操作。本例无须进行操作。

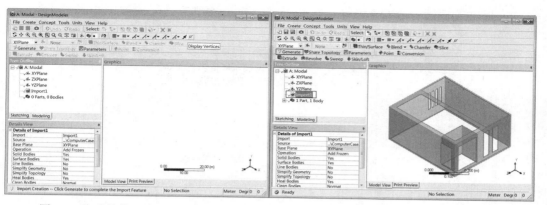

图 6-7　生成前的 DesignModeler 界面　　图 6-8　生成后的 DesignModeler 界面

Step5：单击 DesignModeler 界面右上角的 ![关闭] （关闭）按钮，退出 DesignModeler，返回到 Workbench 主界面。

6.2.4　添加材料库

Step1：选择项目 A 中的 A2 Engineering Data 选项，进入如图 6-9 所示的材料参数设置界面。在该界面下即可进行材料参数设置。

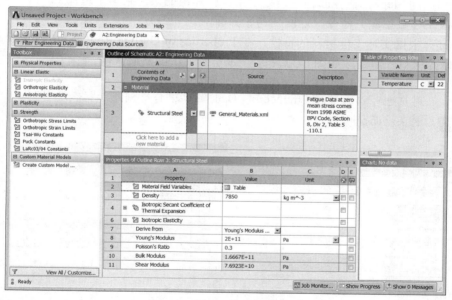

图 6-9　材料参数设置界面 1

Step2：在界面的空白处右击，在弹出的快捷菜单中选择 Engineering Data Sources（工程数据源）命令，此时的界面会变为如图 6-10 所示的界面。原界面窗口中的 Outline of Schematic A2: Engineering Data 消失，被 Engineering Data Sources 及 Outline of General Materials 取代。

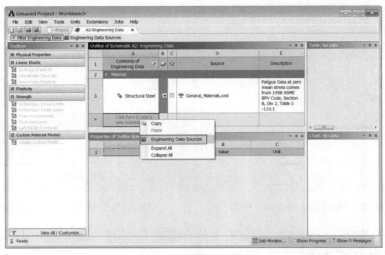

图 6-10 材料参数设置界面 2

Step3：在 Engineering Data Sources 表中选择 A3 栏 General Materials 选项，然后单击 Outline of General Materials 表中 AB 栏 Structural Steel（结构钢）后的 BB 栏的 （添加）按钮，此时在 CB 栏中会显示 📖（使用中的）标识，如图 6-11 所示，标识材料添加成功。

Step4：同 Step2，在界面的空白处右击，在弹出的快捷菜单中选择 Engineering Data Sources（工程数据源）命令，返回到初始界面中。

Step5：根据实际工程材料的特性，在 Properties of Outline Row 4: Structural Steel 表中可以修改材料的特性，如图 6-12 所示。本实例采用的是默认值。

> 用户也可以通过在 Engineering Data 窗口中自行创建新材料添加到模型库中，这在后面的讲解中会有涉及，本实例不介绍。

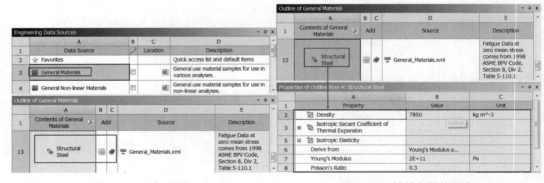

图 6-11 添加材料　　　　　　　图 6-12 材料参数修改窗口

Step6：单击工具栏中的 Project 按钮，返回到 Workbench 主界面，材料库添加完毕。

6.2.5 添加模型材料属性

Step1：双击主界面项目管理区项目 A 中的 A4 栏 Model 选项，进入如图 6-13 所示的 Mechanical 界面。在该界面下即可进行网格的划分、分析设置、结果观察等操作。

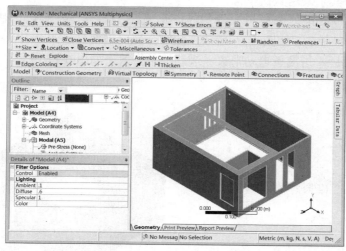

图 6-13　Mechanical 界面

Step2：选择 Mechanical 界面左侧 Outline（分析树）中的 Geometry 下的 ComputerCase，此时即可在 Details of "1"（参数列表）中给模型添加材料，如图 6-14 所示。

Step3：单击参数列表中 Material 下 Assignment 后的 ▶ 按钮，此时会出现刚刚设置的材料 Structural Steel，选择即可将其添加到模型中去。此时分析树 Geometry 前的 ? 变为 ✓，如图 6-15 所示，表示材料已经添加成功。

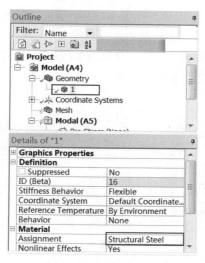

图 6-14　添加材料

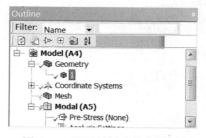

图 6-15　添加材料后的分析树

6.2.6　划分网格

Step1：选择 Mechanical 界面左侧 Outline（分析树）中的 Mesh 选项，此时可在 Details of "Mesh"（参数列表）中修改网格参数，在 Sizing 的 Relevance Center 中设置 Relevance Center 为 Fine，其余采用默认设置。

Step2：在 Outline（分析树）中的 Mesh 选项上右击，在弹出的快捷菜单中选择 Generate Mesh 命令，如图 6-16 所示，此时会弹出进度显示条，表示网格正在划分，当网格划分完成后，进度条自动消失。最终的网格效果如图 6-17 所示。

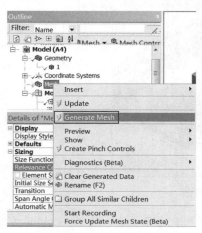

图 6-16　生成网格

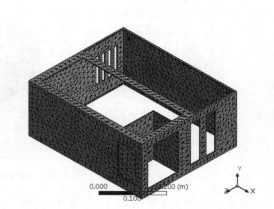

图 6-17　网格效果

6.2.7　施加载荷与约束

Step1：选择 Mechanical 界面左侧 Outline（分析树）中的 Modal（A5）选项，此时会出现如图 6-18 所示的 Environment 工具栏。

Step2：选择 Environment 工具栏中的 Supports（约束）→Fixed Support（固定约束）命令，此时在分析树中会出现 Fixed Support 选项，如图 6-19 所示。

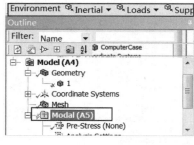

图 6-18　Environment 工具栏

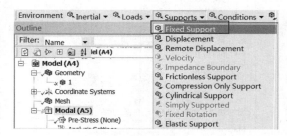

图 6-19　添加固定约束

Step3：选择 Fixed Support 选项，选择需要施加固定约束的面，单击 Details of "Fixed Support"中 Geometry 选项下的 Apply 按钮，即可在选中面上施加固定约束,如图 6-20 所示。

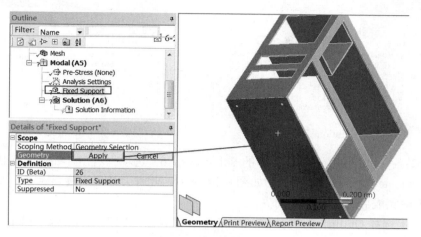

图 6-20　施加固定约束

Step4:在 Outline(分析树)中的 Modal(A5)选项上右击,在弹出的快捷菜单中选择 Solve 命令,如图 6-21 所示,此时会弹出进度显示条,表示正在求解,当求解完成后进度条自动消失。

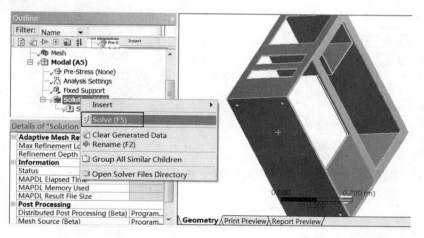

图 6-21　求解

6.2.8　结果后处理

Step1:选择 Mechanical 界面左侧 Outline(分析树)中的 Solution(A6)选项,此时会出现如图 6-22 所示的 Solution 工具栏。

Step2:选择 Solution 工具栏中的 Deformation(变形)→Total 命令,如图 6-23 所示,此时在分析树中会出现 Total Deformation(总变形)选项。

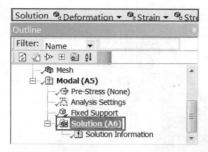

图 6-22 Solution 工具栏

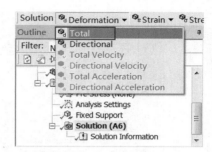

图 6-23 添加变形选项

Step3：在 Outline（分析树）中的 Solution（A6）选项上右击，在弹出的快捷菜单中选择 Evaluate All Results 命令，如图 6-24 所示，此时会弹出进度显示条，表示正在求解，当求解完成后进度条自动消失。

Step4：选择 Outline（分析树）中 Solution（A6）下的 Total Deformation（总变形）选项，此时会出现如图 6-25 所示的一阶模态总变形分析云图。

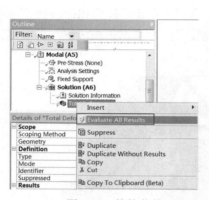

图 6-24 快捷菜单

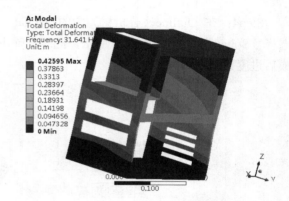

图 6-25 一阶变形云图

Step5：图 6-26 所示为计算机机箱二阶变形云图。

Step6：图 6-27 所示为计算机机箱三阶变形云图。

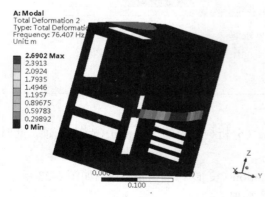

图 6-26 二阶变形云图

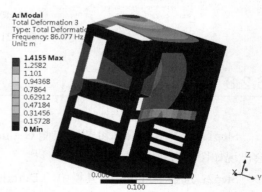

图 6-27 三阶变形云图

Step7：图 6-28 所示为计算机机箱四阶变形云图。
Step8：图 6-29 所示为计算机机箱五阶变形云图。

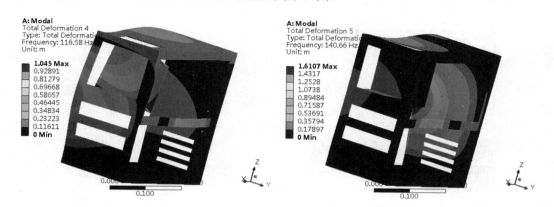

图 6-28　四阶变形云图　　　　　图 6-29　五阶变形云图

Step9：图 6-30 所示为计算机机箱六阶变形云图。
Step10：图 6-31 所示为计算机机箱前 6 阶模态频率，Workbench 模态计算时的默认模态数量为 6。

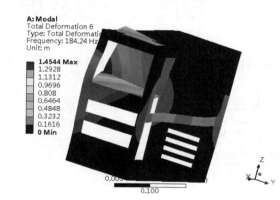

图 6-30　六阶变形云图　　　　　图 6-31　各阶模态频率

Step11：选择 Outline（分析树）中 Modal（A5）下的 Analysis Settings（分析设置）选项，在图 6-32 所示的 Details of "Analysis Settings" 下面的 Options 中有 Max Modes to Find 选项，在此选项中可以修改模态数量。

6.2.9　保存与退出

Step1：单击 Mechanical 界面右上角的 ![close] （关闭）按钮，退出 Mechanical，返回到 Workbench 主界面。此时，主界面的项目管理区中显示的分析项目均已完成，如图 6-33 所示。

Step2：在 Workbench 主界面中单击常用工具栏中的 ![save] （保存）按钮，保存包含有分析结果的文件。

Step3：单击右上角的 （关闭）按钮，退出 Workbench 主界面，完成项目分析。

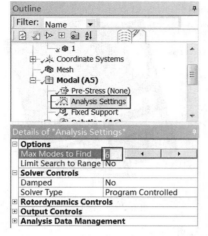

图 6-32　修改模态数量选项　　　　　　图 6-33　项目管理区中的分析项目

6.3　项目分析 2——有预应力模态分析

本节主要介绍 ANSYS Workbench 18.0 的模态分析模块，计算零件在有预拉应力下的模态。

学习目标：熟练掌握 ANSYS Workbench 有预应力模态分析的方法及过程。

模型文件	Chapter6\char6-2\ model.stp
结果文件	Chapter6\char6-2\ PreStressModal.wbpj

6.3.1　问题描述

如图 6-34 所示为某模型，请用 ANSYS Workbench 分析分别计算同一零件在有预拉应力工况下的固有频率。

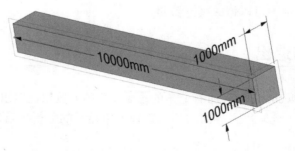

图 6-34　计算模型

6.3.2 启动 Workbench 并建立分析项目

Step1：在 Windows 系统下选择"开始"→"所有程序"→ANSYS 18.0 →Workbench 18.0 命令，启动 ANSYS Workbench 18.0，进入主界面。

Step2：双击主界面 Toolbox（工具箱）中的 Custom Systems→Pre-Stress Modal（预应力模态分析）命令，即可在 Project Schematic（项目管理区）同时创建分析项目 A（静力分析）及项目 B（模态分析），如图 6-35 所示。

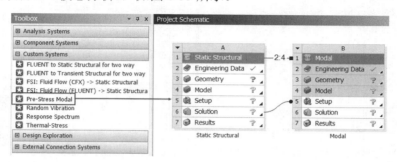

图 6-35　创建分析项目 A 及项目 B

6.3.3 导入创建几何体

Step1：在 A3 Geometry 上右击，在弹出的快捷菜单中选择 Import Geometry→Browse 命令，如图 6-36 所示，此时会弹出"打开"对话框。

Step2：在弹出的"打开"对话框中选择文件路径，导入 model.stp 几何体文件，如图 6-37 所示，此时 A3 Geometry 后的 ? 变为 ✓，表示实体模型已经存在。

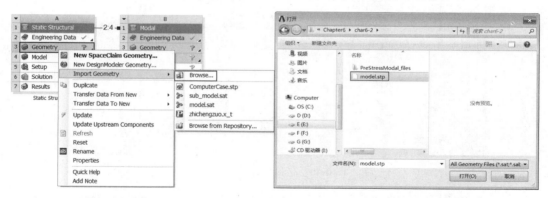

图 6-36　导入几何体　　　　　　图 6-37　"打开"对话框

Step3：双击项目 A 中的 A3 Geometry 选项，会进入到 DesignModeler 界面，此时设计树中 Import1 前显示 ✓，表示需要生成，图形窗口中没有图形显示，如图 6-38 所示。

Step4：单击 ✓ Generate（生成）按钮，即可显示生成的几何体，如图 6-39 所示，此时可在几何体上进行其他的操作。本例无须进行操作。

Step5：单击 DesignModeler 界面右上角的 ✕（关闭）按钮，退出 DesignModeler，

返回到 Workbench 主界面。

6.3.4 添加材料库

Step1：双击项目 A 中的 A2 Engineering Data 选项，进入如图 6-40 所示的材料参数设置界面。在该界面下即可进行材料参数设置。

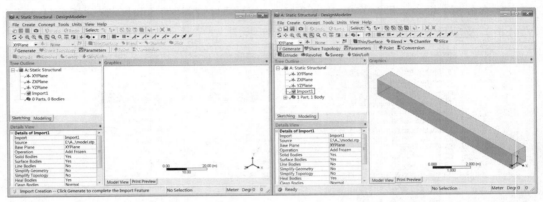

图 6-38 生成前的 DesignModeler 界面　　　图 6-39 生成后的 DesignModeler 界面

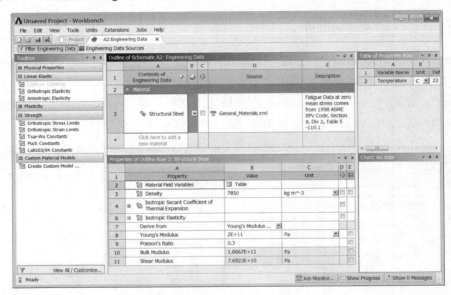

图 6-40 材料参数设置界面 1

Step2：在界面的空白处右击，在弹出的快捷菜单中选择 Engineering Data Sources（工程数据源）命令，此时的界面会变为如图 6-41 所示的界面。原界面窗口中的 Outline of Schematic A2: Engineering Data 消失，被 Engineering Data Sources 及 Outline of General Materials 取代。

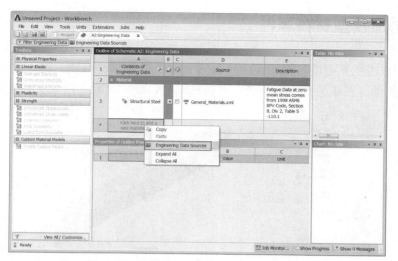

图 6-41 材料参数设置界面 2

Step3：在 Engineering Data Sources 表中选择 A3 栏 General Materials 选项，然后单击 Outline of General Materials 表中 A6 栏 Aluminum Alloy（铝合金）后的 B4 栏的 （添加）按钮，此时在 C4 栏中会显示 📎（使用中的）标识，如图 6-42 所示，标识材料添加成功。

Step4：同 Step2，在界面的空白处右击，在弹出的快捷菜单中选择 Engineering Data Sources（工程数据源）命令，返回到初始界面中。

Step5：根据实际工程材料的特性，在 Properties of Outline Row 4: Aluminum Alloy 表中可以修改材料的特性，如图 6-43 所示。本实例采用的是默认值。

> 提示：用户也可以通过在 Engineering Data 窗口中自行创建新材料添加到模型库中，在后面的讲解中会有涉及，本实例不介绍。

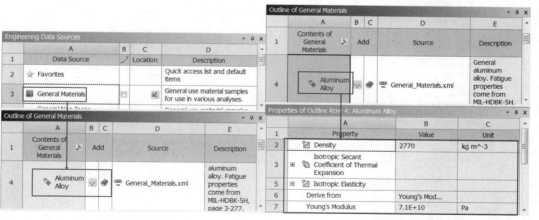

图 6-42 添加材料　　　　　图 6-43 材料参数修改窗口

Step6：单击工具栏中的 Project 按钮，返回到 Workbench 主界面，材料库添加完毕。

6.3.5 添加模型材料属性

Step1：双击主界面项目管理区项目 A 中的 A4 栏 Model 选项，进入如图 6-44 所示 Mechanical 界面。在该界面下即可进行网格的划分、分析设置、结果观察等操作。

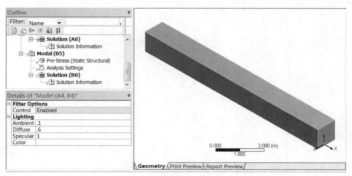

图 6-44　Mechanical 界面

Step2：选择 Mechanical 界面左侧 Outline（分析树）中 Geometry 选项下的 model，此时即可在 Details of "1"（参数列表）中给模型添加材料，如图 6-45 所示。

Step3：单击参数列表中 Material 下 Assignment 后的 ▸ 按钮，此时会出现刚刚设置的材料 Aluminum Alloy，选择即可将其添加到模型中去。此时分析树 Geometry 前的 **?** 变为 ✓，如图 6-46 所示，表示材料已经添加成功。

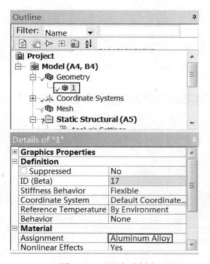

图 6-45　添加材料

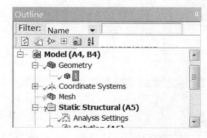

图 6-46　添加材料后的分析树

6.3.6 划分网格

Step1：选择 Mechanical 界面左侧 Outline（分析树）中的 Mesh 选项，此时可在 Details of "Mesh"（参数列表）中修改网格参数，如图 6-47 所示，在 Element Size 中设置 0.10m，

其余采用默认设置。

Step2：在 Outline（分析树）中的 Mesh 选项上右击，在弹出的快捷菜单中选择 Generate Mesh 命令，此时会弹出进度显示条，表示网格正在划分，当网格划分完成后，进度条自动消失。最终的网格效果如图 6-48 所示。

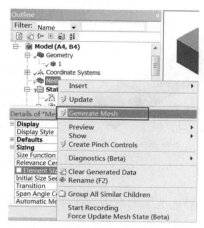

图 6-47 生成网格

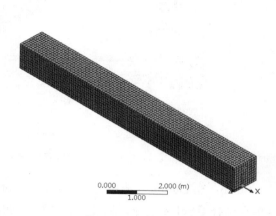

图 6-48 网格效果

6.3.7 施加载荷与约束

Step1：选择 Mechanical 界面左侧 Outline（分析树）中的 Static Structural（A5）选项，此时会出现如图 6-49 所示的 Environment 工具栏。

Step2：选择 Environment 工具栏中的 Supports（约束）→Fixed Support（固定约束）命令，此时在分析树中会出现 Fixed Support 选项，如图 6-50 所示。

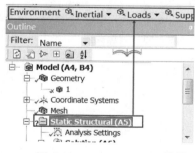

图 6-49 Environment 工具栏

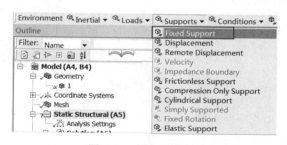

图 6-50 添加固定约束

Step3：选择 Fixed Support 选项，选择需要施加固定约束的面，单击 Details of "Fixed Support"中 Geometry 选项下的 Apply 按钮，即可在选中面上施加固定约束，如图 6-51 所示。

Step4：选择 Environment 工具栏中的 Loads（载荷）→Force（力载荷）命令，此时在分析树中会出现 Force 选项，如图 6-52 所示。

Step5：选择 Force 选项，选择需要施加载荷的面，单击 Details of "Force"中 Geometry 选项下的 Apply 按钮，即可在选中面上施加载荷，如图 6-53 所示。

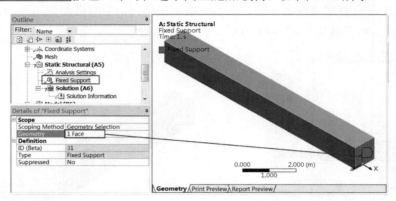

图 6-51　施加固定约束

Step6：在 Outline（分析树）中的 Static Structural（A5）选项上右击，在弹出的快捷菜单中选择 Solve 命令，如图 6-54 所示，此时会弹出进度显示条，表示正在求解，当求解完成后进度条自动消失。

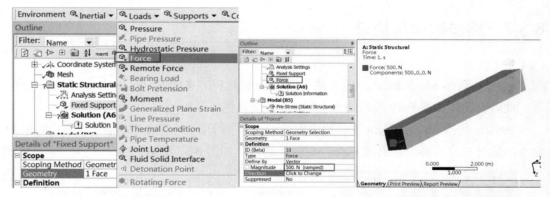

图 6-52　添加固定约束　　　　　　　　　图 6-53　施加载荷

图 6-54　求解

6.3.8 模态分析

在 Outline（分析树）中的 Modal（B5）选项上右击，在弹出的快捷菜单中选择 Solve 命令，此时会弹出进度显示条，表示正在求解，当求解完成后进度条自动消失，Outline（分析树）如图 6-55 所示。

计算时间与网格疏密程度和计算机性能等有关。

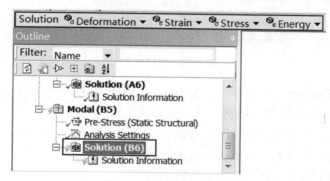

图 6-55 Solution 工具栏

6.3.9 后处理

Step1：选择 Solution（B6）工具栏中的 Deformation（变形）→Total 命令，如图 6-56 所示，此时，在分析树中会出现 Total Deformation（总变形）选项。

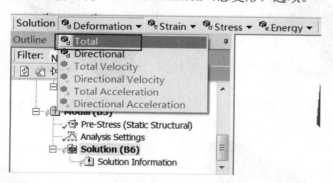

图 6-56 添加变形选项

Step2：在 Outline（分析树）中的 Solution（B6）选项上右击，在弹出的快捷菜单中选择 Evaluate All Results 命令，如图 6-57 所示，此时会弹出进度显示条，表示正在求解，当求解完成后进度条自动消失。

图 6-57 快捷菜单

Step3：选择 Outline（分析树）中 Solution 下的 Total Deformation（总变形）选项，此时会出现如图 6-58 所示的一阶预压应力振形。

Step4：图 6-59 所示为二阶预压应力振形。

Step5：图 6-60 所示为三阶预压应力振形。

Step6：图 6-61 所示为四阶预压应力振形。

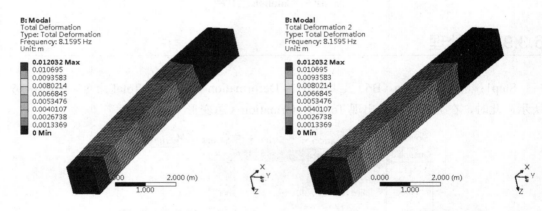

图 6-58　一阶预压应力振形　　　　　　图 6-59　二阶预压应力振形

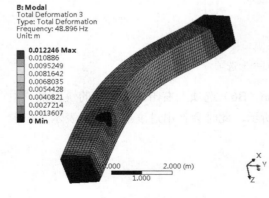 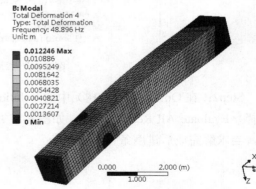

图 6-60　三阶预压应力振形　　　　　　图 6-61　四阶预压应力振形

Step7：图 6-62 所示为五阶预压应力振形。

Step8：图 6-63 所示为六阶预压应力振形。

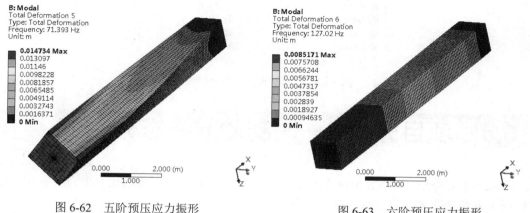

图 6-62　五阶预压应力振形　　　　　图 6-63　六阶预压应力振形

前六阶变形总结见表 6-1。

表 6-1　振形表

振形	1	2	3	4	5	6
位移	0.0120m	0.0120m	0.0122m	0.0122m	0.0147m	0.0085m
变化方向	Y 和 $-Z$ 轴线 45°方向弯曲变形	Y 和 Z 轴线 45°方向弯曲变形	Z 方向弯曲变形	Y 方向弯曲变形	X 方向扭转变形	X 方向压缩变形

Step9：如图 6-64 所示为模型前六阶模态频率，Workbench 模态计算时的默认模态数量为 6。

图 6-64　各阶模态频率

6.3.10　保存与退出

Step1：单击 Mechanical 界面右上角的 ▇ （关闭）按钮，退出 Mechanical，返回到 Workbench 主界面。此时主界面的项目管理区中显示的分析项目均已完成，如图 6-65 所示。

Step2：在 Workbench 主界面中单击常用工具栏中的 ▇ （保存）按钮，保存包含有分析结果的文件。

Step3：单击右上角的 ▇ （关闭）按钮，退出 Workbench 主界面，完成项目分析。

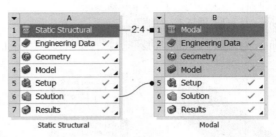

图 6-65　项目管理区中的分析项目

6.4　项目分析 3——制动鼓模态分析

本节主要介绍 ANSYS Workbench 18.0 的模态分析模块，将通过一个制动鼓模态分析例子来帮助读者学习模态分析的操作步骤。

学习目标：熟练掌握 ANSYS Workbench 模态分析的方法及过程。

模型文件	Chapter6\char6-3\ zhidonggu.x_t
结果文件	Chapter6\char6-3\ zhidonggu.x_t.wbpj

6.4.1　问题描述

鼓式制动器是汽车制动系统最常用的模块之一，如图 6-66 所示。而制动鼓又是鼓式制动器重要的组成部分之一，制动鼓的模态常作为一个重要的设计指标提出。在本例中假定制动鼓材料为铸铁，分析其前五阶的模态。

图 6-66　制动鼓模型

6.4.2　添加材料和导入模型

Step1：在主界面中建立分析项目，项目为模态分析（Modal）。双击分析系统 Modal 选项，生成静态结构分析项目，如图 6-67 所示。

Step2：双击 A 项目下部 Modal 选项，将分析项目名更改为"制动鼓模态"，如图 6-68 所示。

第 6 章 模态分析

Step3：双击 A2 栏 Engineering Data 选项，进入材料参数设置界面。在该界面下即可进行材料参数设置。

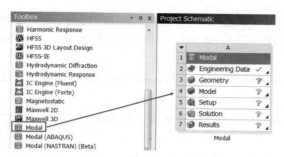

图 6-67 模态分析项目

Step4：在界面的空白处右击，在弹出的快捷菜单中选择 Engineering Data Sources（工程数据源）命令。原界面窗口中的 Outline of Schematic A2: Engineering Data 消失，被 Engineering Data Sources 及 Outline of General Materials 取代。

Step5：在 Engineering Data Sources 表中选择 A3 栏 General Materials 选项，然后单击 Outline of General Materials 表中 A8 栏 Gray Cast Iron（铸铁）后的 B8 栏的 （添加）按钮，此时在 C8 栏中会显示 （使用中的）标识，如图 6-69 所示，标识材料添加成功。

制动鼓模态

图 6-68 更改分析项目名称

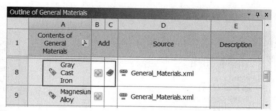

图 6-69 添加材料

Step6：单击工具栏中的 Project 按钮，返回到 Workbench 主界面，材料库添加完毕。

Step7：在 A3 栏的 Geometry 上右击，在弹出的快捷菜单中选择 Import Geometry→Browse 命令，在弹出的对话框中选择需要导入的模型 zhidonggu.x_t，如图 6-70 所示。

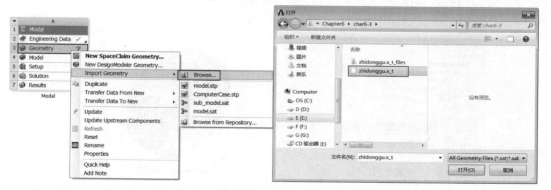

图 6-70 导入模型

6.4.3 赋予材料和划分网格

Step1：双击分析项目中 A4 栏 Model 选项，打开 Mechanical 界面。

Step2：单击 Outline 栏 Geometry 项前部的 田 按钮，选择 Solid 选项，如图 6-71 所示。

Step3：单击 Details of "Solid"栏中 Assignment 项后 按钮，如图 6-72 所示，选择 Gray Cast Iron 选项。

Step4：选择 Outline 栏中的 Mesh 选项，如图 6-73 所示，此时会出现网格参数设置列表。

Step5：在网格参数设置列表中单击 Details of "Mesh"栏中的 Sizing 选项，在 Element Size 选项中输入 0.02，如图 6-74 所示。

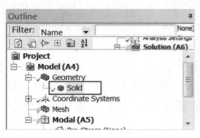

图 6-71 选择 Part 1

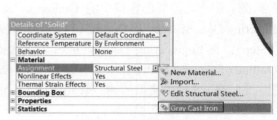

图 6-72 更改材料

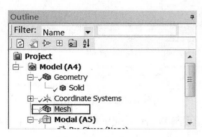

图 6-73 选择 Mesh

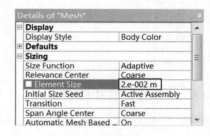

图 6-74 设置网格尺寸

Step6：在 Outline 栏中 Mesh 选项上右击，从弹出的快捷菜单中选择 Generate Mesh 命令，划分网格，如图 6-75 所示。划分后网格如图 6-76 所示。

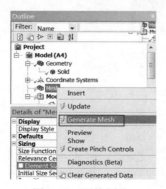

图 6-75 网格划分

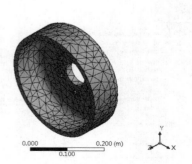

图 6-76 划分后网格

6.4.4 添加约束和载荷

Step1：选择 Outline 栏中 Modal（A5）选项，如图 6-77 所示，此时会出现如图 6-78 所示的 Environment（环境）工具栏。

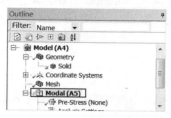

图 6-77　边界条件选项　　　　图 6-78　环境工具栏

Step2：选择 Environment（环境）工具栏中的 Supports→Fixed Support 命令，如图 6-79 所示。

Step3：按住 Ctrl 键，选择制动鼓的 6 个螺栓孔，如图 6-80 所示。在 Details of "Fixed Support" 栏中单击 Geomtry 后的 Apply 按钮，如图 6-81 所示。

  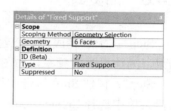

图 6-79　选择约束　　　图 6-80　选择约束面　　　图 6-81　位移约束参数设置

Step4：选择 Outline 栏 Modal（A5）项中 Analysis Settings 选项，此时会出现 Details of "Analysis Settings" 栏，如图 6-82 所示。

Step5：在 Details of "Analysis Settings" 栏 Max Modes to Find 项中输入 5，如图 6-83 所示，输入后按 Enter 键。

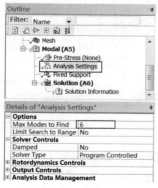

图 6-82　分析设置　　　　图 6-83　设置模态阶数

6.4.5 求解

在 Outline 栏中 Solution（A6）选项上右击，在弹出的快捷菜单中选择 Solve 命令，如图 6-84 所示。求解时会出现进度条，当进度条消失，同时 Solution（A6）项前方出现 ✓ 标识，说明求解已经结束，如图 6-85 所示。

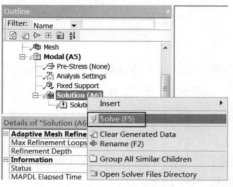

图 6-84 求解

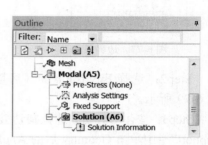

图 6-85 求解完成

6.4.6 后处理

Step1：求解完成之后已经可以在界面右下角看到计算结果，为前五阶的频率，如图 6-86 所示。

Step2：按住 Shift 键选中这五个频率，右击后从弹出的快捷菜单中选择 Create Mode Shape Results 命令，创建振型，如图 6-87 所示。

Step3：在 Outline 栏中的 Solution（A6）选项上右击，从弹出的快捷菜单中选择 Evaluate All Results 命令显示结果，如图 6-88 所示。

Mode	Frequency [Hz]
1.	720.87
2.	721.1
3.	851.84
4.	851.96
5.	1063.

图 6-86 前五阶频率

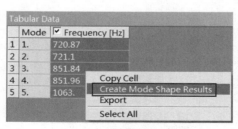

图 6-87 创建振型

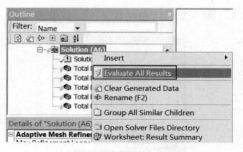

图 6-88 提取求解结果

Step4：在 Outline 栏 Solution（A6）中 Total Deformation 选项上单击，显示第一阶振形结果，如图 6-89 所示。单击 Graph 栏中 ▶ 按钮，显示第一阶振形动画，如图 6-90 所示。

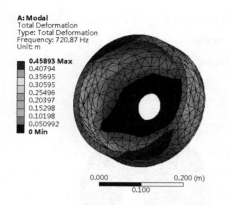

图 6-89 第一阶振形结果

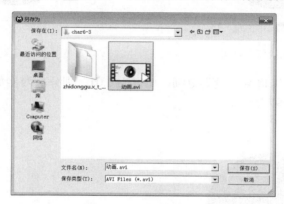

图 6-90 显示振形动画

Step5：单击 Graph 栏中的 按钮，可将振形动画保存到指定位置，如图 6-91 所示。

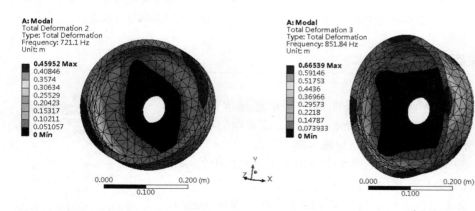

图 6-91 保存振形动画

Step6：在 Outline 栏 Solution（A6）中 Total Deformation 2 选项上单击，显示第二阶振形结果，如图 6-92 所示。

Step7：在 Outline 栏 Solution（A6）中 Total Deformation 3 选项上单击，显示第三阶振形结果，如图 6-93 所示。

图 6-92 第二阶振形结果　　　　　图 6-93 第三阶振形结果

Step8：在 Outline 栏 Solution（A6）中 Total Deformation 4 选项上单击，显示第四阶振形结果，如图 6-94 所示。

Step9：在 Outline 栏 Solution（A6）中 Total Deformation 5 选项上单击，显示第五阶振形结果，如图 6-95 所示。

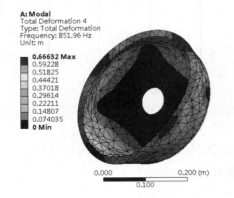
图 6-94　第四阶振形结果

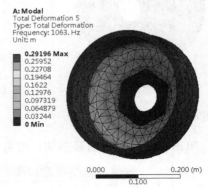
图 6-95　第五阶振形结果

有兴趣的读者可以将网格设得更细，如设为 0.01，划分后网格如图 6-96 所示。可再次计算结果，如图 6-97 所示。

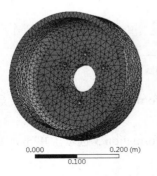
图 6-96　细网格

图 6-97　细网格计算结果

6.4.7　保存与退出

Step1：单击 Mechanical 界面右上角的 按钮，退出 Mechanical，返回 Workbench 主界面。此时，主界面的项目管理区中显示的分析项目均已完成，如图 6-98 所示。

Step2：在 Workbench 主界面中单击常用工具栏中的 按钮，保存包含有分析结果的文件。

Step3：单击主界面右上角的 按钮，退出 Workbench，完成项目分析。

图 6-98　项目分析完成

6.5 本章小结

本章用了三个典型案例详细介绍了 ANSYS Workbench 18.0 软件的模态分析模块，包括模态分析的建模方法、网格剖分、边界条件的施加，同时还详细介绍了含有预应力的模态分析的分析方法及操作步骤。

通过本章的学习，读者应该对模态分析的过程有详细的了解，包括有预应力的模态分析，同时应该对模态分析的应用场合有基本了解。

第7章

谐响应分析

本章将对 ANSYS Workbench 软件的谐响应分析模块进行详细讲解,并通过几个典型案例对谐响应分析的一般步骤进行详细讲解,包括几何建模(外部几何数据的导入)、材料赋予、网格设置与划分、边界条件的设定、后处理操作。

学习目标

(1) 熟练掌握 ANSYS Workbench 软件谐响应分析的过程。
(2) 了解谐响应分析与结构静力学分析的不同之处。
(3) 了解谐响应分析的应用场合。

7.1 谐响应分析简介

谐响应分析也称为频率响应分析或者扫频分析,它是一种特殊的时域分析,计算结构在正弦激励(激励随时间呈正弦规律变化)作用下的稳态振动,也就是受迫振动分析,可以计算响应幅值、频率等。

7.1.1 谐响应分析

谐响应分析由于激励是简谐变化的,所以计算过程中,只考虑稳态受迫振动,不考虑激励开始瞬间的暂态振动。

谐响应分析应用很广,例如,旋转机械的偏心转动力将产生简谐载荷,因此,旋转机械(如空气压缩机、发动机、汽轮机等)的支撑位置等经常需要用谐响应分析来分析它们在各种不同频率和幅值的偏心简谐激励作用下的强度。

图7-1所示为ANSYS Workbench 18.0平台进行谐响应分析的分析环境项目流程图,依次设置 B2~B7 表格项即可完成谐响应分析。

图 7-1 谐响应分析流程

7.1.2 谐响应分析基础

由经典力学理论可知,物体的动力学通用方程为

$$[M]\{x''\}+[C]\{x'\}+[K]\{x\}=\{F(t)\} \tag{7-1}$$

式中,$[M]$是质量矩阵;$[C]$是阻尼矩阵;$[K]$是刚度矩阵;$\{x\}$是位移矢量;$\{F(t)\}$是力矢量;$\{x'\}$是速度矢量;$\{x''\}$是加速度矢量。

而谐响应分析中,上式右侧为

$$F = F_0 \cos(\omega t) \tag{7-2}$$

下面通过几个简单的实例介绍一下谐响应分析的方法和步骤。

7.2 项目分析1——计算机机箱谐响应分析

本节主要介绍 ANSYS Workbench 18.0 的谐响应分析模块,对计算机机箱进行谐响应分析。

学习目标:熟练掌握 ANSYS Workbench 谐响应分析的方法及过程。

模型文件	无
结果文件	Chapter7\char7-1\Harmonic Response.wbpj

7.2.1 问题描述

如图 6-3 所示为某计算机机箱模型，计算机机箱底面固定，受到 Z 向简谐加速度加载激励，载荷幅值为 30m/s^2，频率范围为 10～200Hz，频率步为 10Hz，请用 ANSYS Workbench 分析计算机机箱在周期性外载荷作用下的响应分析。

7.2.2 启动 Workbench 并建立分析项目

Step1：在 Windows 系统下选择"开始"→"所有程序"→ANSYS 18.0→Workbench 18.0 命令，启动 ANSYS Workbench 18.0，进入主界面。

Step2：如图 7-2 所示，单击 Workbench 窗口中的 按钮，在"打开"对话框中选择 Modal 文件，单击"打开"按钮，读入模态分析工程文件。

Step3：如图 7-3 所示，单击 Workbench 窗口中的 按钮，在"另存为"对话框中输入文件名 Harmonic Response，单击"保存"按钮，保存工程文件。

图 7-2　打开文件　　　　　　　　　图 7-3　保存工程文件

7.2.3 创建谐响应项目

Step1：如图 7-4 所示，将 Toolbox（工具箱）中的 Harmonic Response（谐响应分析）选项直接拖曳到项目 A（模态分析）的 A6 Solution 中。

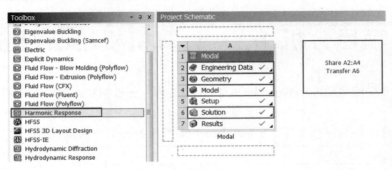

图 7-4　创建谐响应分析

Step2：如果 7-5 所示，此时，项目 A 的所有前处理数据已经全部导入项目 B 中，此时，如果双击项目 B 中的 B5 Setup 选项即可直接进入 Mechanical 界面。

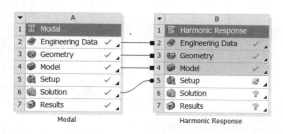

图 7-5 工程数据共享

7.2.4 施加载荷与约束

Step1：双击主界面项目管理区项目 B 中的 B5 栏 Setup 选项，进入如图 7-6 所示 Mechanical 界面。在该界面下即可进行网格的划分、分析设置、结果观察等操作。

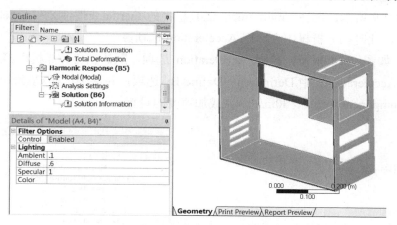

图 7-6 Mechanical 界面

 材料属性已经在模态分析时被赋予，网格划分已经在模态分析中完成，所以在谐响应分析中不需要再设定。

Step2：如图 7-7 所示，在 Outline（分析树）中的 Modal（A5）选项上右击，在弹出的快捷菜单中选择 Solve 命令，此时会弹出进度显示条，表示正在求解，当求解完成后进度条自动消失。

Step3：如图 7-8 所示，在 Outline（分析树）中的 Harmonic Response（B5）→Analysis Settings 选项上单击，在下面出现的 Details of "Analysis Settings" 选项的 Options 中做如下更改。

在 Range Minimum 中输入 10Hz，在 Range Maximum 中输入 200Hz，在 Solution Intervals 中输入 10。

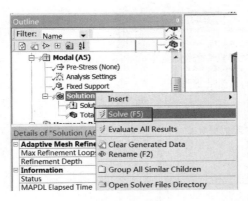
图 7-7 模态计算

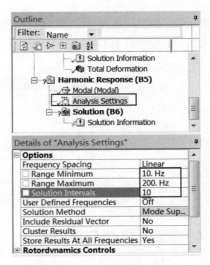
图 7-8 频率设定

Step4：选择 Mechanical 界面左侧 Outline（分析树）中的 Harmonic Response（B5）选项，如图 7-9 所示，选择 Environment 工具栏中的 Inertial（惯性）→Acceleration（加速度）命令，此时在分析树中会出现 Acceleration 选项。

Step5：如图 7-10 所示，选择 Acceleration 选项，默认也将计算机机箱选中，选择 Details of "Acceleration" 中 Definition→Define By 选项，并从中选择 Components，然后在下面 Z Component 中输入-30m/s²，完成加速度的设置。

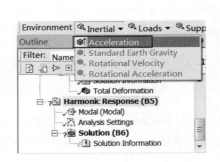
图 7-9 施加惯性力

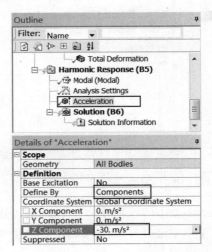
图 7-10 数值设定

Step6：在 Outline（分析树）中的 Harmonic Response（B5）选项上右击，在弹出的快捷菜单中选择 Solve 命令，此时会弹出进度显示条，表示正在求解，当求解完成后进度条自动消失，如图 7-11 所示。

7.2.5 结果后处理

Step1：选择 Mechanical 界面左侧 Outline（分析树）中的 Solution（B6）选项，此时会出现如图 7-12 所示的 Solution 工具栏。

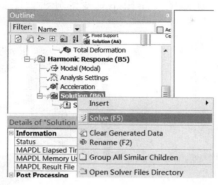

图 7-11 求解

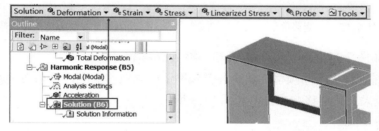

图 7-12 Solution 工具栏

Step2：选择 Solution 工具栏中的 Deformation（变形）→Total 命令，如图 7-13 所示，此时在分析树中会出现 Total Deformation（总变形）选项。

Step3：选择 Solution 工具栏中的 Total Deformation（总变形）选项，在如图 7-14 所示的 Details of "Total Deformation" 中的 Definition→By 中选择 Set 选项，并在 Set Number 中输入 1。

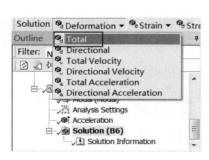

图 7-13 添加变形选项

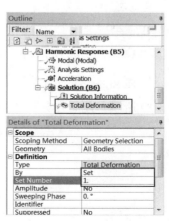

图 7-14 设置频率

Step4：在 Outline（分析树）中的 Solution（B6）选项上右击，在弹出的快捷菜单中选择 Evaluate All Results 命令，如图 7-15 所示，此时会弹出进度显示条，表示正在求解，当求解完成后进度条自动消失。

Step5：选择 Outline（分析树）中 Solution（B6）下的 Total Deformation（总变形）选项，此时会出现如图 7-16 所示的一阶模态总变形分析云图。

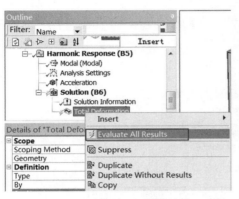

图 7-15　快捷菜单　　　　　　　　图 7-16　一阶模态总变形分析云图

Step6：如图 7-17 所示为计算机机箱各阶响应频率。

Step7：通过设置不同频率，观察各个频率下的总位移响应，可知当频率为 86Hz 时位移响应值最大。其位移响应云图如图 7-18 所示。

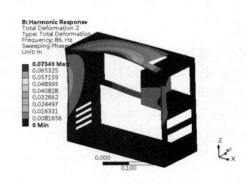

图 7-17　各阶响应频率　　　　　　图 7-18　86Hz 时总位移响应

Step8：选择 Solution 工具栏中的 Frequency Response（频率响应）→Deformation 命令，如图 7-19 所示，此时在分析树中会出现 Total Deformation（总变形）选项。

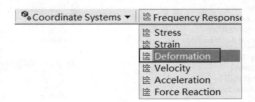

图 7-19　频率响应设定

Step9：如图 7-20 所示，在出现的 Details of "Frequency Response" 面板中选择计算机机箱的上表面，单击 Apply 按钮，单击工具栏中的 Solve 按钮，执行运算。

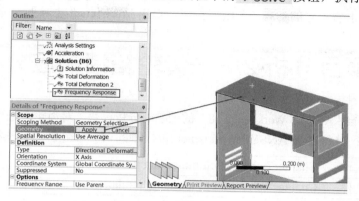

图 7-20　位移响应面设定

Step10：如图 7-21 所示为计算机机箱上表面谐响应结果。

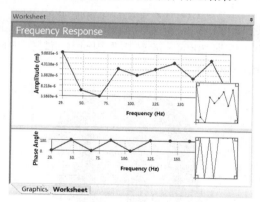

图 7-21　Frequency Response 结果

7.2.6　保存与退出

Step1：单击 Mechanical 界面右上角的 ❎（关闭）按钮，退出 Mechanical，返回到 Workbench 主界面。此时，主界面的项目管理区中显示的分析项目均已完成，如图 7-22 所示。

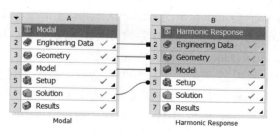

图 7-22　项目管理区中的分析项目

Step2：在 Workbench 主界面中单击常用工具栏中的 ■（保存）按钮，保存包含有分析结果的文件。

Step3：单击右上角的 ■（关闭）按钮，退出 Workbench 主界面，完成项目分析。

7.3 项目分析 2——齿轮箱谐响应分析

本节主要介绍 ANSYS Workbench 18.0 的谐响应分析模块，对齿轮箱进行谐响应分析。

学习目标：熟练掌握 ANSYS Workbench 带接触的谐响应分析的方法和过程。

模型文件	Chapter7\char7-2\chinlunxiang_asm.stp
结果文件	Chapter7\char7-2\chilunxiang_modal.wbpj

7.3.1 问题描述

如图 7-23 所示为某齿轮箱模型，计算齿轮箱底部四个螺栓孔固定，当大齿轮孔位置受到 400N·m、小齿轮孔受到 200N·m 转矩作用时（两转矩方向相反），请用 ANSYS Workbench 分析齿轮箱的响应情况。

图 7-23 齿轮箱模型

7.3.2 启动 Workbench 并建立分析项目

Step1：在 Windows 系统下选择"开始"→"所有程序"→ANSYS 18.0→Workbench 15.0 命令，启动 ANSYS Workbench 18.0，进入主界面。

Step2：选择 Toolbox→Component Systems→Geometry 命令，此时会在工程管理窗口中出现项目 A（Geometry）流程表，如图 7-24 所示，右击 A2（Geometry）选项，在弹出的快捷菜单中选择 Import Geometry→Browse 命令。

Step3：在弹出的如图 7-25 所示的"打开"对话框中做如下设置。

① 在文件类型栏中选择（STEP）格式文件类型，即*.stp。

② 选择 chinlunxiang_asm.stp 文件名，并单击"打开"按钮。

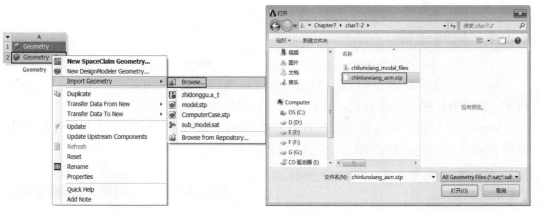

图 7-24　快捷菜单　　　　　　　图 7-25　打开模型文件

Step4：如图 7-26 所示，双击项目 A 中的 A2（Geometry）选项，此时会加载 DesignModeler 平台，同时弹出"单位设置"对话框，将单位设置为 mm，关闭"单位设置"对话框。

Step5：单击工具栏中的 Generate 按钮，如图 7-27 所示，此时导入的几何文件将被加载。

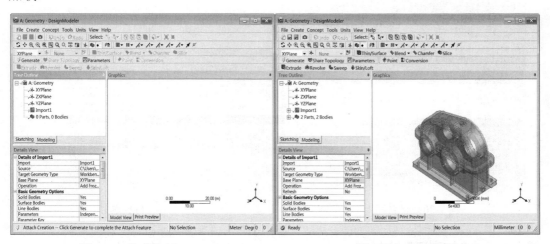

图 7-26　生成几何　　　　　　　图 7-27　几何模型

Step6：单击 ✖ 按钮关闭 DesignModeler 平台。

7.3.3　创建模态分析项目

Step1：如图 7-28 所示，将 Toolbox（工具箱）中的 Modal（模态分析）选项直接拖曳到项目 A（几何）的 A2（Geometry）中。

Step2：如图 7-29 所示，此时项目 A 的几何数据将共享在项目 B 中。

7.3.4 材料选择

Step1：双击项目 B 中的 B2（Engineering Data）选项，弹出如图 7-30 所示的工程材料库，在工具栏中单击■按钮，此时弹出工程材料数据选择库。

Step2：在材料库中选择如图 7-31 所示的 Gray Cast Iron 材料，此时会在 C8 栏中出现 ● 图标，表示此材料被选中，返回 Workbench 主窗口。

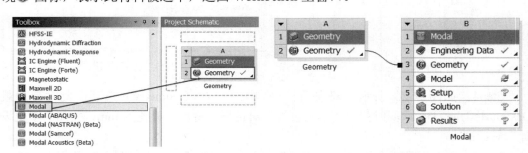

图 7-28　创建模态分析　　　　　　　　图 7-29　工程数据共享

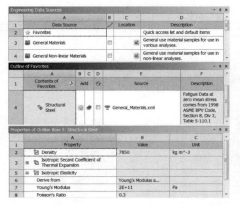

图 7-30　材料库

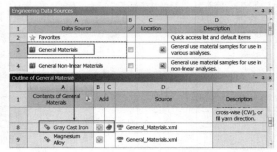

图 7-31　材料选择

7.3.5 施加载荷与约束

Step1：双击项目 B 中的 B4（Model）选项，进入如图 7-32 所示 Mechanical 界面。在该界面下即可进行网格的划分、分析设置、结果观察等操作。

Step2：如图 7-33 所示，在 Outline（分析树）中的 Model（B4）→Geometry 菜单的下面出现的 Details of "multiple selection" 面板的 Material→Assignment 栏中选择 Gray Cast Iron 选项。

Step3：如图 7-34 所示，在 Outline（分析树）中的 Model（B4）→Connections→Contacts→Contact Region 选项上单击，在下面出现的 Details of "Contact Region" 选项的 Definition→Type 中选择 Bonded。

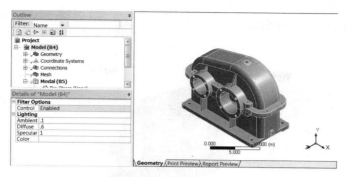

图 7-32 Mechanical 界面

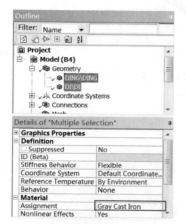

图 7-33 选择材料

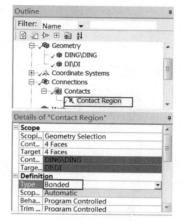

图 7-34 接触设置

Step4：选择 Mechanical 界面左侧 Outline（分析树）中的 Model（B4）→Mesh 选项，如图 7-35 所示，在下面出现的 Details of "Mesh" 面板的 Sizing→Relevance Center 中选择 Fine。

Step5：如图 7-36 所示，右击 Mesh 选项，在弹出的快捷菜单中选择 Generate Mesh 命令，划分网格。

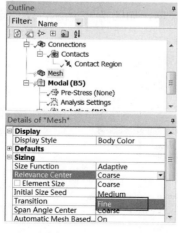

图 7-35 网格设置

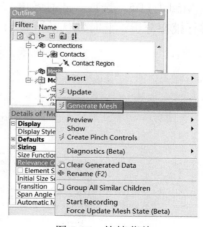

图 7-36 快捷菜单

Step6：划分完的几何网格模型如图 7-37 所示。

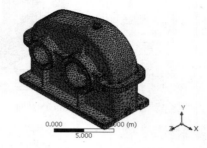

图 7-37　几何网格模型

Step7：单击底部零件的四个通孔添加固定约束，如图 7-38 所示。

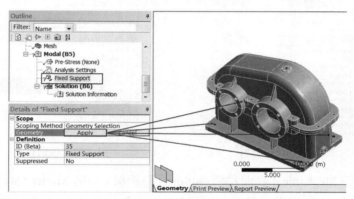

图 7-38　约束

7.3.6　模态求解

右击 Modal（B5）选项，此时弹出一个快捷菜单，如图 7-39 所示，从中选择 Solve 命令，进行模态分析。此时默认的阶数为 6 阶。

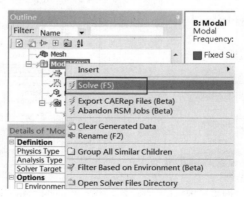

图 7-39　Solve 命令

7.3.7 后处理

Step1：右击 Solution 选项，如图 7-40 所示，在弹出的快捷菜单中选择 Insert→Deformation→Total 命令。

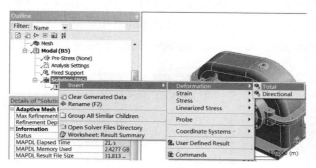

图 7-40　添加变形选项

Step2：如图 7-41 所示，右击 Solution（B6）选项，在弹出的快捷菜单中选择 Evaluate All Results 命令。

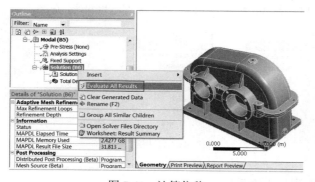

图 7-41　计算位移

Step3：计算完成后，选择 Total Deformation 选项，如图 7-42 所示，此时在图形操作区显示位移响应云图，在下面的 Details of "Total Deformation" 面板的 Mode 栏输入 1，表示的是第一阶模态的位移响应。

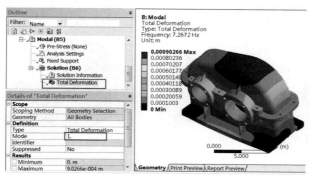

图 7-42　计算位移

Step4:单击 按钮关闭 Mechanical 界面。

7.3.8 创建谐响应分析项目

Step1:如图 7-43 所示,将 Toolbox(工具箱)中的 Harmonic Response(谐响应分析)选项直接拖曳到项目 B(模态分析)的 B6 Solution 中。

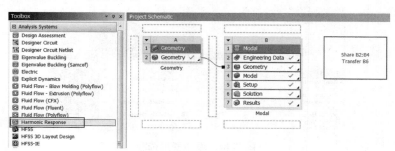

图 7-43 创建谐响应分析

Step2:如图 7-44 所示,项目 B 的所有前处理数据已经全部导入项目 C 中,此时如果双击项目 C 中的 C5 Setup 选项即可直接进入 Mechanical 界面。

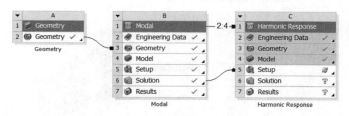

图 7-44 工程数据共享

7.3.9 施加载荷与约束

Step1:双击主界面项目管理区项目 C 中的 C5 栏 Setup 选项,进入如图 7-45 所示 Mechanical 界面。在该界面下即可进行网格的划分、分析设置、结果观察等操作。

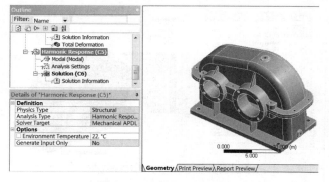

图 7-45 Mechanical 界面

Step2：如图7-46所示，在Outline（分析树）中的Modal（B5）选项上右击，在弹出的快捷菜单中选择 Solve 命令，此时会弹出进度显示条，表示正在求解，当求解完成后进度条自动消失。

Step3：如图7-47所示，在Outline（分析树）中的Harmonic Response（C5）→Analysis Settings 选项上单击，在下面出现的 Details of "Analysis Settings" 选项的 Options 中做如下更改。

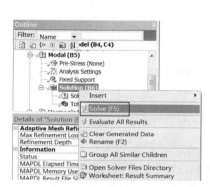

图7-46　模态计算

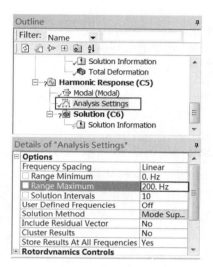

图7-47　频率设定

在 Range Minimum 中输入 0Hz，在 Range Maximum 中输入 200Hz，在 Solution Interval 中输入 10。

Step4：选择 Mechanical 界面左侧 Outline（分析树）中的 Harmonic Response（C5）选项，如图7-48所示，选择 Environment 工具栏中的 Loads（载荷）→Moment（力矩）命令，此时在分析树中会出现 Moment 选项。

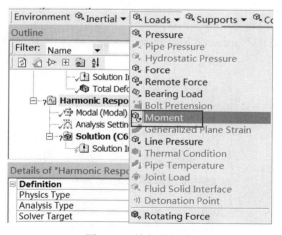

图7-48　施加惯性力

Step5：如图 7-49 所示，选择 Moment 选项，默认也将齿轮箱选中，在 Details of "Moment" 面板的 Scope→Geometry 栏中选择大齿轮位置内侧面，在 Magnitude 栏中输入 400N·m，完成力矩的设置。

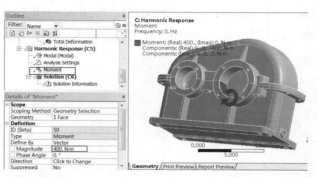

图 7-49　数值设定

Step6：如图 7-50 所示，同样方式设置另一个轴承的大小，其值为 200N·m，方向与上一步相反，完成力矩的设置。

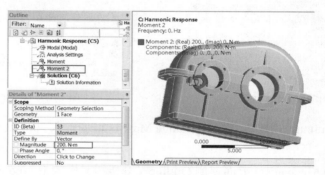

图 7-50　数值设定

7.3.10　谐响应计算

如图 7-51 所示，右击 Harmonic Response(C5)选项，在弹出的快捷菜单中选择 Solve 命令。

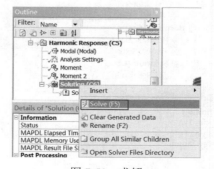

图 7-51　求解

7.3.11 结果后处理

Step1：在 Outline（分析树）中的 Solution（C6）选项上右击，在弹出的快捷菜单中选择 Insert→Deformation→Total 命令，如图 7-52 所示，在后处理器中添加位移响应命令。

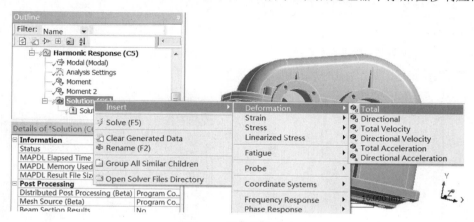

图 7-52 添加位移响应

Step2：如图 7-53 所示为位移响应云图。

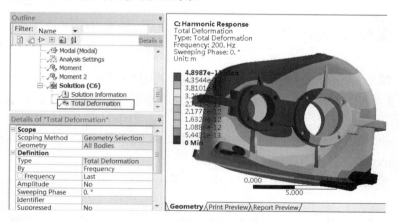

图 7-53 位移响应

Step3：如图 7-54 所示，选择节点，然后在 Solution 工具栏中选择 Frequency Response→Deformation 命令，此时在分析树中会出现 Total Deformation（总变形）选项。

Step4：右击 Solution 工具栏中的 Frequency Response 选项，在弹出的如图 7-55 所示的快捷菜单中选择 Evaluate All Results 命令。

Step5：选择 Outline（分析树）中 Solution（C6）下的 Frequency Response 选项，此时会出现如图 7-56 所示的节点随频率变化的曲线。

Step6：如图 7-57 所示为齿轮箱各阶响应频率及相角。

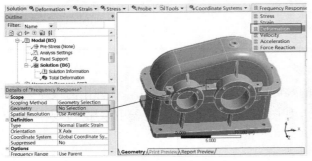

图 7-54 添加变形选项

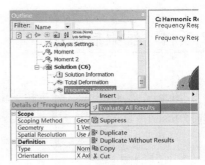

图 7-55 计算位移

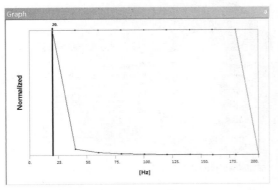

图 7-56 变化曲线

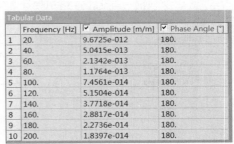

图 7-57 各阶响应频率及相角

7.3.12 保存与退出

Step1：单击 Mechanical 界面右上角的 ✖（关闭）按钮，退出 Mechanical，返回到 Workbench 主界面。此时，主界面的项目管理区中显示的分析项目均已完成，如图 7-58 所示。

Step2：在 Workbench 主界面中单击常用工具栏中的 🖫（保存）按钮，保存为 chilunxiang_modal 文件名。

Step3：单击右上角的 ✖（关闭）按钮，退出 Workbench 主界面，完成项目分析。

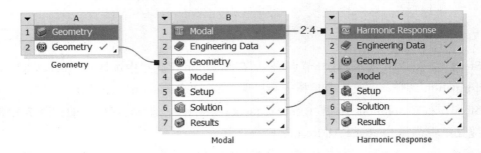

图 7-58 项目管理区中的分析项目

7.4 项目分析 3——丝杆谐响应分析

本节主要介绍 ANSYS Workbench 18.0 的谐响应分析模块，计算丝杆的谐响应分析。
学习目标：熟练掌握 ANSYS Workbench 谐响应分析的方法及过程。

模型文件	Chapter7\char7-3\ sigan.x_t
结果文件	Chapter7\char7-3\ sigan.x_t.wbpj

7.4.1 问题描述

电动机通过联轴器链接丝杆将旋转运动改变为直线运动，如图 7-59 所示。丝杆不断地旋转会产生一个周期性的力，此变载荷的存在使丝杆的变形和应力等状态都与静载荷大不相同，因此很有分析的必要。

图 7-59 丝杆

7.4.2 添加材料和导入模型

Step1：在主界面中建立分析项目，项目为谐响应分析（Harmonic Response）。双击分析系统中 Harmonic Response 选项，生成谐响应分析项目，如图 7-60 所示。

Step2：双击 A 项目下部 Harmonic Response 选项，将分析项目名更改为"丝杆谐响应"，如图 7-61 所示。

图 7-60 谐响应分析项目

图 7-61 更改分析项目名称

Step3：双击 A2 栏 Engineering Data 选项进入材料参数设置界面，在该界面下即可进行材料参数设置。

Step4：在界面的空白处右击，在弹出的快捷菜单中选择 Engineering Data Sources（工程数据源）命令。原界面窗口中的 Outline of Schematic A2: Engineering Data 消失，被 Engineering Data Sources 及 Outline of General Materials 取代。

Step5：在 Engineering Data Sources 表中选择 A3 栏 General Materials 选项，然后单击 Outline of General Materials 表中 A11 栏 Stainless Steel（不锈钢）后的 B11 栏的 ⊞（添加）按钮，此时在 C11 栏中会显示 ●（使用中的）标识，材料添加成功。

Step6：同 Step4，在界面的空白处右击，在弹出的快捷菜单中选择 Engineering Data Sources（工程数据源）命令，返回到初始界面中。

Step7：单击工具栏中的 Project 按钮，返回到 Workbench 主界面，材料库添加完毕。

Step8：在 A3 栏的 Geometry 上右击，在弹出的快捷菜单中选择 Import Geometry→Browse 命令，在弹出的对话框中选择需要导入的模型 sigan.x_t，如图 7-62 所示。这时可以发现拉杆模态分析项目中的 Model（A3）后面的 ？变成了 ✓，说明丝杆模型数据已经传入到谐响应分析项目中。

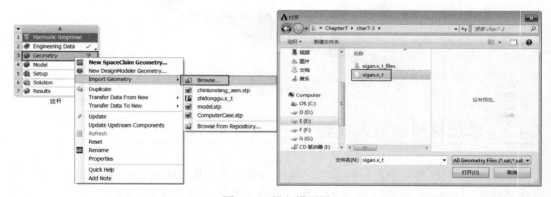

图 7-62　导入模型图

7.4.3 赋予材料和划分网格

Step1：双击丝杆谐响应分析项目中 A4 栏 Model 选项，打开 Mechanical 界面。

Step2：单击 Outline 栏 Geometry 项前部的 ⊞ 按钮，选择 Solid 选项，如图 7-63 所示。

Step3：单击 Details of "Solid" 栏中 Assignment 项后的 ▸ 按钮，如图 7-64 所示，选择 Stainless Steel。

Step4：选择 Outline 栏中的 Mesh 选项，此时会出现网格参数设置列表，选择 Details of "Mesh" 选项，单击 Sizing 前的 ⊞ 按钮，在 Element Size 中输入 0.002，如图 7-65 所示。

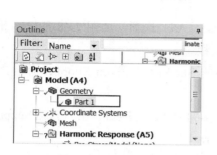
图 7-63 选择 Solid

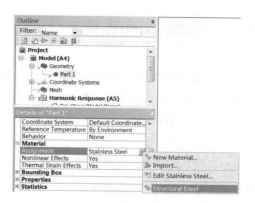
图 7-64 更改材料

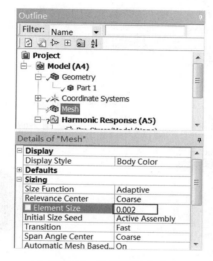
图 7-65 设置网格大小

Step5：在 Outline 栏的 Mesh 选项上右击，从弹出的快捷菜单中选择 Generate Mesh 命令，划分网格，如图 7-66 所示。划分后网格如图 7-67 所示。

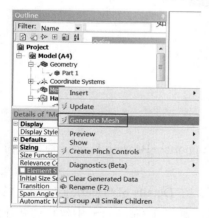
图 7-66 网格划分

图 7-67 划分后网格

7.4.4 添加约束和载荷

Step1：选择 Outline 栏中的 Harmonic Response（A5）选项，如图 7-68 所示，此时会出现如图 7-69 所示的 Environment（环境）工具栏。

Step2：选择 Environment（环境）工具栏中的 Supports→Fixed Support 命令，如图 7-70 所示。

Step3：按住 Ctrl 键，选择丝杆的两个端面，如图 7-71 所示。在 Details of "Fixed Support" 栏中单击 Geomtry 中的 Apply 按钮，如图 7-72 所示。

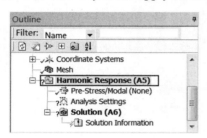

图 7-68　边界条件选项

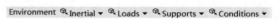

图 7-69　环境工具栏

图 7-70　选择固定约束

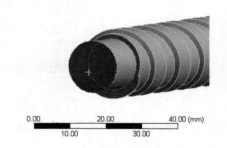

图 7-71　选择约束面

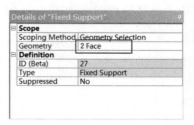

图 7-72　确认约束

Step4：选择 Environment（环境）工具栏中的 Supports→Bearing Load（轴承载荷）命令，如图 7-73 所示。

Step5：选择丝杆两端的圆柱面，如图 7-74 所示。在 Details of "Bearing Load" 栏的 Define By 中选择 Components 选项，如图 7-75 所示。确保在 Geometry 中丝杆的两端圆柱面被选中，并在 X Component 中输入 1000，如图 7-76 所示。

Step6：选择 Outline 栏的 Analysis Settings 选项，如图 7-77 所示。此时会出现 Details of "Analysis Settings"栏，在 Range Maximum 栏中输入 1000，如图 7-78 所示。

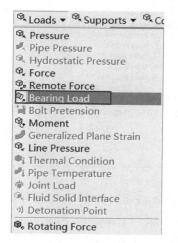

图 7-73　选择轴承载荷

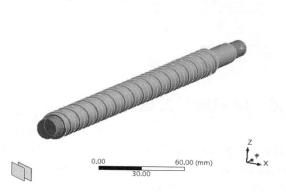

图 7-74　选择加载位置

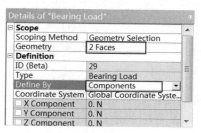

图 7-75　选择载荷方向

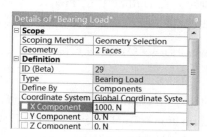

图 7-76　力载荷参数设置

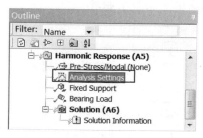

图 7-77　选择分析设置

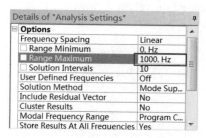

图 7-78　输入最大频率

7.4.5　谐响应求解

在 Outline 栏中的 Solution（A6）选项上右击，在弹出的快捷菜单中选择 Solve 命令，如图 7-79 所示。求解时会出现进度栏。当进度栏消失，同时 Solution（A6）选项前方出现 ✓ 标识，说明静态结构求解已经结束，如图 7-80 所示。

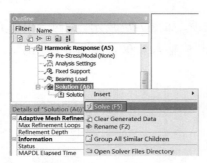

图 7-79　求解

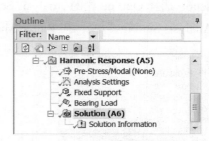

图 7-80　谐响应求解完成

7.4.6　谐响应后处理

Step1：在 Solution 工具栏中单击 Frequency Response 按钮，如图 7-81 所示，选择 Deformation 命令，如图 7-82 所示，此时会出现 Details of "Frequency Response" 栏，如图 7-83 所示。选择需要显示变形的面，如丝杆的螺纹面，如图 7-84 所示，单击 Apply 按钮确定。在 Outline 栏的 Frequency Response 选项上右击，选择 Evaluate All Results 命令，如图 7-85 所示。此时会出现变形频响函数曲线，如图 7-86 所示。

图 7-81　Solution 工具栏

Step2：在 Outline 栏中的 Solution（A6）选项上右击，在弹出的快捷菜单中选择 Insert→Deformation→Total 命令，添加变形分析结果，如图 7-87 所示。

Step3：在 Outline 栏中的 Solution（A6）选项上右击，在弹出的快捷菜单中选择 Insert→Stress→Equivalent（varMises）命令，添加应力结果，如图 7-88 所示。

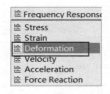

图 7-82　选择变形频响曲线

图 7-83　Details of "Frequency Response" 栏

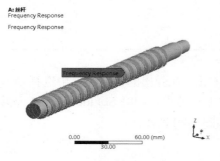

图 7-84　选择螺纹面

图 7-85　提取结果

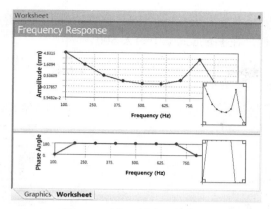

图 7-86　变形频响函数曲线

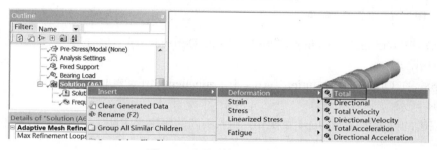

图 7-87　添加变形分析结果

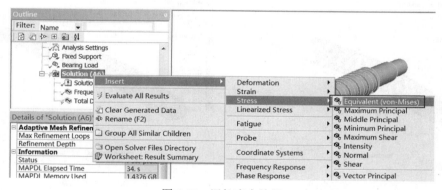

图 7-88　添加应力结果

Step4：选择 Outline 栏中的 Total Deformation 选项，如图 7-89 所示。此时会出现 Details of "Total Deformation" 栏，在 Frequency 中输入 500，如图 7-90 所示。

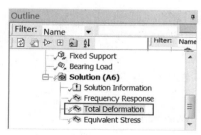

图 7-89　选择变形结果　　　　　　图 7-90　输入频率

Step5：选择 Outline 栏中的 Equivalent Stress 选项，如图 7-91 所示。此时会出现 Details of "Equivalent Stress" 栏，在 Frequency 中输入 500。

Step6：在 Outline 栏的 Solution（A6）选项上右击，从弹出的快捷菜单中选择 Evaluate All Results 命令，如图 7-92 所示。

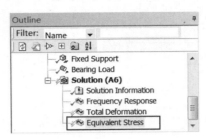
图 7-91　选择应力结果

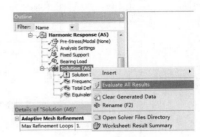
图 7-92　显示结果

Step7：在 Outline 栏 Solution（A6）中 Total Deformation 选项上单击，显示变形结果，如图 7-93 所示。

Step8：在 Outline 栏 Solution（A6）中 Equivalent Stress 选项上单击，显示应力结果，如图 7-94 所示。

有兴趣的读者可以如 Step4 中操作，输入不同的频率来求解，并对比它们的不同之处。

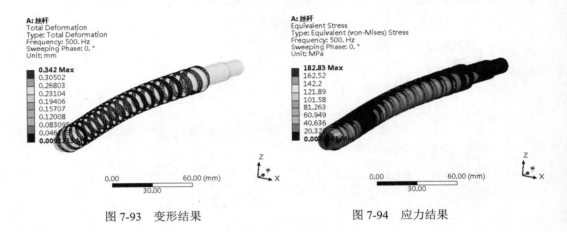

图 7-93　变形结果　　　　　　　　　　图 7-94　应力结果

7.4.7　保存与退出

Step1：单击 Mechanical 界面右上角的 ✖ 按钮，退出 Mechanical，返回 Workbench 主界面。此时主界面的项目管理区中显示的分析项目均已完成，如图 7-95 所示。

Step2：在 Workbench 主界面中单击常用工具栏中的 🖫 按钮，保存包含有分析结果的文件。

Step3：单击主界面右上角的 ✖ 按钮，退出 Workbench，完成项目分析。

图 7-95　项目分析完成

7.5 本章小结

本章用了三个典型案例详细介绍了 ANSYS Workbench 18.0 软件的谐响应分析模块，包括谐响应分析的建模方法、网格剖分、边界条件的施加，同时还详细介绍了含有接触的谐响应分析的分析方法及操作步骤。

通过本章的学习，读者应该对谐响应分析的过程有详细的了解，同时能够对关键节点的频响曲线进行绘制。

第8章

响应谱分析

本章将对 ANSYS Workbench 软件的响应谱分析模块进行详细讲解,并通过几个典型案例对响应谱分析的一般步骤进行详细讲解,包括几何建模(外部几何数据的导入)、材料赋予、网格设置与划分、边界条件的设定、后处理操作。

学习目标

(1) 熟练掌握 ANSYS Workbench 软件响应谱分析的过程。
(2) 了解响应谱分析与结构静力学分析的不同之处。
(3) 了解响应谱分析的应用场合。

8.1 响应谱分析简介

响应谱分析是一种频域分析，其输入载荷为振动载荷的频谱，如地震响应谱、常用的频谱为加速度谱，也可以用速度谱和位移谱等。响应谱分析从频域的角度计算结构的峰值响应。

载荷频谱被定义为响应幅值与频率的关系，响应谱分析计算结构各阶振形在给定载荷频谱下的最大响应，这一最大响应是响应系数和振形的乘积，这些振形最大响应组合在一起就给出了结构的总体响应。因此，响应谱分析需要首先计算结构的固有频率和振形，必须在模态分析之后进行。

响应谱分析的类型分为单点响应谱和多点响应谱。

（1）单点响应谱，即作用在所有被固定的节点上的单一响应谱。

（2）多点响应谱，即不同固定节点上的作用有不同的响应谱。

响应谱分析一般应用在需要进行地震分析的建筑物、核反应塔等，同时空中电子设备所受到的震动等也需要响应谱分析。

在进行响应谱分析时，常涉及以下几个概念。

（1）参与因子：用于衡量模态振形在激励方向上对变形的影响程度（进而影响应力），参与因子是振形和激励方向的函数，对于结构的每一阶模态 i，程序需要计算该模态在激励方向上的参与因子 γ_i。参与因子的计算式为

$$\gamma_i = \{x\}_i^T [M]\{D\} \tag{8-1}$$

式中，x_i 为第 i 阶模态按照 $\{x_i\}^T[M]\{x_i\}=1$ 归一化的振形位移向量；$[M]$ 为质量矩阵；$\{D\}$ 为描述激励方向的向量。

（2）模态因子：与振形相乘的一个比例因子，从二者的乘积可以得到模态最大响应。

（3）模态有效质量：模态 i 的有效质量可以按下式进行计算，即

$$M_{ei} = \frac{\gamma_i^2}{\{x_i\}^T[M]\{x_i\}} \tag{8-2}$$

由于模态位移满足 $\{x_i\}^T[M]\{x_i\}=1$ 归一化条件，则

$$M_{ei} = \gamma_i^2 \tag{8-3}$$

（4）模态组合：给定每个模态在给定频谱下的最大响应后，将这些响应以某种方式进行组合就可以得到系统总响应。

ANSYS Workbench 18.0 提供了三种模态组合算法：SRSS、CQC 和 ROSE。而 SRSS 组合的结果通常比其他两个要保守些。

8.2 项目分析1——塔架响应谱分析

本节主要介绍 ANSYS Workbench 18.0 的响应谱分析模块，计算塔架在给定加速度频谱下的响应。

学习目标：熟练掌握 ANSYS Workbench 响应谱分析的方法及过程。

模型文件	Chapter8\char8-1\BeamResponseSpectrum.agdb
结果文件	Chapter8\char8-1\BeamResponseSpectrum.wbpj

8.2.1 问题描述

图 8-1 所示为某塔架模型，请用 ANSYS Workbench 分析计算塔架在给定加速度频谱下的响应情况。

8.2.2 启动 Workbench 并建立分析项目

Step1：在 Windows 系统下选择"开始"→"所有程序"→ANSYS 18.0→Workbench 18.0 命令，启动 ANSYS Workbench 18.0，进入主界面。

Step2：双击主界面 Toolbox（工具箱）中的 Component Systems→Geometry（几何）命令，即可在 Project Schematic（项目管理区）创建分析项目 A，如图 8-2 所示。

图 8-1 塔架模型

图 8-2 创建分析项目 A

8.2.3 导入几何体模型

Step1：在 A2 Geometry 选项上右击，在弹出的快捷菜单中选择 Import Geometry→Browse 命令，如图 8-3 所示，此时会弹出"打开"对话框。

Step2：在弹出的"打开"对话框中选择文件路径，导入 BeamResponseSpectrum.agdb

几何体文件，如图 8-4 所示，此时 A2 Geometry 后的 ? 变为 ✓，表示实体模型已经存在。

图 8-3　导入几何体　　　　　　　　　　图 8-4　"打开"对话框

Step3：双击项目 A 中的 A2 Geometry 选项，此时会进入 DesignModeler 界面，在 DesignModeler 软件绘图区域会显示几何模型，如图 8-5 所示。

Step4：单击工具栏上的 ■ 按钮保存文件，此时弹出如图 8-6 所示的"另存为"对话框，输入文件名为 BeamResponseSpectrum，单击"保存"按钮。

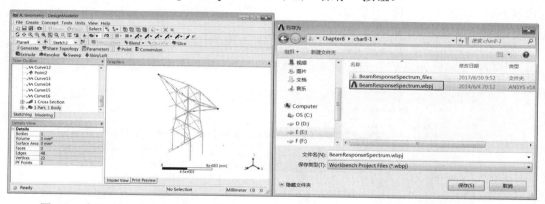

图 8-5　生成前的 DesignModeler 界面　　　　图 8-6　保存工程文件

Step5：回到 DesignModeler 界面并单击右上角的 ✖ （关闭）按钮，退出 DesignModeler，返回到 Workbench 主界面。

8.2.4　模态分析

Step1：双击主界面 Toolbox（工具箱）中的 Analysis Systems→Modal（模态分析）命令，即可在 Project Schematic（项目管理区）创建分析项目 B（Modal），如图 8-7 所示。

Step2：如图 8-8 所示，选择项目 A 中的 A2（Geometry）选项直接拖曳到项目 B 的 B3（Geometry）中，此时在 B3 栏中出现一个提示符 Share A2，此提示符表示 B3（Geometry）几何数据与 A2（Geometry）几何数据实现共享。

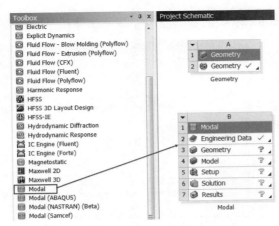
图 8-7 创建模态分析

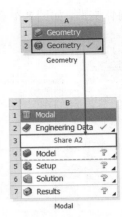
图 8-8 几何数据共享

8.2.5 添加材料库

双击项目 B 中的 B2 Engineering Data 选项，进入如图 8-9 所示的材料参数设置界面。在该界面下即可进行材料参数设置。

本项目分析选择的材料为 Structural Steel（结构钢），此材料为 ANSYS Workbench 18.0 默认被选中的材料，故这里不需要设置。

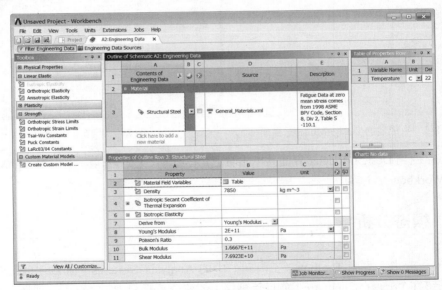
图 8-9 材料参数设置界面

8.2.6 划分网格

Step1:双击项目 B 中的 B4(Model)选项,此时会出现 Mechanical 界面,如图 8-10 所示。

Step2:选择 Mechanical 界面左侧 Outline(分析树)中的 Mesh 选项,此时可在 Details of "Mesh"(参数列表)中修改网格参数,如图 8-11 所示,在 Sizing 的 Element Size 中输入 50mm,其余采用默认设置。

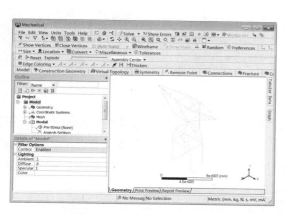
图 8-10 Mechanical 界面

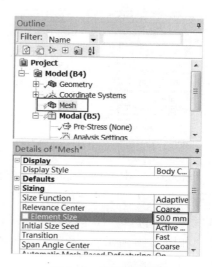
图 8-11 设置网格大小

Step3:在 Outline(分析树)中的 Mesh 选项上右击,在弹出的快捷菜单中选择 Generate Mesh 命令,如图 8-12 所示。此时会弹出进度显示条,表示网格正在划分,当网格划分完成后,进度条自动消失。最终的网格效果如图 8-13 所示。

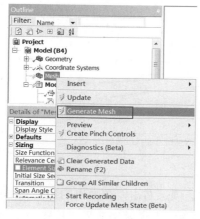
图 8-12 划分网格

图 8-13 网格效果

8.2.7 施加约束

Step1：选择 Mechanical 界面左侧 Outline（分析树）中的 Modal（B5）选项，此时会出现图 8-14 所示的 Environment 工具栏。

Step2：选择 Environment 工具栏中的 Supports（约束）→Fixed Support（固定约束）命令，此时在分析树中会出现 Fixed Support 选项，如图 8-15 所示。

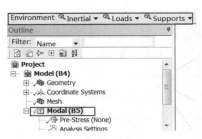

图 8-14　Environment 工具栏

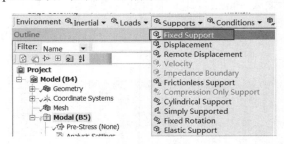

图 8-15　添加固定约束

Step3：单击工具栏中的（选择点）按钮，然后选择工具栏按钮中的，使其变成（框选择）按钮，选择 Fixed Support 选项，选择塔架的下端四个节点，单击 Details of "Fixed Support" 中 Geometry 选项下的 Apply 按钮，即可在选中面上施加固定约束，如图 8-16 所示。

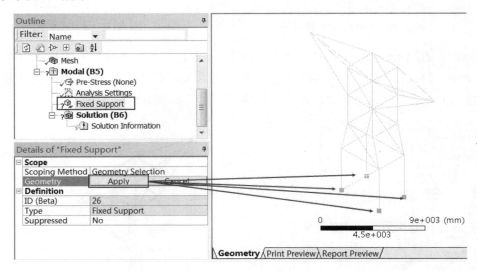

图 8-16　施加固定约束

Step4：在 Outline（分析树）中的 Modal（B5）选项上右击，在弹出的快捷菜单中选择 Solve 命令，此时会弹出进度显示条，表示正在求解，当求解完成后进度条自动消失，如图 8-17 所示。

第 8 章 响应谱分析

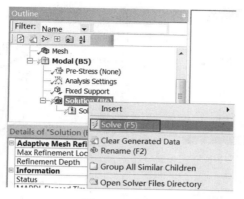

图 8-17 求解

8.2.8 结果后处理

Step1：选择 Mechanical 界面左侧 Outline（分析树）中的 Solution（B6）选项，此时会出现如图 8-18 所示的 Solution 工具栏。

Step2：选择 Solution 工具栏中的 Deformation（变形）→Total 命令，如图 8-19 所示，此时在分析树中会出现 Total Deformation（总变形）选项。

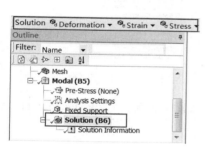

图 8-18 Solution 工具栏

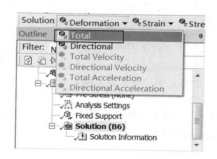

图 8-19 添加变形选项

Step3：在 Outline（分析树）中的 Solution（B6）选项上右击，在弹出的快捷菜单中选择 Evaluate All Results 命令，如图 8-20 所示，此时会弹出进度显示条，表示正在求解，当求解完成后进度条自动消失。

Step4：选择 Outline（分析树）中 Solution（B6）下的 Total Deformation（总变形）选项，此时会出现如图 8-21 所示的一阶模态总变形分析云图。

Step5：图 8-22 所示为塔架前六阶模态频率。

Step6：ANSYS Workbench 18.0 默认的模态阶数为六阶，选择 Outline（分析树）中 Modal（B5）下的 Analysis Settings（分析设置）选项，在图 8-23 所示的 Details of "Analysis Settings" 下面的 Options 中有 Max Modes to Find 选项，在此选项中可以修改模态数量。

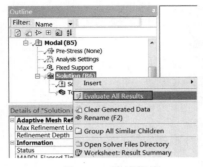

图 8-20 快捷菜单

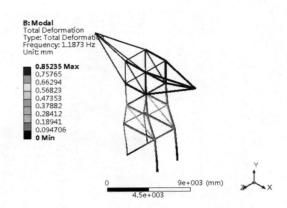

图 8-21 一阶模态总变形分析云图

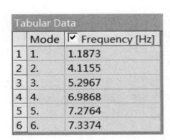

图 8-22 各阶模态频率

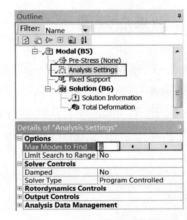

图 8-23 修改模态数量选项

Step7：单击 Mechanical 界面右上角的 ✖（关闭）按钮，退出 Mechanical，返回到 Workbench 主界面。

8.2.9 响应谱分析

Step1：回到 Workbench 主界面，如图 8-24 所示，选择 Toolbox（工具箱）中的 Analysis Systems→Response Spectrum（响应谱分析）选项不放，直接拖曳到项目 B（Modal）的 B6 中。

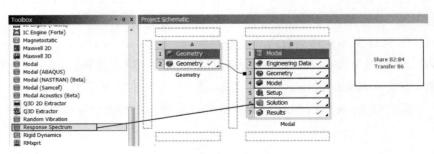

图 8-24 响应谱分析

Step2：如图8-25所示，项目B与项目C直接实现了数据共享，此时在项目C中的C5（Setup）会出现 标识。

Step3：如图8-26所示，双击项目C的C5（Setup）选项，进入Mechanical界面。

Step4：如图8-27所示，在Outline（分析树）中的Modal（B5）选项上右击，在弹出的快捷菜单中选择 Solve命令。

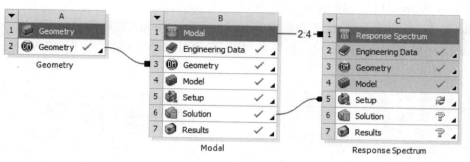

图8-25 数据共享

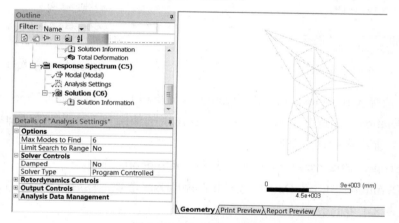

图8-26 Mechanical界面

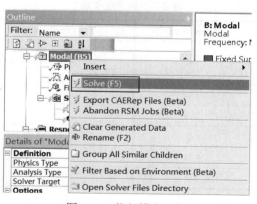

图8-27 执行模态计算

8.2.10 添加加速度谱

Step1：选择 Mechanical 界面左侧 Outline（分析树）中的 Response Spectrum（C5）选项，此时会出现如图 8-28 所示的 Environment 工具栏。

Step2：选择 Environment 工具栏中的 RS Base Excitation（基础激励响应分析）→RS Acceleration（加速度谱激励）命令，如图 8-29 所示，此时在分析树中会出现 RS Acceleration 选项。

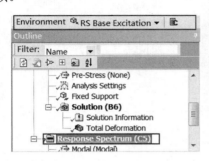

图 8-28　Environment 工具栏

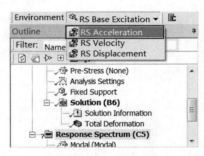

图 8-29　添加激励

Step3：选择 Mechanical 界面左侧 Outline（分析树）中的 Response Spectrum（C5）→RS Acceleration（加速度谱激励）命令，在出现的如图 8-30 所示的 Details of "RS Acceleration" 面板中做如下更改。

① 在 Scope→Boundary Condition 中选择 All Supports 选项。

② 在 Definition→Load Data 中选择 Tabular Data 选项，然后在右侧的 Tabular Data 表格中填入表 8-1 中的数据。

表 8-1　加速度值表

	Frequency[Hz]	Acceleration[m/s^2]		Frequency[Hz]	Acceleration[m/s^2]
1	0.897	1.95	8	4	4.32
2	1.01	2.16	9	5	4.05
3	1.08	2.31	10	6	3.85
4	1.98	3.98	11	7	3.46
5	2.25	4.41	12	8	3.02
6	2.8	4.71	13	9	2.76
7	3	8.2	14	10	2.34

第8章 响应谱分析

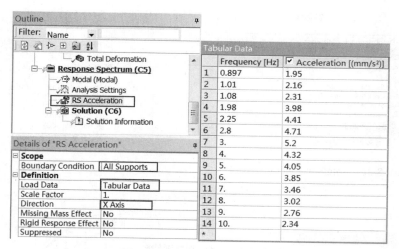

图 8-30　RS Acceleration 面板

Step4：在 Outline（分析树）中的 Response Spectrum（C5）选项上右击，在弹出的快捷菜单中选择 Solve 命令，如图 8-31 所示，此时会弹出进度显示条，表示正在求解，当求解完成后进度条自动消失。

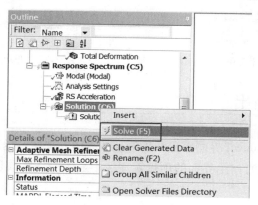

图 8-31　计算求解

8.2.11　后处理

Step1：选择 Mechanical 界面左侧 Outline（分析树）中的 Solution（C6）选项，此时会出现如图 8-32 所示的 Solution 工具栏。

Step2：选择 Solution 工具栏中的 Deformation（变形）→Directional 命令，如图 8-33 所示，此时在分析树中会出现 Directional Deformation 选项。

Step3：在 Outline（分析树）中的 Solution（C6）选项上右击，在弹出的快捷菜单中选择 Evaluate All Results 条，如图 8-34，当求解完成后，进度条自动消失。

Step4：选择 Outline（分析树）中 Solution（C6）下的 Directional Deformation 选项，此时会出现如图 8-35 所示的变形分析云图。

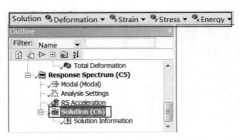

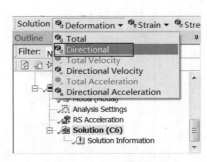

图 8-32 Solution 工具栏　　　　　　　　图 8-33 添加变形选项

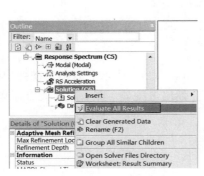

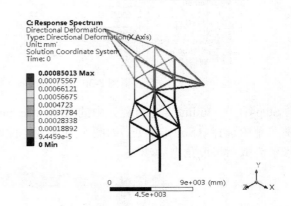

图 8-34 快捷菜单　　　　　　　　　　　图 8-35 变形分析云图

8.2.12 保存与退出

Step1：单击 Mechanical 界面右上角的 ✕（关闭）按钮，退出 Mechanical，返回到 Workbench 主界面。此时，主界面的项目管理区中显示的分析项目均已完成，如图 8-36 所示。

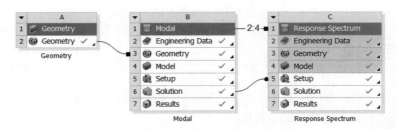

图 8-36 项目管理区中的分析项目

Step2：在 Workbench 主界面中单击常用工具栏中的 🖫（保存）按钮，保存包含有分析结果的文件。

Step3：单击右上角的 ✕（关闭）按钮，退出 Workbench 主界面，完成项目分析。

8.3 项目分析2——计算机机箱响应谱分析

本节主要介绍ANSYS Workbench 18.0的响应谱分析模块，计算计算机机箱在受到Z方向简谐加速度激励时的响应情况。

学习目标：熟练掌握ANSYS Workbench响应谱分析的方法及过程。

模型文件	无
结果文件	Chapter8\char8-2\Computer_Spectrum.wbpj

8.3.1 问题描述

如图8-37所示为某计算机机箱模型，请用ANSYS Workbench分析计算计算机机箱受到Z方向简谐加速度激励时的响应情况，载荷幅值为0.02g，频率为10～150Hz，每10Hz为一个载荷频率点。

8.3.2 启动Workbench并建立分析项目

Step1：在Windows系统下选择"开始"→"所有程序"→ANSYS 18.0→Workbench 18.0命令，启动ANSYS Workbench 18.0，进入主界面。

Step2：单击工具栏中的Open按钮，在弹出的如图8-38所示的"打开"对话框中找到计算机机箱模态分析文件，即Modal.wbpj文件，单击"打开"按钮。

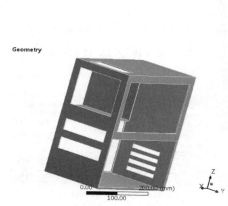

图8-37 计算机机箱模型

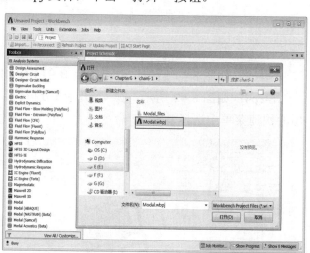

图8-38 打开文件

Step3：单击工具栏中的 按钮，将文件另存为Computer_Spectrum文件名，单击"确定"按钮。

8.3.3 响应谱分析

Step1：如图 8-39 所示，选择 Toolbox（工具箱）中的 Analysis Systems→Response Spectrum（响应谱分析）选项不放，直接拖曳到项目 A（Modal）的 A6 中。

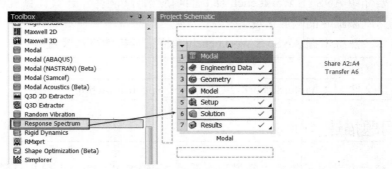

图 8-39 响应分析

Step2：如图 8-40 所示，项目 A 与项目 B 直接实现了数据共享，此时在项目 B 中的 B5（Setup）会出现 标示。

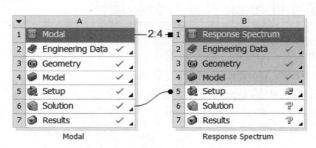

图 8-40 数据共享

Step3：如图 8-41 所示，双击项目 B 的 B5（Setup）选项，进入 Mechanical 界面。

Step4：如图 8-42 所示，在 Outline（分析树）中的 Modal（A5）选项上右击，在弹出的快捷菜单中选择 Solve 命令。

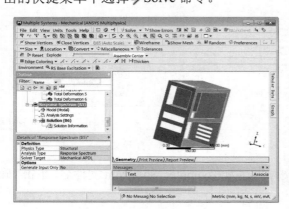

图 8-41 Mechanical 界面

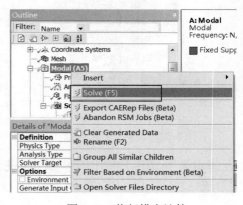

图 8-42 执行模态计算

8.3.4 添加加速度谱

Step1：选择 Mechanical 界面左侧 Outline（分析树）中的 Response Spectrum（B5）选项，此时会出现如图 8-43 所示的 Environment 工具栏。

Step2：选择 Environment 工具栏中的 RS Base Excitation（基础激励响应分析）→RS Acceleration（加速度谱激励）命令，如图 8-44 所示，此时在分析树中会出现 RS Acceleration 选项。

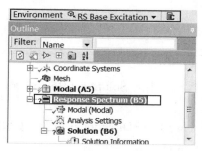

图 8-43　Environment 工具栏

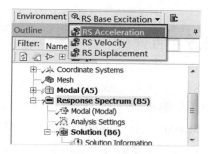

图 8-44　添加激励

Step3：选择 Mechanical 界面左侧 Outline（分析树）中的 Response Spectrum（B5）→RS Acceleration（加速度谱激励）命令，在出现的如图 8-45 所示的 Details of "RS Acceleration" 面板中做如下更改。

① 在 Scope→Boundary Condition 中选择 All Supports 选项。

② 在 Definition→Load Data 中选择 Tabular Data 选项，然后在右侧的 Tabular Data 表格中的 Frequence[Hz]列输入 10～150Hz，在 Acceleration[mm/s^2]列输入 196.12。

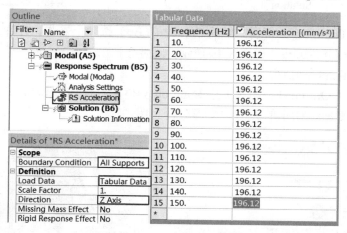

图 8-45　RS Acceleration 面板

Step4：在 Outline（分析树）中的 Response Spectrum（B5）选项上右击，在弹出的快捷菜单中选择 Solve 命令，如图 8-46 所示，此时会弹出进度显示条，表示正在求解，当求解完成后进度条自动消失。

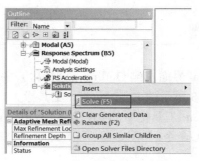

图 8-46　计算求解

8.3.5　后处理

Step1：选择 Mechanical 界面左侧 Outline（分析树）中的 Solution（B6）选项，此时会出现如图 8-47 所示的 Solution 工具栏。

Step2：选择 Solution 工具栏中的 Deformation（变形）→Directional 命令，如图 8-48 所示，此时在分析树中会出现 Directional Deformation 选项。

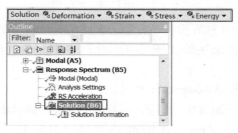

图 8-47　Solution 工具栏

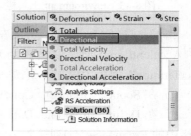

图 8-48　添加变形选项

Step3：在 Outline（分析树）中的 Solution（B6）选项上右击，在弹出的快捷菜单中选择 Evaluate All Results，如图 8-49 所示，此时会弹出进度显示条，表示正在求解，当求解完成后进度条自动消失。

Step4：选择 Outline（分析树）中 Solution（B6）下的 Directional Deformation 选项，此时会出现如图 8-50 所示的 X 方向变形分析云图。

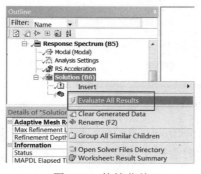

图 8-49　快捷菜单

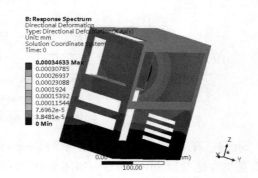

图 8-50　变形分析云图

Step5：通过对如图 8-51 所示 Orientation 进行修改来设置不同方向的变形分析云图。

Step6：如图 8-52 所示为 Z 方向变形分析云图。

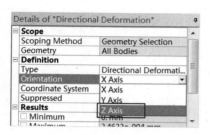

图 8-51 快捷菜单

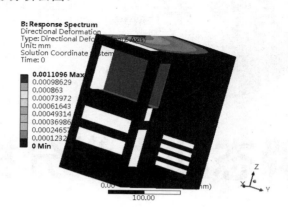

图 8-52 变形分析云图

8.3.6 保存与退出

Step1：单击 Mechanical 界面右上角的 ❌（关闭）按钮，退出 Mechanical，返回到 Workbench 主界面。此时，主界面的项目管理区中显示的分析项目均已完成，如图 8-53 所示。

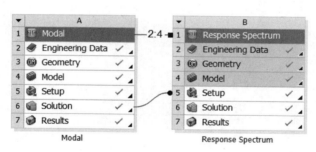

图 8-53 项目管理区中的分析项目

Step2：在 Workbench 主界面中单击常用工具栏中的 🗎（保存）按钮。

Step3：单击右上角的 ❌（关闭）按钮，退出 Workbench 主界面，完成项目分析。

8.4 本章小结

本章用了两个典型案例详细介绍了 ANSYS Workbench 18.0 软件的响应谱分析模块，包括模态分析的建模方法、网格划分、边界条件的施加。

通过本章的学习，读者应该对响应谱分析的过程有详细了解。

第9章

瞬态动力学分析

本章将对 ANSYS Workbench 软件的瞬态动力学分析模块进行详细讲解，并通过几个典型案例对瞬态动力学分析的一般步骤进行详细讲解，包括几何建模（外部几何数据的导入）、材料赋予、网格设置与划分、边界条件的设定、后处理操作。

学习目标

(1) 熟练掌握 ANSYS Workbench 软件瞬态动力学分析的过程。
(2) 了解瞬态动力学分析与其他分析的不同之处。
(3) 了解瞬态动力学分析的应用场合。

9.1 瞬态动力学分析简介

瞬态动力学分析是时域分析,是分析结构在随时间变化的载荷作用下动力响应过程的技术。其输入的数据是作为时间函数的载荷,而输出的结果是随时间变化的位移等量。

瞬态动力学分析应用范围很广,对于如汽车车门、缓冲器、悬挂系统等受各种冲击载荷的结构都适用。

9.1.1 瞬态分析简介

瞬态动力学分析分为线性瞬态动力学分析和非线性瞬态动力学分析两种类型。

线性瞬态动力学分析是指模型中不包含非线性特征,适用于线性材料、小位移、小应变及刚度不变的结构的瞬态动力学分析。

非线性瞬态动力学分析是指分析过程中可以考虑各种非线性行为,如材料非线性、大变形、大位移、接触碰撞等。

9.1.2 瞬态分析公式

瞬态动力学分析一般方程为

$$[M]\{x''\} + [C]\{x'\} + [K]\{x\} = \{F(t)\}$$

$$\gamma_i = \{x\}_i^T [M]\{D\}$$

$$\{x_i\}^T [M]\{x_i\} = 1$$

$$M_{ei} = \gamma_i^2 = \frac{\gamma_i^2}{\{x_i\}^T [M]\{x_i\}}$$

式中,$[M]$ 是质量矩阵;$[C]$ 是阻尼矩阵;$[K]$ 是刚度矩阵;$\{x\}$ 是位移矢量;$\{F(t)\}$ 是力矢量;$\{x'\}$ 是速度矢量;$\{x''\}$ 是加速度矢量。

ANSYS Workbench 18.0 有两种方法求解上述方程,即隐式求解法和显式求解法。

隐式求解法:

- ANSYS 使用 Newmark 时间积分法,也称为开式求解法或修正求解法。
- 积分时间步可以较大,但方程求解时间较长(存在收敛问题)。
- 除了时间步必须很小以外,对大多数问题都是有效的。
- 当前时间点的位移由包含时间点的方程推导出来。

显式求解法:

- ANSYS-LS/DYNA 方法,也称为闭式求解法或预测求解法。
- 积分时间步必须很小,但求解速度很快(没有收敛问题)。
- 可用于波的传播、冲击载荷和高度非线性问题。
- 当前时间点位移由包含时间点的方程推导出来。

- 积分时间步的大小仅受精度条件控制,无稳定性问题。

9.2 项目分析 1——实体梁瞬态动力学分析

本节主要介绍 ANSYS Workbench 18.0 的瞬态动力学分析模块,计算实体梁模型在 100N 瞬态力作用下的位移响应。

学习目标:熟练掌握 ANSYS Workbench 建模方法及瞬态动力学分析的方法及过程。

模型文件	无
结果文件	Chapter9\char9-1\Beam_Transient.wbpj

9.2.1 问题描述

图 9-1 所示为某实体梁模型,请用 ANSYS Workbench 分析计算实体梁模型在-Y 方向作用 150N 的瞬态力下的位移响应情况。

9.2.2 启动 Workbench 并建立分析项目

Step1:在 Windows 系统下选择"开始"→"所有程序"→ANSYS 15.0→Workbench 18.0 命令,启动 ANSYS Workbench 18.0,进入主界面。

Step2:双击主界面 Toolbox(工具箱)中的 Component Systems→Geometry(几何)命令,即可在 Project Schematic(项目管理区)创建分析项目 A,如图 9-2 所示。

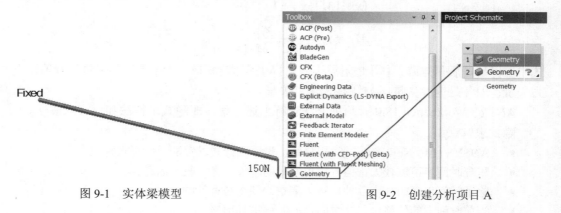

图 9-1 实体梁模型　　　　　　图 9-2 创建分析项目 A

9.2.3 创建几何体模型

Step1:在 A2 Geometry 上右击,在弹出的快捷菜单中选择 New DesignModeler Geometry 命令,如图 9-3 所示,此时会启动 DesignModeler 平台。

Step2:启动 DesignModeler 界面后,同时弹出"单位设置"对话框,如图 9-4 所示,将单位设置为 mm。

图 9-3　创建几何体

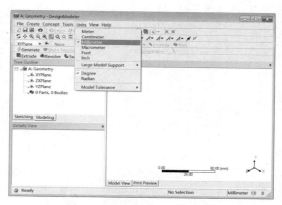

图 9-4　"单位设置"对话框

Step3：选择 Tree Outline 中的 XYPlane 选项，然后在工具栏中单击 按钮，如图 9-5 所示，此时 XY 平面自动旋转至与屏幕平行。

Step4：单击 Sketching 选项卡，如图 9-6 所示，切换到草绘面板，选择 Draw→Rectangle 命令绘制矩形。

Step5：选择 Dimensions→General 命令，如图 9-7 所示，对几何尺寸进行标注。

Step6：选择 Dimensions→General 命令，如图 9-8 所示，对几何尺寸进行标注，具体尺寸如下。

H1 为 10mm，L2 为 5mm，L4 为 5mm，V3 为 10mm。

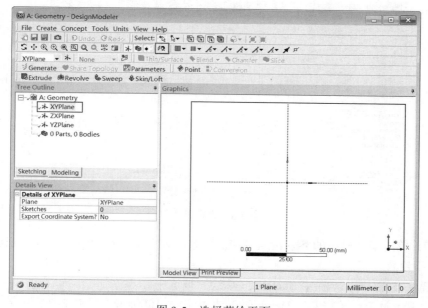

图 9-5　选择草绘平面

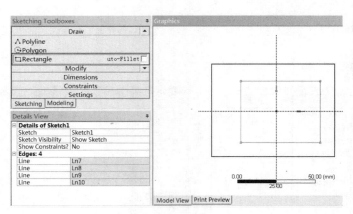

图 9-6 草绘

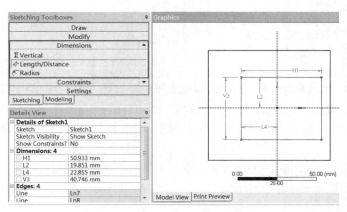

图 9-7 标注

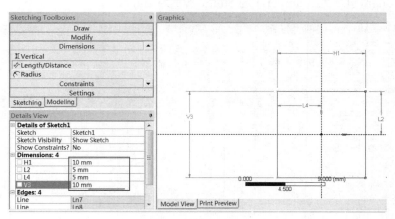

图 9-8 设置尺寸

Step7：单击工具栏中的 Extrude 按钮生成实体，如图 9-9 所示，在 Details View 面板中做如下设置。

① 确保在 Geometry 栏中 Sketch1（草绘）被选中。

② 在 Extent Type 的 FD1，Depth（>0）栏中输入 1000mm，单击工具栏中的 Generate 按钮生成实体。

第 9 章 瞬态动力学分析

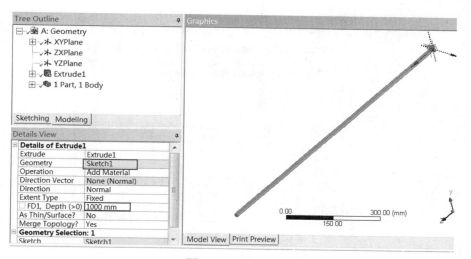

图 9-9 生成实体

Step8：单击 DesignModeler 界面右上角的 ✕（关闭）按钮，退出 DesignModeler，返回到 Workbench 主界面。

9.2.4 模态分析

选择主界面 Toolbox（工具箱）中的 Analysis Systems→Modal（模态分析）命令，如图 9-10 所示，然后将鼠标移动到项目 A 的 A2（Geometry）中，此时在项目 A 的右侧出现一个项目 B，项目 A 与项目 B 的几何数据实现共享。

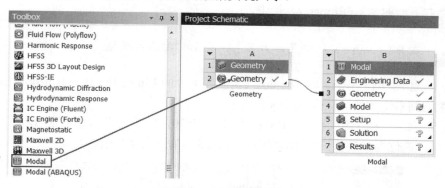

图 9-10 创建模态分析

9.2.5 创建材料

Step1：双击项目 B 中的 B2 Engineering Data 选项，进入如图 9-11 所示的材料参数设置界面。在该界面下即可进行材料参数设置。

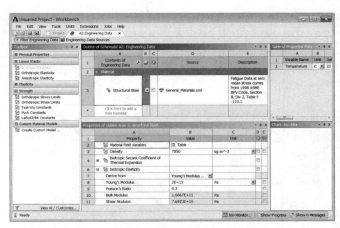

图 9-11 材料参数设置界面

Step2：如图 9-12 所示，在 A4 表格中输入新材料名称，如 NewMaterial。

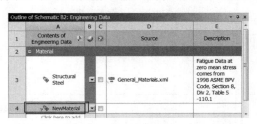

图 9-12 材料名称

Step3：如图 9-13 所示，将 Toolbox（工具箱）中的 Physical Properties→Density 属性直接拖到右下侧的 A2（Property）栏中。

 在 B2（Value）栏中显示为黄色，表示需要输入数据。

Step4：如图 9-14 所示，将 Toolbox（工具箱）中的 Linear Elastic→Isotropic Elasticity 属性直接拖到右下侧的 A1（Property）栏中。

Step5：如图 9-15 所示，在 B3 栏中输入 7830，单位为默认值；在 B6 栏中输入 2.068E+11，单位为默认值；在 B7 栏中输入 0.33，单位为默认值。

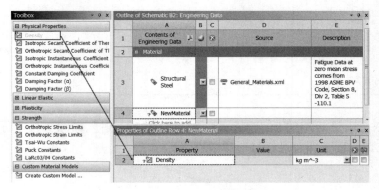

图 9-13 添加密度属性

第 9 章 瞬态动力学分析

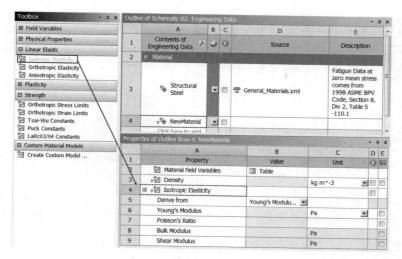

图 9-14 添加各项同性的属性

图 9-15 输入数值

Step6：完成新材料的创建后，单击工具栏中的 Project 按钮返回到 Workbench 主界面。

9.2.6 模态分析前处理

Step1：双击项目 B 中的 B4（Model）选项，此时会出现 Mechanical 界面，如图 9-16 所示。

Step2：选择 Mechanical 界面左侧 Outline（分析树）中的 Geometry→Solid 命令，此时可在 Details of "Solid"（参数列表）中设置材料属性，如图 9-17 所示，将新添加的材料 NewMaterial 赋给几何实体。

Step3：选择 Mechanical 界面左侧 Outline（分析树）中的 Mesh 选项，此时可在 Details of "Mesh"（参数列表）中修改网格参数，如图 9-18 所示，在 Sizing 的 Element Size 中输入 5mm，其余采用默认设置。

Step4：在 Outline（分析树）中的 Mesh 选项上右击，在弹出的快捷菜单中选择 Generate Mesh 命令（图 9-19），此时进度显示条，表示网格正在划分，当网格划分完成后，进度条自动消失。最终的网格效果如图 9-20 所示。

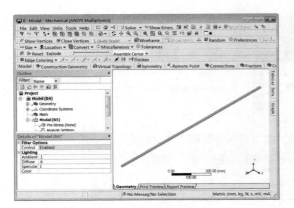
图 9-16 Mechanical 界面

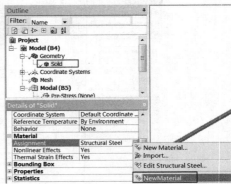
图 9-17 赋予材料属性

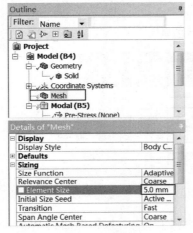
图 9-18 设置网格大小

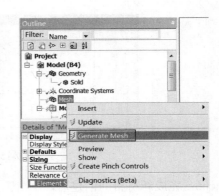
图 9-19 划分网格

9.2.7 施加约束

Step1：选择 Mechanical 界面左侧 Outline（分析树）中的 Modal（B5）选项，此时会出现如图 9-21 所示的 Environment 工具栏。

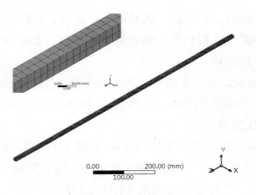
图 9-20 网格效果

Step2:选择Environment工具栏中的Supports(约束)→Fixed Support(固定约束)命令,此时在分析树中会出现Fixed Support选项,如图9-22所示。

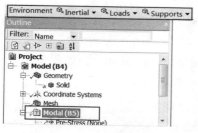

图9-21 Environment工具栏

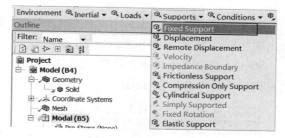

图9-22 添加固定约束

Step3:单击工具栏中的 (选择面)按钮,然后选择工具栏 按钮中的,使其变成 (框选择)按钮,选择Fixed Support选项,选择实体单元的一端(位于Z轴最大值的一端),确保Details of "Fixed Support"面板Geometry栏中出现1Face,表明端面被选中,即可在选中面上施加固定约束,如图9-23所示。

Step4:在Outline(分析树)中的Modal(B5)选项上右击,在弹出的快捷菜单中选择 Solve命令,如图9-24所示此时会弹出进度显示条,表示正在求解,当求解完成后进度条自动消失。

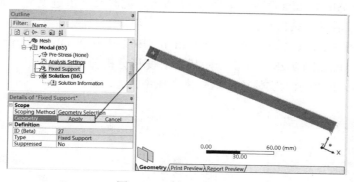

图9-23 施加固定约束

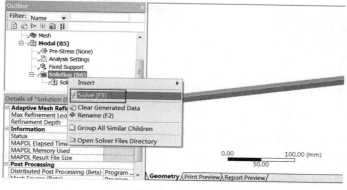

图9-24 求解

9.2.8 结果后处理

Step1：选择 Mechanical 界面左侧 Outline（分析树）中的 Solution（B6）选项，此时会出现如图 9-25 所示的 Solution 工具栏。

Step2：选择 Solution 工具栏中的 Deformation（变形）→Total 命令，如图 9-26 所示，此时在分析树中会出现 Total Deformation（总变形）选项。

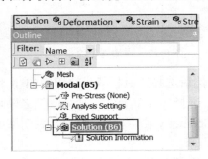
图 9-25　Solution 工具栏

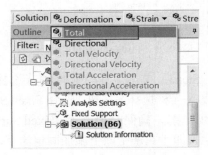
图 9-26　添加变形选项

Step3：在 Outline（分析树）中的 Solution（B6）选项上右击，在弹出的快捷菜单中选择 Evaluate All Results 命令，如图 9-27 所示，此时会弹出进度显示条，表示正在求解，当求解完成后进度条自动消失。

Step4：选择 Outline（分析树）中 Solution（B6）下的 Total Deformation（总变形）选项，此时会出现如图 9-28 所示的一阶模态总变形分析云图。

Step5：图 9-29 所示为实体梁前六阶模态频率。

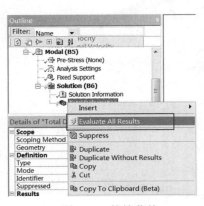
图 9-27　快捷菜单

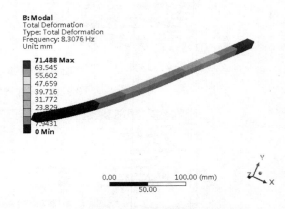
图 9-28　一阶模态总变形分析云图

Step6：ANSYS Workbench 18.0 默认的模态阶数为六阶，选择 Outline（分析树）中 Modal（B5）下的 Analysis Settings（分析设置）选项，在图 9-30 所示的 Details of "Analysis Settings" 下面的 Options 中有 Max Modes to Find 选项，在此选项中可以修改模态数量。

Step7：单击 Mechanical 界面右上角的 ✕ （关闭）按钮，退出 Mechanical，返回到 Workbench 主界面。

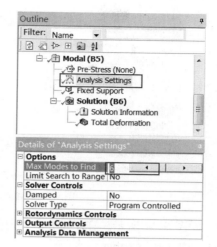

图 9-29　各阶模态频率　　　　图 9-30　修改模态数量选项

9.2.9　瞬态动力学分析

Step1：回到 Workbench 主界面，如图 9-31 所示，选择 Toolbox（工具箱）中的 Analysis Systems→Transient Structural（瞬态分析）命令不放，直接拖曳到项目 B（Modal）的 B6 中。

Step2：如图 9-32 所示，项目 B 与项目 C 直接实现了数据共享，此时在项目 C 中的 C5（Setup）后会出现⇒标识。

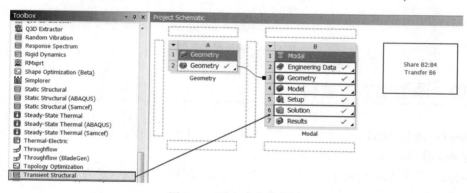

图 9-31　瞬态动力学分析

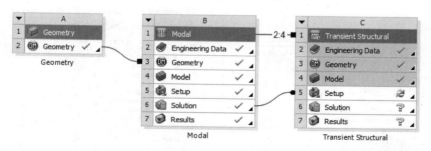

图 9-32　数据共享

Step3：如图 9-33 所示，双击项目 C 的 C5（Setup）选项，进入 Mechanical 界面。

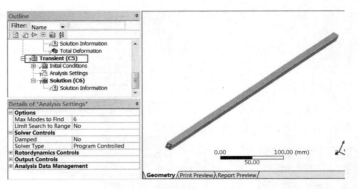

图 9-33 Mechanical 界面

Step4：如图 9-34 所示，在 Outline（分析树）中的 Modal（B5）选项上右击，在弹出的快捷菜单中选择 Solve 命令。

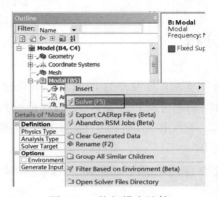

图 9-34 执行模态计算

9.2.10 添加动态力载荷

Step1：选择 Mechanical 界面左侧 Outline（分析树）中的 Transient（C5）选项，此时会出现如图 9-35 所示的 Environment 工具栏。

Step2：选择 Environment 工具栏中的 Loads（载荷）→Force（力）命令，如图 9-36 所示，此时在分析树中会出现 Force 选项。

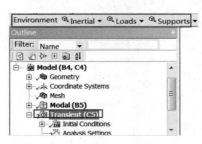

图 9-35 Environment 工具栏

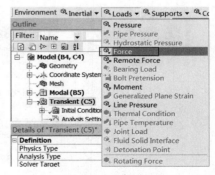

图 9-36 添加激励

Step3：选择 Mechanical 界面左侧 Outline（分析树）中的 Transient（C5）→Force（力）命令，在出现的如图 9-37 所示的 Details of "Force"面板中做如下更改。

① 在 Scope→Geometry 中选择实体梁模型的另一端（Z 值为 0 的一端）。

② 在 Definition→Define By 栏中选择 Components 选项，然后在下侧的 Y Component 表格中填入-150N；保持 X Component 和 Z Component 值为 0。

Step4：在 Outline（分析树）中选择 Transient（C5）→Analysis Settings（分析设置）选项，如图 9-38 所示，在出现的 Details of "Analysis Settings"面板中做如下输入。

① 在 Number Of Steps 栏中输入 2，表示计算共有两个分析步。

② 在 Current Step Number 栏中输入 1，表示当前分析为步骤 1。

③ 在 Step End Time 栏中输入 0.1s，表示这个分析步持续时间为 0.1s。

④ 在 Time Step 栏中输入 1.e-002s，表示时间步为 0.01s。

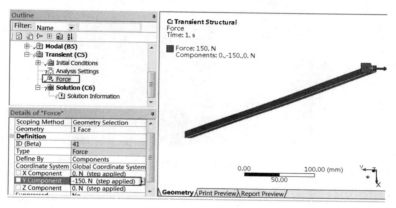

图 9-37 力属性面板

Step5：同样，如图 9-39 所示，在 Current Step Number 栏中输入 2，在 Step End Time 栏中输入 7.5s。

图 9-38 分析步一设定　　　　　　　图 9-39 分析步二设定

Step6：选择如图 9-40 所示的 Force 命令，右下角会弹出一个 Tabular Data 表格，在表格中输入表 9-1 中的数值。

表 9-1 载荷时间表

Steps	Time[s]	X[N]	Y[N]	Z[N]
1	1	0	0	0	0
2	1	0.1	0	−150	0
3	2	0.2	0	0	0
4	2	7.5	0	0	0

图 9-40 输入数值

Step7：如图 9-41 所示，选择 Transient（C5）→Analysis Settings 命令，在出现的 Details of "Analysis Settings" 面板中做如下输入。

① 在 Damping Controls→Numerical Damping 栏中选择 Manual 选项。

② 在 Numerical Damping 栏中将阻尼比改成 0.5。

图 9-41 设定阻尼比

Step8：如图 9-42 所示，在 Transient（C5）选项上右击，在弹出的快捷菜单中选择 Solve 命令，此时会弹出进度显示条，表示正在求解，当求解完成后进度条自动消失。

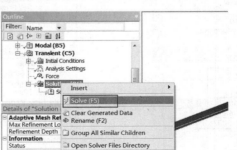

图 9-42 计算求解

9.2.11 后处理

Step1：选择 Mechanical 界面左侧 Outline（分析树）中的 Solution（C6）选项，此时会出现如图 9-43 所示的 Solution 工具栏。

Step2：选择 Solution 工具栏中的 Deformation（变形）→Total 命令，如图 9-44 所示，此时在分析树中会出现 Total Deformation 选项。

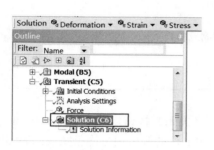

图 9-43　Solution 工具栏

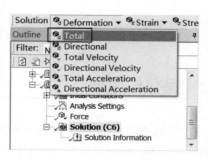

图 9-44　添加变形选项

Step3：在 Outline（分析树）中的 Solution（C6）选项上右击，在弹出的快捷菜单中选择 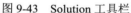Evaluate All Results 命令，如图 9-45 所示，此时会弹出进度显示条，表示正在求解，当求解完成后进度条自动消失。

Step4：选择 Outline（分析树）中 Solution（C6）下的 Directional Deformation 选项，此时会出现如图 9-46 所示的变形分析云图。

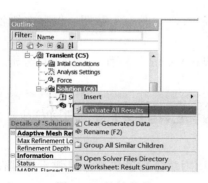

图 9-45　快捷菜单

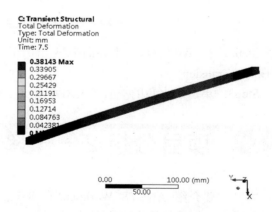

图 9-46　变形分析云图

Step5：如图 9-47 所示为位移随时间变化的曲线。

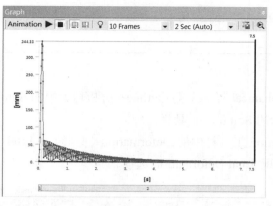

图 9-47 位移响应曲线

9.2.12 保存与退出

Step1：单击 Mechanical 界面右上角的 ■（关闭）按钮，退出 Mechanical，返回到 Workbench 主界面。此时，主界面的项目管理区中显示的分析项目均已完成，如图 9-48 所示。

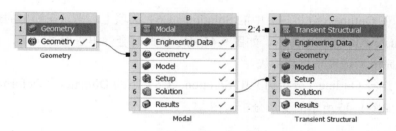

图 9-48 项目管理区中的分析项目

Step2：在 Workbench 主界面中单击常用工具栏中的 ■（保存）按钮，保存文件名为 Beam_Transient。

Step3：单击右上角的 ■（关闭）按钮，退出 Workbench 主界面，完成项目分析。

9.3 项目分析 2——弹簧瞬态动力学分析

本节主要介绍 ANSYS Workbench 18.0 的瞬态动力学分析模块，计算弹簧模型在 1200N 瞬态力作用下的位移响应。

学习目标：熟练掌握 ANSYS Workbench 瞬态动力学分析的方法及过程。

模型文件	Chapter9\char9-2\ extension_spring.x_t
结果文件	Chapter9\char9-2\ Spring_Transient.wbpj

9.3.1 问题描述

图 9-49 所示为某弹簧模型，请用 ANSYS Workbench 分析计算弹簧模型在 $-X$ 方向作用 1200N 的瞬态力下的位移响应情况。

9.3.2 启动 Workbench 并建立分析项目

Step1：在 Windows 系统下选择"开始"→"所有程序"→ANSYS 18.0 →Workbench 18.0 命令，启动 ANSYS Workbench 18.0，进入主界面。

Step2：双击主界面 Toolbox（工具箱）中的 Component Systems→Geometry（几何）命令，即可在 Project Schematic（项目管理区）创建分析项目 A，如图 9-50 所示。

图 9-49 弹簧模型

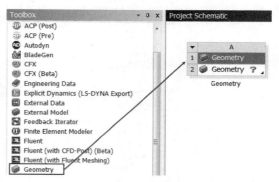

图 9-50 创建分析项目 A

9.3.3 创建几何体模型

Step1：在 A2 Geometry 上右击，在弹出的快捷菜单中选择 Import Geometry→Browse 命令，如图 9-51 所示，此时会弹出"打开"对话框。

Step2：选择文件路径，如图 9-52 所示，选择文件 extension_spring.x_t，并单击"打开"按钮。

Step3：双击项目 A 中的 A2（Geometry）选项，此时会加载 DesignModeler，设置单位为 mm，关闭"单位设置"对话框，如图 9-53 所示，单击工具栏中的 Generate 按钮，生成弹簧几何实体。

Step4：单击 DesignModeler 界面右上角的 ✕ （关闭）按钮，退出 DesignModeler 返回到 Workbench 主界面。

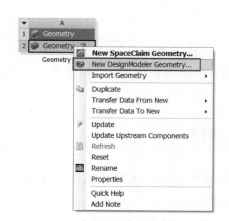
图 9-51 导入几何体

图 9-52 选择文件

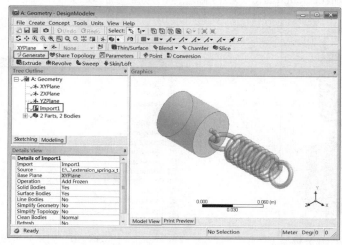
图 9-53 生成几何

9.3.4 模态分析

选择主界面 Toolbox（工具箱）中的 Analysis Systems→Modal（模态分析）命令，如图 9-54 所示，然后将鼠标移动到项目 A 的 A2（Geometry）中，此时在项目 A 的右侧出现一个项目 B，项目 A 与项目 B 的几何数据实现共享。

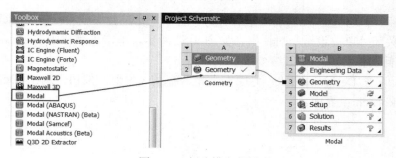
图 9-54 创建模态分析

9.3.5 模态分析前处理

Step1：双击项目 B 中的 B4（Model）选项，此时会出现 Mechanical 界面，如图 9-55 所示。

Step2：选择 Mechanical 界面左侧 Outline（分析树）中的 Connections→Contacts→Bonded Component 命令，在如图 9-56 所示的 Details of "Bonded Component" 面板中做如下设置。

在 Definition→Type 中选择接触类型为 Bonded。

Step3：选择 Mechanical 界面左侧 Outline（分析树）中的 Mesh 选项，此时可在 Details of "Mesh"（参数列表）中修改网格参数，如图 9-57 所示，在 Sizing 的 Relevance Center 中选择 Fine 项，其余采用默认设置。

Step4：在 Outline（分析树）中的 Mesh 选项上右击，在弹出的快捷菜单中选择 Generate Mesh 命令，如图 9-58 所示。此时会弹出进度显示条，表示网格正在划分，当网格划分完成后，进度条自动消失。最终的网格效果如图 9-59 所示。

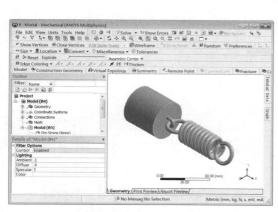

图 9-55　Mechanical 界面

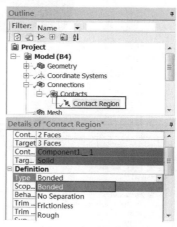

图 9-56　接触类型设置

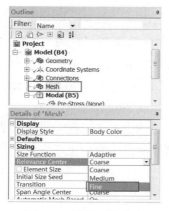

图 9-57　设置网格大小

图 9-58　划分网格

9.3.6 施加约束

Step1：选择 Mechanical 界面左侧 Outline（分析树）中的 Modal（B5）选项，此时会出现如图 9-60 所示的 Environment 工具栏。

Step2：选择 Environment 工具栏中的 Supports（约束）→Fixed Support（固定约束）命令，此时在分析树中会出现 Fixed Support 选项，如图 9-61 所示。

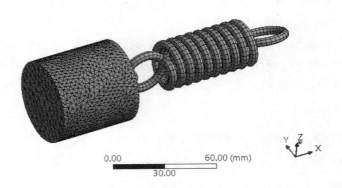

图 9-59 网格效果

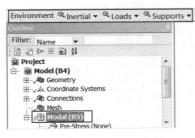

图 9-60 Environment 工具栏

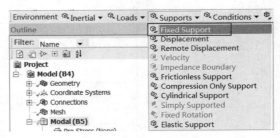

图 9-61 添加固定约束

Step3：单击工具栏中的 ▣（选择面）按钮，然后选择工具栏 ▾ 按钮中的，使其变成 ▾（框选择）按钮，选择 Fixed Support 选项，选择实体单元的一端（位于 X 轴最大值的一端），确保 Details of "Fixed Support" 面板 Geometry 栏中出现 2Faces，表明上述两个面被选中，此时可在选中面上施加固定约束，如图 9-62 所示。

Step4：在 Outline（分析树）中的 Modal（B5）选项上右击，在弹出的快捷菜单中选择 Solve 命令，如图 9-63 所示，此时会弹出进度显示条，表示正在求解，当求解完成后进度条自动消失。

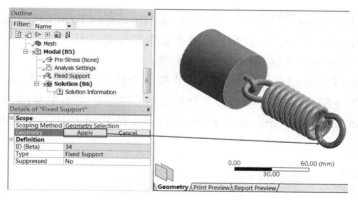

图 9-62 施加固定约束

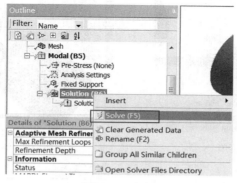

图 9-63 求解

9.3.7 结果后处理

Step1：选择 Mechanical 界面左侧 Outline（分析树）中的 Solution（B6）选项，此时会出现如图 9-64 所示的 Solution 工具栏。

Step2：选择 Solution 工具栏中的 Deformation（变形）→Total 命令，如图 9-65 所示，此时在分析树中会出现 Total Deformation（总变形）选项。

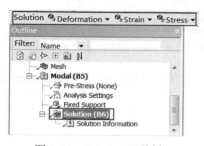

图 9-64 Solution 工具栏

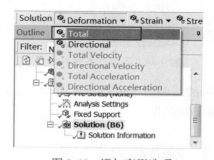

图 9-65 添加变形选项

Step3：在 Outline（分析树）中的 Solution（B6）选项上右击，在弹出的快捷菜单中选择 Evaluate All Results 命令，如图 9-66 所示，此时会弹出进度显示条，表示正在求解，当求解完成后进度条自动消失。

Step4：选择 Outline（分析树）中 Solution（B6）下的 Total Deformation（总变形）选项，此时会出现如图 9-67 所示的一阶模态总变形分析云图。

Step5：图 9-68 所示为弹簧前六阶模态频率。

Step6：ANSYS Workbench 18.0 默认的模态阶数为六阶，选择 Outline（分析树）中 Modal（B5）下的 Analysis Settings（分析设置）选项，在如图 9-69 所示的 Details of "Analysis Settings"下面的 Options 中有 Max Modes to Find 选项，在此选项中可以修改模态数量。

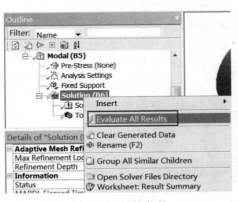

图 9-66　快捷菜单

图 9-67　一阶模态变形分析云图

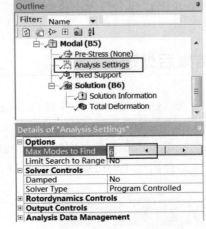

图 9-68　各阶模态频率

图 9-69　修改模态数量选项

Step7：单击 Mechanical 界面右上角的 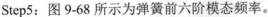（关闭）按钮，退出 Mechanical 返回到 Workbench 主界面。

9.3.8　瞬态动力学分析

Step1：回到 Workbench 主界面，如图 9-70 所示，选择 Toolbox（工具箱）中的 Analysis Systems→Transient Structural（瞬态分析）命令不放，直接拖曳到项目 B（Modal）的

B6 中。

Step2：如图 9-71 所示，项目 B 与项目 C 直接实现了数据共享，此时在项目 C 中的 C5（Setup）后会出现 标识。

Step3：如图 9-72 所示，双击项目 C 的 C5（Setup）选项，进入 Mechanical 界面。

Step4：如图 9-73 所示，在 Outline（分析树）中的 Modal（B5）选项上右击，在弹出的快捷菜单中选择 Solve 命令。

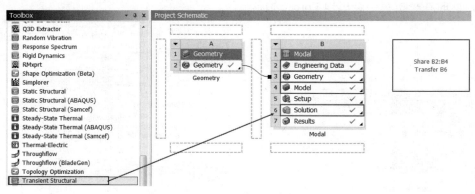

图 9-70　瞬态动力学分析

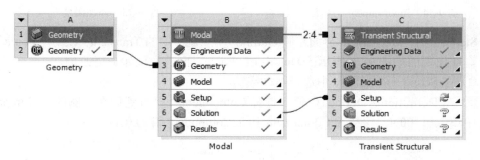

图 9-71　数据共享

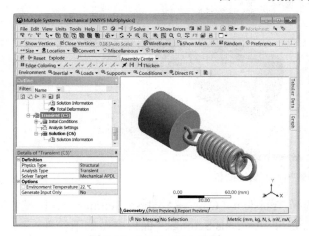

图 9-72　Mechanical 界面

图 9-73　执行模态计算

9.3.9 添加动态力载荷

Step1：选择 Mechanical 界面左侧 Outline（分析树）中的 Transient（C5）选项，此时会出现如图 9-74 所示的 Environment 工具栏。

Step2：选择 Environment 工具栏中的 Loads（载荷）→Force（力）命令，如图 9-75 所示，此时在分析树中会出现 Force 选项。

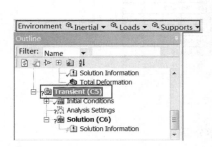

图 9-74 Environment 工具栏

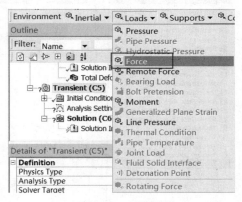

图 9-75 添加激励

Step3：选择 Mechanical 界面左侧 Outline（分析树）中的 Transient（C5）→Force（力）命令，在出现的如图 9-76 所示的 Details of "Force" 面板中做如下更改。

① 在 Scope→Geometry 中选择圆柱底端。

② 在 Definition→Define By 栏中选择 Components 选项，然后在右侧的 X Component 表格中填入-1200N；保持 Y Component 和 Z Component 值为 0。

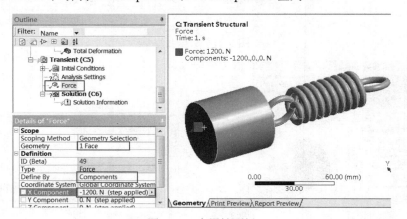

图 9-76 力属性面板

Step4：在 Outline（分析树）中选择 Transient（C5）→Analysis Settings（分析设置）选项，如图 9-77 所示，在出现的 Details of "Analysis Settings" 面板中做如下输入。

① 在 Number Of Steps 栏中输入 2，表示计算共有两个分析步。

② 在 Current Step Number 栏中输入 1，表示当前分析为步骤 1。

③ 在 Step End Time 栏中输入 0.1s，表示这个分析步持续时间为 0.1s。

④ 在 Time Step 栏中输入 1.e-002s，表示时间步为 0.01s。

Step5：同样，如图 9-78 所示，在 Current Step Number 栏中输入 2，在 Step End Time 栏中输入 10s，其余设置与图 9-77 相同。

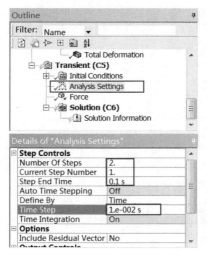

图 9-77　分析步一设定

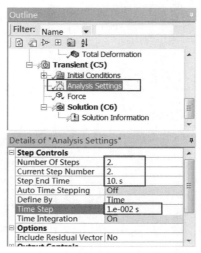

图 9-78　分析步二设定

Step6：选择如图 9-79 所示的 Force 选项，右下角会弹出一个 Tabular Data 表格，在表格中输入表 9-2 中的数值。

表 9-2　载荷时间表

	Steps	Time[s]	X[N]	Y[N]	Z[N]
1	1	0	0	0	0
2	1	0.1	−1200	0	0
3	2	0.15	0	0	0
4	2	10	0	0	0

图 9-79　输入数值

Step7：如图 9-80 所示，选择 Transient（C5）→Analysis Settings 命令，在出现的 Details of "Analysis Settings" 面板中做如下输入。

① 在 Damping Controls→Numerical Damping 栏中选择 Manual 选项。

② 在 Numerical Damping 栏中将阻尼比改成 0.05。

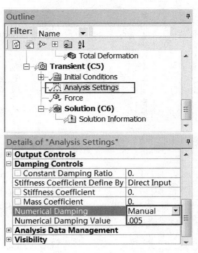

图 9-80　设定阻尼比

Step8：如图 9-81 所示，在 Transient（C5）选项上右击，在弹出的快捷菜单中选择 Solve 命令，此时会弹出进度显示条，表示正在求解，当求解完成后进度条自动消失。

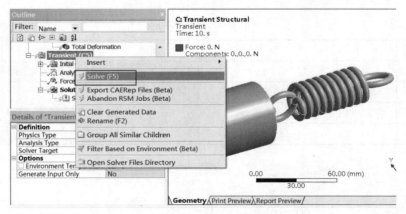

图 9-81　计算求解

9.3.10　后处理

Step1：选择 Mechanical 界面左侧 Outline（分析树）中的 Solution（C6）选项，此时会出现如图 9-82 所示的 Solution 工具栏。

Step2：选择 Solution 工具栏中的 Deformation（变形）→Total 命令，如图 9-83 所示，此时在分析树中会出现 Total Deformation 选项。

第 9 章 瞬态动力学分析

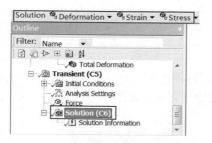

图 9-82　Solution 工具栏

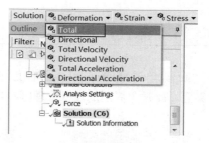

图 9-83　添加变形选项

Step3：在 Outline（分析树）中的 Solution（C6）选项上右击，在弹出的快捷菜单中选择 Evaluate All Results 命令，如图 9-84 所示，此时会弹出进度显示条，表示正在求解，当求解完成后进度条自动消失。

Step4：选择 Outline（分析树）中 Solution（C6）下的 Directional Deformation 选项，此时会出现如图 9-85 所示的变形分析云图。

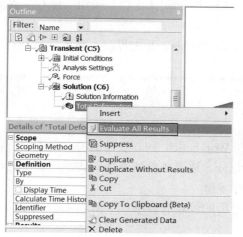

图 9-84　快捷菜单

图 9-85　变形分析云图

Step5：图 9-86 所示为位移随时间变化的曲线。

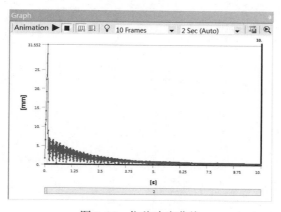

图 9-86　位移响应曲线

9.3.11 保存与退出

Step1：单击 Mechanical 界面右上角的 ■(关闭)按钮，退出 Mechanical，返回到 Workbench 主界面。此时主界面的项目管理区中显示的分析项目均已完成，如图 9-87 所示。

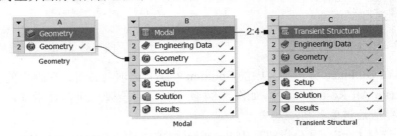

图 9-87 项目管理区中的分析项目

Step2：在 Workbench 主界面中单击常用工具栏中的 ■(保存)按钮，保存文件名为 Spring_Transient。

Step3：单击右上角的 ■ (关闭)按钮，退出 Workbench 主界面，完成项目分析。

9.4 本章小结

本章用了两个典型案例详细介绍了 ANSYS Workbench 18.0 软件的瞬态动力学分析模块，包括瞬态动力学分析的建模方法、网格划分、边界条件的施加，同时还详细介绍了含有接触的瞬态动力学分析的分析方法及操作步骤。

通过本章的学习，读者应该对瞬态动力学分析的过程有详细的了解。

第10章

随机振动分析

本章将对 ANSYS Workbench 软件的随机振动分析模块进行详细讲解,并通过几个典型案例对随机振动分析的一般步骤进行详细讲解,包括几何建模(外部几何数据的导入)、材料赋予、网格设置与划分、边界条件的设定、后处理操作。

学习目标

(1) 熟练掌握 ANSYS Workbench 软件随机振动分析的过程。
(2) 了解随机振动分析与其他分析的不同之处。
(3) 了解随机振动分析的应用场合。

10.1 随机振动分析简介

随机振动分析是基于概率的谱分析，主要应用于如火箭发射时结构承受的载荷谱，每次发射的谱不同，但统计规律相同。

随机振动分析的目的是应用基于概率的概率谱密度分析，分析载荷作用过程中的统计规律。

概率谱密度（PSD）是激励和响应的方差随频率的变化。

- PSD 曲线围成的面积是响应的方差。
- PSD 的单位是方差/Hz，如加速度功率谱的单位是 G2/Hz 等。
- PSD 可以是位移、速度、加速度、力或压力。

随机振动的输入量为结构的自然频率和振形、功率谱密度曲线。

随机振动的输出量为1σ、2σ、3σ 位移和应力（用于疲劳分析）。其中，1σ 是概率为 68.3%时的分布云图；2σ 是概率为 95.951%时的概率分布；3σ 是概率为 99.737%时的分布云图。

10.2 项目分析 1——随机振动学分析

本节主要介绍 ANSYS Workbench 18.0 的随机振动学分析模块，计算实体梁模型随机振动响应。

学习目标：熟练掌握 ANSYS Workbench 随机振动学分析的方法及过程。

模型文件	Chapter10\char10-1\ Beam_Random_Vibration.agdb
结果文件	Chapter10\char10-1\Beam_Random_Vibration.wbpj

10.2.1 问题描述

如图 10-1 所示为某实体梁模型，请用 ANSYS Workbench 分析计算实体梁模型在加速度激励下的位移响应情况。

10.2.2 启动 Workbench 并建立分析项目

Step1：在 Windows 系统下选择"开始"→"所有程序"→ANSYS 18.0→Workbench 18.0 命令，启动 ANSYS Workbench 18.0，进入主界面。

Step2：双击主界面 Toolbox（工具箱）中的 Component Systems→Geometry（几何）命令，即可在 Project Schematic（项目管理区）创建分析项目 A，如图 10-2 所示。

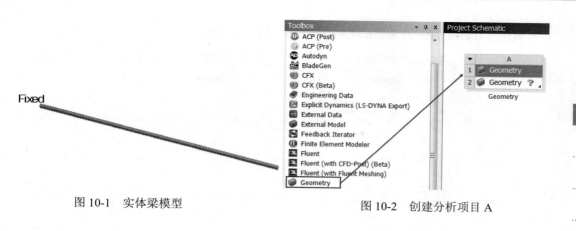

图 10-1 实体梁模型　　　　　图 10-2 创建分析项目 A

10.2.3 创建几何体模型

Step1：在 A2 Geometry 上右击，在弹出的快捷菜单中选择 New DesignModeler Geometry 命令，如图 10-3 所示，此时会启动 DesignModeler 平台。

Step2：启动 DesignModeler 界面后，同时弹出"单位设置"对话框，如图 10-4 所示，将单位设置为 mm。

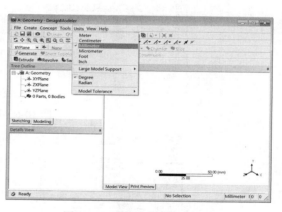

图 10-3 创建几何体　　　　　图 10-4 "单位设置"对话框

Step3：选择 Tree Outline 中的 XYPlane 选项，然后在工具栏中单击 按钮，如图 10-5 所示，此时 XY 平面自动旋转至与屏幕平行。

Step4：单击 Sketching 选项卡，如图 10-6 所示，切换到草绘面板，选择 Draw→Rectangle 命令绘制矩形。

Step5：选择 Dimensions→General 命令，如图 10-7 所示，对几何尺寸进行标注。

Step6：选择 Dimensions→General 命令，如图 10-8 所示，对几何尺寸进行标注，具体尺寸如下。

H1 为 10mm，L2 为 5mm，L4 为 5mm，V3 为 10mm。

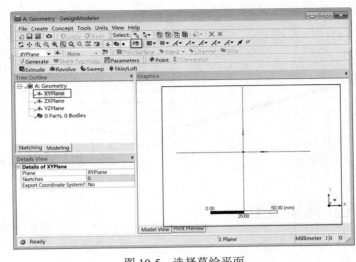

图 10-5　选择草绘平面

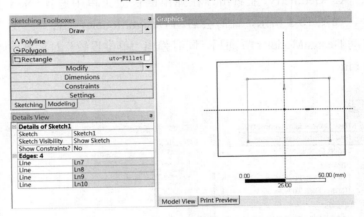

图 10-6　草绘

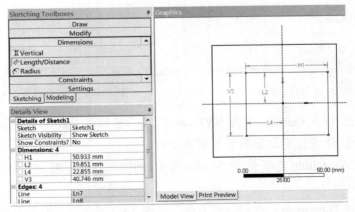

图 10-7　标注

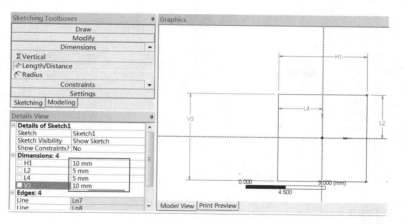

图 10-8　设置尺寸

Step7：单击工具栏中的 Extrude 按钮生成实体，如图 10-9 所示，在 Details View 面板中做如下设置。

① 确保在 Geometry 栏中 Sketch1（草绘）被选中。

② 在 Extent Type 的 FD1，Depth（>0）栏中输入 1000mm，单击工具栏中的 Generate 按钮生成实体。

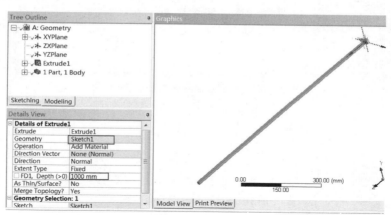

图 10-9　生成实体

Step8：单击 DesignModeler 界面右上角的 ▬▬ （关闭）按钮，退出 DesignModeler，返回到 Workbench 主界面。

10.2.4　模态分析

选择主界面 Toolbox（工具箱）中的 Analysis Systems→Modal（模态分析）命令，如图 10-10 所示，然后将鼠标移动到项目 A 的 A2（Geometry）中，此时在项目 A 的右侧出现一个项目 B，项目 A 与项目 B 的几何数据实现共享。

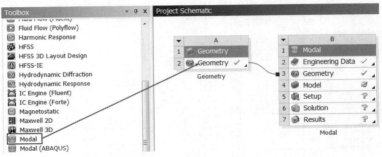

图 10-10 创建模态分析

10.2.5 创建材料

Step1：双击项目 B 中的 B2 Engineering Data 选项，进入如图 10-11 所示的材料参数设置界面。在该界面下即可进行材料参数设置。

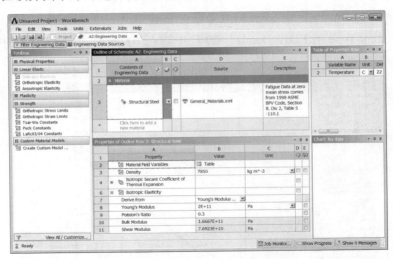

图 10-11 材料参数设置界面

Step2：如图 10-12 所示，在 A4 表格中输入新材料名称，如 NewMaterial。

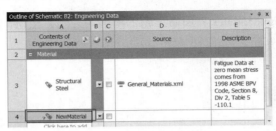

图 10-12 材料名称

Step3：如图 10-13 所示，将 Toolbox（工具箱）中的 Physical Properties→Density 属性直接拖到右下侧的 A2（Property）栏中。

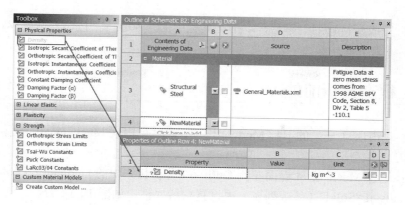

图 10-13 添加密度属性

在 B2（Value）栏中显示为黄色，表示需要输入数据。

Step4：如图 10-14 所示，将 Toolbox（工具箱）中的 Linear Elastic→Isotropic Elasticity 属性直接拖到右下侧的 A1（Property）栏中。

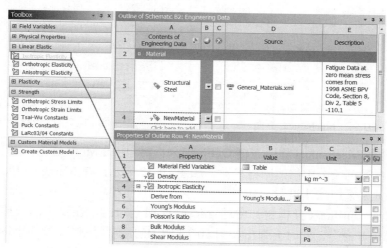

图 10-14 添加各项同性属性

Step5：如图 10-15 所示，在 B3 栏中输入 7830，单位为默认值；在 B6 栏中输入 2.068E+11，单位为默认值；在 B7 栏中输入 0.33，单位为默认值。

图 10-15 输入数值

Step6：完成新材料的创建后，单击工具栏中的 按钮返回到 Workbench 主界面。

10.2.6 模态分析前处理

Step1：双击项目 B 中的 B4（Model）选项，此时会出现 Mechanical 界面，如图 10-16 所示。

Step2：选择 Mechanical 界面左侧 Outline（分析树）中的 Geometry→Solid 命令，此时可在 Details of "Solid"（参数列表）中设置材料属性，如图 10-17 所示，将新添加的材料 NewMaterial 赋给几何实体。

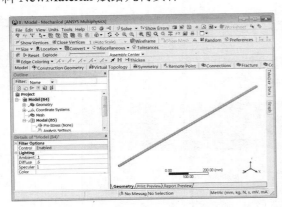

图 10-16　Mechanical 界面

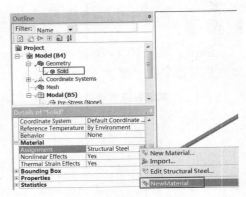

图 10-17　赋予材料属性

Step3：选择 Mechanical 界面左侧 Outline（分析树）中的 Mesh 选项，此时可在 Details of "Mesh"（参数列表）中修改网格参数，如图 10-18 所示，在 Sizing 的 Element Size 中输入 5mm，其余采用默认设置。

Step4：在 Outline（分析树）中的 Mesh 选项上右击，在弹出的快捷菜单中选择 Generate Mesh 命令，此时会弹出如图 10-19 所示的进度显示条，表示网格正在划分，当网格划分完成后，进度条自动消失。最终的网格效果如图 10-20 所示。

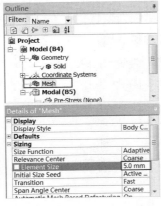

图 10-18　设置网格大小

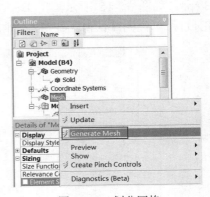

图 10-19　划分网格

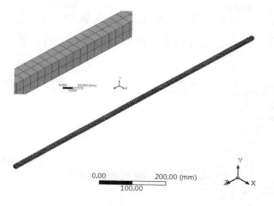

图 10-20　网格效果

10.2.7　施加约束

Step1：选择 Mechanical 界面左侧 Outline（分析树）中的 Modal（B5）选项，此时会出现如图 10-21 所示的 Environment 工具栏。

Step2：选择 Environment 工具栏中的 Supports（约束）→Fixed Support（固定约束）命令，此时在分析树中会出现 Fixed Support 选项，如图 10-22 所示。

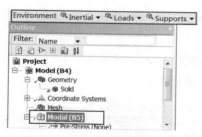

图 10-21　Environment 工具栏

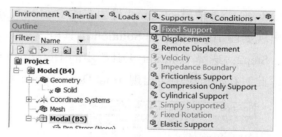

图 10-22　添加固定约束

Step3：单击工具栏中的 ▣（选择面）按钮，然后选择工具栏 ▣ 按钮中的 ▾，使其变成 ▣（框选择）按钮，选择 Fixed Support 选项，选择实体单元的一端（位于 Z 轴最大值的一端），确保 Details of "Fixed Support" 面板 Geometry 栏中出现 1Face，表明端面被选中，即可在选中面上施加固定约束，如图 10-23 所示。

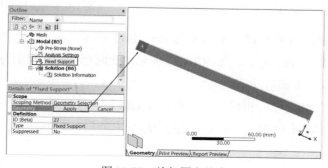

图 10-23　施加固定约束

Step4：在 Outline（分析树）中的 Modal（B5）选项上右击，在弹出的快捷菜单中选择 Solve 命令，此时会弹出进度显示条，表示正在求解，当求解完成后进度条自动消失，如图 10-24 所示。

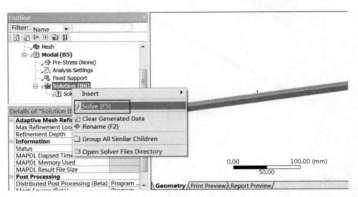

图 10-24　求解

10.2.8　结果后处理

Step1：选择 Mechanical 界面左侧 Outline（分析树）中的 Solution（B6）选项，此时会出现如图 10-25 所示的 Solution 工具栏。

Step2：选择 Solution 工具栏中的 Deformation（变形）→Total 命令，如图 10-26 所示，此时在分析树中会出现 Total Deformation（总变形）选项。

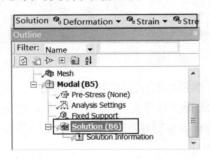

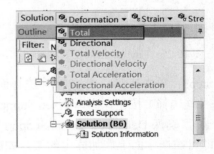

图 10-25　Solution 工具栏　　　　图 10-26　添加变形选项

Step3：在 Outline（分析树）中的 Solution（B6）选项上右击，在弹出的快捷菜单中选择 Evaluate All Results 命令，如图 10-27 所示，此时会弹出进度显示条，表示正在求解，当求解完成后进度条自动消失。

Step4：选择 Outline（分析树）中 Solution（B6）下的 Total Deformation（总变形）选项，此时会出现如图 10-28 所示的一阶模态总变形分析云图。

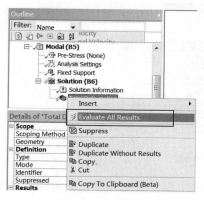

图 10-27　快捷菜单　　　　图 10-28　一阶模态总变形分析云图

Step5：如图 10-29 所示为实体梁前六阶模态频率。

Step6：ANSYS Workbench 18.0 默认的模态阶数为六阶，选择 Outline（分析树）中 Modal（B5）下的 Analysis Settings（分析设置）选项，在图 10-30 所示的 Details of "Analysis Settings" 下面的 Options 中有 Max Modes to Find 选项，在此选项中可以修改模态数量。

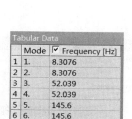

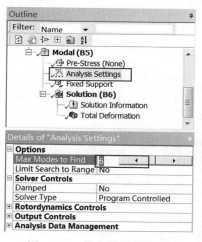

图 10-29　各阶模态频率　　　　图 10-30　修改模态数量选项

Step7：单击 Mechanical 界面右上角的 ✕ （关闭）按钮，退出 Mechanical，返回到 Workbench 主界面。

10.2.9　随机振动分析

Step1：回到 Workbench 主界面，如图 10-31 所示，选择 Toolbox（工具箱）中的 Analysis Systems→Random Vibration（随机振动分析）命令不放，直接拖曳到项目 B（Modal）的 B6 中。

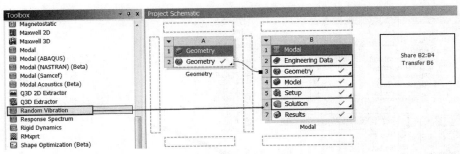

图 10-31　随机振动分析

Step2：如图 10-32 所示，项目 B 与项目 C 直接实现了数据共享，此时在项目 C 中的 C5（Setup）后会出现 标识。

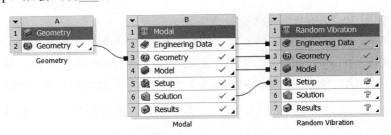

图 10-32　数据共享

Step3：双击如图 10-32 所示 C5 栏，此时启动如图 10-33 所示的 Mechanical 平台。

Step4：右击如图 10-34 所示的 Modal 选项，在弹出的快捷菜单中选择 Solve 命令，进行求解计算。

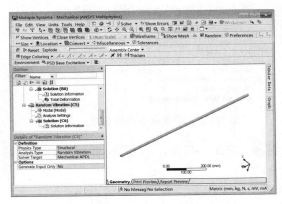

图 10-33　Mechanical 界面

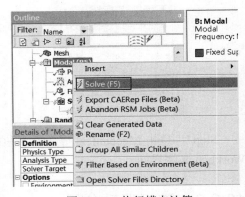

图 10-34　执行模态计算

10.2.10　添加加速度谱

Step1：选择 Mechanical 界面左侧 Outline（分析树）中的 Random Vibration（C5）选项，此时会出现如图 10-35 所示的 Environment 工具栏。

Step2：选择 Environment 工具栏中的 PSD Base Excitation（基础激励响应分析）→ PSD Acceleration（加速度谱激励）命令，如图 10-36 所示，此时在分析树中会出现 PSD Acceleration 选项。

Step3：选择 Mechanical 界面左侧 Outline（分析树）中的 Random Vibration（C5）→ PSD Acceleration（加速度谱激励）命令，在出现的如图 10-37 所示的 Details of "PSD Acceleration" 面板中做如下更改。

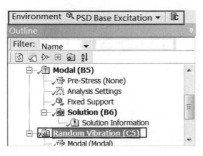
图 10-35　Environment 工具栏

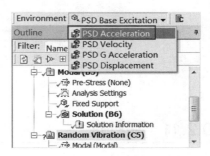
图 10-36　添加激励

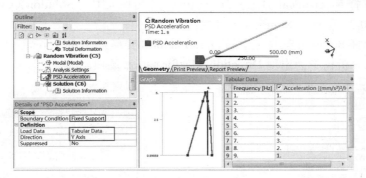
图 10-37　PSD Acceleration 面板

① 在 Scope→Boundary Condition 中选择 Fixed Support 选项。

② 在 Definition→Load Data 中选择 Tabular Data 选项，然后在右侧的 Tabular Data 表格中填入表 10-1 中的数据。

表 10-1　加速度值表

	Frequency[Hz]	Acceleration[(mm/s^2)^2]		Frequency[Hz]	Acceleration[(mm/s^2)^2]
1	1	1	6	6	4.
2	2	2	7	7	3
3	3	3	8	8	2.
4	4	4	9	9	1
5	5	5			

Step4：在 Outline（分析树）中的 Random Vibration（C5）选项上右击，在弹出的快捷菜单中选择 Solve 命令，此时会弹出进度显示条，表示正在求解，当求解完成后进度

条自动消失，如图10-38所示。

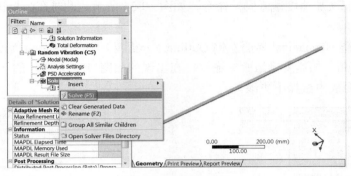

图10-38　计算求解

10.2.11　后处理

Step1：选择Mechanical界面左侧Outline（分析树）中的Solution（C6）选项，此时会出现如图10-39所示的Solution工具栏。

Step2：选择Solution工具栏中的Deformation（变形）→Directional命令，如图10-40所示，此时在分析树中会出现Directional Deformation选项。

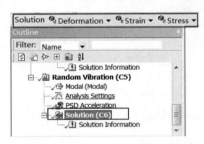

图10-39　Solution工具栏

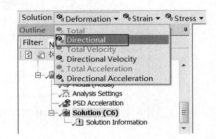

图10-40　添加变形选项

Step3：如图10-41所示，右击Solution选项，在弹出的快捷菜单中选择Evaluate All Results命令，此时开始进行后处理计算。

Step4：图10-42所示为塔架随机振动变形云图。

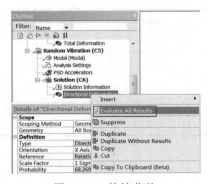

图10-41　快捷菜单

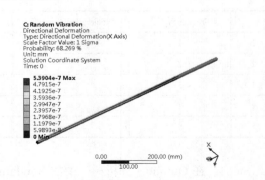

图10-42　变形云图

10.2.12 保存与退出

Step1：单击 Mechanical 界面右上角的 （关闭）按钮，退出 Mechanical，返回 Workbench 主界面。此时，主界面的项目管理区中显示的分析项目均已完成，如图 10-43 所示。

Step2：在 Workbench 主界面中单击常用工具栏中的 ■（保存）按钮，保存包含有分析结果的文件。

Step3：单击右上角的 ✖（关闭）按钮，退出 Workbench 主界面，完成项目分析。

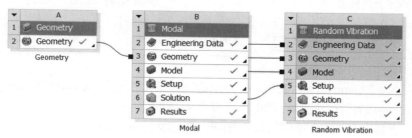

图 10-43 项目管理区中的分析项目

10.3 项目分析 2——弹簧随机振动分析

本节主要介绍 ANSYS Workbench 18.0 的随机振动学分析模块，计算带接触设置实体的随机振动响应。

学习目标：熟练掌握 ANSYS Workbench 带接触设置的随机振动学分析的方法及过程。

模型文件	Chapter10\char10-2\extension_spring.x_t
结果文件	Chapter10\char10-2\Spring_Random_Vibration.wbpj

10.3.1 问题描述

如图 10-44 所示为某弹簧模型，请用 ANSYS Workbench 分析计算弹簧模型在砝码作用 1000N 的瞬态力下的位移响应情况。

10.3.2 启动 Workbench 并建立分析项目

Step1：在 Windows 系统下选择"开始"→"所有程序"→ANSYS 18.0 →Workbench 18.0 命令，启动 ANSYS Workbench 18.0，进入主界面。

Step2：双击主界面 Toolbox（工具箱）中的 Component Systems→Geometry（几何）命令，即可在 Project Schematic（项目管理区）创建分析项目 A，如图 10-45 所示。

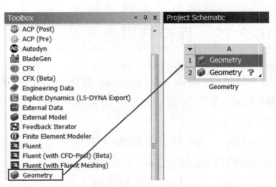

图 10-44 弹簧模型　　　　　　　　　　　图 10-45 创建分析项目 A

10.3.3 创建几何体模型

Step1：在 A2 Geometry 上右击，在弹出的快捷菜单中选择 Import Geometry→Browse 命令，如图 10-46 所示，此时会弹出"打开"对话框。

Step2：选择文件路径，如图 10-47 所示，选择文件 extension_spring.x_t，并单击"打开"按钮。

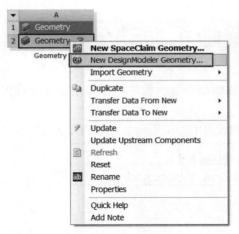

图 10-46 导入几何体　　　　　　　　　　图 10-47 选择文件

Step3：双击项目 A 中的 A2（Geometry）选项，此时会加载 DesignModeler，设置单位为 mm，关闭"单位设置"对话框，如图 10-48 所示，单击工具栏中的 Generate 按钮，生成弹簧几何实体。

Step4：单击 DesignModeler 界面右上角的 ✕ （关闭）按钮，退出 DesignModeler 返回到 Workbench 主界面。

第 10 章　随机振动分析

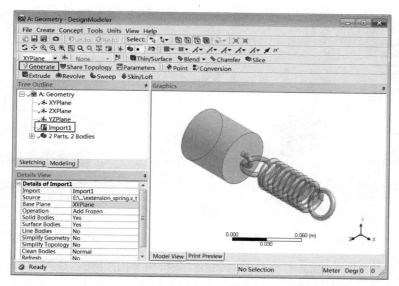

图 10-48　生成几何

10.3.4　模态分析

选择主界面 Toolbox（工具箱）中的 Analysis Systems→Modal（模态分析）命令，如图 10-49 所示，然后将鼠标移动到项目 A 的 A2（Geometry）中，此时在项目 A 的右侧出现一个项目 B，项目 A 与项目 B 的几何数据实现共享。

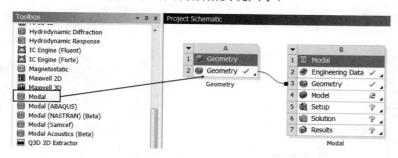

图 10-49　创建模态分析

10.3.5　模态分析前处理

Step1：双击项目 B 中的 B4（Model）选项，此时会出现 Mechanical 界面，如图 10-50 所示。

Step2：选择 Mechanical 界面左侧 Outline（分析树）中的 Connections→Contacts→Contact Region 命令，在如图 10-51 所示的 Details of "Contact Region" 面板中做如下设置。

在 Definition→Type 中选择接触类型为 Bonded。

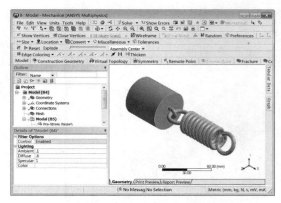
图 10-50 Mechanical 界面

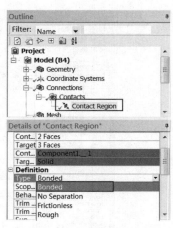
图 10-51 接触类型设置

Step3：选择 Mechanical 界面左侧 Outline（分析树）中的 Mesh 选项，此时可在 Details of "Mesh"（参数列表）中修改网格参数，如图 10-52 所示，在 Sizing 的 Relevance Center 中选择 Fine 项，其余采用默认设置。

Step4：在 Outline（分析树）中的 Mesh 选项右击，在弹出的快捷菜单中选择 Generate Mesh 命令（图 10-53），此时会弹出进度显示条，表示网格正在划分，当网格划分完成后，进度条自动消失。最终的网格效果如图 10-54 所示。

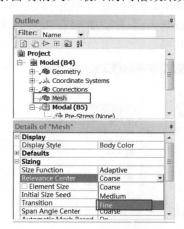
图 10-52 设置网格大小

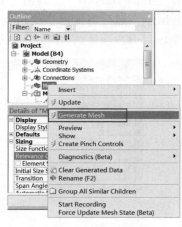
图 10-53 划分网格

图 10-54 网格效果

10.3.6 施加约束

Step1：选择 Mechanical 界面左侧 Outline（分析树）中的 Modal（B5）选项，此时会出现如图 10-55 所示的 Environment 工具栏。

Step2：选择 Environment 工具栏中的 Supports（约束）→Fixed Support（固定约束）命令，此时在分析树中会出现 Fixed Support 选项，如图 10-56 所示。

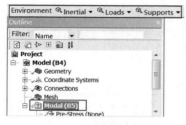

图 10-55　Environment 工具栏

图 10-56　添加固定约束

Step3：单击工具栏中的 （选择面）按钮，然后选择工具栏中的按钮中的，使其变成（框选）按钮，选择 Fixed Support 选项，选择实体单元的一端（位于 X 轴最大值的一端），确保 Details of "Fixed Support" 面板 Geometry 栏中出现 2Faces，表明上述两个面被选中，此时可在选中面上施加固定约束，如图 10-57 所示。

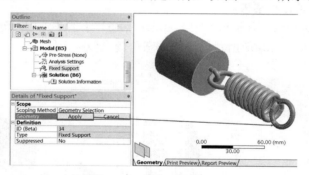

图 10-57　施加固定约束

Step4：在 Outline（分析树）中的 Modal（B5）选项上右击，在弹出的快捷菜单中选择 Solve 命令，如图 10-58 所示，此时会弹出进度显示条，表示正在求解，当求解完成后进度条自动消失。

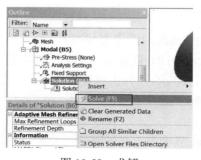

图 10-58　求解

10.3.7 结果后处理

Step1：选择 Mechanical 界面左侧 Outline（分析树）中的 Solution（B6）选项，此时会出现如图 10-59 所示的 Solution 工具栏。

Step2：选择 Solution 工具栏中的 Deformation（变形）→Total 命令，如图 10-60 所示，此时在分析树中会出现 Total Deformation（总变形）选项。

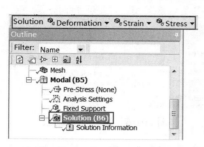

图 10-59 Solution 工具栏

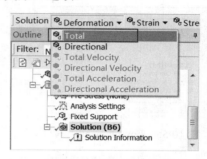

图 10-60 添加变形选项

Step3：在 Outline（分析树）中的 Solution（B6）选项右击，在弹出的快捷菜单中选择 Evaluate All Results 命令，如图 10-61 所示，此时会弹出进度显示条，表示正在求解，当求解完成后进度条自动消失。

Step4：选择 Outline（分析树）中 Solution（B6）下的 Total Deformation（总变形）选项，此时会出现如图 10-62 所示的一阶模态总变形分析云图。

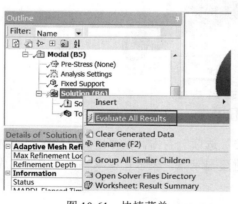

图 10-61 快捷菜单

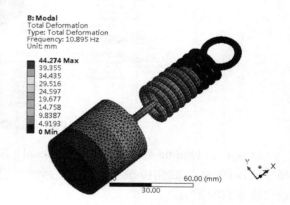

图 10-62 一阶模态总变形分析云图

Step5：图 10-63 所示为弹簧前六阶模态频率。

Step6：ANSYS Workbench 18.0 默认的模态阶数为六阶，选择 Outline（分析树）中 Modal（B5）下的 Analysis Settings（分析设置）选项，在如图 10-64 所示的 Details of "Analysis Settings" 下面的 Options 中有 Max Modes to Find 选项，在此选项中可以修改模态数量。

Step7：单击 Mechanical 界面右上角的 ⊠（关闭）按钮，退出 Mechanical 返回到 Workbench 主界面。

第 10 章 随机振动分析

Mode	Frequency [Hz]
1.	10.35
2.	11.326
3.	35.122
4.	58.374
5.	89.113
6.	92.714

图 10-63 各阶模态频率

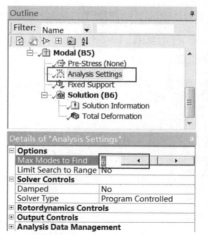

图 10-64 修改模态数量选项

10.3.8 随机振动分析

Step1：回到 Workbench 主界面，如图 10-65 所示，选择 Toolbox（工具箱）中的 Analysis Systems→Random Vibration（随机振动分析）命令不放，直接拖曳到项目 B（Modal）的 B6 中。

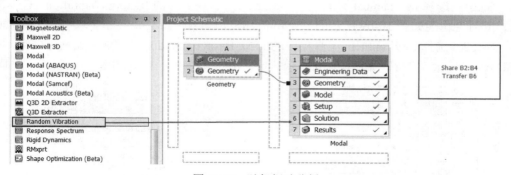

图 10-65 随机振动分析

Step2：如图 10-66 所示，项目 B 与项目 C 直接实现了数据共享，此时在项目 C 中的 C5（Setup）后会出现 标识。

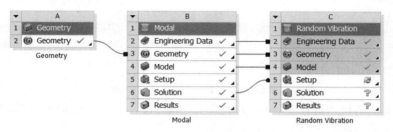

图 10-66 数据共享

Step3:双击如图10-67所示的C5栏,此时启动如图10-60所示的Mechanical平台。

Step4:右击如图10-68所示的Modal选项,在弹出的快捷菜单中选择Solve命令,进行求解计算。

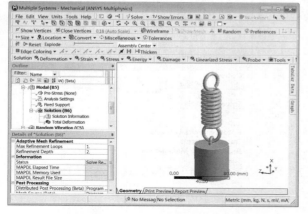

图 10-67 Mechanical 界面

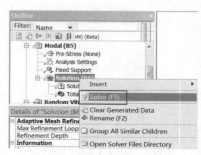

图 10-68 执行模态计算

10.3.9 添加动态力载荷

Step1:选择Mechanical界面左侧Outline(分析树)中的Random Vibration(C5)选项,此时会出现如图10-69所示的Environment工具栏。

Step2:选择Environment工具栏中的PSD Base Excitation(基础激励响应分析)→PSD Acceleration命令,如图10-70所示,此时在分析树中会出现PSD Acceleration选项。

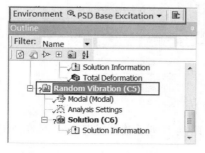

图 10-69 Environment 工具栏

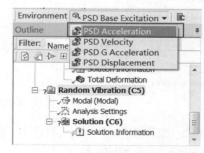

图 10-70 添加激励

Step3:选择Mechanical界面左侧Outline(分析树)中的Random Vibration(C5)→PSD Excitation命令,在如图10-71所示的Details of "PSD Acceleration"面板中做如下更改。

① 在Scope→Boundary Condition中选择Fixed Support选项。

② 在Load Data中选择Tabular Data选项,然后将表10-2中的数值输入右侧的表中。

③ 在Direction栏中选择X Axis选项。

第 10 章　随机振动分析

表 10-2　加速度值表

	Frequency[Hz]	GAcceleration[$(mm/s^2)^2$/Hz]		Frequency[Hz]	GAcceleration[$(mm/s^2)^2$/Hz]
1	10	0.98	6	60	0.16
2	20	0.49	7	70	0.14
3	30	0.33	8	80	0.12
4	40	0.25	9	90	0.11
5	50	0.20			

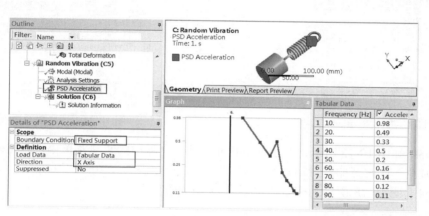

图 10-71　激励设置

Step4：如图 10-72 所示，在 Random Vibration（C5）选项上右击，在弹出的快捷菜单中选择 Solve 命令，此时会弹出进度显示条，表示正在求解，当求解完成后进度条自动消失。

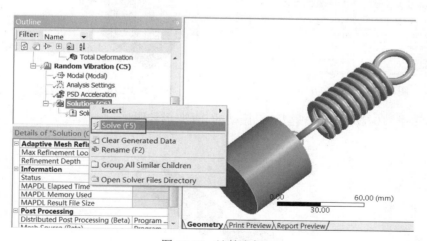

图 10-72　计算求解

10.3.10 后处理

Step1：选择 Mechanical 界面左侧 Outline（分析树）中的 Solution（C6）选项，此时会出现如图 10-73 所示的 Solution 工具栏。

Step2：选择 Solution 工具栏中的 Deformation（变形）→Total 命令，如图 10-74 所示，此时在分析树中会出现 Total Deformation 选项。

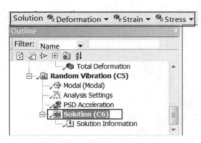
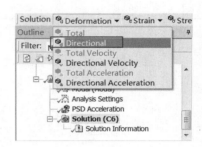

图 10-73 Solution 工具栏　　　　　　　　图 10-74 添加变形选项

Step3：如图 10-75 所示，右击 Solution 选项，在弹出的快捷菜单中选择 Evaluate All Results 命令，此时开始进行后处理计算。

Step4：图 10-76 所示为模型随机振动的 1σ 变形云图。

图 10-75 快捷菜单　　　　　　　　图 10-76 1σ 变形云图

Step5：图 10-77 所示为模型随机振动的 2σ 变形云图。

图 10-77 2σ 变形云图

10.3.11 保存与退出

Step1：单击 Mechanical 界面右上角的 （关闭）按钮，退出 Mechanical，返回到 Workbench 主界面。此时主界面的项目管理区中显示的分析项目均已完成，如图 10-78 所示。

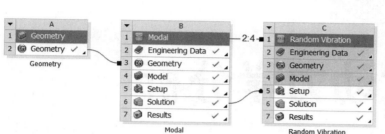

图 10-78 项目管理区中的分析项目

Step2：在 Workbench 主界面中单击常用工具栏中的 ▣（保存）按钮，保存文件名为 Spring_Random_Vibration。

Step3：单击右上角的 ✕（关闭）按钮，退出 Workbench 主界面，完成项目分析。

10.4 本章小结

本章用两个典型案例详细介绍了 ANSYS Workbench 18.0 软件的随机振动分析模块，包括随机振动分析的建模方法、网格划分、边界条件的施加。

通过本章的学习，读者应该对随机振动分析的过程有了详细的了解。

第11章

显式动力学分析

本章将对 ANSYS Workbench 软件的显式动力学分析模块进行详细讲解，并通过两个典型案例对显式动力学分析的一般步骤进行详细讲解，包括几何建模（外部几何数据的导入）、材料赋予、网格设置与划分、边界条件的设定、后处理操作。

学习目标

（1）熟练掌握 ANSYS Workbench 软件显式动力学分析的过程。
（2）了解显式动力学分析与其他分析的不同之处。
（3）了解显式动力学分析的应用场合。

11.1 显式动力学分析简介

当数值仿真问题涉及瞬态、大应变、大变形、材料的破坏,材料的完全失效或者伴随复杂接触的结构问题时,通过 ANSYS 显式动力学求解可以满足客户的需求。

ANSYS 显式动力学分析包括以下三种求解器:ANSYS Explicit STR2、ANSYS AUTODYN 及 ANSYS LS-DYNA。

11.1.1 ANSYS Explicit STR2

基于 ANSYS AUTODYN 分析程序的稳定、成熟的拉格朗日(结构)求解器的 ANSYS Explicit STR 软件已经完全集成到统一的 ANSYS Workbench 环境中。在 ANSYS Workbench 平台环境中,可以方便、无缝地完成多物理场分析,包括电磁、热、结构和计算流体动力学(CFD)的分析。

ANSYS Explicit STR 扩展了功能强大的 ANSYS Mechanical 系列软件分析问题的范围,这些问题往往涉及复杂的载荷工况、复杂的接触方式。例如,抗冲击设计、跌落试验(电子和消费产品);低速—高速的碰撞问题分析(从运动器件分析到航空航天应用);高度非线性塑性变形分析(制造加工);复杂材料失效分析应用(国防和安全应用);破坏接触,如胶粘或焊接(电子和汽车工业)。

11.1.2 ANSYS AUTODYN

ANSYS AUTODYN 软件是一个功能强大的用来解决固体、流体、气体及相互作用的高度非线性动力学问题的显式分析模块。该软件不仅计算稳健、使用方便,而且还提供很多高级功能。

与其他显式动力学软件相比,ANSYS AUTODYN 软件具有易学、易用、直观、方便、交互式图形界面的特性。

采用 ANSYS AUTODYN 进行仿真分析可以大大降低工作量,提高工作效率和降低劳动成本。通过自动定义接触和流固耦合界面,以及默认的参数可以大大节约时间和降低工作量。

ANSYS AUTODYN 提供如下求解技术。
- 有限元法,用于计算结构动力学(FE)。
- 有限体积法,用于快速瞬态计算流体动力学(CFD)。
- 无网格粒子法,用于高速、大变形和碎裂(SPH)。
- 多求解器耦合,用于多种物理现象耦合情况下的求解。
- 丰富的材料模型,包括材料本构响应和热力学计算。
- 串行计算和共享内存式和分布式并行计算。

ANSYS Workbench 平台提供了一个有效的仿真驱动产品开发环境。

- CAD 双向驱动。
- 显式分析网格的自动生成。
- 自动接触面探测。
- 参数驱动优化。
- 仿真计算报告的全面生成。
- 通过 ANSYS DesignModeler 实现几何建模、修复和清理。

11.1.3 ANSYS LS-DYNA

ANSYS LS-DYNA 软件为功能成熟、输入要求复杂的程序，提供方便、实用的接口技术来连接经多年应用实践的显式动力学求解器。1996 年一经推出，ANSYS LS-DYNA 就帮助众多行业的客户解决了诸多复杂的设计问题。

在经典的 ANSYS 参数化设计语言（APDL）环境中，ANSYS Mechanical 软件的用户早已可以进行显式分析求解。

最近，用户可以采用 ANSYS Workbench 强大和完整的 CAD 双向驱动工具、几何清理工具、自动划分与丰富的网格划分工具来完成 ANSYS LS-DYNA 分析中初始条件、边界条件的方便快速定义。

显式动力学计算充分利用 ANSYS Workbench 功能特点生成 ANSYS LS-DYNA 求解计算用的关键字输入文件（.k）。另外，安装程序中包含 LS-PrePost，提供对显式动力学仿真结果进行专业后处理的功能。

11.2 项目分析 1——钢钉受力显式动力学分析

本节主要介绍 ANSYS Workbench 18.0 的显式动力学分析模块，计算钢钉在 10 000N 力作用下穿入钢板及位移、应变云图。

学习目标：熟练掌握 ANSYS Workbench 显式动力学分析的方法及过程。

模型文件	Chapter11\char11-1\asmdingmu.sat
结果文件	Chapter11\char11-1\Ding_Explicit.wbpj

11.2.1 问题描述

如图 11-1 所示为某钢钉模型，请用 ANSYS Workbench 分析计算钢钉在 10 000N 的力作用下的位移及应变云图。

第 11 章　显式动力学分析

图 11-1　钢钉模型

11.2.2　启动 Creo Parametric 3.0

Step1：在 Windows 系统下选择"开始"→"所有程序"→PTC Creo →Creo Parametric 3.0 命令，启动 Creo Parametric 3.0，进入主界面。

Step2：单击工具栏中的 按钮，在弹出的如图 11-2 所示的"文件打开"对话框中做如下操作。

① 在"文件打开"对话框的下侧类型中选择 ACIS 文件（*.sat）格式。
② 在模型文件夹中选择 amsdingmu.sat 文件，单击"打开"按钮。

以上过程为演示用 Creo（Pro/e）软件打开几何文件步骤，读者可以直接略去此步骤。

Step3：此时弹出如图 11-3 所示的模型设置，这里用默认值，单击"确定"按钮。
Step4：此时，几何模型文件会显示在 Creo 软件中，如图 11-4 所示。

根据几何模型文件的大小，读入文件的时间有所不同。

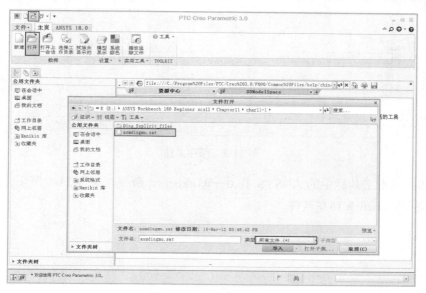

图 11-2　读入几何文件

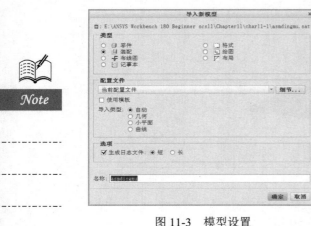
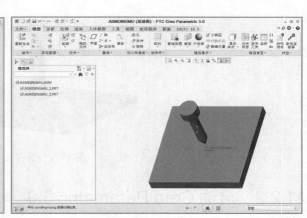

图 11-3 模型设置　　　　　　　　　图 11-4 Creo 界面

Step5：如图 11-5 所示，单击工具栏中的 ■ 按钮，在弹出的"保存对象"对话框中单击"确定"按钮，默认文件名称为 asmdingmu。

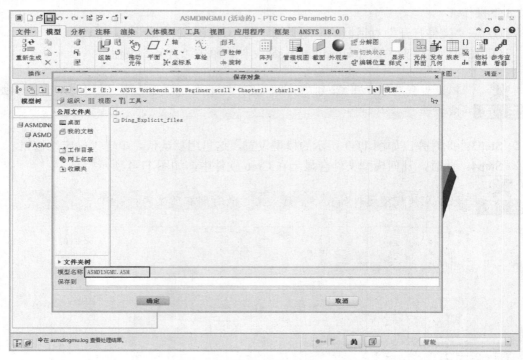

图 11-5 保存文件

Step6：单击工具栏中的 ANSYS 18.0→Workbench 命令，如图 11-6 所示，此时会弹出 ANSYS Workbench 18.0 软件。

第 11 章　显式动力学分析

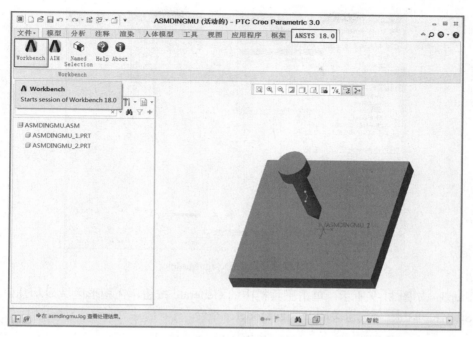

图 11-6　启动 Workbench

11.2.3　启动 Workbench 建立项目

Step1：Workbench 软件启动后，自动创建项目 A（Geometry），如图 11-7 所示。

Step2：如图 11-8 所示，双击项目 A 中的 A2（Geometry）选项，启动 DesignModeler 平台，设置单位为 mm。

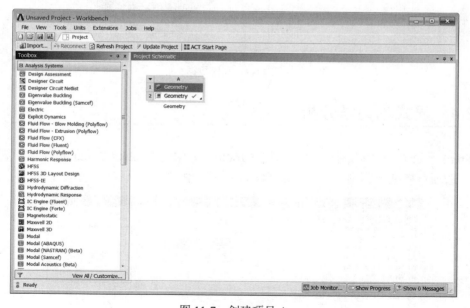

图 11-7　创建项目 A

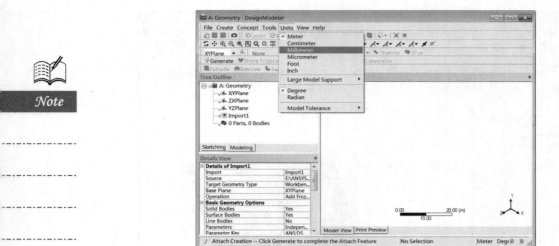

图 11-8 启动 DesignModeler

Step3：如图 11-9 所示，单击工具栏中的 Generate 按钮，在图形区域显示几何图形。
Step4：单击 ❎ 按钮关闭 DesignModeler 平台。

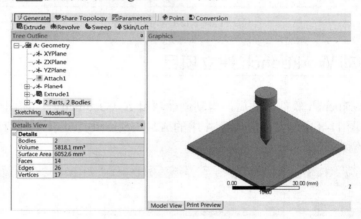

图 11-9 几何数据

11.2.4 显式动力学分析

Step1：如图 11-10 所示，将工具箱（Toolbox）中的 Explicit Dynamics（显式动力学分析）选项直接拖曳到项目 A 的 A2（Geometry）中。

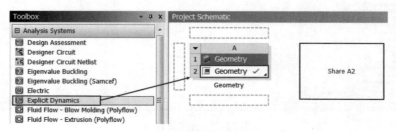

图 11-10 创建项目 B

Step2：此时创建了项目 B（Explicit Dynamics）显式动力学分析模块，如图 11-11 所示。

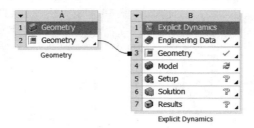

图 11-11　项目 B

Step3：单击 DesignModeler 界面右上角的 ■（关闭）按钮，退出 DesignModeler，返回到 Workbench 主界面。

11.2.5　材料选择与赋予

Step1：双击项目 B 中的 B2（Engineering Data）工程数据选项，此时在弹出的工程数据管理器的工具栏中单击■按钮，如图 11-12 所示，在 Engineering Data Sources（工程数据源）中选择 Explicit Materials（显示分析材料库）选项，然后在 Outline of Explicit Materials（显示分析材料列表）中 STEEL 4340 和 CART BRASS 两种材料后面的 ■ 按钮上单击，选中两种材料。

 如果材料被选中，则在相应的材料名称后面出现 ● 图标。

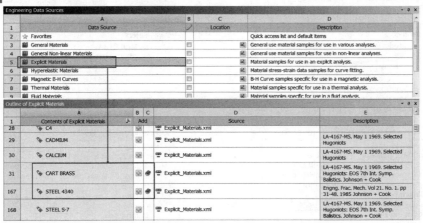

图 11-12　材料选择

Step2：单击工具栏中的 ■ Project 按钮退出材料库。

11.2.6　建立项目分析

Step1：双击项目 B 中的 B4（Model）选项，进入如图 11-13 所示的 Mechanical 平台。

在该界面下即可进行材料赋予、网格划分、模型计算与后处理等工作。

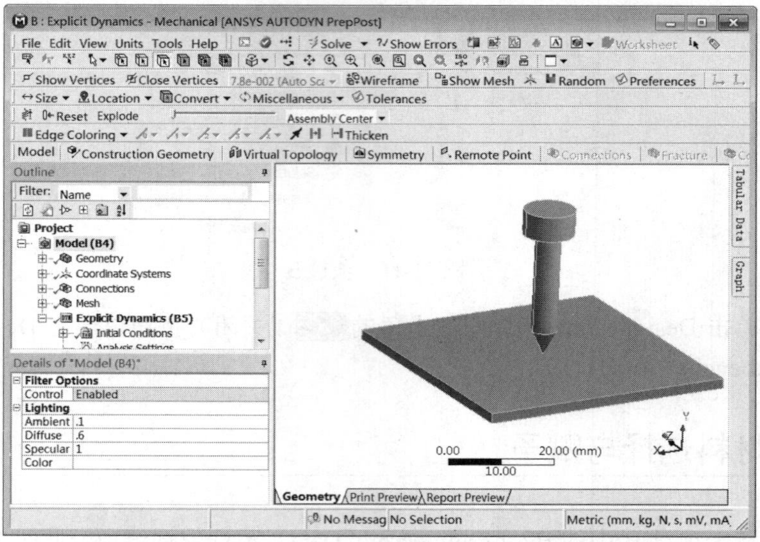

图 11-13 Mechanical 平台

Step2：如图 11-14 所示，在 Outline 中选择 Model（B4）→Geometry→BODY_2[6] 命令，在 Details of "BODY_2[6]" 面板的 Material→Assignment 中选择材料 STEEL 4340。

Step3：如图 11-15 所示，按上述步骤将 CART BRASS 材料赋予 BODY_1[7]。

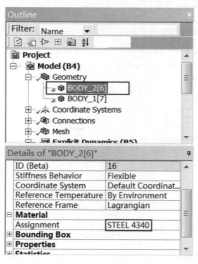

图 11-14 材料赋予（1）

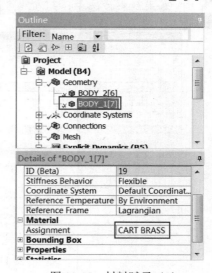

图 11-15 材料赋予（2）

11.2.7 分析前处理

Step1：如图 11-16 所示，两个几何实体已经被程序自动设置好连接。本例按默认值即可。

　　Step2：如图 11-17 所示，右击 Mesh 选项，在弹出的快捷菜单中选择 Insert→Sizing 命令。

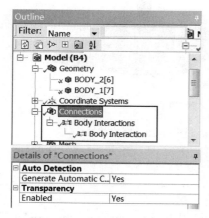

图 11-16　Mechanical 界面

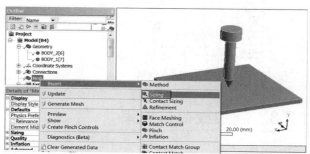

图 11-17　划分网格

　　Step3：选择 Sizing 命令使其加亮，在 Details of "Body Sizing"- Sizing（参数列表）面板中做如图 11-18 所示的设置。

① 在 Scope→Geometry 中确定图形中下面的方板被选中。

② 在 Definition→Type 中选择 Sphere of Influence 选项。

③ 在 Sphere Center 中选择 Global Coordinate System 选项。

④ 在 Sphere Radius 中输入数值 1.e-003m。

⑤ 在 Element Size 中输入数值 1.e-003m，完成网格划分设定。

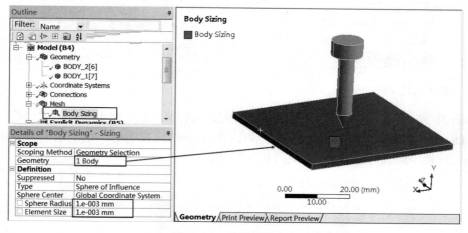

图 11-18　设置网格大小

　　Step4：在 Outline（分析树）中的 Mesh 选项上右击，在弹出的快捷菜单中选择 Generate Mesh 命令（图 11-19），此时会弹出进度显示条，表示网格正在划分，当网格划分完成后，进度条自动消失。最终的网格效果如图 11-20 所示。

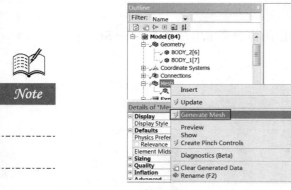
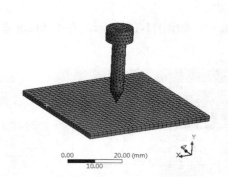

图 11-19　划分网格　　　　　　　　图 11-20　网格效果

11.2.8　施加载荷与约束

Step1：选择 Mechanical 界面左侧 Outline（分析树）中的 Explicit Dynamics（B5）选项，此时会出现如图 11-21 所示的 Environment 工具栏。

Step2：选择 Environment 工具栏中的 Loads（约束）→Force（力）命令，此时在分析树中会出现 Force 选项，如图 11-22 所示。

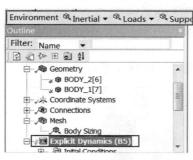
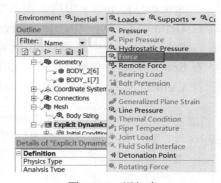

图 11-21　Environment 工具栏　　　　　　　图 11-22　添加力

Step3：单击工具栏中的 按钮，钢钉最上端（位于 Y 轴最大值的一端），确保 Details of "Force"的 Geometry 栏中出现 1 Face，表明钉子的上端面被选中，在 Magnitude 栏中输入-10 000N，如图 11-23 所示。

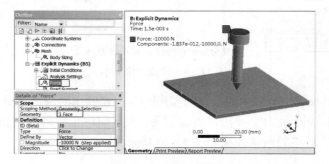

图 11-23　施加载荷

Step4：选择 Explicit Dynamics（B5）下面的 Analysis Settings 选项，在出现的 Details of "Analysis Settings" 面板的 End Time 中输入 1.5e-003s，如图 11-24 所示。

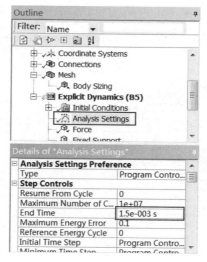

图 11-24　设定时间

Step5：选择 Mechanical 界面左侧 Outline（分析树）中的 Explicit Dynamics（B5）选项，在出现的 Environment 工具栏中选择如图 11-25 所示的 Fixed Support 命令。

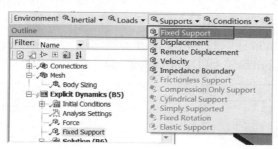

图 11-25　添加约束命令

Step6：单击工具栏中的 🔲（选择线）按钮，然后选择长方体的四个侧面，操作如图 11-26 所示。

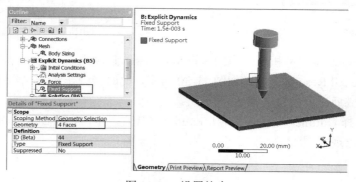

图 11-26　设置约束

303

Step7：在 Outline（分析树）中的 Explicit Dynamics（B5）选项上右击，在弹出的快捷菜单中选择 Solve 命令，此时会弹出进度显示条，表示正在求解，当求解完成后进度条自动消失，如图 11-27 所示。

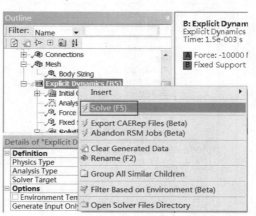

图 11-27 求解

11.2.9 结果后处理

Step1：选择 Mechanical 界面左侧 Outline（分析树）中的 Solution（B6）选项，此时会出现如图 11-28 所示的 Solution 工具栏。

Step2：选择 Solution 工具栏中的 Deformation（变形）→Total 命令，如图 11-29 所示，此时在分析树中会出现 Total Deformation（总变形）选项。

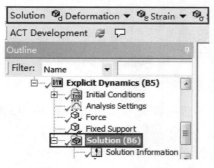 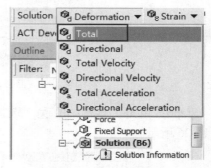

图 11-28 Solution 工具栏　　　　　　　图 11-29 添加变形选项

Step3：在 Outline（分析树）中的 Solution（B6）选项上右击，在弹出的快捷菜单中选择 Evaluate All Results 命令，如图 11-30 所示，此时会弹出进度显示条，表示正在求解，当求解完成后进度条自动消失。

Step4：选择 Outline（分析树）中 Solution（B6）下的 Total Deformation（总变形）选项，此时会出现如图 11-31 所示的总变形分析云图。

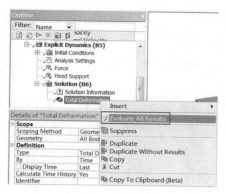

图 11-30 后处理（1）

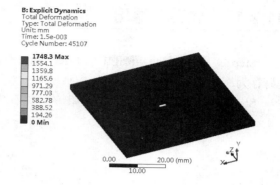

图 11-31 总变形分析云图

Step5：选择 Solution 工具栏中的 Strain（应变）→Equivalent（von-Mises）（等效应变）命令，如图 11-32 所示，此时在分析树中会出现 Equivalent（von-Mises）（等效应变）选项。

Step6：在 Outline（分析树）中的 Solution（B6）选项上右击，在弹出的快捷菜单中选择 Evaluate All Results 命令，如图 11-33 所示，此时会弹出进度显示条，表示正在求解，当求解完成后进度条自动消失。

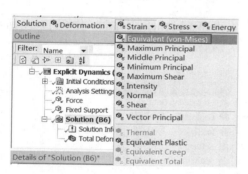

图 11-32 添加应变

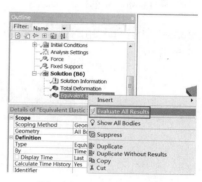

图 11-33 后处理（2）

Step7：选择 Outline（分析树）中 Solution（B6）下的 Equivalent（von-Mises）（等效应变）命令，此时会出现如图 11-34 所示的应变分布云图。

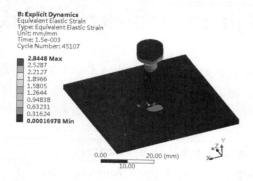

图 11-34 应变分析云图

11.2.10 保存与退出

Step1:选择 Mechanical 中的 File→Save Project 命令,如图 11-35 所示,此时会弹出"另存为"对话框。

Step2:如图 11-36 所示,在弹出的"另存为"对话框中输入文件名为 Ding_Explicit。

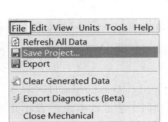

图 11-35 菜单栏

图 11-36 "另存为"对话框

Step3:单击右上角的 ✕(关闭)按钮,退出 Workbench 主界面,如图 11-37 所示,完成项目分析。

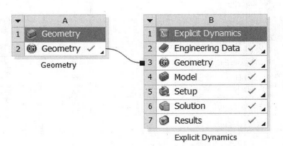

图 11-37 项目管理区中的分析项目

11.3 项目分析 2——钢板成型显式动力学分析

本节主要介绍 ANSYS Workbench 18.0 的显式动力学分析模块,计算薄壁金属板在挤压成型过程中的位移、应力及应变云图。

学习目标:熟练掌握 ANSYS Workbench 显式动力学分析中挤压成型分析的方法及过程。

模型文件	Chapter11\char11-2\jiyachengxing.sat
结果文件	Chapter11\char11-2\jiyachengxing.wbpj

11.3.1 问题描述

如图 11-38 所示为某板型材和模具几何模型，请用 ANSYS Workbench 分析计算板型材被模具挤压成型的过程。

11.3.2 启动 Workbench 并建立分析项目

Step1：在 Windows 系统下选择"开始"→"所有程序"→ANSYS 18.0 →Workbench 18.0 命令，启动 ANSYS Workbench 18.0，进入主界面。

Step2：双击主界面 Toolbox（工具箱）中的 Analysis Systems→Explicit Dynamics（显式动力学分析）命令，即可在 Project Schematic（项目管理区）创建分析项目 A，如图 11-39 所示。

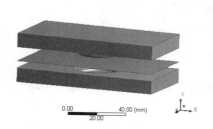

图 11-38 板型材与模具几何模型

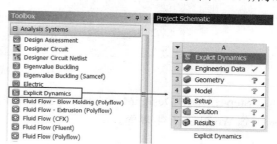

图 11-39 创建分析项目 A

11.3.3 导入几何模型

Step1：在 A3 Geometry 上右击，在弹出的快捷菜单中选择 Import Geometry→Browse 命令，如图 11-40 所示，此时会弹出"打开"对话框。

Step2：选择文件路径，如图 11-41 所示，选择文件 jiyachengxing.sat，并单击"打开"按钮。

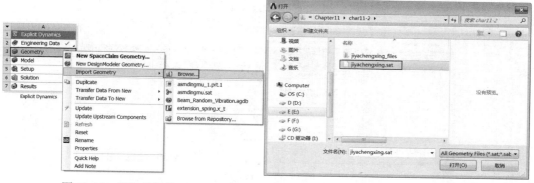

图 11-40 导入几何体　　　　　　　　图 11-41 选择文件

Step3：双击项目 A 中的 A3（Geometry）选项，此时会加载 DesignModeler，设置单

位为 mm，关闭"单位设置"对话框。单击工具栏中的 ≯Generate 按钮，生成几何模型，如图 11-42 所示。

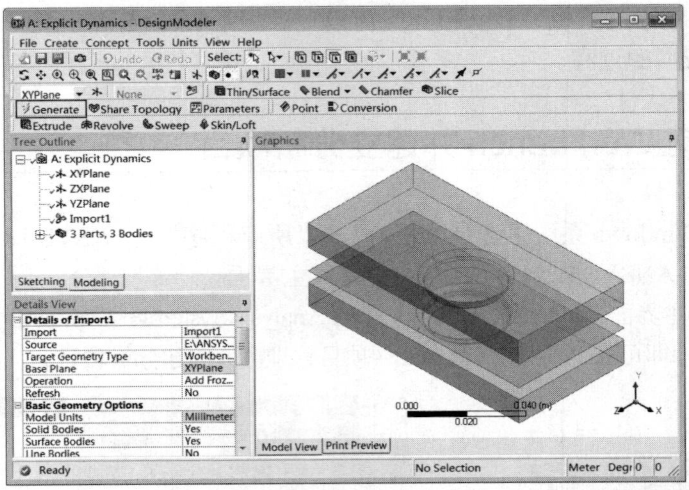

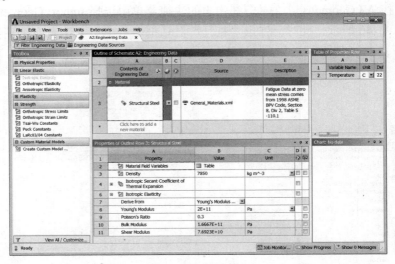

图 11-42　生成几何模型

Step4：单击 DesignModeler 界面右上角的 ✕（关闭）按钮，退出 DesignModeler，返回到 Workbench 主界面。

11.3.4　材料选择

Step1：双击项目 A 中的 A2（Engineering Data）选项，此时会出现如图 11-43 所示的材料列表。

图 11-43　材料列表

Step2：单击工具栏中的 ▦ 按钮，进入如图 11-44 所示的材料库。

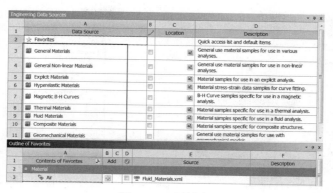

图 11-44 材料库

Step3：如图 11-45 所示，在材料库中选择 Explicit Materials（显式分析材料库）选项，在 Outline of Explicit Materials 中选择 STEEL 4340 材料。

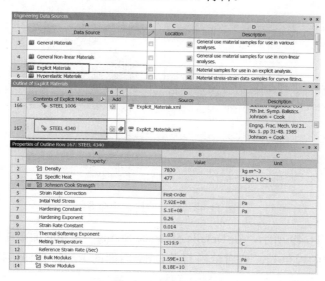

图 11-45 选择材料

Step4：选择完成后，单击工具栏中的 Project 按钮，返回 Workbench 主界面。

11.3.5 显式动力学分析前处理

Step1：双击项目 A 中的 A4（Model）选项，此时会出现 Mechanical 界面，如图 11-46 所示。

Step2：选择 Mechanical 界面左侧 Outline（分析树）中的 Geometry→Part 2 命令，在如图 11-47 所示的 Details of "Part 2" 面板中做如下设置。

① 在 Definition→Thickness 中输入厚度值为 1mm。

② 在 Material→Assignment 中选择 STEEL 4340 材料。

③ 其他两个几何模型程序选择默认材料即可。

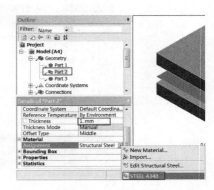

图 11-46　Mechanical 界面　　　　　　　　图 11-47　厚度设置

Step3：如图 11-48 所示，右击 Mesh 选项，在弹出的快捷菜单中选择 Insert→Sizing 命令。

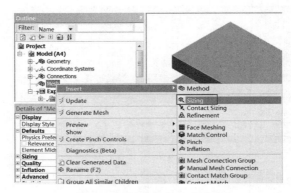

图 11-48　添加网格大小命令

Step4：如图 11-49 所示，在 Details of "Face Sizing" -Sizing 面板中做如下操作。
① 单击中间的板单元，然后单击 Geometry 后面的 Apply 按钮，确认几何选择。
② 在 Type→Element Size 栏中输入网格大小为 1mm。

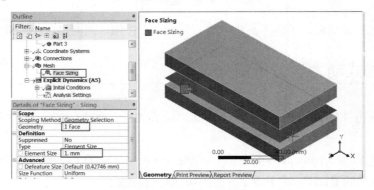

图 11-49　划分网格

Step5：同样添加 Sizing 命令，在如图 11-50 所示 Details of "Body Sizing" -Sizing 面板中做如下操作。

① 单击上下两个模具几何，然后单击 Geometry 后面的 Apply 按钮，确认几何选择。
② 在 Type→Element Size 栏中输入网格大小为 5mm。

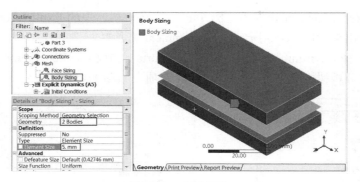

图 11-50　划分网格

Step6：如图 11-51 所示，右击 Mesh 选项，在弹出的快捷菜单中选择 Generate Mesh 命令，划分网格。

 如图 11-51 右侧显示的图形表示之前划分过网格。

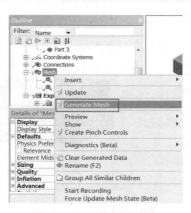

图 11-51　网格划分命令

Step7：图 11-52 所示为划分好的网格模型。

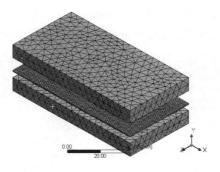

图 11-52　网格效果

11.3.6 施加约束

Step1：选择 Mechanical 界面左侧 Outline（分析树）中的 Explicit Dynamics（A5）选项，此时会出现如图 11-53 所示的 Environment 工具栏。

Step2：选择 Environment 工具栏中的 Supports（约束）→Fixed Support（固定约束）命令，此时在分析树中会出现 Fixed Support 选项，如图 11-54 所示。

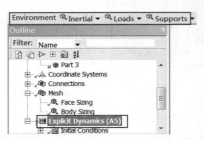

图 11-53　Environment 工具栏

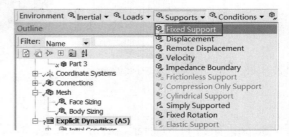

图 11-54　添加固定约束

Step3：单击工具栏中的 ▣（选择面）按钮，选择下面实体的下表面，如图 11-55 所示，确保 Details of "Fixed Support" 面板的 Geometry 栏中出现 1 Face，表明下端面被选中，即可在选中的端面上施加固定约束。

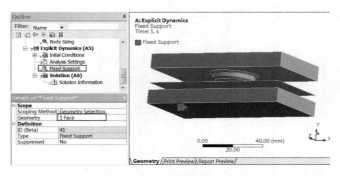

图 11-55　施加固定约束

Step4：再次选择 Mechanical 界面左侧 Outline（分析树）中的 Explicit Dynamics（A5）选项，此时会出现如图 11-56 所示的 Environment 工具栏。

Step5：选择 Environment 工具栏中的 Supports（约束）→Displacement（位移约束）命令，此时在分析树中会出现 Displacement 选项，如图 11-57 所示。

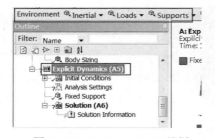

图 11-56　Environment 工具栏

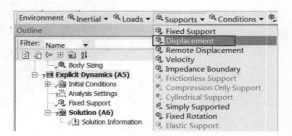

图 11-57　添加固定约束

Step6：单击工具栏中的 ▣（选择面）按钮，选择上面实体的上表面，如图 11-58 所示，单击 Details of "Displacement"面板 Geometry 选项下的 Apply 按钮，在 Y Component 栏中输入位移量为–150mm，即可在选中的面上施加位移约束。

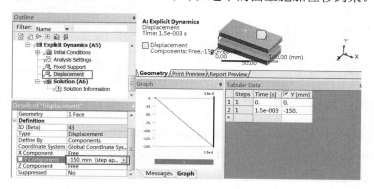

图 11-58　施加位移约束

Step7：选择 Outline（分析树）中的 Explicit Dynamics（A5）→Analysis Settings 命令，如图 11-59 所示，在 Details of "Analysis Settings"面板的 End Time 中输入截止时间为 1.5e-003s。

Step8：在 Outline（分析树）中的 Explicit Dynamics（A5）选项上右击，在弹出的快捷菜单中选择 Solve 命令，如图 11-60 所示，此时会弹出进度显示条，表示正在求解，当求解完成后进度条自动消失。

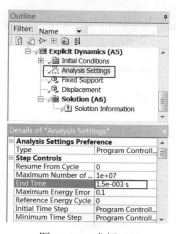

图 11-59　求解（1）

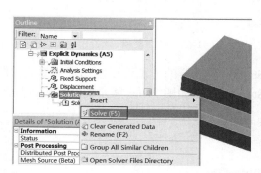

图 11-60　求解（2）

11.3.7　结果后处理

Step1：选择 Mechanical 界面左侧 Outline（分析树）中的 Solution（A6）选项，此时会出现如图 11-61 所示的 Solution 工具栏。

Step2：选择 Solution 工具栏中的 Deformation（变形）→Total 命令，如图 11-62 所示，此时在分析树中会出现 Total Deformation（总变形）选项。

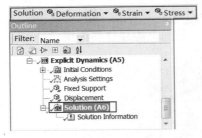

图 11-61　Solution 工具栏

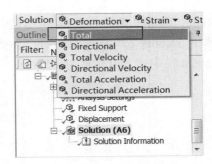

图 11-62　添加变形选项

Step3：在 Outline（分析树）中的 Solution（A6）选项上右击，在弹出的快捷菜单中选择 Evaluate All Results 命令，如图 11-63 所示，此时会弹出进度显示条，表示正在求解，当求解完成后进度条自动消失。

Step4：选择 Outline（分析树）中 Solution（A6）下的 Total Deformation（总变形）选项，此时会出现如图 11-64 所示的总变形分析云图。

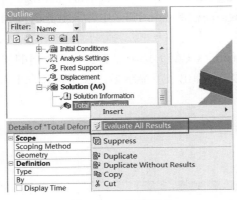

图 11-63　快捷菜单

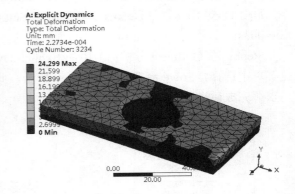

图 11-64　总变形分析云图

Step5：用同样的方法可以添加等效应变云图，如图 11-65 所示。

Step6：单击如图 11-66 所示的图标可以播放动画。

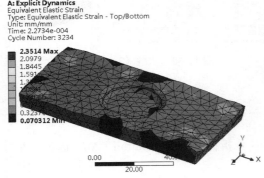

图 11-65　等效应变云图

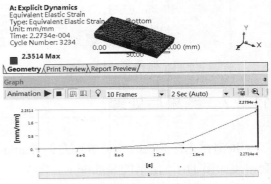

图 11-66　播放动画

第 11 章 显式动力学分析

Step7：单击 Mechanical 界面右上角的 ![x] （关闭）按钮，退出 Mechanical，返回到 Workbench 主界面。

11.3.8 启动 AUTODYN 软件

Step1：如图 11-67 所示，选择工具箱中的 Component Systems→Autodyn 命令，直接拖曳到项目 A 的 A5（Setup）栏中，此时在项目管理中出现项目 B。

Step2：双击项目 A 中的 A5 栏，进行计算，计算完成后如图 11-68 所示。双击项目 B 的 B2 栏，即可启动 Autodyn 软件。

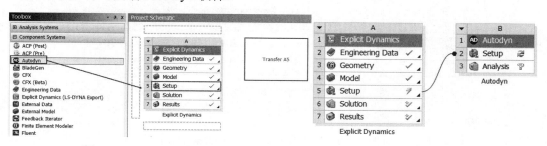

图 11-67　Autodyn 命令　　　　　　　图 11-68　数据共享

Step3：图 11-69 所示为 Autodyn 界面，此时几何文件的所有数据均已经被读入到 Autodyn 软件中，在软件中只需单击 Run 按钮执行计算即可。

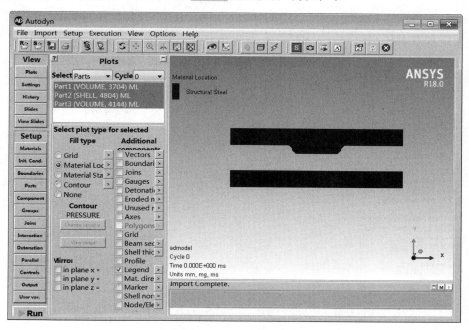

图 11-69　Autodyn 界面

Step4：图 11-70 所示为 Autodyn 计算过程数据显示。

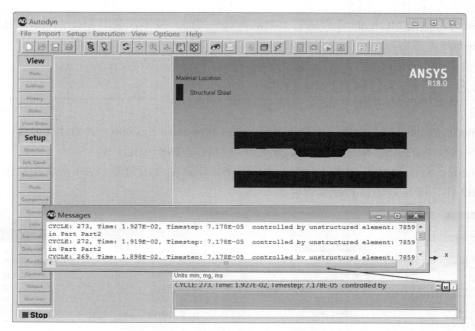

图 11-70　AUTODYN 计算过程数据显示

11.3.9　LS-DYNA 计算

Step1：如图 11-71 所示，可以添加 Explicit Dynamics（LS-DYNA Export）到项目 A 的 A4 中，此时直接双击项目 C 的 C5 栏即可执行相关计算处理。

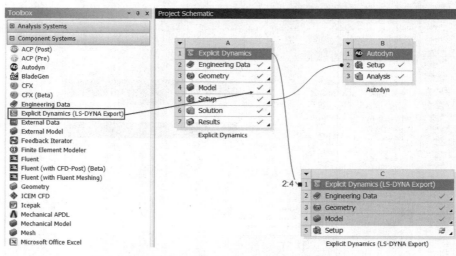

图 11-71　Explicit Dynamics（LS-DYNA Export）添加

Step2：计算完成后启动 ANSYS Mechanical APDL Product Launcher 软件，如图 11-72 所示。

图 11-72 启动 ANSYS Mechanical APDL

Step3：图 11-73 所示为 LS-DYNA 进行计算的 LOG 文件。读者若感兴趣可以参考 ANSYS 经典版相关书籍，这里不详细讲解。

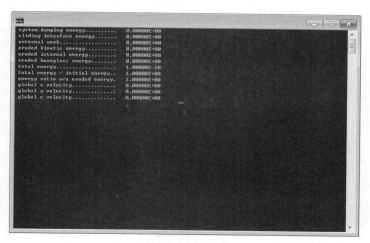

图 11-73 log 文件

11.3.10 保存与退出

Step1：在 Workbench 主界面中单击常用工具栏中的 ■（保存）按钮，保存文件名为 jiyachengxing.wbpj。

Step2：单击右上角的 ■（关闭）按钮，退出如图 11-74 所示的 Workbench 界面，完成项目分析。

图 11-74 项目管理区中的分析项目

11.4 本章小结

本章详细地介绍了 ANSYS Workbench 18.0 软件内置的显式动力学分析功能，包括几何导入、网格划分、边界条件设定、后处理等操作，同时还简单介绍了 AUTODYN 和 LS-DYNA 两款软件的数据导出和启动方法。

通过本章的学习，读者应该对显式动力学分析的过程有了详细的了解。

第12章

结构非线性分析

本章将对 ANSYS Workbench 软件的非线性分析简要讲解,并通过一个典型案例对碰撞分析的一般步骤进行详细讲解,包括几何建模(外部几何数据的导入)、材料赋予、网格设置与划分、边界条件的设定、后处理操作。

学习目标

(1) 熟练掌握 ANSYS Workbench 软件大变形分析的过程。
(2) 了解非线性分析与其他分析的不同之处。
(3) 了解非线性分析的应用场合。

12.1 结构非线性分析简介

非线性行为，简单来说就是，如果载荷能够引起结构刚度的显著改变，此结构就是非线性的。结构刚度改变的典型原因有如下几点。

- 应变超出弹性极限，即产生塑性变形。
- 大挠度，如钓鱼过程中的鱼竿受力变形。
- 接触，如两物体之间的接触变形。

引起非线性的原因有很多种，但总体上可以归纳为以下三种。

- 几何非线性：如果某个结构出现了大变形，其变化的几何外形会导致非线性行为。如图 12-1 所示的鱼竿钓鱼过程为常见的几何非线性。

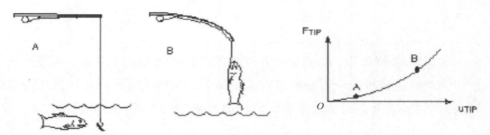

图 12-1　几何非线性

- 材料非线性：非线性的应力—应变关系是典型的材料非线性。如图 12-2 所示为金属塑性变形曲线。

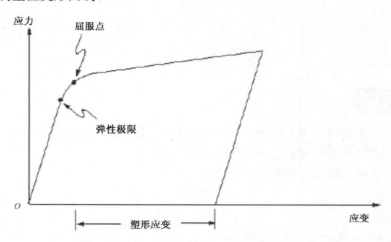

图 12-2　材料非线性

- 状态变化非线性：接触效应是一种"状态改变"非线性，当两个接触物体相互接触或者分离时会发生刚度的突然变化，此时也会出现非线性。如图 12-3 所示为接触非线性行为。

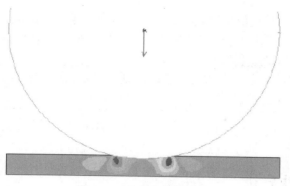

图 12-3 状态变化非线性

12.1.1 Contact Type——接触类型

当输入几何实体是组合体时,两个实体之间需要设置接触对,接触对设置时允许在两个实体边界上存在不匹配的网格。接触对设置类型有四种,见表 12-1。

表 12-1 接触类型

Contact Type (接触类型)	Iterations (插值)	Normal Behavior (Separation) (垂直行为(分离))	Tangential Behavior (Sliding) (切向行为(滑动))
Bonded	1	Closed	Closed
No Separation	1	Closed	Open
Frictionless	Multiple	Open	Open
Rough	Multiple	Open	Closed

- Bonded(绑定)和 No Separation(不分离)两种接触是最基础的线性行为,故仅仅需要迭代一次即可。
- Frictionless(无摩擦)和 Rough(粗糙)接触是非线性接触行为,需要多次迭代。但是,需要注意的是仍然利用小变形理论的假设。

12.1.2 塑性

当韧性材料承受的应力超过其弹性极限时就会屈服产生永久变形。
- 塑性是指材料响应超过屈服极限。
- 塑性对金属成型非常重要。

塑性作为结构在服务中的能量吸收机制同样重要,在小塑性变形时就会破坏的材料是脆性材料;韧性响应在多数情况下比脆性响应安全。

12.1.3 屈服准则

屈服准则用来联系多轴和单轴应力状态。

- 试件的拉伸试验提供单轴数据，可以很容易地绘制一维应力—应变曲线。
- 实际结构通常呈现多轴应力状态。屈服准则提供了可以和单轴状态相比较的材料应力状态的标量不变测度。

von Mises 屈服准则是一个常用的屈服准则（也是八面体剪应力或能量畸变准则）。
von Mises 等效应力定义如下，即

$$\sigma_o = \sqrt{\frac{1}{2}[(\sigma_x - \sigma_y)^2 + (\sigma_y - \sigma_z)^2 + (\sigma_z - \sigma_x)^2 + 6(\tau_{xy}^2 + \tau_{yz}^2 + \tau_{xz}^2)]} \quad (12\text{-}1)$$

12.1.4　非线性分析

非线性静态分析中，刚度 $[K]$ 依赖于位移 $\{x\}$，不再是常量，即

$$[K(x)]\{x\} = \{F(t)\} \quad (12\text{-}2)$$

式中，$[K(x)]$ 是刚度矩阵；$\{x\}$ 是位移矢量；$\{F(t)\}$ 是力矢量。

12.2　项目分析——接触大变形分析

本节主要介绍利用 ANSYS Workbench 18.0 的接触大变形分析模块，分析跌落过程。
学习目标：熟练掌握 ANSYS Workbench 18.0 建模方法及跌落过程分析的方法。

模型文件	Chapter12\char12-1\ drop.stp
结果文件	Chapter12\char12-1\ Drop_Contact.wbpj

12.2.1　问题描述

如图 12-4 所示为某模型，请用 ANSYS Workbench 分析其跌落过程的响应及应力分布。

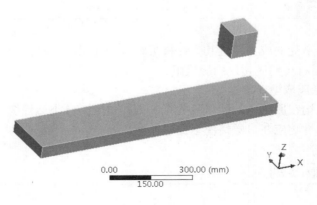

图 12-4　模型

12.2.2 启动 Workbench 并建立分析项目

Step1：在 Windows 系统下选择"开始"→"所有程序"→ANSYS 18.0→Workbench 18.0 命令，启动 ANSYS Workbench 18.0，进入主界面。

Step2：双击主界面 Toolbox（工具箱）中的 Component Systems→Geometry（几何）命令，即可在 Project Schematic（项目管理区）创建分析项目 A，如图 12-5 所示。

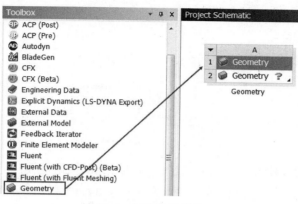

图 12-5 创建分析项目 A

12.2.3 创建几何体模型

Step1：在 A2 Geometry 上右击，在弹出的快捷菜单中选择 Import Geometry→Browse 命令，如图 12-6 所示，此时会弹出"打开"对话框。

Step2：在图 12-7 中，将文件类型设置成 STEP 格式，然后选择 drop.stp 文件，单击"打开"按钮。

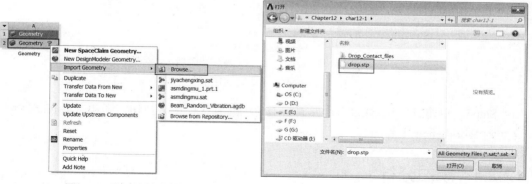

图 12-6 导入几何体　　　　　　　图 12-7 "打开"对话框

Step3：双击项目 A 中的 A2 栏，此时会启动如图 12-8 所示的 DesignModeler 平台，设置单位为 mm，关闭"单位设置"对话框。

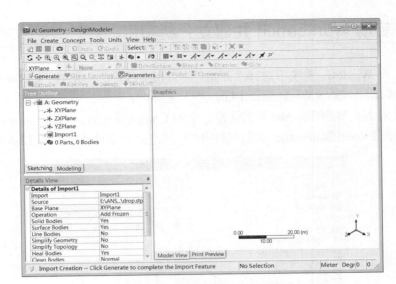

图 12-8　启动 DesignModeler

Step4：如图 12-9 所示，单击工具栏中的 Generate 按钮生成几何图形。

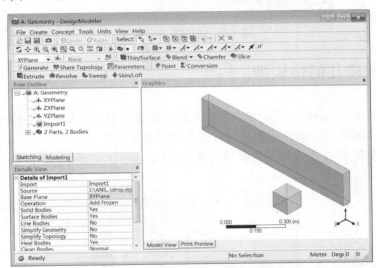

图 12-9　生成几何图形

Step5：单击 DesignModeler 界面右上角的 ❌（关闭）按钮，退出 DesignModeler 返回到 Workbench 主界面。

12.2.4　瞬态分析

选择主界面 Toolbox（工具箱）中的 Analysis Systems→Transient Structural（瞬态结构分析）命令，如图 12-10 所示，然后将鼠标移动到项目 A 的 A2（Geometry）中，此时在项目 A 的右侧出现一个项目 B，项目 A 与项目 B 的几何数据实现共享。

12.2.5　创建材料

Step1：双击项目 B 中的 B2 Engineering Data 选项，进入如图 12-11 所示的材料参数设置界面。在该界面下即可进行材料参数设置。

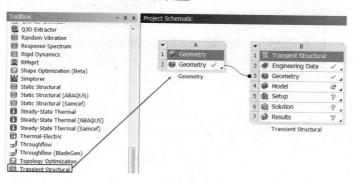

图 12-10　创建瞬态分析

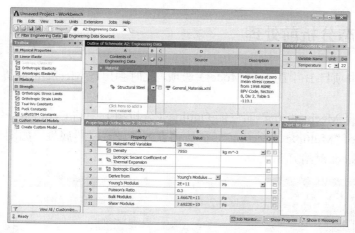

图 12-11　材料参数设置界面

Step2：在工具栏中单击▦按钮，此时弹出如图 12-12 所示的材料库。

Engineering Data Sources

	A	B	C	D
1	Data Source		Location	Description
2	Favorites			Quick access list and default items
3	General Materials			General use material samples for use in various analyses.
4	General Non-linear Materials			General use material samples for use in non-linear analyses.
5	Explicit Materials			Material samples for use in an explicit analysis.
6	Hyperelastic Materials			Material stress-strain data samples for curve fitting.
7	Magnetic B-H Curves			B-H Curve samples specific for use in a magnetic analysis.
8	Thermal Materials			Material samples specific for use in a thermal analysis.
9	Fluid Materials			Material samples specific for use in a fluid analysis.
10	Composite Materials			Material samples specific for composite structures.
11	Geomechanical Materials			General use material samples for use with geomechanical models .
*	Click here to add a new library			

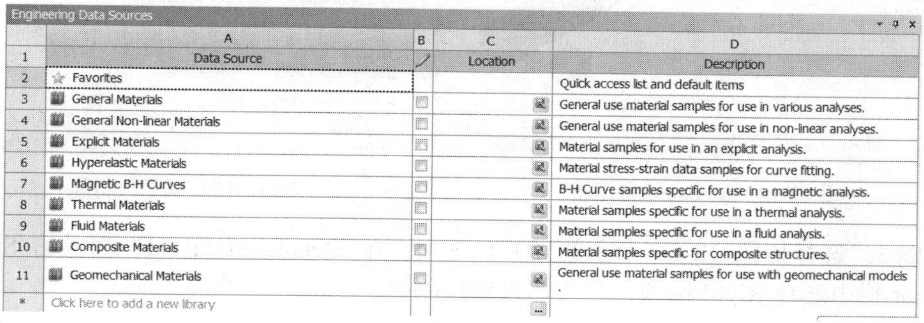

图 12-12　材料库

Step3：选择 Engineering Data Sources（工程数据源）中的 General Materials（普通材料）选项，在弹出的如图 12-13 所示的 Outline of General Materials（材料列表）中选择

Stainless Steel(不锈钢)选项。

图 12-13 选择材料

Step4：单击工具栏中的 Project 按钮，返回到 Workbench 主界面。

12.2.6 瞬态分析前处理

Step1：双击项目 B 中的 B4（Model）选项，此时会出现 Mechanical 界面，如图 12-14 所示。

Step2：选择 Mechanical 界面左侧 Outline（分析树）中的 Geometry→ID_1 选项，此时可在 Details of "Multiple Selection"（参数列表）中设置材料属性，如图 12-15 所示，将材料 Stainless Steel 赋给几何实体。

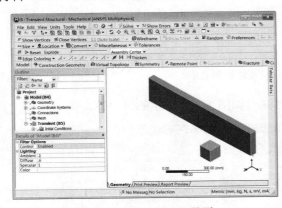

图 12-14 Mechanical 界面

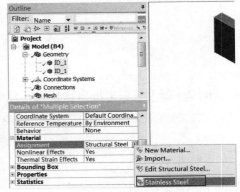

图 12-15 赋予材料属性

Step3：选择如图 12-16 所示的 ID_1 选项，在 Details of "ID_1" 面板的 Stiffness Behavior 栏中选择 Rigid 选项，将实体设置成刚体。

ANSYS Workbench 中刚体不进行有限元划分与计算。

Step4：选择 Mechanical 界面左侧 Outline（分析树）中的 Mesh 选项，此时可在 Details of "Mesh"（参数列表）中修改网格参数，如图12-17所示，在Relevance Center中选择Fine选项，其余采用默认设置。

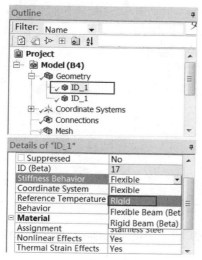

图12-16 设置刚体

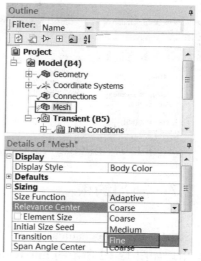

图12-17 设置网格

Step5：在Outline（分析树）中的Mesh选项上右击，在弹出的快捷菜单中选择 Generate Mesh命令（图12-18），此时会弹出进度显示条，表示网格正在划分，当网格划分完成后，进度条自动消失。最终的网格效果如图12-19所示。

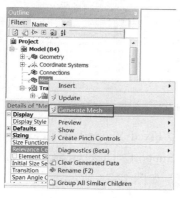

图12-18 划分网格

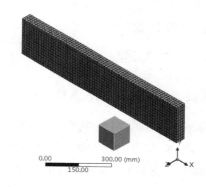

图12-19 网格效果

Step6：选择Outlines（分析树）中的Connections选项，在图12-20所示的Connections工具栏中选择Contact→Frictional命令。

Step7：在如图12-21所示的面板中做如下设置。

① 在Contact栏中选择上面实体的底面。

② 在Target栏中选择下面实体的顶面。

③ 在Type栏中选择Frictional选项。

④ 在Frictional Size中输入1.e-002。

⑤ 在Normal Stiffness栏中选择Manual。

⑥ 在 Normal Stiffness Factor 中输入 1。

图 12-20 添加接触类型

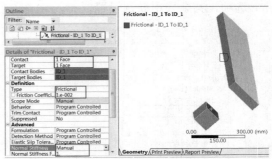
图 12-21 接触设置

12.2.7 施加约束

Step1：选择 Mechanical 界面左侧 Outline（分析树）中的 Transient（B5）选项，此时会出现如图 12-22 所示的 Environment 工具栏。

Step2：选择 Environment 工具栏中的 Supports（约束）→Fixed Support（固定约束）命令，此时在分析树中会出现 Fixed Support 选项，如图 12-23 所示。

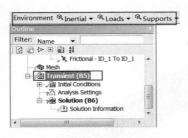
图 12-22 Environment 工具栏

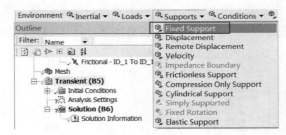
图 12-23 添加固定约束

Step3：单击工具栏中的 🔲（选择面）按钮，选中 Fixed Support 选项，选择下面实体的一端 X 轴方向最大处，单击 Details of "Fixed Support" 面板 Geometry 选项下的 Apply 按钮，即可在选中的面上施加固定约束，如图 12-24 所示。

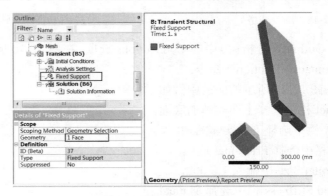
图 12-24 施加固定约束

Step4：选择 Transient（B5）→Analysis Settings 命令，在如图 12-25 所示的 Details of "Analysis Settings" 面板中做如下设置。

① 在 Step End Time 栏中输入 0.5s。
② 在 Define By 栏中选择 Substeps 选项。
③ 其余默认即可。

Step5：选择 Transient（B5）选项，添加如图 12-26 所示的 Standard Earth Gravity（标准重力加速度）命令。

Step6：在 Outline（分析树）中的 Transient（B5）选项上右击，在弹出的快捷菜单中选择 Solve 命令，如图 12-27 所示，此时会弹出进度显示条，表示正在求解，当求解完成后进度条自动消失。

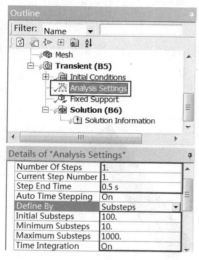

图 12-25　分析设置

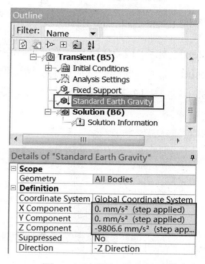

图 12-26　添加重力加速度

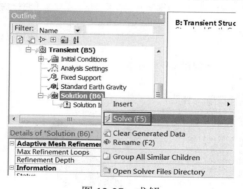

图 12-27　求解

12.2.8　结果后处理

Step1：选择 Mechanical 界面左侧 Outline（分析树）中的 Solution（B6）选项，此时

会出现如图 12-28 所示的 Solution 工具栏。

Step2：选择 Solution 工具栏中的 Deformation（变形）→Total 命令，如图 12-29 所示，此时在分析树中会出现 Total Deformation（总变形）选项。

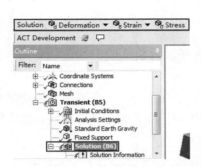
图 12-28 Solution 工具栏

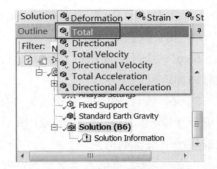
图 12-29 添加变形选项

Step3：如图 12-30 所示，右击 Solution（B6）选项，在弹出的快捷菜单中选择 Evaluate All Results 命令，此时开始进行后处理计算。

Step4：图 12-31 所示为模型的总变形图。

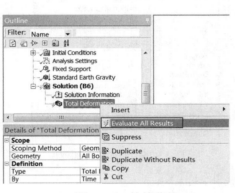
图 12-30 快捷菜单

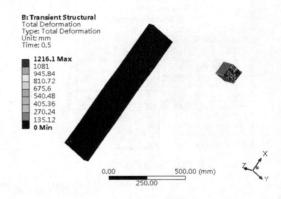
图 12-31 总变形图

Step5：图 12-32 所示为模型的应力分布云图。

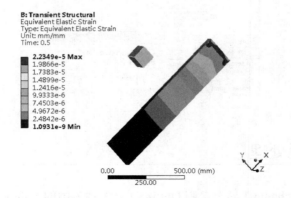

图 12-32 应力分布云图

12.3 本章小结

本章详细地介绍了 ANSYS Workbench 18.0 软件结构非线性分析功能，包括几何导入、网格划分、边界条件设定、后处理等操作。

通过本章的学习，读者应该对结构非线性分析的过程有了详细的了解。

第13章

接触分析

本章将对 ANSYS Workbench 软件的接触分析模块进行详细讲解,并通过几个典型案例对接触分析的一般步骤进行详细讲解,包括几何建模(外部几何数据的导入)、材料赋予、网格设置与划分、边界条件的设定、后处理操作。

学习目标

(1) 熟练掌握 ANSYS Workbench 软件接触分析的过程。
(2) 了解接触分析与其他分析的不同之处。
(3) 了解接触分析的应用场合。

13.1 接触分析简介

两个独立表面相互接触并相切,称为接触。一般物理意义上,接触的表面包含如下特征。
- 不会渗透。
- 可传递法向压缩力和切向摩擦力。
- 通常不传递法向拉伸力,即可自由分离和互相移动。

 接触是状态改变非线性。也就是说,系统刚度取决于接触状态,即零件间接触或分离。

从物理意义上来说,接触体间不相互渗透,所以,程序必须建立两表面间的相互关系以阻止分析中的相互穿透。程序阻止渗透称为强制接触协调性。

ANSYS Workbench 18.0 接触公式总结见表 13-1。

表 13-1 ANSYS Workbench 18.0 接触公式总结

Formulation (算法)	Normal (法向)	Tangential (切向)	Normal Stiffness (法向刚度)	Tangential Stiffness (切向刚度)	Type (类型)
Augmented Lagrange	Augmented Lagrange	Penalty	Yes	Yes①	Any
Pure Penalty	Penalty	Penalty	Yes	Yes①	Any
MPC	MPC	MPC	—	—	Bonded,No Separation
Normal Lagrange	Lagrange Multiplier	Penalty	—	Yes①	Any

① 表示切向接触刚度不能由用户直接输入。

13.2 项目分析 1——虎钳接触分析

本节主要介绍 ANSYS Workbench 18.0 的接触分析功能,计算虎钳作业时的应力分布。
学习目标:熟练掌握 ANSYS Workbench 接触设置和求解的方法与过程。

模型文件	Chapter13\char13-1\model\vice.x_t
结果文件	Chapter13\char13-1\vice_contact.wbpj

13.2.1 问题描述

如图 13-1 所示为某虎钳模型,请用 ANSYS Workbench 分析计算虎钳在 100N 夹紧力下的变形及应力分布。

13.2.2 启动 Workbench 软件

Step1：在 Windows 系统下选择"开始"→"所有程序"→ANSYS 18.0→Workbench 18.0 命令，启动 ANSYS Workbench 18.0，进入主界面。

Step2：双击主界面 Toolbox（工具箱）中的 Component Systems→Geometry（几何）命令，即可在 Project Schematic（项目管理区）创建分析项目 A，如图 13-2 所示。

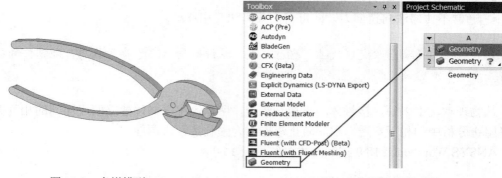

图 13-1 虎钳模型　　　　　　　　图 13-2 创建分析项目 A

13.2.3 导入几何体模型

Step1：在 A2 Geometry 上右击，在弹出的快捷菜单中选择 Import Geometry→Browse 命令，如图 13-3 所示，此时会弹出"打开"对话框。

Step2：在弹出的"打开"对话框中选择文件路径，导入 vice.x_t 几何体文件，如图 13-4 所示，此时 A2 Geometry 后的 ? 变为 ✓，表示实体模型已经存在。

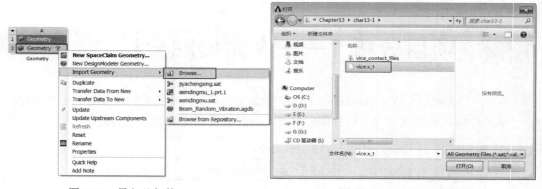

图 13-3 导入几何体　　　　　　　　图 13-4 "打开"对话框

Step3：双击项目 A 中的 A2 Geometry 选项，此时会进入到 DesignModeler 界面，选择 Millimeter，单击 OK 按钮。此时设计树中 Import1 前显示 ✗，表示需要生成，图形窗口中没有图形显示，如图 13-5 所示。

Step4：单击 ✈Generate （生成）按钮，即可显示生成的几何体，如图 13-6 所示，此时可在几何体上进行其他的操作。本例无须进行操作。

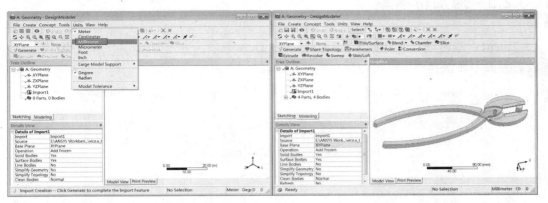

图 13-5　生成前的 DesignModeler 界面　　图 13-6　生成后的 DesignModeler 界面

Step5：单击工具栏中的■图标，在弹出的"另存为"对话框的名称栏中输入 vice_contact，并单击"保存"按钮。

Step6：回到 DesignModeler 界面中，单击右上角的■（关闭）按钮，退出 DesignModeler，返回到 Workbench 主界面。

13.2.4　创建分析项目

Step1：如图 13-7 所示，在 Workbench 主界面的 Toolbox（工具箱）→Analysis Systems 中选择 Static Structural（静态结构分析）选项，并直接拖曳到项目 A 的 A2（Geometry）栏中。

Step2：此时会出现如图 13-8 所示的项目 B，同时在项目 A 的 A2（Geometry）与项目 B 的 B2（Geometry）之间出现一条连接线，此时说明数据在项目 A 与项目 B 之间实现共享。

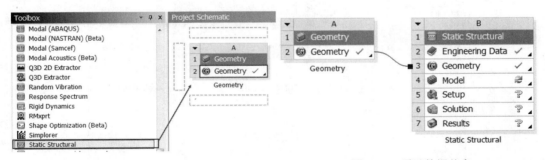

图 13-7　创建项目　　　　　　　　　图 13-8　项目数据共享

13.2.5 添加材料库

Step1：双击项目 B 中的 B2 Engineering Data 选项，进入如图 13-9 所示的材料参数设置界面。在该界面下即可进行材料参数设置。

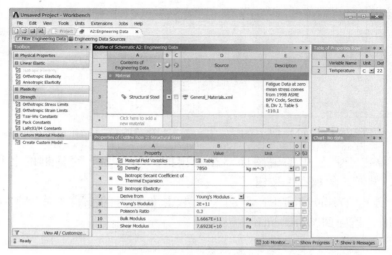

图 13-9　材料参数设置界面（1）

Step2：在界面的 A1 表中右击，在弹出的快捷菜单中选择 Engineering Data Sources（工程数据源）命令，此时的界面会变为如图 13-10 所示的界面。原界面窗口中的 Outline of Schematic B2: Engineering Data 消失，被 Engineering Data Sources 及 Outline of General Materials 取代。

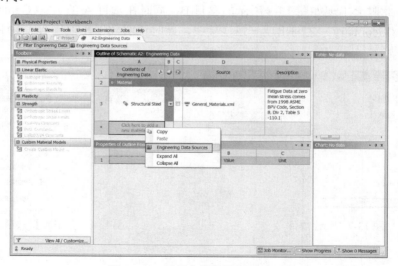

图 13-10　材料参数设置界面（2）

Step3：在 Engineering Data Sources 表中选择 A3 栏 General Materials 选项，然后单击 Outline of General Materials 表中 A4 栏 Aluminum Alloy（铝合金）后的 B4 栏的 （添

第 13 章　接触分析

加）按钮，此时在 C4 栏中会显示 （使用中的）标识，如图 13-11 所示，标识材料添加成功。

Step4：同 Step2，在界面的空白处右击，在弹出的快捷菜单中选择 Engineering Data Sources（工程数据源）命令，返回到初始界面中。

Step5：根据实际工程材料的特性，在 Properties of Outline Row 4: Aluminum Alloy 表中可以修改材料的特性，如图 13-12 所示。本实例采用的是默认值。

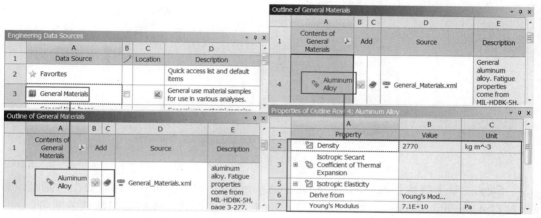

图 13-11　添加材料　　　　　　　　图 13-12　材料参数修改窗口

Step6：单击工具栏中的 Project 按钮，返回到 Workbench 主界面，材料库添加完毕。

13.2.6　添加模型材料属性

Step1：双击主界面项目管理区项目 B 中的 B4 栏 Model 选项，进入如图 13-13 所示的 Mechanical 界面。在该界面下即可进行网格的划分、分析设置、结果观察等操作。

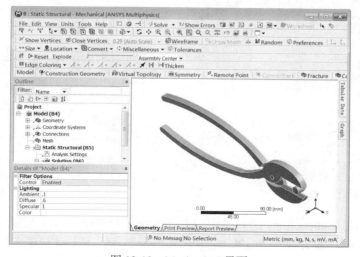

图 13-13　Mechanical 界面

Step2：选择 Mechanical 界面左侧 Outline（分析树）中 Geometry 选项下的 component4，此时即可在 Details of "component4"（参数列表）中给模型添加材料，如图 13-14 所示。

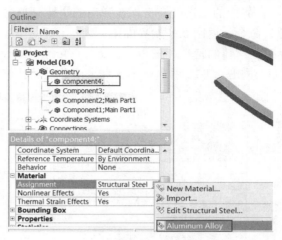

图 13-14 修改材料属性

Step3：单击参数列表中的 Material 下 Assignment 后的 ▸ 按钮，此时会出现刚刚设置的材料 Aluminium Alloy，选择即可将其添加到模型中，其余模型采用默认的即可。

13.2.7 创建接触

Step1：右击 Mechanical 界面左侧 Outline（分析树）中的 Connections→Contact 命令，如图 13-15 所示，在弹出的快捷菜单中选择 Delete 命令，删除默认的接触设置。

Step2：选择 Mechanical 界面左侧 Outline（分析树）中的 Connections 选项，此时会弹出如图 13-16 所示的 Connections 工具栏。

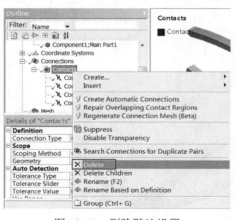

图 13-15 删除默认设置

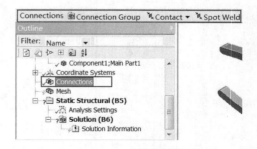

图 13-16 接触工具栏

Step3：选择 Connections 工具栏中的 Contacts→Bonded 命令，如图 13-17 所示，此时在 Connections 下面出现一个 ⚡ Bonded - No Select 图标，表示接触还未被设置。

Step4：选择 component4 实体的外表面，如图 13-18 所示，在 Details of "Bonded" 面

板下面的 Contact 中单击 Apply 按钮。

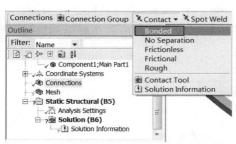

图 13-17　添加接触设置　　　　　图 13-18　设置接触面（1）

Step5：选择 Outline 中的 Project→Model（B4）→Geometry 命令，然后单击工具栏中的 按钮，使其被选中，单击如图 13-19 所示的面。

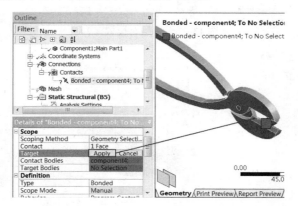

图 13-19　设置接触面（2）

Step6：选择 Connections 工具栏中的 Contact→Bonded 命令，如图 13-20 所示，在 Details of "Bonded" 面板下面的 Target 中单击 Apply 按钮，完成第一个接触对的设置。

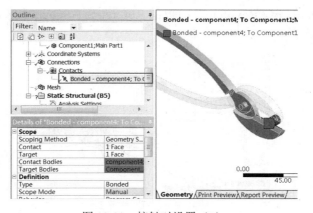

图 13-20　接触对设置（1）

Step7：与以上操作相同，请读者自己完成另外一对接触对的设置。设置完成后的接触对如图 13-21 所示。

Step8：选择 Connections 工具栏中的 Body-Body→Revolute 命令，如图 13-22 所示，此时在 Connections 下面出现一个 Revolute - No Selecti 图标，表示转动副还未被设置。

Step9：如图 13-23 所示，在绘图区域选择图中所示模型，右击后在弹出的快捷菜单中选择 Hide All Other Bodies 命令，隐藏其他模型。

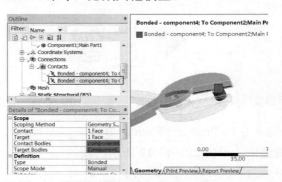

图 13-21　接触对设置（2）

图 13-22　转动副设置

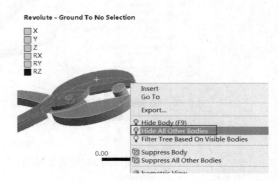

图 13-23　选择接触体

Step10：如图 13-24 所示，保持 Revolute - No Selecti 选项被选中，选择实体内侧面，然后在 Details of "Revolute" 面板的 Reference→Scope 中单击 Apply 按钮，确定选择。

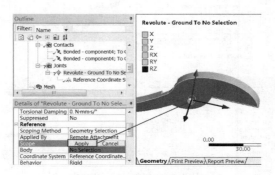

图 13-24　设置接触面

Step11：右击 Outline 中的 Project→Model（B4）→Geometry→Component3 命令，在弹出的快捷菜单中选择 Hide All Other Bodies 命令，隐藏其他模型。

Step12：如图 13-25 所示，选择小圆柱外表面，然后单击 Revolute - No Selecti 图标，在 Details of "Revolute" 面板的 Mobile→Scope 中单击 Apply 按钮，确定选择。

Step13：参照以上操作步骤，对另外一对实体进行接触对设置。设置完成后如图 13-26 所示。

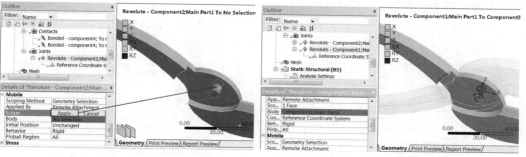

图 13-25 设置接触面　　　　　　　图 13-26 接触对设置（3）

13.2.8 划分网格

Step1：选择 Mechanical 界面左侧 Outline（分析树）中的 Mesh 选项，此时可在 Details of "Mesh"（参数列表）中修改网格参数，如图 13-27 所示，在 Sizing 的 Relevance Center 中设置为 Fine，在 Element Size 中输入 2mm，其余采用默认设置。

Step2：在 Outline（分析树）中的 Mesh 选项上右击，在弹出的快捷菜单中选择 Generate Mesh 命令，此时会弹出进度显示条，表示网格正在划分，当网格划分完成后，进度条自动消失。最终的网格效果如图 13-28 所示。

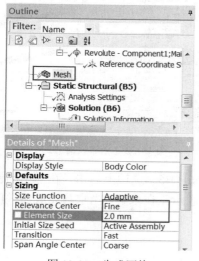

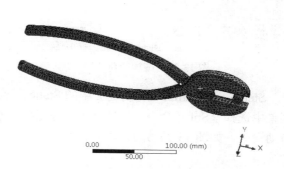

图 13-27 生成网格　　　　　　　图 13-28 网格效果

13.2.9 施加载荷

Step1：选择 Mechanical 界面左侧 Outline（分析树）中的 Static Structural（B5）选项，此时会出现如图 13-29 所示的 Environment 工具栏。

Step2：选择 Environment 工具栏中的 Loads（载荷）→Force（力）命令，此时在分析树中会出现 Force 选项，如图 13-30 所示。

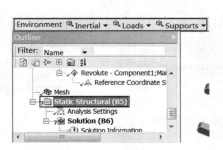
图 13-29 Environment 工具栏

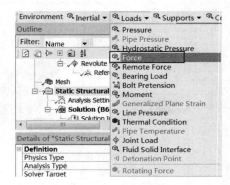
图 13-30 添加载荷

Step3：如图 13-31 所示，选择 Force 选项，选择需要施加载荷的面，确保 Details of "Force" 面板 Geometry 栏中显示 1 Face，表明虎钳一个端面被选中，在 Definition→Define By 中选择 Components 选项，在 Y Component 中输入-100，完成一个载荷的添加。

Step4：与以上设置方法相同，设置另外一个手柄的载荷，方向沿着 Y 轴向上，如图 13-32 所示。

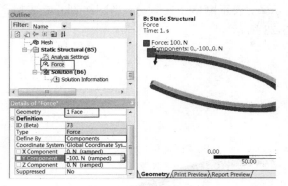
图 13-31 施加载荷（1）

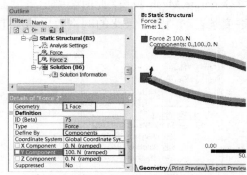
图 13-32 施加载荷（2）

Step5：在 Outline（分析树）中的 Static Structural（B5）选项上右击，在弹出的快捷菜单中选择 Solve 命令，此时会弹出进度显示条，表示正在求解，当求解完成后进度条自动消失，如图 13-33 所示。

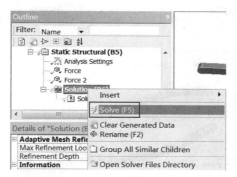

图 13-33 求解

13.2.10 结果后处理

Step1：选择 Mechanical 界面左侧 Outline（分析树）中的 Solution（B6）选项，此时会出现如图 13-34 所示的 Solution 工具栏。

Step2：选择 Solution 工具栏中的 Deformation（变形）→Total 命令，如图 13-35 所示，此时在分析树中会出现 Total Deformation（总变形）选项。

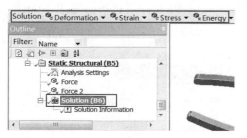

图 13-34 Solution 工具栏

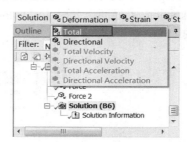

图 13-35 添加变形选项

Step3：在 Outline（分析树）中的 Solution（B6）选项上右击，在弹出的快捷菜单中选择 Evaluate All Results 命令，如图 13-36 所示，此时会弹出进度显示条，表示正在求解，当求解完成后进度条自动消失。

Step4：选择 Outline（分析树）中 Solution（B6）下的 Total Deformation（总变形）选项，此时会出现如图 13-37 所示的总变形分析云图。

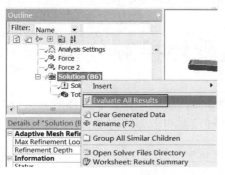

图 13-36 快捷菜单

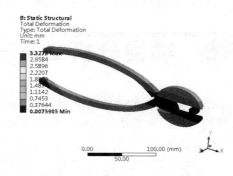

图 13-37 总变形分析云图

Step5：同样的操作方法，查看应力分布云图，如图 13-38 所示。

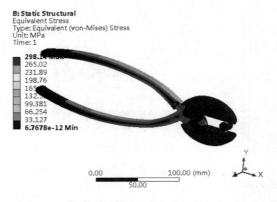

图 13-38 应力分布云图

13.2.11 保存与退出

Step1：单击 Mechanical 界面右上角的 （关闭）按钮，退出 Mechanical，返回到 Workbench 主界面。此时主界面的项目管理区中显示的分析项目均已完成，如图 13-39 所示。

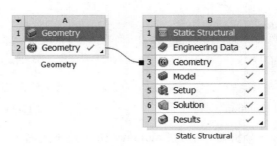

图 13-39 项目管理区中的分析项目

Step2：在 Workbench 主界面中单击常用工具栏中的 ■（保存）按钮，保存包含有分析结果的文件。

Step3：单击右上角的 ■（关闭）按钮，退出 Workbench 主界面，完成项目分析。

13.3 项目分析 2——装配体接触分析

本节主要介绍 ANSYS Workbench 18.0 的接触分析功能，计算装配体的应力分布。
学习目标：熟练掌握 ANSYS Workbench 接触设置和求解的方法与过程。

模型文件	Chapter13\char13-2\assemb.stp
结果文件	Chapter13\char13-2\assemb_contact.wbpj

13.3.1 问题描述

如图 13-40 所示为某装配体模型,请用 ANSYS Workbench 分析计算装配体下端四个孔固定约束,当在顶端面上施加 1000N 水平力作用下的变形及应力分布。模型为对称结构,为简化分析,取出一半模型进行分析。

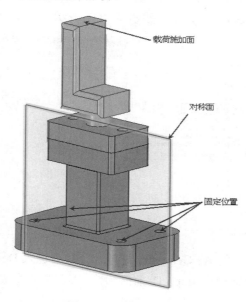

图 13-40 装配体模型

13.3.2 启动 Workbench 软件

Step1:在 Windows 系统下选择"开始"→"所有程序"→ANSYS 18.0 →Workbench 18.0 命令,启动 ANSYS Workbench 18.0,进入主界面。

Step2:双击主界面 Toolbox(工具箱)中的 Component Systems→Geometry(几何)命令,即可在 Project Schematic(项目管理区)创建分析项目 A,如图 13-41 所示。

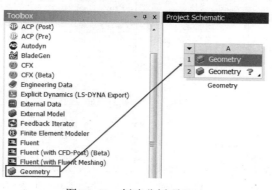

图 13-41 创建分析项目 A

13.3.3 导入几何体模型

Step1：在 A2 Geometry 上右击，在弹出的快捷菜单中选择 Import Geometry→Browse 命令，如图 13-42 所示，此时会弹出"打开"对话框。

Step2：在弹出的"打开"对话框中选择文件路径，导入 assemb.stp 几何体文件，如图 13-43 所示，此时 A2 Geometry 后的 ? 变为 ✓，表示实体模型已经存在。

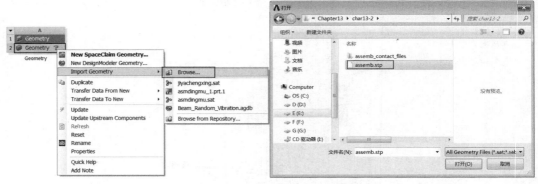

图 13-42 导入几何体　　　　　图 13-43 "打开"对话框

Step3：双击项目 A 中的 A2 Geometry 选项，此时会进入 DesignModeler 界面，选择 Millimeter 选项。此时设计树中 Import1 前显示 ⚡，表示需要生成，图形窗口中没有图形显示，如图 13-44 所示。

Step4：单击 ⚡Generate （生成）按钮，即可显示生成的几何体，如图 13-45 所示，此时可在几何体上进行其他的操作。本例无须进行操作。

Step5：单击工具栏中的 🖫 图标，在弹出的"另存为"对话框的名称栏中输入 assemb_contact，并单击"保存"按钮。

Step6：回到 DesignModeler 界面中，单击右上角的 ❌ （关闭）按钮，退出 DesignModeler，返回到 Workbench 主界面。

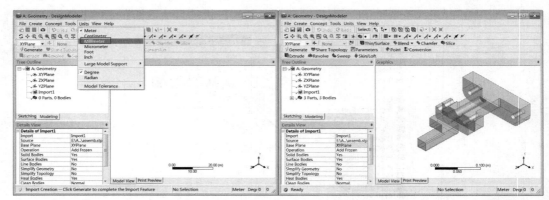

图 13-44 生成前的 DesignModeler 界面　　　　　图 13-45 生成后的 DesignModeler 界面

13.3.4 创建分析项目

Step1：如图 13-46 所示，在 Workbench 主界面的 Toolbox（工具箱）→Analysis Systems 中选择 Static Structural（静态结构分析）选项，并直接拖曳到项目 A 的 A2（Geometry）栏中。

Step2：此时会出现如图 13-47 所示的项目 B，同时在项目 A 的 A2（Geometry）与项目 B 的 B2（Geometry）之间出现一条连接线，此时说明数据在项目 A 与项目 B 之间实现共享。

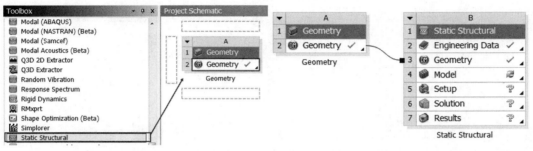

图 13-46　创建项目　　　　　　　图 13-47　项目数据共享

13.3.5 添加材料库

Step1：双击项目 B 中的 B2 Engineering Data 选项，进入如图 13-48 所示的材料参数设置界面。在该界面下即可进行材料参数设置。

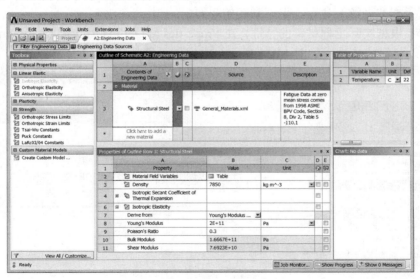

图 13-48　材料参数设置界面（1）

Step2：在界面的 A1 表中右击，在弹出的快捷菜单中选择 Engineering Data Sources（工程数据源）命令，此时的界面会变为如图 13-49 所示的界面。原界面窗口中的 Outline of Schematic B2: Engineering Data 消失，被 Engineering Data Sources 及 Outline of General Materials 取代。

图 13-49 材料参数设置界面（2）

Step3：在 Engineering Data Sources 表中选择 A3 栏 General Materials 选项，然后单击 Outline of General Materials 表中 A4 栏 Aluminum Alloy（铝合金）后的 B4 栏的 （添加）按钮，此时在 C4 栏中会显示 （使用中的）标识，如图 13-50 所示，标识材料添加成功。

Step4：同 Step2，在界面的空白处右击，在弹出的快捷菜单中选择 Engineering Data Sources（工程数据源）命令，返回到初始界面中。

Step5：根据实际工程材料的特性，在 Properties of Outline Row 4: Aluminum Alloy 表中可以修改材料的特性，如图 13-51 所示。本实例采用的是默认值。

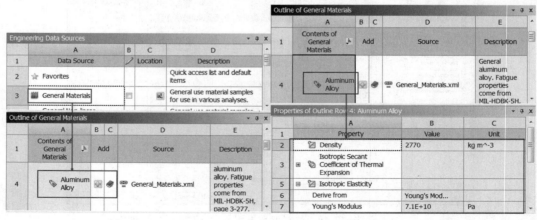

图 13-50 添加材料   图 13-51 材料参数修改窗口

Step6：单击工具栏中的 Project 按钮，返回 Workbench 主界面，材料库添加完毕。

13.3.6 添加模型材料属性

Step1：双击主界面项目管理区项目 B 中的 B4 栏 Model 选项，进入如图 13-52 所示的 Mechanical 界面，在该界面下即可进行网格的划分、分析设置、结果观察等操作。

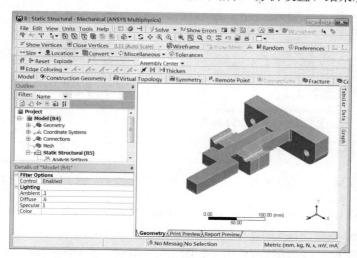

图 13-52 Mechanical 界面

Step2：选择 Mechanical 界面左侧 Outlines（分析树）中 Geometry 选项下的 jaw1，此时即可在 Details of "jaw1"（参数列表）中给模型添加材料，如图 13-53 所示。

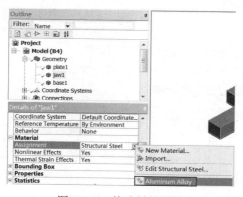

图 13-53 修改材料属性

Step3：单击参数列表中的 Material 下 Assignment 后的 ▶ 按钮，此时会出现刚刚设置的材料 Aluminum Alloy，选择即可将其添加到模型中去。其余模型采用默认的即可。

13.3.7 创建接触

Step1：右击 Mechanical 界面左侧 Outline（分析树）中的 Connections→Contact 命令，如图 13-54 所示，在弹出的快捷菜单中选择 Delete 命令，删除默认的接触设置。

Step2：选择 Mechanical 界面左侧 Outline（分析树）中的 Connections 选项，此时弹出如图 13-55 所示的 Connections 工具栏。

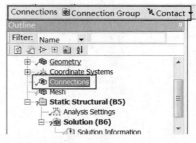

图 13-54 删除默认设置 　　　　　　　　　　　图 13-55 接触工具栏

Step3：选择 Connections 工具栏中的 Contacts→Frictional 命令，如图 13-56 所示，此时在 Connections 下面出现一个 Frictional - base1 To No Selection 图标，表示接触还未设置。

Step4：选择 base1 实体的内表面，如图 13-57 所示，在 Details of "Frictional" 面板下面的 Scope→Contact 中单击 Apply 按钮。

Step5：选择 Outline 中的 Project→Model（B4）→Geometry 命令，然后单击工具栏中的 按钮，使其被选中，单击如图 13-58 所示的面。

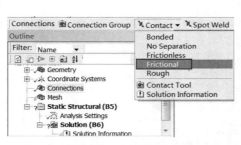

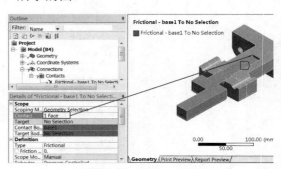

图 13-56 添加接触设置 　　　　　　　　　　　图 13-57 设置接触面（1）

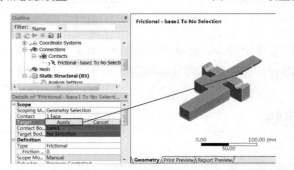

图 13-58 设置接触面（2）

Step6：选择 Outline 中的 Connections→Contact→Frictional 命令，如图 13-59 所示，在 Details of "Frictional" 面板下面的 Target 中单击 Apply 按钮，在 Definition→Friction Coefficient（摩擦因数）栏中输入 0.17，完成第一个接触对的设置。

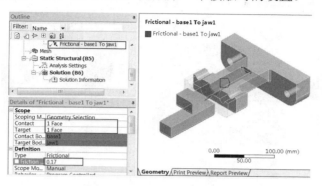

图 13-59　接触对设置（1）

Step7：与以上操作相同，请读者自己完成另外一对接触对的设置。设置完成后的接触对如图 13-60 所示。

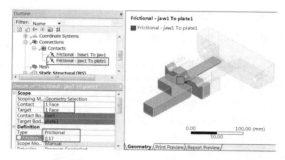

图 13-60　接触对设置（2）

Step8：选择 Connections 工具栏中的 Contact→Bonded 命令，如图 13-61 所示，此时在 Connections 下面出现一个 Bonded - No Selection To No Se 图标，表示接触还未被设置。

Step9：如图 13-62 所示，在绘图区域选择图中所示模型，右击后在弹出的快捷菜单中选择 Hide All Other Bodies 命令，隐藏其他模型。

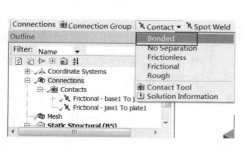

图 13-61　接触设置

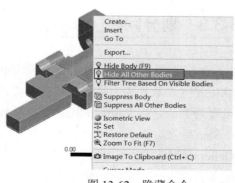

图 13-62　隐藏命令

Step10：如图 13-63 所示，保持 Bonded - base1 To No Selection 选项被选中，选择实体上表面，然后在 Details of "Bonded" 面板的 Scope→Contact 中单击 Apply 按钮，确定选择。

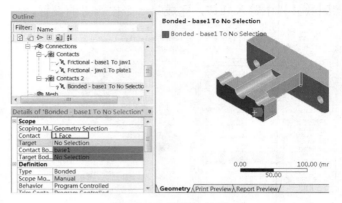

图 13-63　设置接触面

Step11：右击 Outline 中的 Project→Model（B4）→Geometry→plate1 命令，在弹出的快捷菜单中选择 Hide All Other Bodies 命令，隐藏其他模型。

Step12：如图 13-64 所示，选择零件下表面，然后单击 Bonded - No Selection To No Se 图标，在 Details of "Bonded" 面板的 Scope→Target 中单击 Apply 按钮，确定选择。

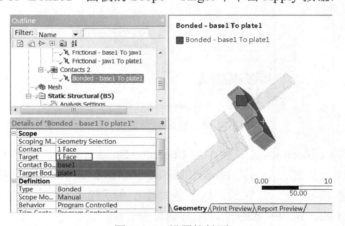

图 13-64　设置接触面

13.3.8　划分网格

Step1：选择 Mechanical 界面左侧 Outline（分析树）中的 Mesh 选项，此时可在 Details of "Mesh"（参数列表）中修改网格参数，如图 13-65 所示，在 Sizing 的 Relevance Center 中设置为 Fine，在 Element Size 中输入 5mm，其余采用默认设置。

Step2：在 Outline（分析树）中的 Mesh 选项上右击，在弹出的快捷菜单中选择 Generate Mesh 命令，此时会弹出进度显示条，表示网格正在划分，当网格划分完成后，进度条自动消失。最终的网格效果如图 13-66 所示。

第 13 章　接触分析

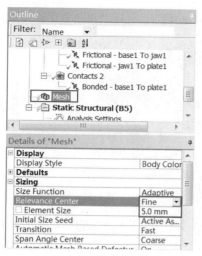

图 13-65　生成网格

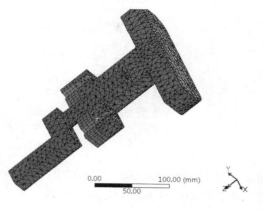

图 13-66　网格效果

13.3.9　施加载荷与约束

Step1：选择 Mechanical 界面左侧 Outline（分析树）中的 Static Structural（B5）选项，此时会出现如图 13-67 所示的 Environment 工具栏。

Step2：选择 Environment 工具栏中的 Loads（载荷）→Force（力）命令，此时在分析树中会出现 Force 选项，如图 13-68 所示。

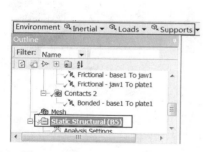

图 13-67　Environment 工具栏

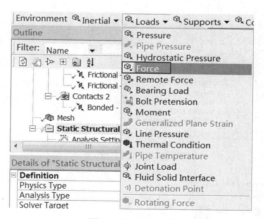

图 13-68　添加载荷

Step3：如图 13-69 所示，选择 Force 选项，选择需要施加载荷的面，单击 Details of "Force" 面板 Geometry 选项下的 Apply 按钮，在 Definition→Define By 中选择 Components 选项，在 X Component 中输入 1000，完成一个载荷的添加。

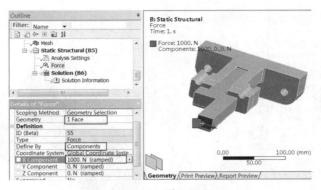

图 13-69 施加载荷

Step4：选择 Environment 工具栏中的 Supports（支撑）→Fixed Support（固定）命令，此时在分析树中会出现 Fixed Support 选项，如图 13-70 所示。

Step5：按住 Ctrl 键，选中如图 13-71 所示的两个圆孔，共四个面，在 Details of "Fixed Support" 面板的 Scope→Geometry 中单击 Apply 按钮，确定选择。

Step6：按住 Ctrl 键，选择如图 13-72 所示的所有对称面。

Step7：如图 13-73 所示，选择 Environment 工具栏中的 Supports（支撑）→Frictionless Support 命令，此时被选中的面已经被设置成 Frictionless Support。

Step8：在 Outline（分析树）中的 Static Structural（B5）选项上右击，在弹出的快捷菜单中选择 Solve 命令，如图 13-74 所示，此时会弹出进度显示条，表示正在求解，当求解完成后进度条自动消失。

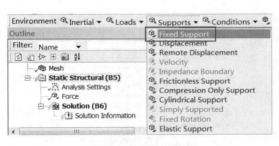

图 13-70 添加约束

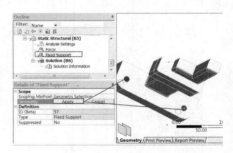

图 13-71 施加约束

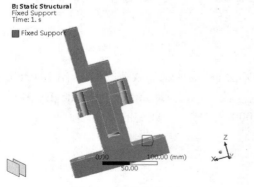

图 13-72 对称面选择

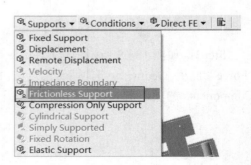

图 13-73 对称约束

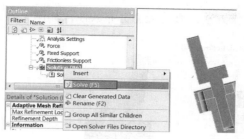

图 13-74　求解

13.3.10　结果后处理

Step1：选择 Mechanical 界面左侧 Outline（分析树）中的 Solution（B6）选项，此时会出现如图 13-75 所示的 Solution 工具栏。

Step2：选择 Solution 工具栏中的 Deformation（变形）→Total 命令，如图 13-76 所示，此时在分析树中会出现 Total Deformation（总变形）选项。

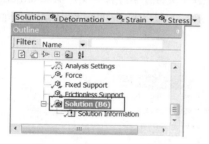

图 13-75　Solution 工具栏

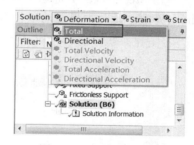

图 13-76　添加变形选项

Step3：在 Outline（分析树）中的 Solution（B6）选项上右击，在弹出的快捷菜单中选择 Evaluate All Results 命令，如图 13-77 所示，此时会弹出进度显示条，表示正在求解，当求解完成后进度条自动消失。

Step4：选择 Outline（分析树）中 Solution（B6）下的 Total Deformation（总变形）选项，此时会出现如图 13-78 所示的总变形分析云图。

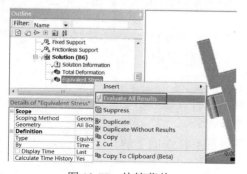

图 13-77　快捷菜单

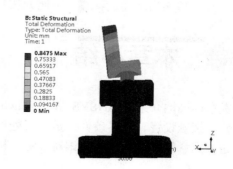

图 13-78　总变形分析云图

Step5：用同样的操作方法，查看应力分布云图，如图13-79所示。

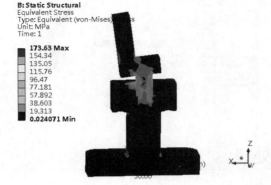

图13-79 应力分布云图

13.3.11 保存与退出

Step1：单击Mechanical界面右上角的 （关闭）按钮，退出Mechanical，返回到Workbench主界面。此时主界面的项目管理区中显示的分析项目均已完成，如图13-80所示。

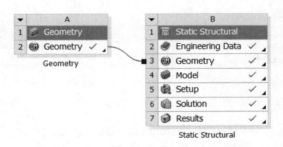

图13-80 项目管理区中的分析项目

Step2：在Workbench主界面中单击常用工具栏中的 （保存）按钮，保存包含有分析结果的文件。

Step3：单击右上角的 （关闭）按钮，退出Workbench主界面，完成项目分析。

13.4 本章小结

本章详细地介绍了ANSYS Workbench 18.0软件接触分析功能，包括几何导入、网格划分、接触设置、边界条件设定、后处理等操作。

通过本章的学习，读者应该对接触分析的过程有详细的了解。

第14章

特征值屈曲分析

本章将对ANSYS Workbench软件的特征值屈曲分析模块进行详细讲解,并通过几个典型案例对特征值屈曲分析的一般步骤进行详细讲解,包括几何建模(外部几何数据的导入)、材料赋予、网格设置与划分、边界条件的设定、后处理操作。

学习目标

(1)熟练掌握ANSYS Workbench软件特征值屈曲分析的过程。
(2)了解特征值屈曲分析与其他分析的不同之处。
(3)了解特征值屈曲分析的应用场合。

14.1 特征值屈曲分析简介

许多结构都需要进行结构稳定性计算，如细长柱、压缩部件、真空容器等。这些结构件在不稳定（屈曲）开始时，结构在本质上没有变化的载荷作用下（超过一个很小的动荡）在 x 方向上的微小位移会使得结构有一个很大的改变。

14.1.1 屈曲分析

特征值或特征值屈曲分析预测的是理想线弹性结构的理论屈曲强度（分歧点），而非理想和非线性行为阻止许多真实的结构达到它们理论上的弹性屈曲强度。

线性屈曲通常产生非保守的结果，但是线性屈曲有以下特点。

- 它比非线性屈曲计算更节省时间，并且应当作第一步计算来评估临界载荷（屈曲开始时的载荷）。
- 特征值屈曲分析可以用来作为决定产生什么样的屈曲模型形状的设计工具，为设计做指导。

14.1.2 特征值屈曲分析

特征值屈曲分析一般方程为

$$[K] + \lambda_i [S]\{\psi_i\} = 0$$

式中，$[K]$ 和 $[S]$ 是常量；λ_i 是屈曲载荷乘子；$\{\psi_i\}$ 是屈曲模态。

ANSYS Workbench 18.0 屈曲模态分析步骤与其他有限元分析步骤大同小异，软件支持在模态分析中存在接触对，但是由于屈曲分析是线性分析，所以接触行为不同于非线性接触行为，见表 14-1。

表 14-1 存在接触设置的特征值屈曲分析设置

Contact Type（接触类型）	Eigenvalue Buckling Analysis（特征值屈曲分析）		
	Initially Touching（初始接触设置）	Inside Pinball Region（内部球状区域）	Outside Pinball Region（外部球状区域）
Bonded	Bonded	Bonded	Free
No Separation	No Separation	No Separation	Free
Rough	Bonded	Free	Free
Frictionless	No Separation	Free	Free

下面通过几个实例简单介绍一下特征值屈曲分析的操作步骤。

第14章 特征值屈曲分析

14.2 项目分析 1——钢管屈曲分析

本节主要介绍 ANSYS Workbench 18.0 的屈曲分析模块,计算钢管在外载荷作用下的稳定性及屈曲因子。

学习目标:熟练掌握 ANSYS Workbench 屈曲分析的方法及过程。

模型文件	无
结果文件	Chapter14\char14-1\Pipe_Bukling.wbpj

14.2.1 问题描述

如图 14-1 所示为某钢管模型,请用 ANSYS Workbench 分析计算钢管在 1MPa 压力下的屈曲响应情况。

14.2.2 启动 Workbench 并建立分析项目

Step1:在 Windows 系统下选择"开始"→"所有程序"→ANSYS 18.0 →Workbench 18.0 命令,启动 ANSYS Workbench 18.0,进入主界面。

Step2:双击主界面 Toolbox(工具箱)中的 Analysis Systems →Static Structural(静态结构分析)命令,即可在 Project Schematic(项目管理区)创建分析项目 A,如图 14-2 所示。

图 14-1 钢管模型

14.2.3 创建几何体

Step1:在 A3 Geometry 上双击,此时会弹出如图 14-3 所示的 DesignModeler 软件窗口,选择 Millimetre 选项,然后单击 OK 按钮。

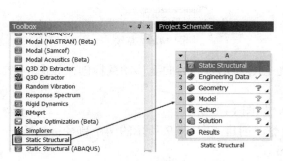

图 14-2 创建分析项目 A

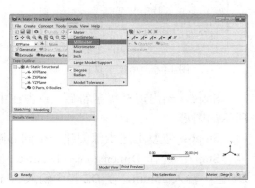

图 14-3 创建几何体

Step2：如图 14-4 所示，单击 ZXPlane 命令选择绘图平面，然后再单击按钮，使得绘图平面与绘图区域平行。

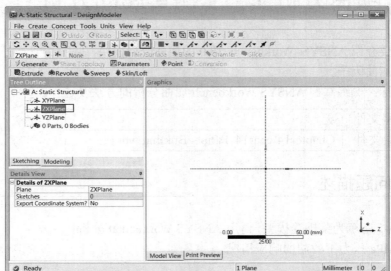

图 14-4　选择绘图平面

Step3：在 Tree Outline 下面单击 Sketching 选项卡，此时会出现如图 14-5 所示的 Sketching Toolboxes（草绘工具箱），草绘所有命令都在 Sketching Toolboxes（草绘工具箱）中。

Step4：单击 Circle（圆）按钮，此时按钮变成凹陷状态，表示本命令已被选中，将鼠标移动到绘图区域中的原点上，此时会出现一个 P 提示符，表示即将创建圆形的圆心在坐标中心上，如图 14-6 所示。

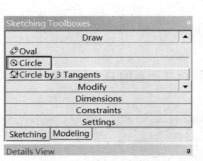

图 14-5　草绘工具箱

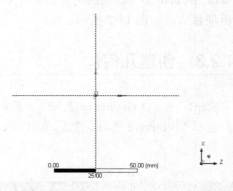

图 14-6　草绘

Step5：当出现 P 提示符后，单击在中心创建圆心，然后向上移动鼠标创建如图 14-7 所示的圆形。

Step6：重复上述步骤创建一个同心圆，如图 14-8 所示。

Step7：选择 Dimensions→Diameter 命令，创建如图 14-9 所示的两个直径标注，在 D1 栏中输入 25mm，在 D2 栏中输入 50mm。

Step8：单击工具栏中的 Extrude 拉伸按钮，如图 14-10 所示，在 Details View 面板中 Geometry 确定 Sketch1 被选中，在 Depth 栏中输入拉伸长度为 1000mm，然后单击工具栏中的 Generate 按钮，生成几何模型。

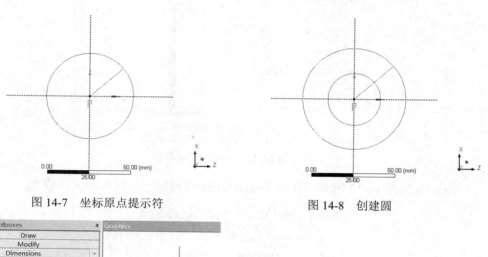

图 14-7 坐标原点提示符　　　　　　　　图 14-8 创建圆

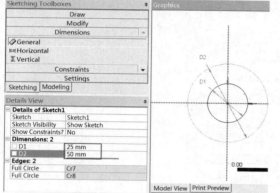
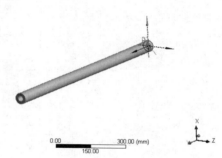

图 14-9 标注　　　　　　　　　　　　图 14-10 拉伸

Step9：单击右上角的 ✖ （关闭）按钮，退出 DesignModeler，返回到 Workbench 主界面。

14.2.4 设置材料

本案例选用默认材料，即 Structural Steel。

14.2.5 添加模型材料属性

Step1：双击主界面项目管理区项目 A 中的 A4 栏 Model 选项，进入如图 14-11 所示 Mechanical 界面。在该界面下即可进行网格的划分、分析设置、结果观察等操作。

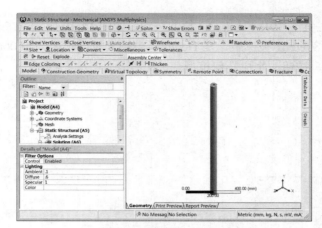

图 14-11 Mechanical 界面

Step2：如图 14-12 所示，此时 Structural Steel 材料已经被自动赋予模型。

图 14-12 添加材料

14.2.6 划分网格

Step1：如图 14-13 所示，右击 Mechanical 界面左侧 Outline（分析树）中的 Mesh 选项，在弹出的快捷菜单中选择 Insert→Face Meshing 命令。

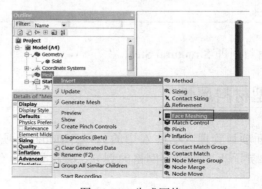

图 14-13 生成网格

Step2：如图 14-14 所示，在出现的 Details of "Face Meshing" 面板中做如下设置。
① 选择模型上表面单击 Geometry 栏中的 Apply 按钮。
② 在 Internal Number of Division 栏中输入 10。

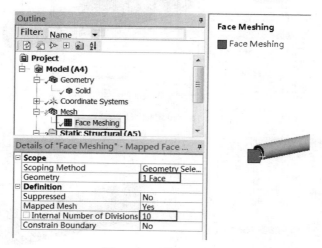

图 14-14 设置面网格

Step3：如图 14-15 所示，右击 Mesh 选项，在弹出的快捷菜单中选择 Insert→Sizing 命令。

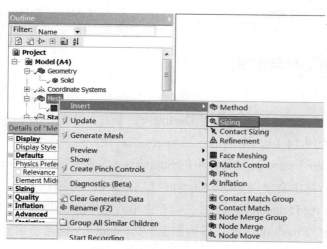

图 14-15 设置体网格（1）

Step4：如图 14-16 所示，在出现的 Details of Sizing 面板中做如下设置。
① 选择几何实体，然后在 Geometry 栏中单击 Apply 按钮，此时 Geometry 栏中将显示 1 Body 字样。
② 在 Element Size 栏中输入网格大小为 10mm。

Step5：如图 14-17 所示，右击 Mesh 选项，在弹出的快捷菜单中选择 Generate Mesh 命令。

Step6：最终的网格效果如图 14-18 所示。

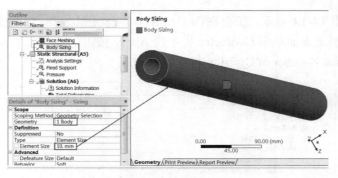

图 14-16　设置体网格（2）

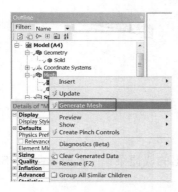

图 14-17　生成网格

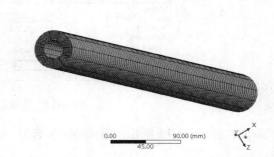

图 14-18　网格效果

14.2.7　施加载荷与约束

Step1：选择 Mechanical 界面左侧 Outline（分析树）中的 Static Structural（A5）选项，此时会出现如图 14-19 所示的 Environment 工具栏。

Step2：选择 Environment 工具栏中的 Supports（约束）→Fixed Support（固定约束）命令，此时在分析树中会出现 Fixed Support 选项，如图 14-20 所示。

Step3：选择 Fixed Support 选项，在工具栏中单击 按钮选择如图 14-21 所示的钢管底面，单击 Details of "Fixed Support"（参数列表）中 Geometry 选项下的 Apply 按钮，即可在选中面上施加固定约束。

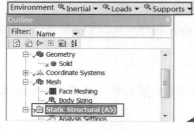

图 14-19　Environment 工具栏

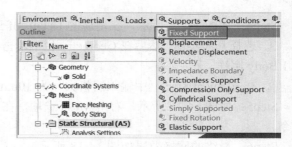

图 14-20　添加固定约束

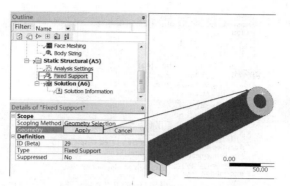

图 14-21 施加固定约束

Step4：同 Step3，选择 Environment 工具栏中的 Loads（载荷）→Pressure（压力）命令，此时在分析树中会出现 Pressure 选项，如图 14-22 所示。

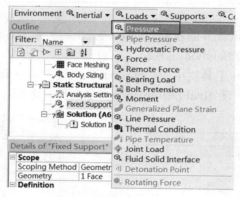

图 14-22 添加压力载荷

Step5：同 Step3，选择 Pressure 选项，选择钢管上侧面，单击 Details of "Pressure"（参数列表）中 Geometry 选项下的 Apply 按钮，同时在 Define By 的 Magnitude 栏中输入 2MPa，如图 14-23 所示。

Step6：在 Outline（分析树）中的 Static Structural（A5）选项上右击，在弹出的快捷菜单中选择 Solve 命令，如图 14-24 所示，此时会弹出进度显示条，表示正在求解，当求解完成后进度条自动消失。

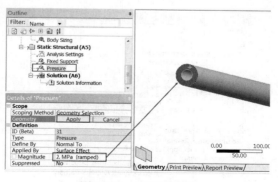

图 14-23 添加面载荷

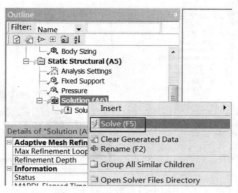

图 14-24　求解

14.2.8　结果后处理

Step1：选择 Mechanical 界面左侧 Outline（分析树）中的 Solution（A6）选项，此时会出现如图 14-25 所示的 Solution 工具栏。

Step2：选择 Solution 工具栏中的 Deformation（变形）→Total 命令，如图 14-26 所示，此时在分析树中会出现 Total Deformation（总变形）选项。

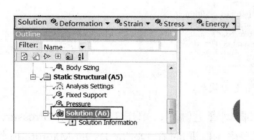

图 14-25　Solution 工具栏

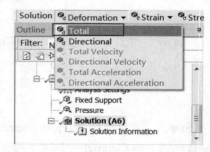

图 14-26　添加总变形选项

Step3：在 Outline（分析树）中的 Solution（A6）选项上右击，在弹出的快捷菜单中选择 Evaluate All Results 命令，如图 14-27 所示，此时会弹出进度显示条，表示正在求解，当求解完成后进度条自动消失。

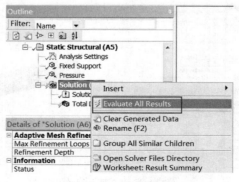

图 14-27　快捷菜单

Step4：选择 Outline（分析树）中 Solution（A6）下的 Total Deformation（总变形）选项，此时会出现如图 14-28 所示的总变形分析云图。

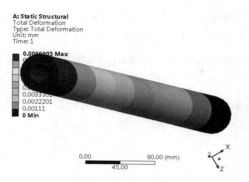

图 14-28　总变形分析云图

Step5：选择 Solution 工具栏中的 Stress→Equivalent（von-Mises）命令，如图 14-29 所示，此时在分析树中会出现 Equivalent Stress（等效应力）选项。

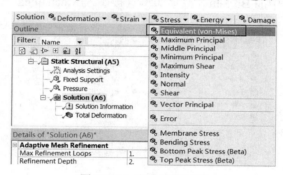

图 14-29　应力分析工具

Step6：同 Step3，在 Outline（分析树）中的 Solution（A6）选项上右击，在弹出的快捷菜单中选择 Evaluate All Results 命令，如图 14-30 所示，此时会弹出进度显示条，表示正在求解，当求解完成后进度条自动消失。

Step7：如图 14-31 所示为应力分析云图。

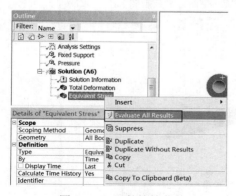

图 14-30　计算快捷菜单

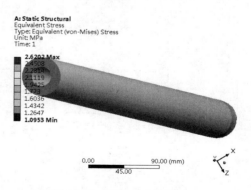

图 14-31　应力分布云图

14.2.9 特征值屈曲分析

Step1：如图 14-32 所示，将 Toolbox（工具箱）中的 Eigenvalue Buckling（特征值屈曲分析）选项直接拖曳到项目 A（静力分析）的 A6 Solution 中。

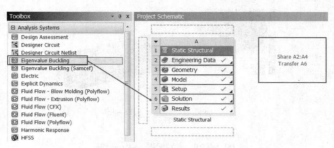

图 14-32 创建特征值屈曲分析

Step2：如图 14-33 所示，此时项目 A 的所有前处理数据已经全部导入项目 B 中，此时，如果双击项目 B 中的 B5 Setup 选项即可直接进入 Mechanical 界面。

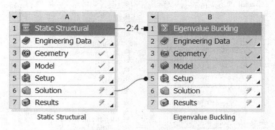

图 14-33 工程数据共享

14.2.10 施加载荷与约束

Step1：双击主界面项目管理区项目 B 中的 B5 栏 Setup 选项，进入如图 14-34 所示 Mechanical 界面。在该界面下即可进行网格的划分、分析设置、结果观察等操作。

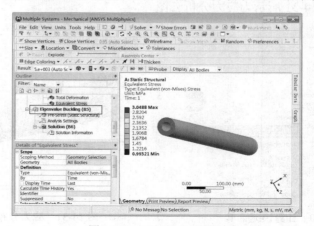

图 14-34 Mechanical 界面

Step2：如图 14-35 所示，在 Outline（分析树）中的 Static Structural（A5）选项上右击，在弹出的快捷菜单中选择 Solve 命令，此时会弹出进度显示条，表示正在求解，当求解完成后进度条自动消失。

Step3：如图 14-36 所示，在 Outline（分析树）中的 Eigenvalue Buckling（B5）→Analysis Settings 选项上单击，在出现的 Details of "Analysis Settings"选项的 Options 中做如下更改。

在 Max Modes to Find 栏中输入 10，表示十阶模态将被计算。

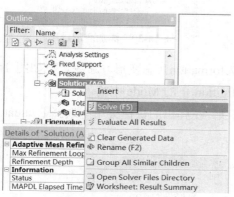

图 14-35　静力计算

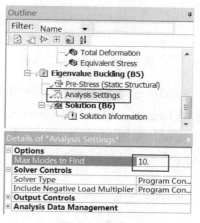

图 14-36　阶数设定

Step4：在 Outline（分析树）中的 Eigenvalue Buckling（B5）选项上右击，在弹出的快捷菜单中选择 Solve 命令，如图 14-37 所示，此时会弹出进度显示条，表示正在求解，当求解完成后进度条自动消失。

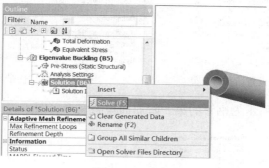

图 14-37　求解

14.2.11　结果后处理

Step1：选择 Mechanical 界面左侧 Outline（分析树）中的 Solution（B6）选项，此时会出现如图 14-38 所示的 Solution 工具栏。

Step2：选择 Solution 工具栏中的 Deformation（变形）→Total 命令，如图 14-39 所示，此时在分析树中会出现 Total Deformation（总变形）选项。

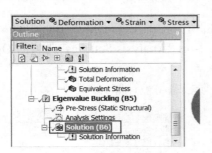

图 14-38　Solution 工具栏

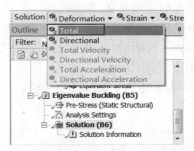

图 14-39　添加变形选项

Step3：选择 Solution 工具栏中的 Total Deformation（总变形）命令，在如图 14-40 所示的 Details of "Total Deformation" 面板 Definition 下的 Mode 中输入 1。

Step4：如图 14-41 所示，右击 Solution 选项，在弹出的快捷菜单中选择 Evaluate All Results 命令，进行后处理计算。

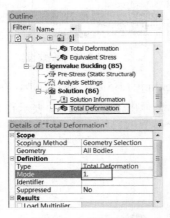

图 14-40　设置阶数

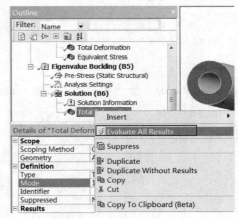

图 14-41　快捷菜单

Step5：图 14-42 所示为钢管的第一阶屈曲模态变形云图。

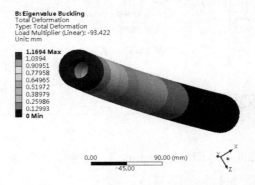

图 14-42　第一阶屈曲模态变形云图

从图 14-42 所示的面板中可以查到第一阶屈曲载荷因子为 93.4，由于施加载荷为 1MPa，故可知钢管的屈曲压力为 93.4x1=93.4Mpa，变形形状为右侧云图所示。

第一阶临界载荷为 93.4MPa，由于第一阶为屈曲载荷的最低值，因此这意味着在理论上，当压力达到 93.4MPa 时钢管将失稳。

14.2.12 保存与退出

Step1：单击 Mechanical 界面右上角的 ![x] （关闭）按钮，退出 Mechanical，返回到 Workbench 主界面。此时，主界面的项目管理区中显示的分析项目均已完成，如图 14-43 所示。

Step2：在 Workbench 主界面中单击常用工具栏中的 ![保存] （保存）按钮，保存文件名为 Pipe_Buckling。

Step3：单击右上角的 ![x] （关闭）按钮，退出 Workbench 主界面，完成项目分析。

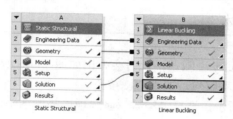

图 14-43 项目管理区中的分析项目

14.3 项目分析 2——金属容器屈曲分析

本节主要介绍 ANSYS Workbench 18.0 的屈曲分析模块，计算金属容器在外载荷作用下的稳定性及屈曲因子。

学习目标：熟练掌握 ANSYS Workbench 屈曲分析的方法及过程。

模型文件	无
结果文件	Chapter14\char14-2\Shell_Bukling.wbpj

14.3.1 问题描述

如图 14-44 所示为某金属容器模型，请用 ANSYS Workbench 分析计算金属容器在 1MPa 的压力下的屈曲响应情况。

14.3.2 启动 Workbench 并建立分析项目

Step1：在 Windows 系统下选择"开始"→"所有程序"→ANSYS 18.0 →Workbench

18.0 命令，启动 ANSYS Workbench 18.0，进入主界面。

Step2：双击主界面 Toolbox（工具箱）中的 Analysis Systems→Static Structural（静态结构分析）命令，即可在 Project Schematic（项目管理区）创建分析项目 A，如图 14-45 所示。

图 14-44　金属容器模型

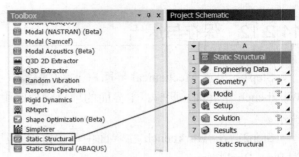

图 14-45　创建分析项目 A

14.3.3　创建几何体

Step1：在 A3 Geometry 上双击，此时会弹出如图 14-46 所示的 DesignModeler 软件窗口，选择 Millimeter 选项，然后单击 OK 按钮。

Step2：如图 14-47 所示，选择 ZXPlane 选项选择绘图平面，然后再单击按钮，使得绘图平面与绘图区域平行。

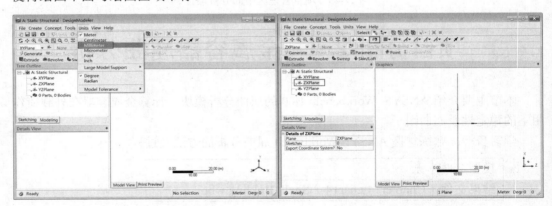

图 14-46　创建几何体　　　　　　　　　　图 14-47　选择绘图平面

Step3：在 Tree Outline 下面单击 Sketching 选项卡，此时会出现如图 14-48 所示的 Sketching Toolboxes（草绘工具箱），草绘所有命令都在 Sketching Toolboxes（草绘工具箱）中。

Step4：单击 Circle（圆）按钮，此时按钮变成凹陷状态，表示本命令已被选中，将鼠标移动到绘图区域中的原点上，此时会出现一个 P 提示符，表示即将创建圆形的圆心在坐标中心上，如图 14-49 所示。

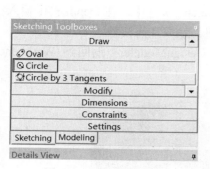
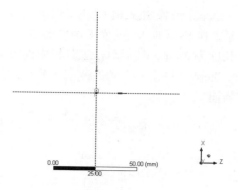

图 14-48　草绘工具箱　　　　　　图 14-49　草绘

Step5：当出现 P 提示符后，单击在中心创建圆心，然后向上移动鼠标创建如图 14-50 所示的圆形。

Step6：选择 Dimensions→Diameter 命令，创建如图 14-51 所示的直径标注，在 D1 栏中输入 100mm。

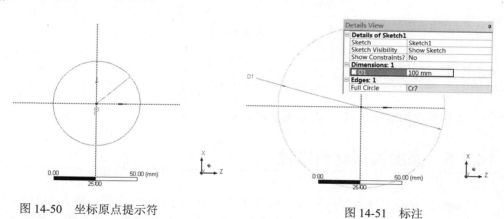

图 14-50　坐标原点提示符　　　　　　图 14-51　标注

Step7：单击工具栏中的 Extrude 拉伸按钮，如图 14-52 所示，在 Details View 面板中确保 Geometry 栏中的 Sketch1 被选中，在 Depth 栏中输入拉伸长度为 100mm，在 As Thin/Surf 栏中选择 Yes，在 FD2 和 FD3 栏中分别输入 1mm，然后单击工具栏中的 Generate 按钮，生成几何模型。

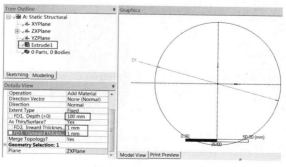

图 14-52　拉伸

Step8：选择 Sketch1（草绘）选项，再次单击工具栏中的 Extrude 拉伸按钮，如图 14-53 所示，在 Details View 面板中确保 Geometry 栏中 Sketch1 被选中，在 Depth 栏中输入拉伸长度为 2mm，然后单击工具栏中的 Generate 按钮，生成几何模型。

Step9：单击右上角的 × （关闭）按钮，退出 DesignModeler，返回到 Workbench 主界面。

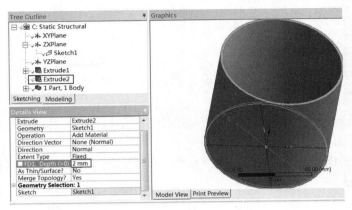

图 14-53　拉伸

14.3.4　设置材料

本案例选用默认材料，即 Structural Steel。

14.3.5　添加模型材料属性

Step1：双击主界面项目管理区项目 A 中的 A4 栏 Model 选项，进入如图 14-54 所示 Mechanical 界面。在该界面下即可进行网格的划分、分析设置、结果观察等操作。

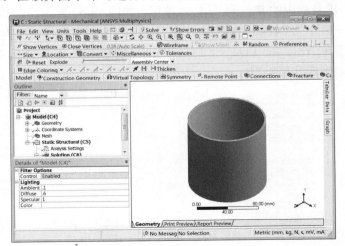

图 14-54　Mechanical 界面

Step2:如图 14-55 所示,此时 Structural Steel 材料已经被自动赋予模型。

14.3.6 划分网格

Step1:如图 14-56 所示,选择 Mechanical 界面左侧 Outline(分析树)中的 Mesh 选项,在 Details of "Mesh" 面板的 Element Size 栏中输入 2mm,其余默认。

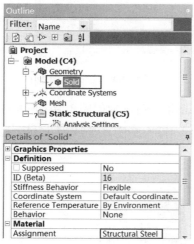

图 14-55 添加材料

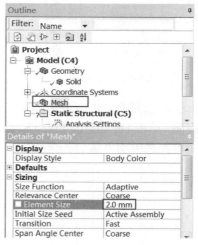

图 14-56 设置网格大小

Step2:如图 14-57 所示,右击 Mesh 选项,在弹出的快捷菜单中选择 Generate Mesh 命令。

Step3:最终的网格效果如图 14-58 所示。

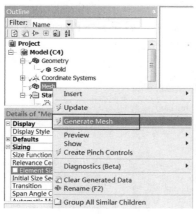

图 14-57 生成网格

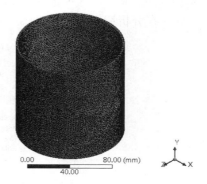

图 14-58 网格效果

14.3.7 施加载荷与约束

Step1:选择 Mechanical 界面左侧 Outline(分析树)中的 Static Structural(A5)选

项，此时会出现如图 14-59 所示的 Environment 工具栏。

Step2：选择 Environment 工具栏中的 Supports（约束）→Fixed Support（固定约束）命令，此时在分析树中会出现 Fixed Support 选项，如图 14-60 所示。

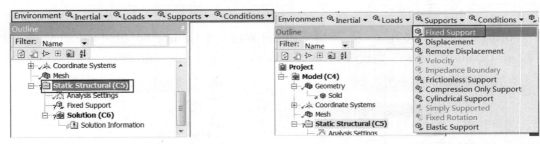

图 14-59　Environment 工具栏　　　　　图 14-60　添加固定约束

Step3：选择 Fixed Support 选项，在工具栏中单击 按钮选择如图 14-61 所示的金属容器底面，单击 Details of "Fixed Support"（参数列表）中 Geometry 选项下的 Apply 按钮，即可在选中面上施加固定约束。

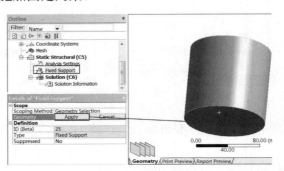

图 14-61　施加固定约束

Step4：同 Step3，选择 Environment 工具栏中的 Loads（载荷）→Pressure（压力）命令，此时在分析树中会出现 Pressure 选项，如图 14-62 所示。

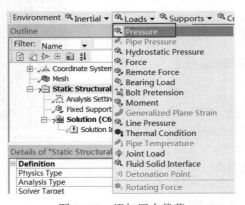

图 14-62　添加压力载荷

Step5：同 Step3，选择 Pressure 选项，选择金属容器上侧面，单击 Details of "Pressure"（参数列表）中 Geometry 选项下的 Apply 按钮，同时在 Define By 的 Magnitude 栏

中输入 2MPa，如图 14-63 所示。

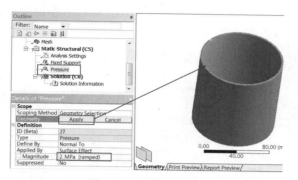

图 14-63　添加面载荷

Step6：在 Outline（分析树）中的 Static Structural（A5）选项上右击，在弹出的快捷菜单中选择 Solve 命令，如图 14-64 所示，此时会弹出进度显示条，表示正在求解，当求解完成后进度条自动消失。

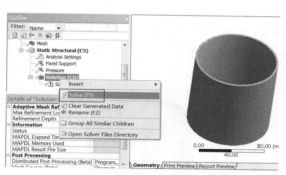

图 14-64　求解

14.3.8　结果后处理

Step1：选择 Mechanical 界面左侧 Outline（分析树）中的 Solution（A6）选项，此时会出现如图 14-65 所示的 Solution 工具栏。

Step2：选择 Solution 工具栏中的 Deformation（变形）→Total 命令，如图 14-66 所示，此时在分析树中会出现 Total Deformation（总变形）选项。

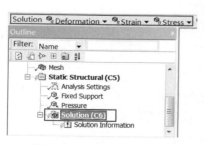

图 14-65　Solution 工具栏

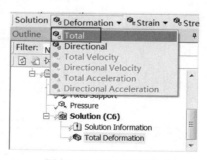

图 14-66　添加变形选项

Step3：在 Outline（分析树）中的 Solution（A6）选项上右击，在弹出的快捷菜单中选择 Evaluate All Results 命令，如图 14-67 所示，此时会弹出进度显示条，表示正在求解，当求解完成后进度条自动消失。

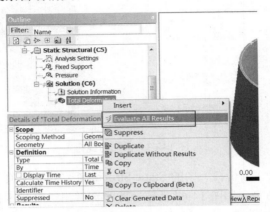

图 14-67 快捷菜单

Step4：选择 Outline（分析树）中 Solution（A6）下的 Total Deformation（总变形）选项，此时会出现如图 14-68 所示的总变形分析云图。

图 14-68 总变形分析云图

Step5：选择 Solution 工具栏中的 Stress→Equivalent（von-Mises）命令，如图 14-69 所示，此时在分析树中会出现 Equivalent Stress（等效应力）选项。

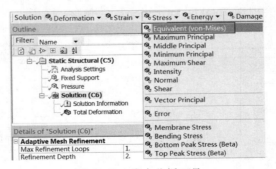

图 14-69 应力分析工具

Step6：同 Step3，在 Outline（分析树）中的 Solution（A6）选项上右击，在弹出的快捷菜单中选择 Evaluate All Results 命令，如图 14-70 所示，此时会弹出进度显示条，表示正在求解，当求解完成后进度条自动消失。

Step7：如图 14-71 所示为应力分析云图。

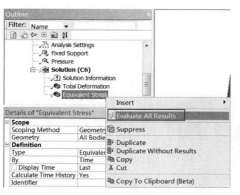

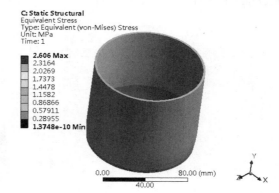

图 14-70　计算快捷菜单　　　　　　　　图 14-71　应力分布云图

14.3.9　特征值屈曲分析

Step1：如图 14-72 所示，将 Toolbox（工具箱）中的 Eigenvalue Buckling（特征值屈曲分析）选项直接拖曳到项目 A（静力分析）的 A6 Solution 中。

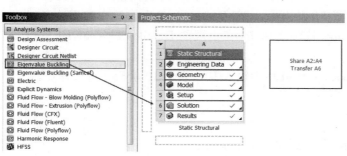

图 14-72　创建特征值屈曲分析

Step2：如图 14-73 所示，此时项目 A 的所有前处理数据已经全部导入项目 B 中，此时，如果双击项目 B 中的 B5 Setup 选项即可直接进入 Mechanical 界面。

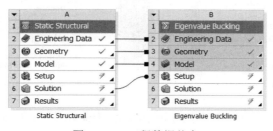

图 14-73　工程数据共享

14.3.10 施加载荷与约束

Step1：双击主界面项目管理区项目 B 中的 B5 栏 Setup 选项，进入如图 14-74 所示 Mechanical 界面。在该界面下即可进行网格的划分、分析设置、结果观察等操作。

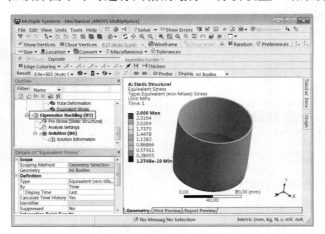

图 14-74 Mechanical 界面

Step2：如图 14-75 所示，在 Outline（分析树）中的 Static Structural（A5）选项上右击，在弹出的快捷菜单中选择 Solve 命令，此时会弹出进度显示条，表示正在求解，当求解完成后进度条自动消失。

Step3：如图 14-76 所示，在 Outline（分析树）中的 Eigenvalue Buckling（B5）→Analysis Settings 选项上单击，在出现的 Details of "Analysis Settings" 选项的 Options 中做如下更改。

在 Max Modes to Find 栏中输入 10，表示 10 阶模态将被计算。

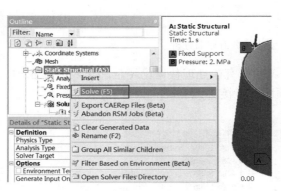

图 14-75 静力计算

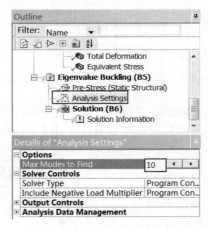

图 14-76 阶数设定

Step4：在 Outline（分析树）中的 Eigenvalue Buckling（B5）选项上右击，在弹出的快捷菜单中选择 Solve 命令，如图 14-77 所示，此时会弹出进度显示条，表示正在求解，当求解完成后进度条自动消失。

14.3.11 结果后处理

Step1：选择 Mechanical 界面左侧 Outline（分析树）中的 Solution（B6）选项，此时会出现如图 14-78 所示的 Solution 工具栏。

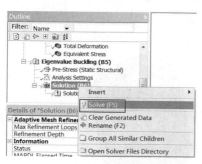

图 14-77 求解

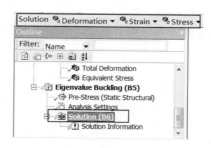

图 14-78 Solution 工具栏

Step2：选择 Solution 工具栏中的 Deformation（变形）→Total 命令，如图 14-79 所示，此时在分析树中会出现 Total Deformation（总变形）选项。

Step3：选择 Solution 工具栏中的 Total Deformation（总变形）命令，在如图 14-80 所示的 Details of "Total Deformation" 面板 Definition 下的 Mode 中输入 1。

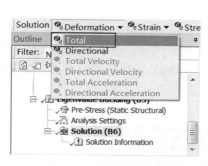

图 14-79 添加变形选项

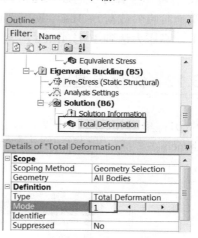

图 14-80 设置阶数

Step4：如图 14-81 所示，右击 Solution 选项，在弹出的快捷菜单中选择 Evaluate All Results 命令，进行后处理计算。

Step5：图 14-82 所示为金属容器的第一阶屈曲模态变形云图。

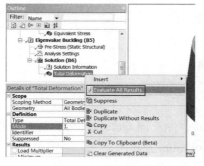

图 14-81　快捷菜单

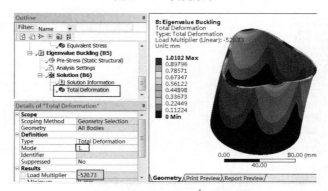

图 14-82　第一阶屈曲模态变形云图

从图 14-82 所示的面板中可以查到第一阶屈曲载荷因子为 520.7，由于施加载荷为 2MPa，故可知金属容器的屈曲压力为 520.7×2 = 1041.4MPa，变形形状为右侧云图所示。

第一阶临界载荷为 1041.4MPa，由于第一阶为屈曲载荷的最低值，因此这意味着在理论上，当压力达到 1041.4MPa 时金属容器将失稳。

14.3.12　保存与退出

Step1：单击 Mechanical 界面右上角的 ❌（关闭）按钮，退出 Mechanical，返回到 Workbench 主界面。此时，主界面的项目管理区中显示的分析项目均已完成，如图 14-83 所示。

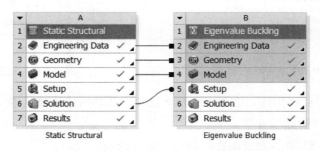

图 14-83　项目管理区中的分析项目

Step2：在 Workbench 主界面中单击常用工具栏中的 🖫（保存）按钮，保存文件名为 Shell_Bukling。

Step3：单击右上角的 （关闭）按钮，退出 Workbench 主界面，完成项目分析。

14.4 项目分析 3——工字梁屈曲分析

本节将通过一个工字梁屈曲分析例子来帮助读者学习屈曲分析的操作步骤。具体的问题描述及分析过程见下面的介绍。

学习目标：熟练掌握 ANSYS Workbench 屈曲分析的方法及过程。

模型文件	Chapter14\char14-3\gongziliang.x_t
结果文件	Chapter14\char14-3\gongziliang.x_t.wbpj

14.4.1 问题描述

工字梁是工程中常用到的梁结构，而受压力的长梁的屈曲常是造成梁破坏的主要原因，因此需要对梁进行屈曲分析，该梁长 1m，端部受 1000N 的压力，如图 14-84 所示。该梁材料为铝合金。

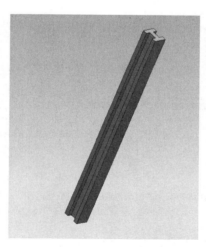

图 14-84　工字梁

14.4.2 添加材料和导入模型

Step1：在主界面中建立分析项目，项目为静态结构分析（Static Structural）。双击分析系统中 Static Structural 选项，生成静态结构分析项目，如图 14-85 所示。

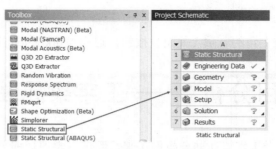

图 14-85　静态结构分析项目

Step2：双击 A 项目下部 Static Structural 选项，将分析项目名更改为工字梁静态，如图 14-86 所示。

图 14-86　更改分析项目名称

Step3：双击 A2 栏 Engineering Data 选项，进入如图 14-87 所示的材料参数设置界面。在该界面下即可进行材料参数设置。

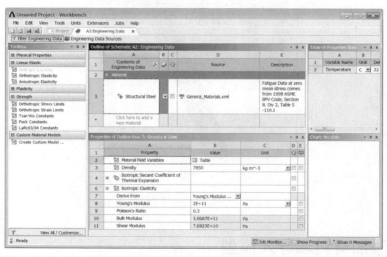

图 14-87　材料参数设置界面（1）

Step4：在界面的空白处右击，在弹出的快捷菜单中选择 Engineering Data Sources（工程数据源）命令，此时的界面会变为如图 14-88 所示的界面。原界面窗口中的 Outline of Schematic A2: Engineering Data 消失，被 Engineering Data Sources 及 Outline of General

Materials 取代。

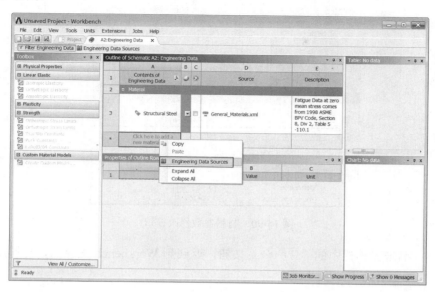

图 14-88　材料参数设置界面（2）

Step5：在 Engineering Data Sources 表中选择 A3 栏 General Materials 选项，然后单击 Outline of General Materials 表中 A4 栏 Aluminum Alloy（铝合金）后的 B4 栏的 ➕（添加）按钮，此时在 C4 栏中会显示 📖（使用中的）标识，如图 14-89 所示，标识材料添加成功。

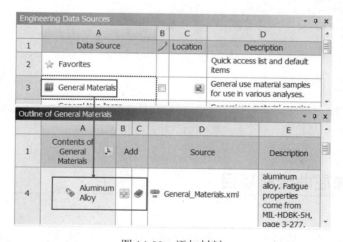

图 14-89　添加材料

Step6：同 Step3，在界面的空白处右击，在弹出的快捷菜单中选择 Engineering Data Sources（工程数据源）命令，返回到初始界面中。

Step7：根据实际工程材料的特性，在 Properties of Outline Row 4: Aluminum Allog 表中可以修改材料的特性，如图 14-90 所示。本实例采用的是默认值。

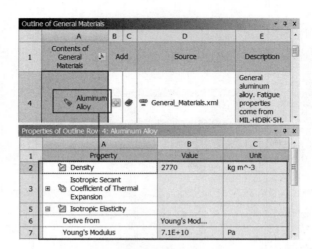

图 14-90 材料参数修改窗口

Step8:单击工具栏中的 Project 按钮,返回到 Workbench 主界面,材料库添加完毕。

Step9:在 A3 栏的 Geometry 上右击,在弹出的快捷菜单中选择 Import Geometry→Browse 命令,在弹出的对话框中选择需要导入的模型 gongziliang.x_t,如图 14-91 所示。

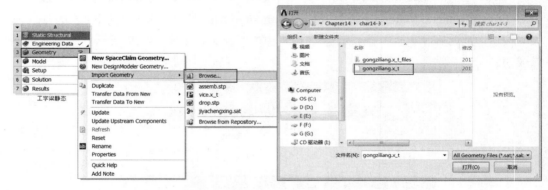

图 14-91 导入模型

14.4.3 添加屈曲分析项目

由于屈曲分析都是耦合分析,其前期都要完成一个静态结构分析项目,再由该分析的结果传入特征值屈曲分析项目中。

在 A6 栏 Solution 上右击,从弹出的快捷菜单中选择 Transfer Data To New→Eigenvalue Buckling 命令,如图 14-92 所示。便将静态结构分析的结果传入特征值屈曲分析中,如图 14-93 所示。

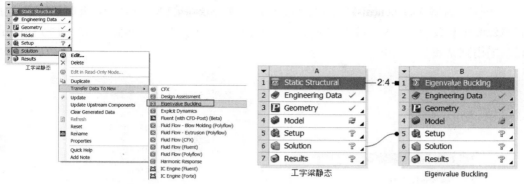

图 14-92　传导数据　　　　　　　　图 14-93　数据连接

14.4.4　赋予材料和划分网格

Step1：双击分析项目中 A4 栏 Model 选项，打开 Mechanical 界面，此时可以看到界面中出现工字梁模型，如图 14-94 所示。

Step2：单击 Outline 栏的 Geometry 选项前部的 ⊞ 按钮，如图 14-95 所示，选择 Part1 选项。

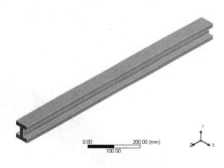

图 14-94　工字梁　　　　　　　　图 14-95　Outline 模型树

Step3：单击 Details of "Part1" 栏中 Assignment 选项后的 ▸ 按钮，如图 14-96 所示，选择 Aluminum Alloy 选项。

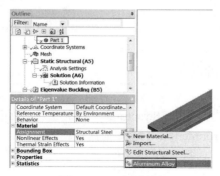

图 14-96　更改材料

Step4：选择 Mechanical 界面左侧 Outline（分析树）中的 Mesh 选项，此时可在 Details of "Mesh"（参数列表）中修改网格参数。本例中，将 Sizing 中的 Element Size 设为 10mm，其余采用默认设置，如图 14-97 所示。

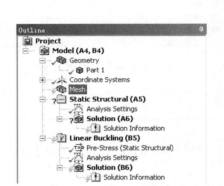
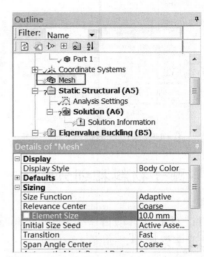

图 14-97　设置网格大小

Step5：在 Mechanical 界面左侧 Outline（分析树）中的 Mesh 选项上右击，从弹出的快捷菜单中选择 Generate Mesh 命令，如图 14-98 所示。生成后网格模型如图 14-99 所示。

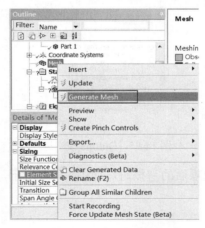
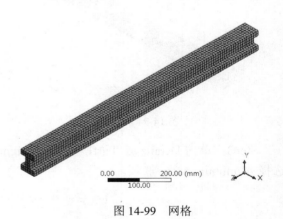

图 14-98　生成网格图　　　　　　　　　　图 14-99　网格

14.4.5　添加约束和载荷

Step1：选择 Outline 栏中 Static Structural（A5）选项，如图 14-100 所示，此时会出现如图 14-101 所示的 Environment（环境）工具栏。

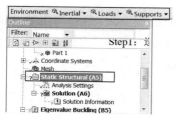

图 14-100 边界条件选项

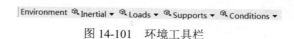

图 14-101 环境工具栏

Step2：选择 Environment（环境）工具栏中的 Supports→Fixed Support 命令，如图 14-102 所示。

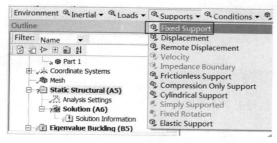

图 14-102 选择约束

Step3：选择工字梁底面，如图 14-103 所示。在 Details of "Fixed Support" 栏中单击 Geometry 中的 Apply 按钮，如图 14-104 所示。

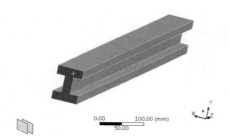

图 14-103 选择约束面

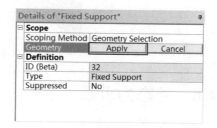

图 14-104 位移约束参数设置

Step4：选择 Environment（环境）工具栏中的 Supports→Force 命令，如图 14-105 所示。

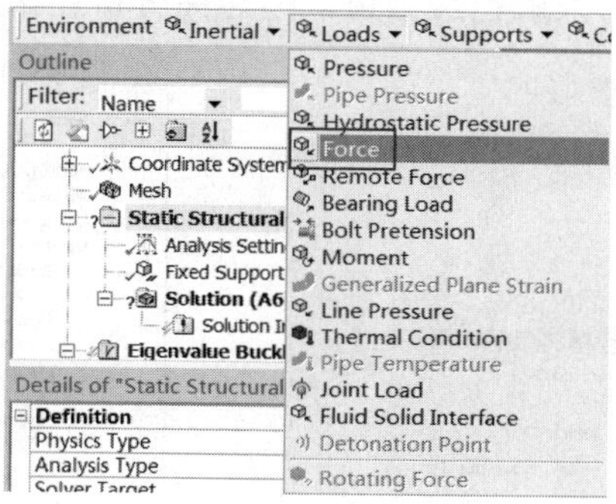

图 14-105 选择载荷

Step5：选择工字梁顶面，如图 14-106 所示。在 Details of "Force" 栏中单击 Geometry 中的 Apply 按钮，并在 Magnitude 中输入 1000，如图 14-107 所示。方向选择为向下，如图 14-108 所示。

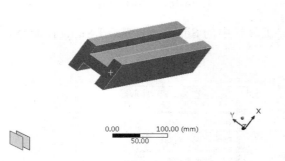

图 14-106　选择工字梁顶面　　　　　图 14-107　力载荷输入

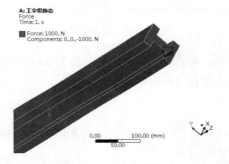

图 14-108　力加载方向

14.4.6　静态力求解

在 Outline 栏中 Solution（A6）选项上右击，在弹出的快捷菜单中选择 Solve 命令，如图 14-109 所示。求解时会出现进度栏。当进度栏消失，同时 Solution（A6）选项前方出现 ✓ 标识，说明静态压力求解已经结束，但屈曲分析还未进行，如图 14-110 所示。

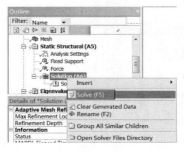   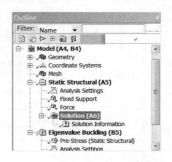

图 14-109　求解　　　　　　　　图 14-110　静力求解完成

14.4.7 屈曲分析求解

Step1：在 Outline 栏中 Analysis Settings 选项上单击，如图 14-111 所示。此时会出现 Details of "Analysis Settings" 栏，如图 14-112 所示。

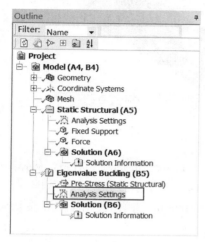

图 14-111　分析设置

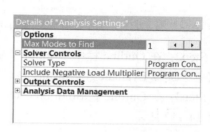

图 14-112　设置细节

Step2：在 Options 栏中可以输入最大模数，这里默认为 1。

Step3：在 Outline 栏中 Solution（B6）选项上右击，在弹出的快捷菜单中选择 Solve 命令，如图 14-113 所示。求解时会出现进度栏。当进度栏消失，同时 Solution（B6）选项前方出现 ✓ 标识，说明所有求解已经结束，如图 14-114 所示。

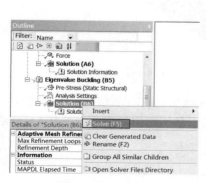

图 14-113　求解

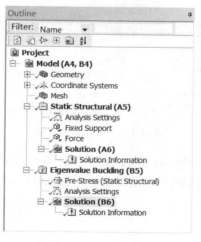

图 14-114　计算完成

14.4.8 后处理

Step1：在 Outline 栏中的 Solution（B6）选项上右击，在弹出的快捷菜单中选择 Insert

→Deformation→Total 命令，添加变形分析结果，如图 14-115 所示。

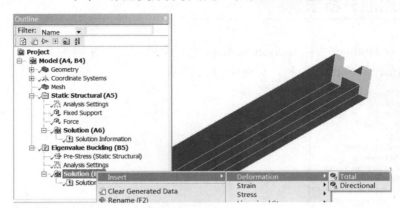

图 14-115　添加求解结果

Step2：在 Outline 栏中 Solution（A6）的 Total Deformation 选项上右击，从弹出的快捷菜单中选择 Evaluate All Results 显示结果，如图 14-116 所示。

Step3：在 Outline 栏 Solution（A6）中 Total Deformation 选项上单击，显示变形结果，如图 14-117 所示。

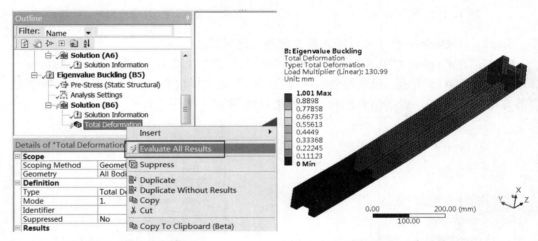

图 14-116　提取求解结果　　　　　　图 14-117　变形结果

Step4：在界面右下部有 Tabular Data 显示，其中 Load Multiplier 数值为 131，如图 14-118 所示。因为之前加载的力为 1000N，乘上屈曲参数，那么能够得出的屈曲力就是 131 000N。

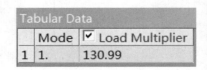

图 14-118　屈曲参数

14.4.9 保存与退出

Step1：单击 Mechanical 界面右上角的 按钮，退出 Mechanical，返回 Workbench 主界面。此时主界面的项目管理区中显示的分析项目均已完成，如图 14-119 所示。

图 14-119 项目分析完成

Step2：在 Workbench 主界面中单击常用工具栏中的 按钮，保存包含有分析结果的文件。

Step3：单击主界面右上角的 按钮，退出 Workbench，完成项目分析。

14.5 本章小结

本章详细地介绍了 ANSYS Workbench 18.0 软件特征值屈曲分析功能，包括几何导入、网格划分、边界条件设定、后处理等操作，同时还简单介绍了临界屈曲载荷的求解方法与载荷因子的计算方法。

通过本章的学习，读者应该对特征值屈曲分析的过程有详细的了解。

第15章

热力学分析

热传递是物理场中常见的一种现象,在工程分析中,热传递包括热传导、热对流和热辐射三种基本形式。热力学分析在工程应用中至关重要,如在高温作用下的压力容器,如果温度过高会导致内部气体膨胀,使压力容器爆裂。刹车片刹车制动时瞬时间产生大量热,容易使刹车片产生热应力等。本章主要介绍 ANSYS Workbench 热力学分析,讲解稳态和瞬态热力学计算过程。

学习目标

(1) 熟练掌握 ANSYS Workbench 温度场分析的方法及过程。
(2) 熟练掌握 ANSYS Workbench 稳态温度场分析的设置与后处理。
(3) 熟练掌握 ANSYS Workbench 瞬态温度场分析的时间设置方法。
(4) 掌握零件热点处的瞬态温升曲线的处理方法。

15.1 热力学分析简介

在石油化工、动力、核能等许多重要部门中，在变温条件下工作的结构和部件通常都存在温度应力问题。

在正常工况下存在稳态的温度应力，在启动或关闭过程中还会产生随时间变化的瞬态温度应力。这些应力已经占有相当的比重，甚至成为设计和运行中的控制应力。要计算稳态或者瞬态应力，首先要计算稳态或者瞬态温度场。

15.1.1 热力学分析

热力学分析的目的就是计算模型内的温度分布及热梯度、热流密度等物理量。热载荷包括热源、热对流、热辐射、热流量、外部温度场等。

15.1.2 瞬态分析

ANSYS Workbench 可以进行两种热分析，即稳态热分析和瞬态热分析。

稳态热力学分析一般方程为

$$[K]\{I\} = \{Q\} \tag{15-1}$$

式中，$[K]$ 是传导矩阵，包括热系数、对流系数、辐射系数和形状系数；$\{I\}$ 是节点温度向量；$\{Q\}$ 是节点热流向量，包含热生成。

瞬态热力学分析一般方程为

$$[C]\{T\} + [K]\{I\} = \{Q\} \tag{15-2}$$

式中，$[K]$ 是传导矩阵，包括热系数、对流系数、辐射系数和形状系数；$[C]$ 是比热矩阵，考虑系统内能的增加；$\{I\}$ 是节点温度向量；$\{T\}$ 是节点温度对时间的导数；$\{Q\}$ 是节点热流向量，包含热生成。

15.1.3 基本传热方式

基本传热方式有热传导、热对流及热辐射。

1. 热传导

当物体内部存在温差时，热量从高温部分传递到低温部分；不同温度的物体相接触时，热量从高温物体传递到低温物体。这种热量传递的方式称为热传导。

热传导遵循傅里叶定律为

$$q'' = -k\frac{\mathrm{d}T}{\mathrm{d}x} \tag{15-3}$$

式中，q'' 是热流密度，其单位为 W/m²；k 是导热系数，其单位为 W/(m·℃)。

2．热对流

对流是指温度不同的各个部分流体之间发生相对运动所引起的热量传递方式。高温物体表面附近的空气因受热而膨胀，密度降低而向上流动，密度较大的冷空气将下降替代原来的受热空气而引发对流现象。热对流分为自然对流和强迫对流两种。

热对流满足牛顿冷却方程为

$$q'' = h(T_s - T_b) \tag{15-4}$$

式中，h 是对流换热系数（或称膜系数）；T_s 是固体表面温度；T_b 是周围流体温度。

3．热辐射

热辐射是指物体发射电磁能，并被其他物体吸收转变为热的热量交换过程。与热传导和热对流不同，热辐射不需要任何传热介质。

实际上，真空的热辐射效率最高。同一物体，温度不同时的热辐射能力不一样，温度相同的不同物体的热辐射能力也不一定一样。同一温度下，黑体的热辐射能力最强。

在工程中通常考虑两个或者多个物体之间的辐射，系统中每个物体同时辐射并吸收热量。它们之间的净热量传递可用斯蒂芬波尔兹曼方程来计算，即

$$q = \varepsilon \sigma A_1 F_{12}(T_1^4 - T_2^4) \tag{15-5}$$

式中，q 为热流率；ε 为辐射率（黑度）；σ 为黑体辐射常数，$\sigma \approx 5.67 \times 10^{-8}$ W/(m²·K⁴)；A_1 为辐射面 1 的面积；F_{12} 为由辐射面 1 到辐射面 2 的形状系数；T_1 为辐射面 1 的绝对温度；T_2 为辐射面 2 的绝对温度。

从热辐射的方程可以得知，如果分析包含热辐射，则分析为高度非线性。

15.2 项目分析 1——杯子稳态热力学分析

本节主要介绍 ANSYS Workbench 18.0 的稳态热力学分析模块，计算杯子模型在杯子底部有 100℃时的温度分布。

学习目标：熟练掌握 ANSYS Workbench 建模方法及稳态热力学分析的方法及过程。

模型文件	Chapter15\char15-1\beizi.x_t
结果文件	Chapter15\char15-1\beizi_Thermal.wbpj

15.2.1 问题描述

如图 15-1 所示为杯子模型，请用 ANSYS Workbench 分析计算杯子模型在杯子底部 100℃时的温度分布。

15.2.2 启动 Workbench 并建立分析项目

Step1：在 Windows 系统下选择"开始"→"所有程序"→ANSYS 18.0→Workbench 18.0 命令，启动 ANSYS Workbench 18.0，进入主界面。

Step2：双击主界面 Toolbox（工具箱）中的 Component Systems→Geometry（几何）命令，即可在 Project Schematic（项目管理区）创建分析项目 A，如图 15-2 所示。

图 15-1　杯子模型

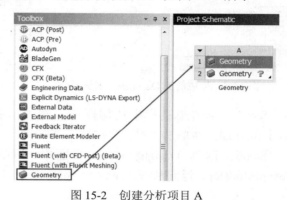

图 15-2　创建分析项目 A

15.2.3 导入几何体模型

Step1：在 A2 Geometry 上右击，在弹出的快捷菜单中选择 Import Geometry→Browse 命令，如图 15-3 所示，此时会弹出"打开"对话框。

Step2：在弹出的"打开"对话框中选择文件路径，导入 beizi.x_t 几何体文件，如图 15-4 所示，此时 A2 Geometry 后的 ? 变为 ✓，表示实体模型已经存在。

图 15-3　导入几何体　　　　　　　　　图 15-4　"打开"对话框

Step3：双击项目 A 中的 A2 Geometry 选项，此时会进入 DesignModeler 界面，选择 Millimeter 选项。此时设计树中 Import1 前显示 ≁，表示需要生成，图形窗口中没有图形显示，如图 15-5 所示。

Step4：单击 ∮ Generate（生成）按钮，即可显示生成的几何体，如图 15-6 所示，此时可在几何体上进行其他的操作。本例无须进行操作。

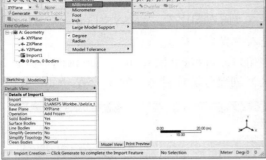
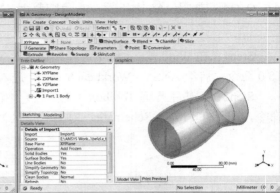

图 15-5　生成前的 DesignModeler 界面　　　图 15-6　生成后的 DesignModeler 界面

Step5：单击工具栏中的 ■ 图标，在弹出的"另存为"对话框的名称栏中输入 beizi_thermal，并单击"保存"按钮。

Step6：回到 DesignModeler 界面中，单击右上角的 × （关闭）按钮，退出 DesignModeler，返回 Workbench 主界面。

15.2.4　创建分析项目

Step1：如图 15-7 所示，在 Workbench 主界面的 Toolbox（工具箱）→Analysis Systems 中选择 Steady-State Thermal（稳态热力学分析）选项，并直接拖曳到项目 A 的 A2（Geometry）栏中。

Step2：此时会出现如图 15-8 所示的项目 B，同时在项目 A 的 A2（Geometry）与项目 B 的 B3（Geometry）之间出现一条连接线，说明数据在项目 A 与项目 B 之间实现共享。

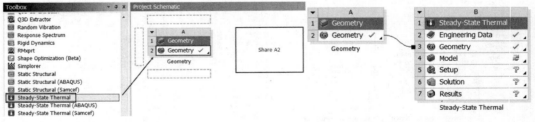

图 15-7　创建项目　　　　　　　　　　图 15-8　项目数据共享

15.2.5　添加材料库

Step1：双击项目 A 中的 A2 Engineering Data 选项，进入如图 15-9 所示的材料参数设置界面。在该界面下即可进行材料参数设置。

第 15 章　热力学分析

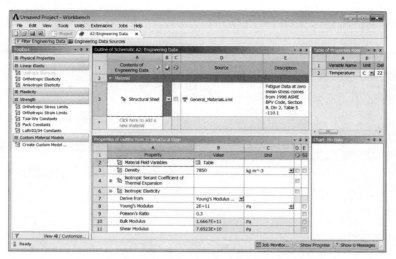

图 15-9　材料参数设置界面（1）

Step2：在界面的 A1 表中右击，在弹出的快捷菜单中选择 Engineering Data Sources（工程数据源）命令，此时的界面会变为如图 15-10 所示的界面。原界面窗口中的 Outline of Schematic A2: Engineering Data 消失，被 Engineering Data Sources 及 Outline of General Materials 取代。

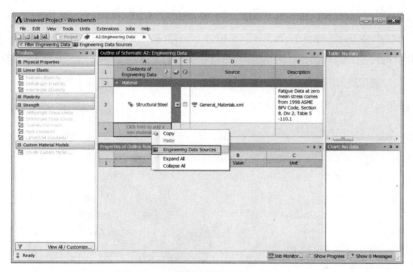

图 15-10　材料参数设置界面（2）

Step3：在 Engineering Data Sources 表中选择 A3 栏 General Materials 选项，然后单击 Outline of General Materials 表中 A4 栏 Aluminum Alloy（铝合金）后的 B4 栏的 ✚（添加）按钮，此时在 C4 栏中会显示 📄（使用中的）标识，如图 15-11 所示，标识材料添加成功。

Step4：同 Step2，在界面的空白处右击，在弹出的快捷菜单中选择 Engineering Data Sources（工程数据源）命令，返回到初始界面中。

Step5：根据实际工程材料的特性，在 Properties of Outline Row 4: Aluminum Allog 表

中可以修改材料的特性，如图 15-12 所示。本实例采用的是默认值。

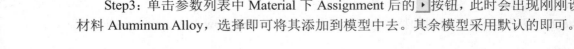

图 15-11　添加材料　　　　　　　　图 15-12　材料参数修改窗口

Step6：单击工具栏中的 按钮，返回 Workbench 主界面，材料库添加完毕。

15.2.6　添加模型材料属性

Step1：双击主界面项目管理区项目 B 中的 B4 栏 Model 选项，进入如图 15-13 所示 Mechanical 界面。在该界面下即可进行网格的划分、分析设置、结果观察等操作。

图 15-13　Mechanical 界面

Step2：选择 Mechanical 界面左侧 Outline（分析树）中 Geometry 选项下的 BEIZI-W，此时即可在 Details of "BEIZI-W"（参数列表）中给模型添加材料，如图 15-14 所示。

Step3：单击参数列表中 Material 下 Assignment 后的▸按钮，此时会出现刚刚设置的材料 Aluminum Alloy，选择即可将其添加到模型中去。其余模型采用默认的即可。

第 15 章 热力学分析

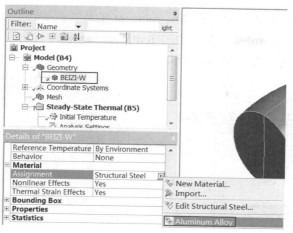

图 15-14 修改材料属性

15.2.7 划分网格

Step1：选择 Mechanical 界面左侧 Outline（分析树）中的 Mesh 选项，此时可在 Details of "Mesh"（参数列表）中修改网格参数，如图 15-15 所示，在 Sizing 的 Relevance Center 中设置 Fine，在 Element Size 中输入 2mm，其余采用默认设置。

Step2：在 Outline（分析树）中的 Mesh 选项上右击，在弹出的快捷菜单中选择 Generate Mesh 命令，此时会弹出进度显示条，表示网格正在划分，当网格划分完成后，进度条自动消失。最终的网格效果如图 15-16 所示。

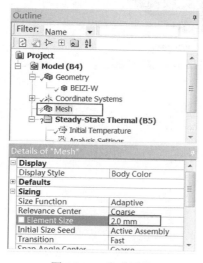

图 15-15 生成网格

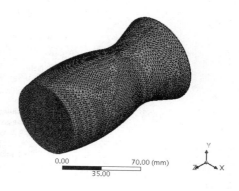

图 15-16 网格效果

15.2.8 施加载荷与约束

Step1：选择 Mechanical 界面左侧 Outline（分析树）中的 Steady-State Thermal（B5）

选项，此时会出现如图 15-17 所示的 Environment 工具栏。

Step2：选择 Environment 工具栏中的 Temperature（温度）命令，此时在分析树中会出现 Temperature 选项，如图 15-18 所示。

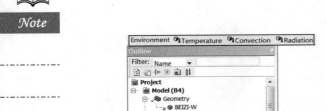
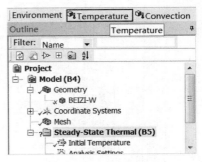

图 15-17　Environment 工具栏　　　　　　　图 15-18　添加载荷

Step3：如图 15-19 所示，选择 Temperature 选项，选择杯子底面，确保 Details of "Temperature"面板 Geometry 栏中出现 2 Faces，表明杯子底面被选中，在 Definition→Magnitude 中输入 100℃，完成一个热载荷的添加。

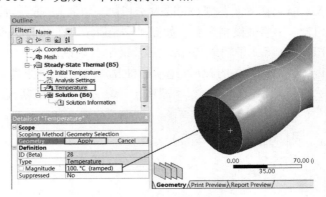

图 15-19　施加载荷

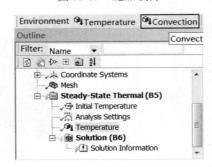

图 15-20　添加对流

Step4：选择 Environment 工具栏中的 Convection（对流）命令，如图 15-20 所示，此时在分析树中会出现 Convection 选项。

Step5：如图 15-21 所示，选择 Convection 选项，选择杯子外表面，确保 Details of"Convection"面板 Geometry 栏中出现 6 Faces，表明杯子外表面的六个面被选中，在

Definition→File Coefficient 栏中单击 ▸ 按钮，此时会弹出如图 15-22 所示的对话框。从中选择 Stagnant Air-Simplified Case 选项，单击 OK 按钮，完成一个对流的添加。

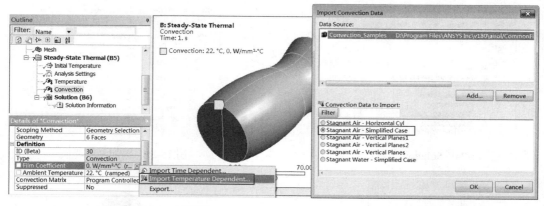

图 15-21　对流面　　　　　　　　图 15-22　对流方式

Step6：在 Outline（分析树）中的 Steady-State Thermal（B5）选项上右击，在弹出的快捷菜单中选择 Solve 命令，如图 15-23 所示，此时会弹出进度显示条，表示正在求解，当求解完成后进度条自动消失。

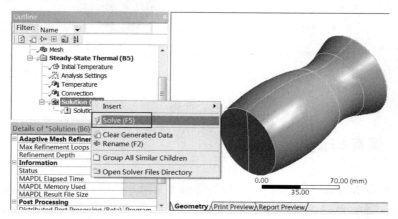

图 15-23　求解

15.2.9　结果后处理

Step1：选择 Mechanical 界面左侧 Outline（分析树）中的 Solution（B6）选项，此时会出现如图 15-24 所示的 Solution 工具栏。

Step2：选择 Solution 工具栏中的 Thermal（热）→Temperature 命令，如图 15-25 所示，选中此时在分析树中会出现 Temperature（温度）选项。

Step3：在 Outline（分析树）中的 Solution（B6）选项上右击，在弹出的快捷菜单中选择 Solve 命令，如图 15-26 所示，此时会弹出进度显示条，表示正在求解，当求解完成后进度条自动消失。

Step4：选择 Outline（分析树）中 Solution（B6）下的 Temperature（温度）选项，如图 15-27 所示。

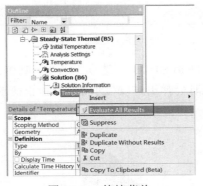

图 15-24　Solution 工具栏

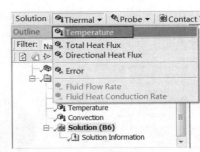

图 15-25　添加温度选项

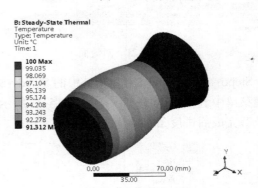

图 15-26　快捷菜单　　　　　　　　　图 15-27　温度分布

Step5：同样的操作方法，查看热流量，如图 15-28 所示。

15.2.10　保存与退出

Step1：单击 Mechanical 界面右上角的 （关闭）按钮，退出 Mechanical，返回到 Workbench 主界面。此时，主界面的项目管理区中显示的分析项目均已完成，如图 15-29 所示。

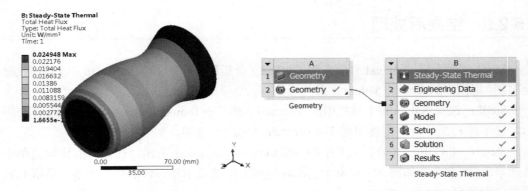

图 15-28　热流量云图　　　　　　　　图 15-29　项目管理区中的分析项目

Step2：在 Workbench 主界面中单击常用工具栏中的 ■（保存）按钮，保存包含有分析结果的文件。

Step3：单击右上角的 ■（关闭）按钮，退出 Workbench 主界面，完成项目分析。

15.3 项目分析 2——杯子瞬态热力学分析

本节主要介绍 ANSYS Workbench 18.0 的瞬态热力学分析模块，计算杯子温度分布。

学习目标：熟练掌握 ANSYS Workbench 瞬态热力学分析的方法及过程。

模型文件	无
结果文件	Chapter15\char15-2\beizi_Transient_Thermal.wbpj

15.3.1 瞬态热力学分析

选择主界面 Toolbox（工具箱）中的 Analysis Systems→Transient Thermal（瞬态热力学分析）命令，如图 15-30 所示，然后将鼠标移动到项目 B 的 B6（Solution）中，此时在项目 B 的右侧出现一个项目 C，项目 B 与项目 C 的数据实现共享。

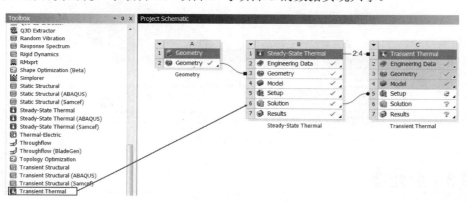

图 15-30 创建瞬态热力学分析

15.3.2 设置分析选项

Step1：双击 C5 栏，进入 Mechanical 平台。

Step2：选择 Analysis Settings 选项，在出现的 Details of "Analysis Settings"面板的 Step End Time 中输入 5s，如图 15-31 所示。

Step3：添加温度载荷，如图 15-32 所示，在 Details of "Temperature"面板中做如下设置。

① 选择杯子底面，确保在 Geometry 栏中出现 2 Faces，表明杯子底面被选中。

② 在 Magnitude 栏中输入 0 时刻温度为 22℃；5 时刻的温度为 100℃。

Step4：如图 15-33 所示，在 Transient Thermal（C5）选项上右击，在弹出的快捷菜单中选择 Solve 命令，此时会弹出进度显示条，表示正在求解，当求解完成后进度条自动消失。

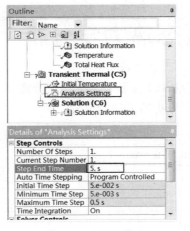

图 15-31　分析设置

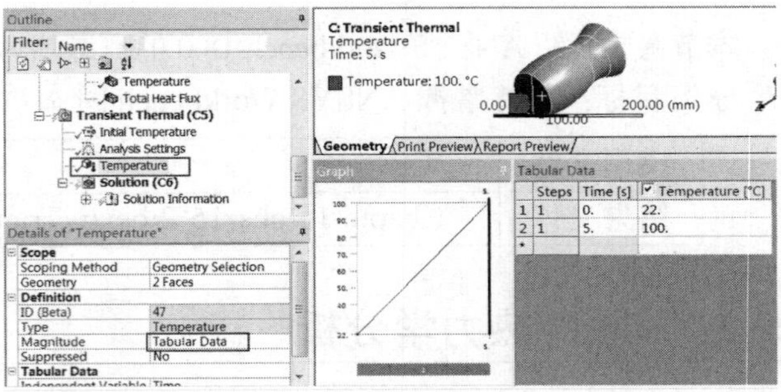

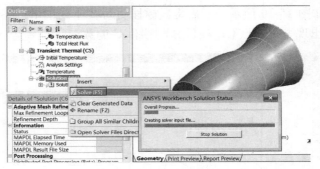

图 15-32　添加激励

图 15-33　计算求解

15.3.3　后处理

同稳态热力学分析一样，可以查看温度分布，如图 15-34 所示。

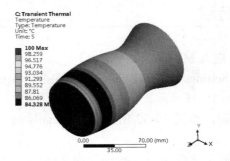

图 15-34　温度分布

15.3.4 保存与退出

Step1：单击 Mechanical 界面右上角的 （关闭）按钮，退出 Mechanical，返回到 Workbench 主界面。此时主界面的项目管理区中显示的分析项目均已完成，如图 15-35 所示。

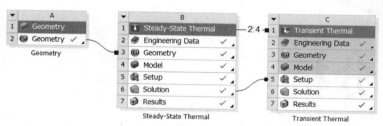

图 15-35 项目管理区中的分析项目

Step2：单击右上角的 ❌（关闭）按钮，退出 Workbench 主界面，完成项目分析。

15.4 本章小结

本章介绍了一个杯子受热的稳态热力学分析与瞬态热力学分析，在分析过程中考虑了与周围空气的对流换热边界，在后处理工程中得到了温度分布云图及热流密度分布云图。

通过本章的学习，读者应该对热力学分析的过程有详细的了解。

第16章

疲劳分析

结构失效的一个常见原因是疲劳,其造成破坏与重复加载有关,如长期转动的齿轮、叶轮等,都会存在不同程度的疲劳破坏,轻则是零件损坏,重则会出现人身生命危险。为了在设计阶段研究零件的预期疲劳程度,通过有限元的方式对零件进行疲劳分析。本章主要介绍 ANSYS Workbench 疲劳分析,讲解疲劳分析的计算过程。

学习目标

(1) 熟练掌握 ANSYS Workbench 与 Fatigue Tool 疲劳分析的方法及过程。
(2) 熟练掌握 ANSYS Workbench 与 Fatigue Tool 疲劳分析的应用场合。
(3) 熟练掌握 ANSYS Workbench 与 Fatigue Tool 疲劳常见分析方法的分类。

16.1 疲劳分析简介

疲劳失效是一种常见的失效形式,本章通过一个简单的实例讲解了疲劳分析的详细过程和方法。

16.1.1 疲劳概述

结构失效的一个常见原因是疲劳,其造成破坏与重复加载有关。因此,应力通常比材料的极限强度低,应力疲劳(Stress-based)用于高周疲劳;低周疲劳是在循环次数相对较低时发生的。塑性变形常伴随低周疲劳,其阐明了短疲劳寿命。一般认为应变疲劳(Strain-based)应该用于低周疲劳计算。

在设计仿真中,疲劳模块拓展程序(Fatigue Module add-on)采用的是基于应力疲劳理论,它适用于高周疲劳。接下来,将对基于应力疲劳理论的处理方法进行讨论。

16.1.2 恒定振幅载荷

在前面曾提到,疲劳是由于重复加载引起的。当最大和最小的应力水平恒定时,称为恒定振幅载荷,否则,称为变化振幅或非恒定振幅载荷。下面将针对这种最简单的形式,首先进行讨论。

16.1.3 成比例载荷

载荷可以是比例载荷,也可以是非比例载荷。比例载荷,是指主应力的比例是恒定的,并且主应力的削减不随时间变化,实质意味着由于载荷的增加或反作用造成的响应很容易得到计算。

相反,非比例载荷没有隐含各应力之间的相互关系。典型情况包括以下几种。
- $\sigma_1 / \sigma_2 =$ 常数。
- 在两个不同载荷工况间的交替变化。
- 交变载荷叠加在静载荷上。
- 非线性边界条件。

16.1.4 应力定义

考虑在最大最小应力值 σ_{max} 和 σ_{min} 作用下的比例载荷、恒定振幅的情况有以下几种。
- 应力范围 $\Delta\sigma$ 定义为 ($\sigma_{max} - \sigma_{min}$)。
- 平均应力 σ_m 定义为 ($\sigma_{max} + \sigma_{min}$)/2。

- 应力幅或交变应力 σ_a 是 $\Delta\sigma/2$。
- 应力比 R 是 $\sigma_{min}/\sigma_{max}$。

当施加的是大小相等且方向相反的载荷时，发生的是对称循环载荷。这就是 $\sigma_m=0$，$R=-1$ 的情况。

当施加载荷后又撤除该载荷，将发生脉动循环载荷。这就是 $\sigma_m=\sigma_{max}/2$，$R=0$ 的情况。

16.1.5　应力—寿命曲线

载荷与疲劳失效的关系，采用的是应力—寿命曲线或 S-N 曲线来表示。

（1）若某一部件在承受循环载荷，经过一定的循环次数后，该部件裂纹或破坏将会发展，而且有可能导致失效。

（2）如果同个部件作用在更高的载荷下，导致失效的载荷循环次数将减少。

（3）应力—寿命曲线或 S-N 曲线，展示出应力幅与失效循环次数的关系。

S-N 曲线是通过对试件做疲劳测试得到的弯曲或轴向测试，反映的是单轴的应力状态。影响 S-N 曲线的因素很多，其中一些需要注意的方面如下：材料的延展性，材料的加工工艺，几何形状信息，包括表面光滑度、残余应力及存在的应力集中，载荷环境，包括平均应力、温度和化学环境。

例如，压缩平均应力比零平均应力的疲劳寿命长，相反，拉伸平均应力比零平均应力的疲劳寿命短，对压缩和拉伸平均应力，平均应力将分别提高和降低 S-N 曲线。

一个部件通常经受多轴应力状态。如果疲劳数据（S-N 曲线）是从反映单轴应力状态的测试中得到的，那么在计算寿命时就要注意以下几个方面。

（1）设计仿真为用户提供了如何把结果和 S-N 曲线相关联的选择，包括多轴应力的选择。

（2）双轴应力结果有助于计算在给定位置的情况。

平均应力影响疲劳寿命，并且变换在 S-N 曲线的上方位置与下方位置（反映出在给定应力幅下的寿命长短）。

（1）对于不同的平均应力或应力比值，设计仿真允许输入多重 S-N 曲线（实验数据）。

（2）如果没有太多的多重 S-N 曲线（实验数据），那么设计仿真也允许采用多种不同的平均应力修正理论。

早先曾提到影响疲劳寿命的其他因素，也可以在设计仿真中用一个修正因子来解释。

16.1.6　总结

疲劳模块允许用户采用基于应力理论的处理方法，来解决高周疲劳问题，以下情况可以用疲劳模块来处理。

- 恒定振幅，比例载荷。
- 变化振幅，比例载荷。
- 恒定振幅，非比例载荷。
- 需要输入的数据是材料的 S-N 曲线。

其中，S-N 曲线从疲劳实验中获得，而且可能本质上是单轴的，但在实际的分析中，部件可能处于多轴应力状态。S-N 曲线的绘制取决于许多因素，包括平均应力，在不同平均应力值作用下的 S-N 曲线的应力值可以直接输入，也可以通过平均应力修正理论实现。

16.2 项目分析 1——椅子疲劳分析

本节主要介绍 ANSYS Workbench 18.0 的静态力学分析模块的疲劳分析功能，计算座椅在外荷载下的寿命周期与安全系数等。

学习目标：熟练掌握 ANSYS Workbench 静态力学分析模块的疲劳分析功能的方法及过程。

模型文件	无
结果文件	Chapter16\char16-1\Chair_Fatigue.wbpj

16.2.1 问题描述

如图 16-1 所示为某旋转座椅模型，请用 ANSYS Workbench 分析当座椅上受到 94 040Pa 的压力时座椅的疲劳分布及安全性能。

16.2.2 启动 Workbench 并建立分析项目

Step1：在 Windows 系统下选择"开始"→"所有程序"→ANSYS 18.0→Workbench 18.0 命令，启动 ANSYS Workbench 18.0，进入主界面。

Step2：在工具栏中单击 图标，打开已有工程文件，在弹出的如图 16-2 所示的"打开"对话框中选择 StaticStructure 文件名，并单击"打开"按钮。

图 16-1 座椅模型

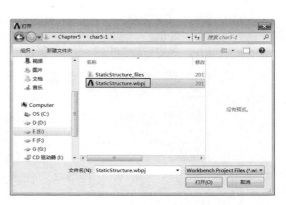

图 16-2 "打开"对话框

16.2.3 保存工程文件

Step1：在 Workbench 主界面中单击常用工具栏中的（另存为）按钮，如图 16-3 所示，保存文件名为 Chair_Fatigue。

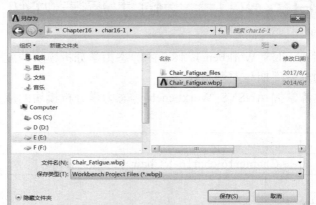

图 16-3 保存 Chair_Fatigue 文件

Step2：双击项目 A 中的 A7（Result）栏，此时会进入 Mechanical 平台。

16.2.4 更改设置

Step1：在 Mechanical 平台中，选择 Model（A4）→Geometry→CHAIR 命令，如图 16-4 所示，然后在出现的 Details of "CHAIR" 面板中将材料属性更改为 Structural Steel。

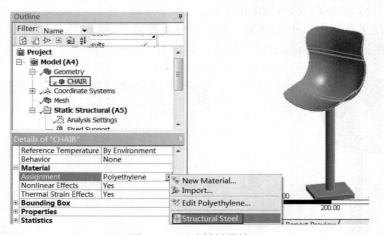

图 16-4 更改材料属性

Step2：选择 Static Structural（A5）→Pressure 命令，如图 16-5 所示，在出现的 Details of "Pressure" 面板中将载荷设置为 1MPa。

第 16 章 疲劳分析

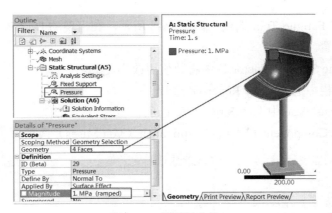

图 16-5 设置压力值

Step3：右击 Static Structural（A5）选项，在弹出的快捷菜单中选择 Solve 命令，如图 16-6 所示。

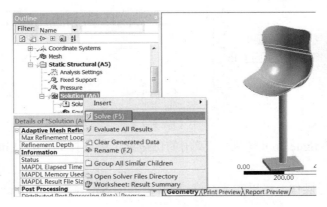

图 16-6 求解计算

16.2.5 添加疲劳分析选项

Step1：右击 Solution（A6）选项，此时会弹出如图 16-7 所示的快捷菜单，从中选择 Insert→Fatigue→Fatigue Tool 命令。

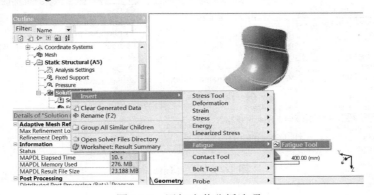

图 16-7 添加疲劳分析选项

Step2：选择 Fatigue Tool 选项，如图 16-8 所示，在出现的 Details of "Fatigue Tool" 面板中做如下设置。

① 在 Fatigue Strength Factor 栏中将数值更改为 1。
② 在 Type 栏中选择 Fully Reversed 选项。
③ 在 Analysis Type 中选择 Stress Life 选项。
④ 在 Stress Component 栏中选择 Equivalent（Von Mises）选项。

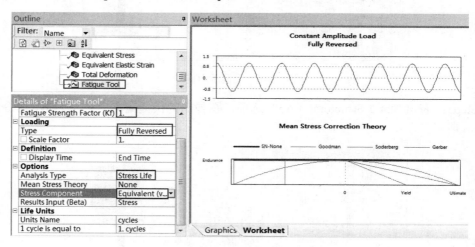

图 16-8　疲劳设置

Step3：右击 Fatigue Tool 选项，在弹出的快捷菜单中选择 Insert→Life 命令，如图 16-9 所示。

Step4：用同样操作，可以在 Fatigue Tool 中添加 Safety Factor、Fatigue Sensitivity 两个选项。

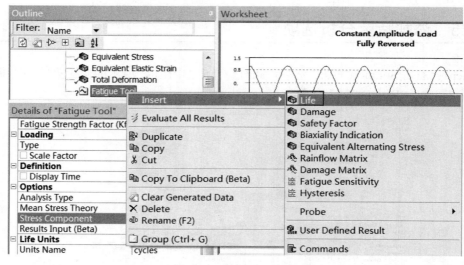

图 16-9　添加 Life 命令

第 16 章 疲劳分析

Step5:右击 Fatigue Tool 选项,此时在弹出的如图 16-10 所示的快捷菜单中选择 Evaluate All Results 命令。

Step6:图 16-11 所示为疲劳寿命显示云图。

Step7:图 16-12 所示为安全因子显示云图。

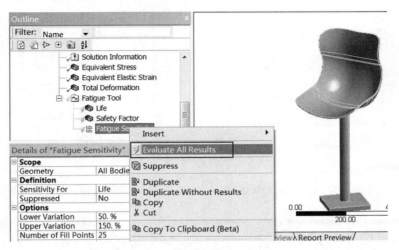

图 16-10 结果后处理

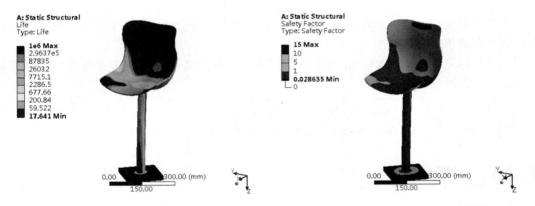

图 16-11 Life 云图显示　　　　　图 16-12 Safety Factor 云图显示

Step8:图 16-13 所示为疲劳寿命曲线。

16.2.6 保存与退出

Step1:单击 Mechanical 界面右上角的 ■ (关闭)按钮,退出 Mechanical,返回 Workbench 主界面。此时主界面的项目管理区中显示的分析项目均已完成,如图 16-14 所示。

Step2:在 Workbench 主界面中单击常用工具栏中的 ■ (保存)按钮。

Step3:单击右上角的 ■ (关闭)按钮,退出 Workbench 主界面,完成项目分析。

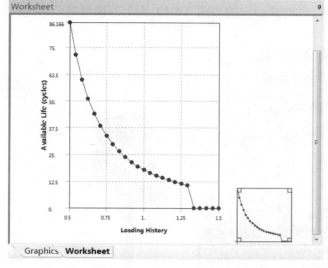

图 16-13 Available Life 曲线

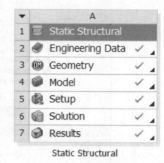

图 16-14 项目管理区中的分析项目

16.3 项目分析 2——实体疲劳分析

本节主要介绍 ANSYS Workbench 18.0 的静态力学分析模块的疲劳分析功能，计算实体在外荷载下的寿命周期与安全系数等。

学习目标：掌握 ANSYS Workbench 静态力学分析模块与 Fatigue Tool 工具疲劳分析的一般方法及过程

模型文件	Chapter16\char16-2\ConRod.x_t
结果文件	Chapter16\char16-2\ConRod.wbpj

16.3.1 问题描述

某模型如图 16-15 所示。

16.3.2 启动 Workbench 并建立分析项目

Step1：在 Windows 系统下选择"开始"→"所有程序"→ANSYS 18.0→Workbench 18.0 命令，启动 ANSYS Workbench 18.0，进入主界面。

Step2：双击主界面 Toolbox（工具箱）中的 Analysis Systems→Static Structural（静态结构分析）选项，即可在 Project Schematic（项目管理区）创建分析项目 A，如图 16-16 所示。

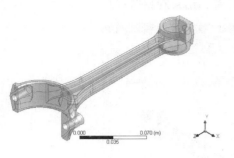

图 16-15　模型

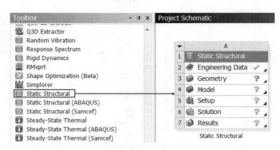

图 16-16　创建分析项目 A

16.3.3　导入创建几何体

Step1：在 A3 Geometry 上右击，在弹出的快捷菜单中选择 Import Geometry→Browse 命令，如图 16-17 所示，此时会弹出"打开"对话框。

Step2：在弹出的"打开"对话框中选择文件路径，导入 shaft.agdb 几何体文件，此时 A3 Geometry 后的 ? 变为 ✓，表示实体模型已经存在。

Step3：双击项目 A 中的 A3 Geometry，此时会进入到 DesignModeler 界面，轴几何模型如图 16-18 所示。

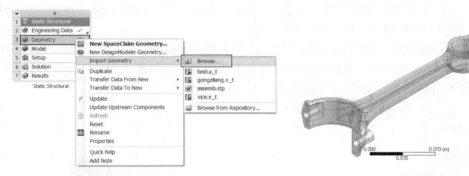

图 16-17　导入几何体　　　　　　　　图 16-18　几何模型

Step4：单击 DesignModeler 界面右上角的 ✕（关闭）按钮，退出 DesignModeler，返回到 Workbench 主界面。

16.3.4　添加材料库

本案例使用 Carbon Steel SAE1045_shaft 材料，其在 nCode 软件材料库中。

16.3.5　添加模型材料属性

双击主界面项目管理区项目 A 中的 A4 栏 Model 项，进入如图 16-19 所示 Mechanical

界面。在该界面下即可进行网格的划分、分析设置、结果观察等操作。

图 16-19　Mechanical 界面

16.3.6　划分网格

Step1：选择 Mechanical 界面左侧 Outline（分析树）中的 Mesh 选项，此时可在 Details of "Mesh"（参数列表）中修改网格参数。本例在 Sizing 的 Relevance Center 中选择 Medium，如图 16-20 所示，其余采用默认设置。

Step2：在 Outline（分析树）中的 Mesh 选项上单击鼠标右键，在弹出的快捷菜单中选择 Generate Mesh 命令，此时会弹出进度显示条，表示网格正在划分，当网格划分完成后，进度条自动消失。最终的网格效果如图 16-21 所示。

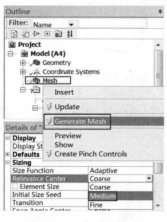

图 16-20　生成网格

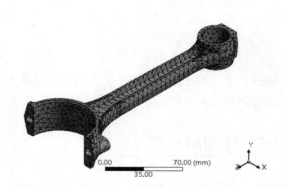

图 16-21　网格效果

16.3.7　施加载荷与约束

Step1：添加一个固定约束，如图 16-22 所示，选择加亮面。

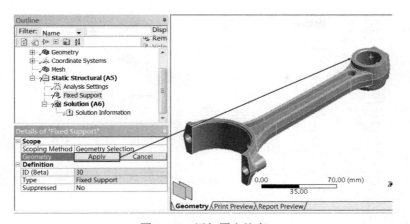

图 16-22 添加固定约束

Step2：在另外一端加亮面上施加载荷 Force，载荷大小如表 16-1 所示。具体操作过程如图 16-23 所示。

Step3：同 Step2，添加一个力矩载荷，转矩大小如表 16-2 所示。具体操作过程如图 16-24 所示。

表 16-1 载荷步

Steps	Time[S]	X[N]	Y[N]	Z[N]
1	0	0	0	0
1	1	0	1000000	0
2	2	0	0	0

表 16-2 载荷步

Steps	Time[S]	X[N·mm]	Y[N·mm]	Z[N·mm]
1	0	0	0	0
1	1	0	0	0
2	2	1000000	0	0

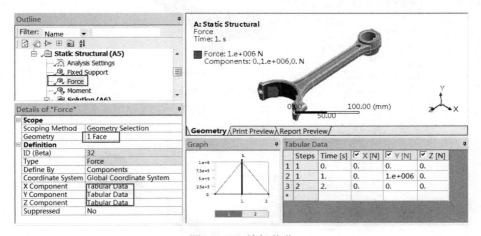

图 16-23 施加载荷

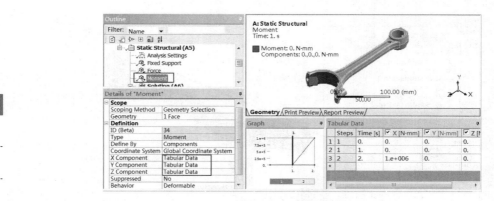

图 16-24 施加载荷

Step4：在 Outline（分析树）中的 Static Structural（A5）选项上单击鼠标右键，在弹出的快捷菜单中选择 Solve 命令。

16.3.8 结果后处理

Step1：等效应力云图如图 16-25 所示。
Step2：如图 16-26 所示是在力矩作用下的应力分析云图。

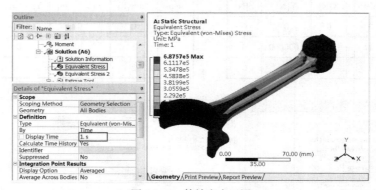

图 16-25 等效应力云图

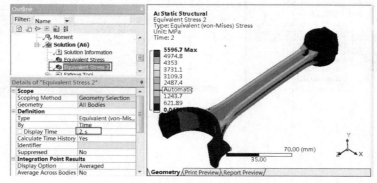

图 16-26 应力分析云图

16.3.9 保存文件

Step1：单击 Mechanical 界面右上角的 ❌（关闭）按钮，退出 Mechanical，返回到 Workbench 主界面。

Step2：在 Workbench 主界面中单击常用工具栏中的 💾（保存）按钮，在文件名中输入 ConRod_nCode.wbpj 保存包含分析结果的文件。

16.3.10 插入 Fatigue Tool 工具

Step1：Solution 项目上右击，在弹出菜单中依次选择 Insert→Fatigue→Fatigue Tool 如图 16-27 所示。

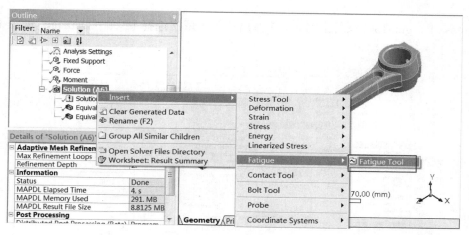

图 16-27　插入 Fatigue Tool

Step2：在 Details of "Fatigue Tool"，在 Fatigue Strength Factor(Kf)中设置为 0.8，Analysis Type 中设置为 Stress Life，在 Stress Component 中设置为 Eqivalent，如图 16-28 所示。

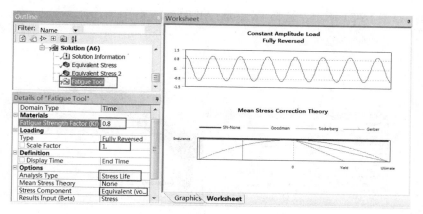

图 16-28　设置 Fatigue Tool

Step3：Fatigue Tool 项目上右击，在弹出菜单中依次选择 Insert→Life，如图 16-29 所示。

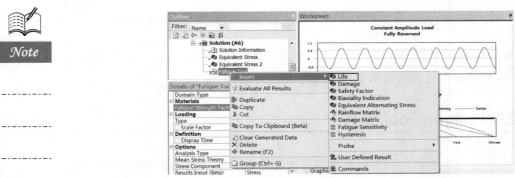

图 16-29　插入疲劳寿命 Life

Step4：Fatigue Tool 项目上右击，在弹出菜单中依次选择 Insert→Damage，如图 16-30 所示。

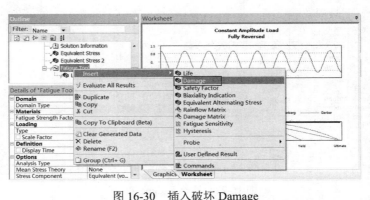

图 16-30　插入破坏 Damage

16.3.11　疲劳分析

Step1：如图 16-31 所示，选择 Evaluate All Results 命令。

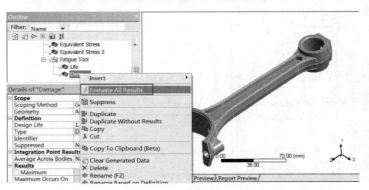

图 16-31　显示几何图形

Step2：查看疲劳寿命，如图 16-32 所示。

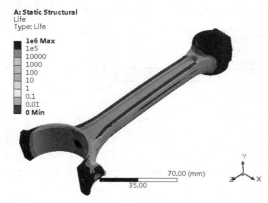

图 16-32　疲劳寿命

Step3：查看破坏，如图 16-33 所示。

图 16-33　Damage

16.3.12　保存与退出

Step1：单击 Mechanical 界面右上角的 ❌（关闭）按钮，退出 Mechanical 返回到 Workbench 主界面。

Step2：在 Workbench 主界面中单击常用工具栏中的 💾（保存）按钮。

Step3：单击右上角的 ❌（关闭）按钮，退出 Workbench 主界面，完成项目分析。

16.4　本章小结

本章通过两个简单的例子介绍了疲劳分析的简单过程，在疲劳分析过程中最重要的是材料关于疲劳的属性设置。图 16-36 所示为材料属性列表，图 16-37 所示为材料疲劳分析相关寿命曲线。

Note

Properties of Outline Row 4: Structural Steel

	A	B	C	D	E
1	Property	Value	Unit		
9	Poisson's Ratio	0.3			
10	Bulk Modulus	1.6667E+11	Pa		
11	Shear Modulus	7.6923E+10	Pa		
12	⊞ Alternating Stress Mean Stress	Tabular			
16	⊟ Strain-Life Parameters				
17	Display Curve Type	Strain-Life			
18	Strength Coefficient	9.2E+08	Pa		
19	Strength Exponent	-0.106			
20	Ductility Coefficient	0.213			
21	Ductility Exponent	-0.47			
22	Cyclic Strength Coefficient	1E+09	Pa		
23	Cyclic Strain Hardening Exponent	0.2			
24	Tensile Yield Strength	2.5E+08	Pa		
25	Compressive Yield Strength	2.5E+08	Pa		
26	Tensile Ultimate Strength	4.6E+08	Pa		
27	Compressive Ultimate Strength	0	Pa		

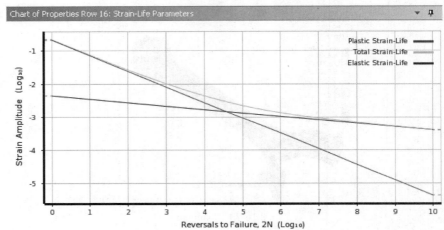

图 16-36　疲劳分析材料属性列表

图 16-37　材料疲劳分析相关寿命曲线

在工程中使用疲劳分析时，需要对材料的以上数据进行试验取得。本章案例仅仅使用软件自带的材料进行疲劳分析。

通过本章的学习，读者应该对疲劳分析所必需的参数及整个分析过程有详细的了解。

第17章

流体动力学分析

ANSYS Workbench 软件的计算流体动力学分析程序有 ANSYS CFX 和 ANSYS FLUENT 两种，两种计算流体动力学软件各有优缺点。

ANSYS CFX 作为世界上第一个唯一采用全隐式耦合算法的流体动力学分析程序，在算法上具有独特性，丰富的物理模型和前后处理，使得 ANSYS CFX 在结果精确性、计算稳定性和灵活性上都有优异的表现。除了一般的工业流动外，ANSYS CFX 还可以模拟如燃烧、多相流、化学反应等复杂流场。

本章将主要讲解 ANSYS CFX 软件的流体动力学分析流程，主要介绍 ANSYS CFX 流体动力学分析，讲解内流场及外流场的流体分布计算过程。

学习目标

(1) 熟练掌握 ANSYS CFX 内流场分析的方法及过程。
(2) 熟练掌握 ANSYS CFX 外流场分析的方法及过程。

17.1 流体动力学分析简介

计算流体动力学是流体动力学的一个分支。当前，作为研究流体动力学的不可或缺的手段之一的计算流体动力学分析已经在工业、科技等行业中占据了不可替代的作用。

17.1.1 流体动力学分析

1. 计算流体动力学简介

计算流体动力学（Computational Fluid Dynamics，CFD）是通过计算机数值计算和图像显示，对包含有流体流动和热传导等相关物理现象的系统所做的分析。

CFD 的基本思想可以归结为把原来在时间域及空间域上连续的物理量的场，如速度场和压力场，用一系列有限个离散点上的变量值的集合来代替，通过一定的原则和方式建立起关于这些离散点上场变量之间关系的代数方程组，然后求解代数方程组获得场变量的近似值，CFD 可以看作在流动基本方程（质量守恒方程、动量守恒方程、能量守恒方程）控制下对流动的数值模拟。

通过这种数值模拟，可以得到极其复杂问题的流场内各个位置上的基本物理量（如速度、压力、温度、浓度等）的分布，以及这些物理量随时间的变化情况，确定旋涡分布特性、空化特性及脱流区等。

另外，还可据此算出相关的其他物理量，如旋转式流体机械的转矩、水力损失和效率等。此外，与 CAD 联合还可进行结构优化设计等。CFD 方法与传统的理论分析方法、实验测量方法组成了研究流体流动问题的完整体系。

图 17-1 给出了表征三者之间关系的"三维"流体动力学示意图。理论分析方法的优点在于所得结果具有普遍性，各种影响因素清晰可见，是指导实验研究和验证新的数值计算方法的理论基础。但是，它往往要求对计算对象进行抽象和简化，才有可能得出理论解。对于非线性情况，只有少数流动才能给出解析结果。

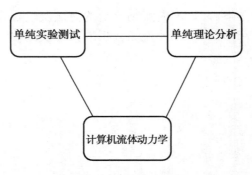

图 17-1 "三维"流体动力学示意图

实验测量方法所得到的实验结果真实可信，它是理论分析和数值方法的基础，其重要性不容低估。然而，实验往往受到模型尺寸、流场扰动、人身安全和测量精度的限制，有时可能很难通过试验办法得到结果。此外，实验还会遇到经费投入、人力和物力的巨大耗费及周期长等许多困难。

而 CFD 方法恰好克服了前面两种方法的弱点，在计算机上实现一个特定的计算。就好像在计算机上做一次物理实验。例如，机翼的绕流，通过计算并将其结果在屏幕上显示，就可以看到流场的各种细节，如激波的运动、强度，涡的生成与传播，流动的分离、表面的压力分布、受力大小及其随时间的变化等。数值模拟可以形象地再现流动情景，与做实验没有什么区别。

2．计算流体动力学的特点

CFD 的长处是适应性强、应用面广。首先，流动问题的控制方程一般是非线性的，自变量多，计算域的几何形状和边界条件复杂，很难求得解析解，而用 CFD 方法则有可能找出满足工程需要的数值解；其次，可利用计算机进行各种数值试验，例如，选择不同流动参数进行物理方程中各项有效性和敏感性试验，从而进行方案比较。再者，它不受物理模型和实验模型的限制，省钱省时，有较多的灵活性，能给出详细和完整的资料，很容易模拟特殊尺寸、高温、有毒、易燃等真实条件和实验中只能接近而无法达到的理想条件。

CFD 也存在一定的局限性。首先，数值解法是一种离散近似的计算方法，依赖于物理上合理、数学上适用、适合于在计算机上进行计算的离散的有限数学模型，且最终结果不能提供任何形式的解析表达式，只是有限个离散点上的数值解，并有一定的计算误差。第二，它不像物理模型实验一开始就能给出流动现象并定性地描述，往往需要由原体观测或物理模型试验提供某些流动参数，并需要对建立的数学模型进行验证。第三，程序的编制及资料的收集、整理与正确利用，在很大程度上依赖于经验与技巧。此外，因数值处理方法等原因有可能导致计算结果的不真实，如产生数值黏性和频散等伪物理效应。

当然，某些缺点或局限性可通过某种方式克服或弥补，这在本书中会有相应介绍。此外，CFD 涉及大量数值计算，因此，常需要较高的计算机软硬件配置。

CFD 有其原理、方法和特点，数值计算与理论分析、实验观测相互联系、相互促进，但不能完全替代，三者各有各的适用场合。在实际工作中，需要注意三者有机的结合，争取做到取长补短。

3．计算流体动力学的应用领域

近十多年来，CFD 有了很大的发展，替代了经典流体动力学中的一些近似计算法和图解法。过去的一些典型教学实验，如 Reynolds 实验，现在完全可以借助 CFD 手段在计算机上实现。所有涉及流体流动、热交换、分子输运等现象的问题，几乎都可以通过计算流体动力学的方法进行分析和模拟。

CFD 不仅作为一个研究工具，而且还作为设计工具在水利工程、土木工程、环境工程、食品工程、海洋结构工程、工业制造等领域发挥作用。典型的应用场合及相关的工程问题包括以下几种。

- 水轮机、风机和泵等流体机械内部的流体流动。
- 飞机和航天飞机等飞行器的设计。
- 汽车流线外形对性能的影响。
- 洪水波及河口潮流计算。
- 风载荷对高层建筑物稳定性及结构性能的影响。
- 温室及室内的空气流动及环境分析。
- 电子元器件的冷却。
- 换热器性能分析及换热器片形状的选取。
- 河流中污染物的扩散。
- 汽车尾气对街道环境的污染。
- 食品中细菌的运移。

对这些问题的处理，过去主要借助于基本的理论分析和大量的物理模型实验，而现在大多采用 CFD 的方式加以分析和解决，CFD 技术现已发展到完全可以分析三维黏性湍流及旋涡运动等复杂问题的程度。

4．计算流体动力学的分支

经过四十多年的发展，CFD 出现了多种数值解法。这些方法之间的主要区别在于对控制方程的离散方式。根据离散的原理不同，CFD 大体上可分为三个分支：有限差分法（Finite Difference Method，FDM）、有限元法（Finite Element Method，FEM）、有限体积法（Finite Volume Method，FVM）。

有限差分法是应用最早、最经典的 CFD 方法，它将求解域划分为差分网格，用有限个网格节点代替连续的求解域，然后将偏微分方程的导数用差商代替，推导出含有离散点上有限个未知数的差分方程组。求出差分方程组的解，就是微分方程定解问题的数值近似解。它是一种直接将微分问题变为代数问题的近似数值解法。

这种方法发展较早，比较成熟，较多地用于求解双曲型和抛物型问题。在此基础上发展起来的方法有 PIC（Particle-in-Cell）法、MAC（Marker-and-Cell）法，以及由美籍华人学者陈景仁提出的有限分析法（Finite Analytic Method）等有限元法，它是 20 世纪 80 年代开始应用的一种数值解法，它吸收了有限差分法中离散处理的内核，又采用了变分计算中选择逼近函数对区域进行积分的合理方法。

有限元法因求解速度比有限差分法和有限体积法慢，因此应用不是特别广泛。在有限元法的基础上，英国 C.A.Brebbia 等提出了边界元法和混合元法等方法。

有限体积法是将计算区域划分为一系列控制体积，将待解微分方程对每一个控制体积积分得出离散方程。有限体积法的关键是在导出离散方程过程中，需要对界面上的被求函数本身及其导数的分布做出某种形式的假定，用有限体积法导出的离散方程可以保证具有守恒特性，而且离散方程系数物理意义明确，计算量相对较小。

1980 年，S.V.Patanker 在其专著 *Numerical Heat Transfer and FluidFlow* 中对有限体积法做了全面的阐述。此后，该方法得到了广泛应用，是目前 CFD 应用最广的一种方法。当然，对这种方法的研究和扩展也在不断进行，如 P.Chow 提出了适用于任意多边形非结构网格的扩展有限体积法等。

17.1.2 基本控制方程

1. 系统与控制体

在流体动力学中，系统是指某一确定流体质点集合的总体。系统以外的环境称为外界。分隔系统与外界的界面，称为系统的边界。系统通常是研究的对象，外界则用来区别于系统。

系统将随系统内质点一起运动，系统内的质点始终包含在系统内，系统边界的形状和所围空间的大小可随运动而变化。系统与外界无质量交换，但可以有力的相互作用及能量（热和功）交换。

控制体是指在流体所在的空间中，以假想或真实流体边界包围，固定不动形状任意的空间体积。包围这个空间体积的边界面，称为控制面。

控制体的形状与大小不变，并相对于某坐标系固定不动。控制体内的流体质点组成并非不变的。控制体既可通过控制面与外界有质量和能量交换，也可与控制体外的环境有力的相互作用。

2. 质量守恒方程（连续性方程）

在流场中，流体通过控制面 A_1 流入控制体，同时也会通过另一部分控制面 A_2 流出控制体，在这期间控制体内部的流体质量也会发生变化。按照质量守恒定律，流入的质量与流出的质量之差，应该等于控制体内部流体质量的增量，由此可导出流体流动连续性方程的积分形式为

$$\frac{\partial}{\partial t}\iiint_V \rho \mathrm{d}x\mathrm{d}y\mathrm{d}z + \iint_A \rho v \cdot n \mathrm{d}A = 0 \quad (17\text{-}1)$$

式中，V 表示控制体；A 表示控制面。

等式左边第一项表示控制体 V 内部质量的增量；第二项表示通过控制表面流入控制体的净通量。

根据数学中的奥高公式，在直角坐标系下可将其化为微分形式，即

$$\frac{\partial \rho}{\partial t} + u\frac{\partial(\rho u)}{\partial x} + v\frac{\partial(\rho v)}{\partial y} + w\frac{\partial(\rho w)}{\partial z} = 0 \quad (17\text{-}2)$$

对于不可压缩均质流体，密度为常数，则有

$$\frac{\partial u}{\partial x} + \frac{\partial v}{\partial y} + \frac{\partial w}{\partial z} = 0 \quad (17\text{-}3)$$

对于圆柱坐标系，其形式为

$$\frac{\partial \rho}{\partial t} + \frac{\rho v_r}{r} + \frac{\partial(\rho v_r)}{\partial r} + \frac{\partial(\rho v_\theta)}{r\partial \theta} + \frac{\partial(\rho v_z)}{\partial z} = 0 \quad (17\text{-}4)$$

对于不可压缩均质流体，密度为常数，则有

$$\frac{v_r}{r} + \frac{\partial v_r}{\partial r} + \frac{\partial v_\theta}{r\partial \theta} + \frac{\partial v_z}{\partial z} = 0 \quad (17\text{-}5)$$

3. 动量守恒方程（运动方程）

动量守恒是流体运动时应遵循的另一个普遍定律，描述为在一给定的流体系统，其动量的时间变化率等于作用于其上的外力总和，其数学表达式即为动量守恒方程，也称为运动方程，或 N-S 方程，其微分形式表达为

$$\begin{cases} \rho \dfrac{\mathrm{d}u}{\mathrm{d}t} = \rho F_{bx} + \dfrac{\partial p_{xx}}{\partial x} + \dfrac{\partial p_{yx}}{\partial y} + \dfrac{\partial p_{zx}}{\partial z} \\ \rho \dfrac{\mathrm{d}v}{\mathrm{d}t} = \rho F_{by} + \dfrac{\partial p_{xy}}{\partial x} + \dfrac{\partial p_{yy}}{\partial y} + \dfrac{\partial p_{zy}}{\partial z} \\ \rho \dfrac{\mathrm{d}w}{\mathrm{d}t} = \rho F_{bz} + \dfrac{\partial p_{xz}}{\partial x} + \dfrac{\partial p_{yz}}{\partial y} + \dfrac{\partial p_{zz}}{\partial z} \end{cases} \tag{17-6}$$

式中，F_{bx}、F_{by}、F_{bz} 分别是单位质量流体上的质量力在三个方向上的分量；p_{yx} 是流体内应力张量的分量。

动量守恒方程在实际应用中有许多表达形式，其中比较常见的有如下几种。

（1）可压缩黏性流体的动量守恒方程。

$$\begin{cases} \rho \dfrac{\mathrm{d}u}{\mathrm{d}t} = \rho f_x + \dfrac{\partial p}{\partial x} + \dfrac{\partial}{\partial x}\left\{\mu\left[2\dfrac{\partial u}{\partial x} - \dfrac{2}{3}\left(\dfrac{\partial u}{\partial x} + \dfrac{\partial v}{\partial y} + \dfrac{\partial w}{\partial z}\right)\right]\right\} + \\ \qquad \dfrac{\partial}{\partial y}\left[\mu\left(\dfrac{\partial u}{\partial y} + \dfrac{\partial v}{\partial x}\right)\right] + \dfrac{\partial}{\partial z}\left[\mu\left(\dfrac{\partial w}{\partial x} + \dfrac{\partial u}{\partial z}\right)\right] \\ \rho \dfrac{\mathrm{d}v}{\mathrm{d}t} = \rho f_y + \dfrac{\partial p}{\partial y} + \dfrac{\partial}{\partial y}\left\{\mu\left[2\dfrac{\partial v}{\partial y} - \dfrac{2}{3}\left(\dfrac{\partial u}{\partial x} + \dfrac{\partial v}{\partial y} + \dfrac{\partial w}{\partial z}\right)\right]\right\} + \\ \qquad \dfrac{\partial}{\partial z}\left[\mu\left(\dfrac{\partial v}{\partial z} + \dfrac{\partial w}{\partial y}\right)\right] + \dfrac{\partial}{\partial x}\left[\mu\left(\dfrac{\partial u}{\partial y} + \dfrac{\partial v}{\partial x}\right)\right] \\ \rho \dfrac{\mathrm{d}w}{\mathrm{d}t} = \rho f_z + \dfrac{\partial p}{\partial z} + \dfrac{\partial}{\partial z}\left\{\mu\left[2\dfrac{\partial w}{\partial z} - \dfrac{2}{3}\left(\dfrac{\partial u}{\partial x} + \dfrac{\partial v}{\partial y} + \dfrac{\partial w}{\partial z}\right)\right]\right\} + \\ \qquad \dfrac{\partial}{\partial x}\left[\mu\left(\dfrac{\partial w}{\partial x} + \dfrac{\partial u}{\partial z}\right)\right] + \dfrac{\partial}{\partial z}\left[\mu\left(\dfrac{\partial v}{\partial z} + \dfrac{\partial w}{\partial z} y\right)\right] \end{cases} \tag{17-7}$$

（2）常黏性流体的动量守恒方程。

$$\rho \dfrac{\mathrm{d}v}{\mathrm{d}t} = \rho F - \mathrm{grad}p + \dfrac{\mu}{3}\mathrm{grad}(\mathrm{div}v) + \mu \nabla^2 v \tag{17-8}$$

（3）常密度常黏性流体的动量守恒方程。

$$\rho \dfrac{\mathrm{d}v}{\mathrm{d}t} = \rho F - \mathrm{grad}p + \mu \nabla^2 v \tag{17-9}$$

（4）无黏性流体的动量守恒方程（欧拉方程）。

$$\rho \dfrac{\mathrm{d}v}{\mathrm{d}t} = \rho F - \mathrm{grad}p \tag{17-10}$$

（5）静力学方程。
$$\rho F = \mathrm{grad} p \tag{17-11}$$

（6）相对运动方程。

在非惯性参考系中的相对运动方程是研究大气、海洋及旋转系统中流体运动时所必须考虑的内容。由理论力学得知，绝对速度 v_a 为相对速度 v_r 及牵连速度 v_e 之和，即

$$v_a = v_r + v_e \tag{17-12}$$

式中，$v_e = v_0 + \Omega \times r$；$v_0$ 为运动系中的平动速度；Ω 是其转动角速度；r 为质点矢径。

而绝对加速度 a_a 为相对加速度 a_r、牵连加速度 a_e 及科氏加速度 a_c 之和，即

$$a_a = a_r + a_e + a_c \tag{17-13}$$

式中

$$a_e = \frac{\mathrm{d}v_0}{\mathrm{d}t} + \frac{\mathrm{d}\Omega}{\mathrm{d}t} \times r + \Omega \times (\Omega \times r)$$

$$a_c = 2\Omega \times v_r$$

将绝对加速度代入运动方程，则得到流体的相对运动方程，即

$$\rho \frac{\mathrm{d}v_r}{\mathrm{d}t} = \rho F_b + \mathrm{div} P - a_c - 2\Omega v_r \tag{17-14}$$

4．能量守恒方程

将热力学第一定律应用于流体运动，把式（17-14）各项用有关的流体物理量表示出来，就是能量方程，即

$$\frac{\partial}{\partial t}(\rho E) + \frac{\partial}{\partial x_i}[u_i(\rho E + p)] = \frac{\partial}{\partial x_i}\left[k_{\mathrm{eff}}\frac{\partial T}{\partial x_i} - \sum_{j'} h_{j'} J_{j'} + u_j(\tau_{ij})_{\mathrm{eff}}\right] + S_h \tag{17-15}$$

式中，$E = h - \frac{p}{\rho} + \frac{u_i^2}{2}$；$k_{\mathrm{eff}}$ 是有效热传导系数，$k_{\mathrm{eff}} = k + k_t$，其中，$k_t$ 是湍流热传导系数，根据所使用的湍流模型来定义；$J_{j'}$ 是组分 j 的扩散流量；S_h 包括了化学反应热及其他用户定义的体积热源项；方程右边的前三项分别描述了热传导、组分扩散和黏性耗散带来的能量输运。

17.2 项目分析 1——三通流体动力学分析

本节主要介绍 ANSYS Workbench 18.0 的流体动力学分析模块 ANSYS CFX，计算三通管道的流动特性。

学习目标：熟练掌握 ANSYS CFX 内流场分析的基本方法及操作过程。

模型文件	Chapter17\char17-1\santong.x_t
结果文件	Chapter17\char17-1\Inner_Fluid.wbpj

17.2.1 问题描述

如图 17-2 所示为某三通模型，进口 1 流速为 5m/s，温度为 80℃；进口 2 流速为 2m/s，温度为 10℃，出口为标准大气压，请用 ANSYS CFX 分析流动特性。

图 17-2　三通模型

17.2.2 启动 Workbench 并建立分析项目

Step1：在 Windows 系统下选择"开始"→"所有程序"→ANSYS 18.0→Workbench 18.0 命令，启动 ANSYS Workbench 18.0，进入主界面。

Step2：双击主界面 Toolbox（工具箱）中的 Component Systems→Geometry（几何）命令，即可在 Project Schematic（项目管理区）创建分析项目 A，如图 17-3 所示。

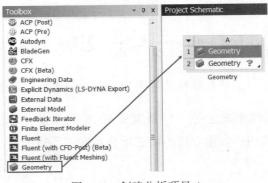

图 17-3　创建分析项目 A

17.2.3 创建几何体模型

Step1：在 A2 Geometry 上右击，在弹出的快捷菜单中选择 Import Geometry→Browse 命令，如图 17-4 所示，此时会弹出"打开"对话框。

Step2：如图 17-5 所示，将文件类型设置成 Parasolid 格式，然后选择 santong.x_t 文件，单击"打开"按钮。

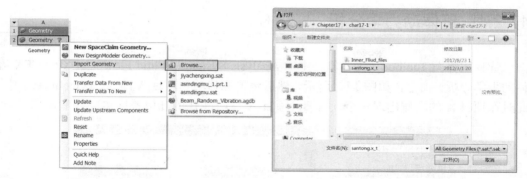

图 17-4 导入几何体　　　　　　　　图 17-5 "打开"对话框

Step3：双击项目 A 中的 A2 栏，此时会启动如图 17-6 所示的 DesignModeler 平台，设置单位为 mm，关闭"单位设置"对话框。

Step4：如图 17-7 所示，单击工具栏中的 Generate 按钮生成几何图形。

Step5：单击工具栏中的 ■（保存）按钮，保存文件为 Inner_Fluid，单击 DesignModeler 界面右上角的 ■（关闭）按钮，退出 DesignModeler，返回 Workbench 主界面。

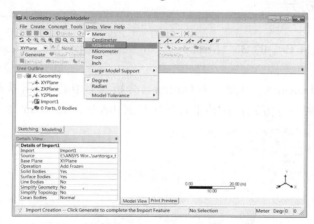

图 17-6 启动 DesignModeler

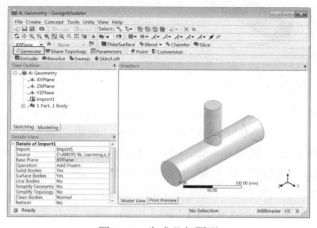

图 17-7 生成几何图形

17.2.4 流体动力学分析

选择主界面 Toolbox（工具箱）中的 Analysis Systems→Fluid Flow（CFX）（CFX 流体动力学分析）命令，如图 17-8 所示，然后将鼠标移动到项目 A 的 A2（Geometry）中，此时在项目 A 的右侧出现一个项目 B，项目 A 与项目 B 的几何数据实现共享。

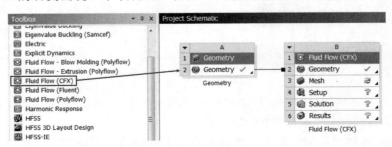

图 17-8 创建流体动力学分析

17.2.5 网格划分

Step1：双击项目 B 中的 B3（Mesh）选项，此时会出现 Mechanical 界面，如图 17-9 所示。

Step2：右击 Mechanical 界面左侧 Outline（分析树）中的 Mesh 选项，此时会弹出如图 17-10 所示的网格划分方式快捷菜单，从中选择 Insert→Inflation 命令。

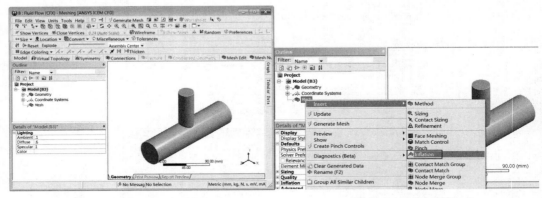

图 17-9 Mechanical 界面   图 17-10 网格设置

Step3：在如图 17-11 所示的 Details of "Inflation" 面板中做如下设置。

① 单击实体，确保 Geometry 栏中显示 1 Body，表明三通实体被选中。

② 选择圆柱外表面，单击 Boundary 栏中的 Apply 按钮。

Step4：在 Outline（分析树）中的 Mesh 选项上右击，在弹出的快捷菜单中选择 Generate Mesh 命令（图 17-12），此时会弹出进度显示条，表示网格正在划分，当网格划分完成后，进度条自动消失。最终的网格效果如图 17-13 所示。

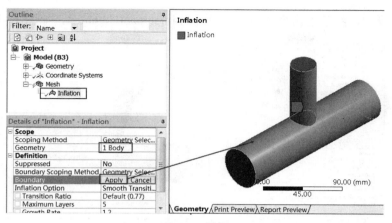

图 17-11 设置膨胀层

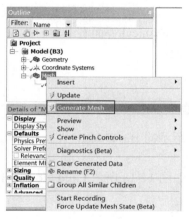

图 17-12 划分网格

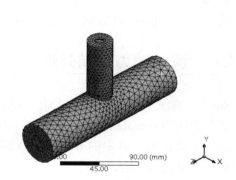

图 17-13 网格效果

Step5：单击 （面选择器）按钮，然后选择热水入口，右击后在弹出的如图 17-14 所示的快捷菜单中选择 Create Named Selection 命令。

Step6：此时在弹出的如图 17-15 所示的 Selection Name 对话框的 Enter a name for the selection group 中输入 inlet_hot。

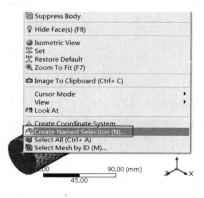

图 17-14 快捷菜单

图 17-15 截面命名（1）

Step7：同理，将其他两个截面分别设置为 inlet_cool 和 outlet，如图 17-16 所示。

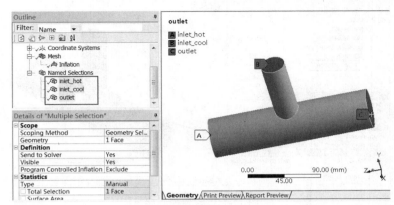

图 17-16　截面命名（2）

Step8：单击工具栏中的 ■（保存）按钮，再单击 Mechanical 界面右上角的 ✕（关闭）按钮，退出 DesignModeler，返回 Workbench 主界面。

17.2.6　流体动力学前处理

Step1：返回 Workbench 主界面，右击如图 17-17 所示的 B3（Mesh）栏，在弹出的快捷菜单中选择 Update 命令。

Step2：双击项目 B 中的 B4（Setup）栏，此时加载如图 17-18 所示 Fluid Flow（CFX）流体动力学前处理平台。

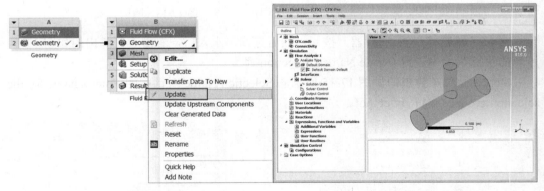

图 17-17　数据更新　　　　　　　图 17-18　CFX-Pre 界面

Step3：双击如图 17-19 所示的 Default Domain 选项，此时会弹出计算域设置面板。

Step4：在如图 17-20 所示对话框的 Basic Settings 选项卡的 Material 中选择 Water 材料。

Step5：选择 Fluid Models 选项卡，如图 17-21 所示，在 Option 栏中选择 Thermal Energy 选项，单击 OK 按钮。

Step6：单击工具栏中的 ▣（边界设置）按钮，在弹出来的如图 17-22 所示的 Insert Boundary 对话框的 Name 栏中输入 inlet_hot，单击 OK 按钮确定。

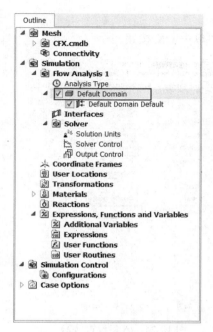

图 17-19 计算域

图 17-20 设置计算域

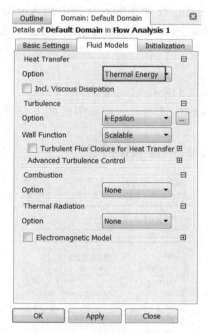

图 17-21 设置计算域

图 17-22 添加入口（1）

Step7：此时弹出如图 17-23 所示的 Boundary:inlet_hot 对话框，在其中的 Basic Settings 选项卡中做如下设置。

① 在 Boundary Type 栏中选择 Inlet 选项。

② 在 Location 栏中选择 Inlet_hot 选项，单击 OK 按钮确定。

Step8：选择 Boundary Details 选项卡，在如图 17-24 所示的面板中做以下输入。

① 在 Normal Speed 栏中输入 5m/s。

② 在 Static Temperature 栏中输入 80[C]，并单击 OK 按钮。

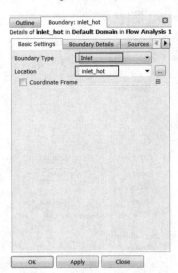 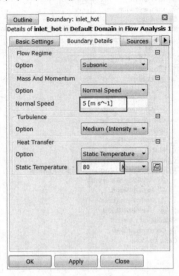

图 17-23　入口设置（1）　　　　　图 17-24　入口设置（2）

Step9：同样，单击工具栏中的 （边界设置）按钮，在弹出的对话框中输入 inlet_cool，单击 OK 按钮，在出现的如图 17-25 所示的 Boundary:Inlet_cool 对话框的 Basic Settings 选项卡中做如下设置。

① 在 Boundary Type 栏中选择 Inlet 选项。

② 在 Location 栏中选择 Inlet_cool 选项，单击 OK 按钮确定。

Step10：选择如图 17-26 所示的 Boundary Details 选项卡，在其中做如下设置。

① 在 Normal Speed 栏中输入 2m/s。

② 在 Static Temperature 栏中输入 10[C]，并单击 OK 按钮确定。

 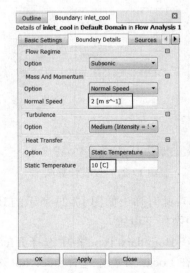

图 17-25　添加入口（2）　　　　　图 17-26　入口设置（3）

第 17 章　流体动力学分析

Step11：同样，单击工具栏中的 ▮┼（边界设置）按钮，在弹出的对话框中输入 outlet，单击 OK 按钮，在出现的如图 17-27 所示的 Boundary：Outlet 对话框中做如下设置。

① 在 Boundary Type 栏中选择 Outlet 选项。

② 在 Location 栏中选择 Outlet 选项，单击 OK 按钮确定。

Step12：选择如图 17-28 所示的 Boundary Details 选项卡，在其中做如下设置。

在 Relative Pressure 栏中输入 1[atm]，单击 OK 按钮确定。

Step13：单击工具栏中的 ■（保存）按钮，单击 Fluid Flow（CFX）界面右上角的 （关闭）按钮，退出 Fluid Flow（CFX），返回到 Workbench 主界面。

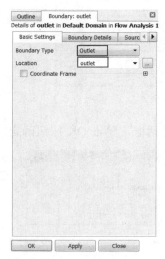
图 17-27　添加出口

图 17-28　出口设置

17.2.7　流体计算

Step1：在 Workbench 主界面中双击项目 B 的 B5（Solution）栏，此时会弹出如图 17-29 所示的求解器对话框。保持其余默认，单击 Start Run 按钮，进行计算。

图 17-29　求解（1）

Step2：此时会出现如图 17-30 所示的"计算过程监察"对话框，对话框左侧为残差曲线，右侧为计算过程。

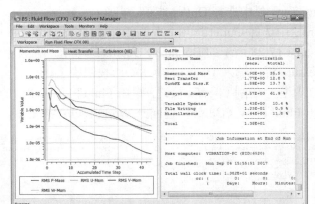

图 17-30　求解（2）

Step3：计算完成后会弹出如图 17-31 所示的对话框，单击 OK 按钮确定。

图 17-31　求解完成

Step4：单击 Fluid Flow（CFX）界面右上角的 ![x] （关闭）按钮，退出 Fluid Flow（CFX），返回 Workbench 主界面。

17.2.8　结果后处理

Step1：返回 Workbench 主界面后，双击项目 B 中的 B6（Result）栏，此时会出现如图 17-32 所示的 CFD-Post 平台。

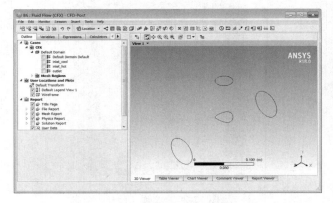

图 17-32　后处理界面

Step2：在工具栏中单击 按钮，在弹出的如图 17-33 所示的对话框中保持名称默认，单击 OK 按钮。

Step3：在如图 17-34 所示的 Details of Streamline 1 面板的 Start From 栏中选择 inlet_hot 和 inlet_cool 两项，其余默认，单击 Apply 按钮。

 选择时可以同时按下 Ctrl 键进行多个对象选择。

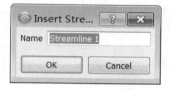

图 17-33 创建流迹线

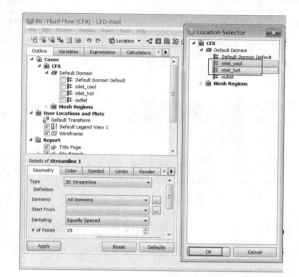

图 17-34 设置流迹线

Step4：图 17-35 所示为流体流速迹线图。

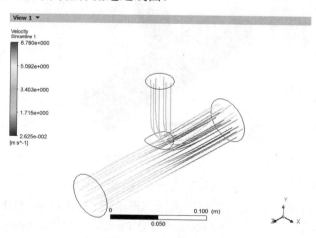

图 17-35 流体流速迹线图

Step5：在工具栏中单击 按钮，在弹出的如图 17-36 所示的对话框中保持名称默认，单击 OK 按钮。

Step6：在如图 17-37 所示的 Details of Contour 1 面板的 Variable 栏中选择 Temperature 选项，其余默认，单击 Apply 按钮。

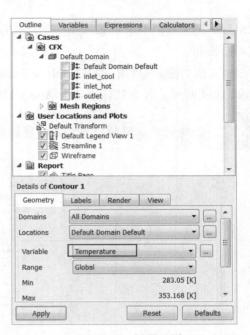

图 17-36　创建云图　　　　　　　　　图 17-37　设置云图

Step7：图 17-38 所示为流体温度场分布云图。

图 17-38　温度场分布云图

Step8：也可以在工具栏中添加其他命令，这里不再讲述。

Step9：单击工具栏中的 ■（保存）按钮，再单击 Fluid Flow（CFD-Post）界面右上角的 ■（关闭）按钮，退出 Fluid Flow（CFD-Post），返回 Workbench 主界面。

17.3　项目分析 2——叶轮外流场分析

本节主要介绍 ANSYS Workbench 18.0 的流体动力学分析模块 ANSYS CFX，计算外部流场的流动特性。

学习目标：熟练掌握 ANSYS CFX 外流场分析的基本方法及操作过程。

模型文件	Chapter17\char17-2\ss.stp
结果文件	Chapter17\char17-2\Outer_Fluid.wbpj

17.3.1 问题描述

如图 17-39 所示为某叶轮模型，进水口流速为 5m/s，出水口为标准大气压，请用 ANSYS CFX 分析流动特性。

17.3.2 启动 Workbench 并建立分析项目

Step1：在 Windows 系统下选择"开始"→"所有程序"→ANSYS 18.0→Workbench 18.0 命令，启动 ANSYS Workbench 18.0，进入主界面。

Step2：双击主界面 Toolbox（工具箱）中的 Component Systems→Geometry（几何）命令，即可在 Project Schematic（项目管理区）创建分析项目 A，如图 17-40 所示。

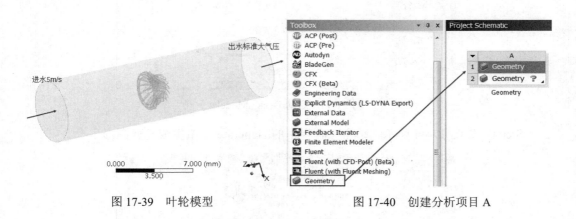

图 17-39　叶轮模型　　　　图 17-40　创建分析项目 A

17.3.3 创建几何体模型

Step1：在 A2 Geometry 上右击，在弹出的快捷菜单中选择 Import Geometry→Browse 命令，如图 17-41 所示，此时会弹出"打开"对话框。

Step2：如图 17-42 所示，将文件类型设置成 STEP 格式，然后选择 ss.stp 文件，单击"打开"按钮。

Step3：双击项目 A 中的 A2 栏，此时会启动如图 17-43 所示的 DesignModeler 平台，设置单位为 mm，关闭"单位设置"对话框。

图 17-41　导入几何体　　　　　　　　图 17-42　"打开"对话框

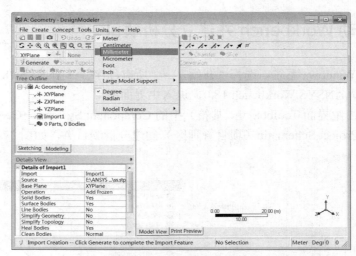

图 17-43　启动 DesignModeler

Step4：如图 17-44 所示，单击工具栏中的 Generate 按钮生成几何图形。

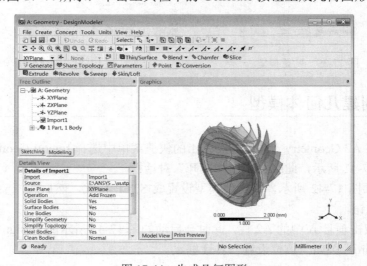

图 17-44　生成几何图形

17.3.4 创建外部流场

Step1：选择 Tools→Enclosure（包围）命令，如图 17-45 所示。

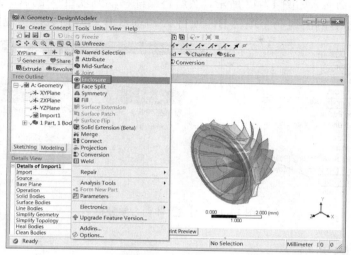

图 17-45 Enclosure 命令

Step2：在如图 17-46 所示的 Details View 面板中做如下设置。

① 在 Shape 栏中选择 Cylinder 选项，建立圆柱模型。

② 在 Cylinder Alignment 栏中选择 Z-Axis 选项，此选项表明圆柱的方向为沿着 Z 轴。

③ 在 Cushion 栏中选择 Non-Uniform 选项，可以设置三个方向的距离不一致。

④ 在 FD1 中输入 1mm。

⑤ 在 FD2 中输入 10mm。

⑥ 在 FD3 中输入 10mm，单击 Generate 按钮生成几何图形。

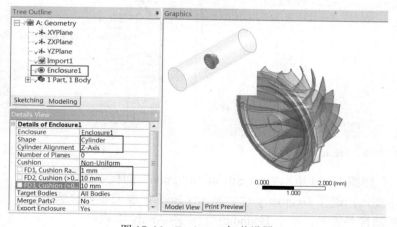

图 17-46 Enclosure 细节设置

Step3：单击工具栏中的 ■（保存）按钮，保存文件为 Outer_Fluid，单击 DesignModeler 界面右上角的 ■（关闭）按钮，退出 DesignModeler，返回 Workbench 主界面。

17.3.5 流体动力学分析

选择主界面 Toolbox（工具箱）中的 Analysis Systems→Fluid Flow（CFX）（CFX 流体动力学分析）命令，如图 17-47 所示，然后将鼠标移动到项目 A 的 A2（Geometry）中，此时在项目 A 的右侧出现一个项目 B，项目 A 与项目 B 的几何数据实现共享。

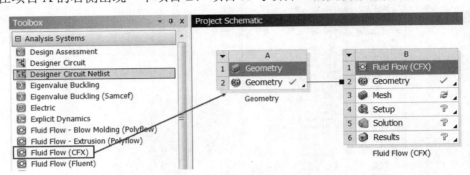

图 17-47 创建流体动力学分析

17.3.6 网格划分

Step1：双击项目 B 中的 B3（Mesh）选项，此时会出现 Mechanical 界面，如图 17-48 所示。

Step2：右击 Mechanical 界面左侧 Outline（分析树）中的 Mesh 选项，此时会弹出如图 17-49 所示的网格划分方式快捷菜单，从中选择 Insert→Inflation 命令。

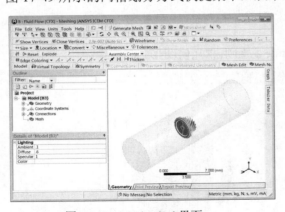

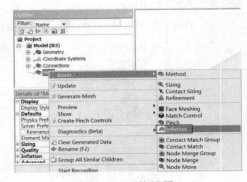

图 17-48 Mechanical 界面　　　　　　　图 17-49 网格设置

Step3：在如图 17-50 所示的 Details of "Inflation" 面板中做如下设置。

① 单击实体，确保 Geometry 栏中显示 1 Body，表明实体被选中。

② 选择圆柱外表面，单击 Boundary 栏中的 Apply 按钮。

Step4：几何抑制。右击 Outline 中的 Geometry→ss 模型文件，在弹出来的如图 17-51 所示的快捷菜单中选择 Suppress Body 命令，此时 ss 模型将被抑制。

抑制后的网格将不会在后续的计算中考虑。

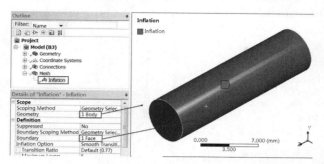

图 17-50 设置膨胀层

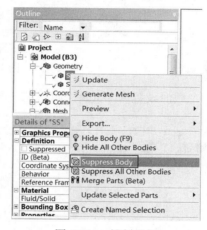

图 17-51 抑制几何

Step5：在 Outline（分析树）中的 Mesh 选项上右击，在弹出的快捷菜单中选择 Generate Mesh 命令（图 17-52），此时会弹出进度显示条，表示网格正在划分，当网格划分完成后，进度条自动消失。最终的网格效果如图 17-53 所示。

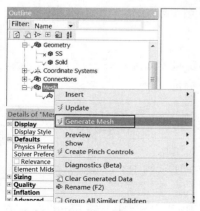

图 17-52 划分网格

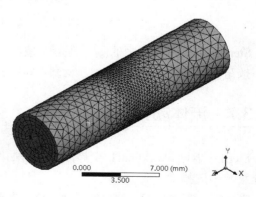

图 17-53 网格效果

Step6：单击 ▯（面选择器）按钮，然后选择热水入口，右击后在弹出的如图 17-54 所示的快捷菜单中选择 Create Named Selection 命令。

Step7：此时在弹出的如图 17-55 所示的 Selection Name 对话框的 Enter a name for the selection group 中输入 Inlet。

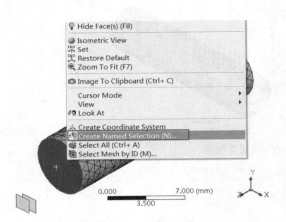
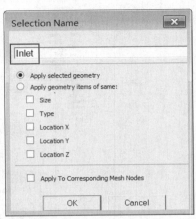

图 17-54　快捷菜单　　　　　　　　　图 17-55　截面命名（1）

Step8：同理，将另外一个截面设置为 Outlet，如图 17-56 所示。

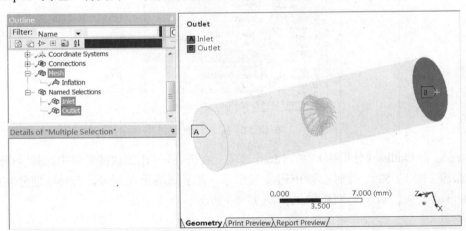

图 17-56　截面命名（2）

Step9：单击工具栏中的 ▯（保存）按钮，再单击 Mechanical 界面右上角的 ▯（关闭）按钮，退出 DesignModeler，返回 Workbench 主界面。

17.3.7　流体动力学前处理

Step1：返回 Workbench 主界面，右击如图 17-57 所示的 B3（Mesh）栏，在弹出的快捷菜单中选择 Update 命令。

Step2：双击项目 B 中的 B4（Setup）栏，此时加载如图 17-58 所示的 Fluid Flow（CFX）

流体动力学前处理平台。

Step3：双击如图 17-59 所示的 Default Domain 选项，此时会弹出计算域设置面板。

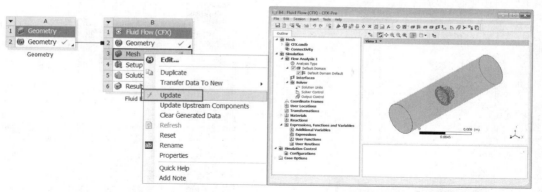

图 17-57　数据更新　　　　　　图 17-58　CFX-Pre 截面

Step4：在如图 17-60 所示的对话框的 Basic Settings 选项卡的 Material 中选择 Water 材料。

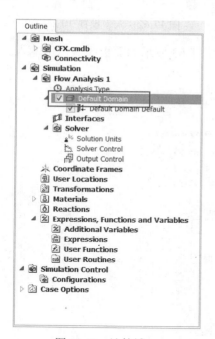

图 17-59　计算域　　　　　　图 17-60　设置计算域

Step5：单击工具栏中的 ![]（边界设置）按钮，在弹出的如图 17-61 所示的 Insert Boundary 对话框的 Name 栏中输入 Inlet，单击 OK 按钮确定。

Step6：此时弹出如图 17-62 所示的 Boundary:Inlet 对话框，在其中的 Basic Settings 选项卡中做如下设置。

① 在 Boundary Type 栏中选择 Inlet 选项。

② 在 Location 栏中选择 Inlet 选项。

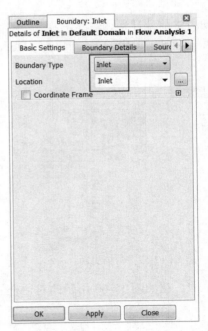

图 17-61 添加入口　　　　　　　　图 17-62 入口设置（1）

Step7：选择 Boundary Details 选项卡，在如图 17-63 所示的面板中做以下输入。

① 在 Normal Speed 栏中输入 5m/s。

② 单击 OK 按钮确定。

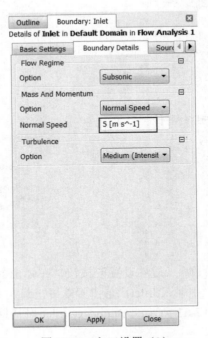

图 17-63 入口设置（2）

Step8：同样，单击工具栏中的 ![] （边界设置）按钮，在弹出的对话框中输入 Outlet，单击 OK 按钮，在出现的如图 17-64 所示的 Boundary:Outlet 对话框中做如下设置。

① 在 Boundary Type 栏中选择 Outlet 选项。

② 在 Location 栏中选择 Outlet 选项。

Step9：选择如图 17-65 所示的 Boundary Details 选项卡，在其中做如下设置。

① 在 Relative Pressure 栏中输入 1[atm]。

② 单击 OK 按钮确定。

 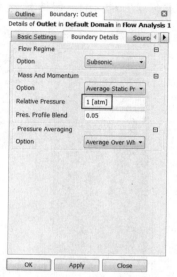

图 17-64　添加出口　　　　　　　图 17-65　出口设置

Step10：同样，单击工具栏中的 ![] （边界设置）按钮，在弹出的对话框中输入 Wall，单击 OK 按钮，在出现的如图 17-66 所示的 Boundary: Wall 对话框中做如下设置。

① 在 Boundary Type 栏中选择 Wall 选项。

② 在 Location 栏中选择叶轮所有表面。

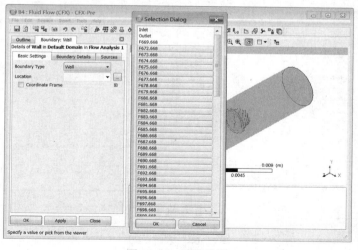

图 17-66　墙壁设置

Step11：单击工具栏中的 🖫（保存）按钮，再单击 Fluid Flow（CFX）界面右上角的 （关闭）按钮，退出 Fluid Flow（CFX），返回 Workbench 主界面。

17.3.8 流体计算

Step1：在 Workbench 主界面中双击项目 B 的 B5（Solution）栏，此时会弹出如图 17-67 所示的"求解器"对话框。保持其余默认，单击 Start Run 按钮，进行计算。

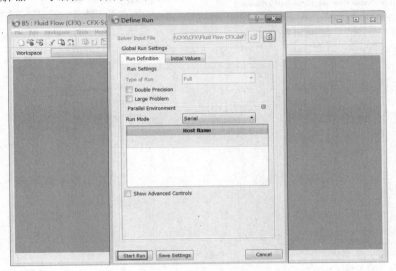

图 17-67 求解（1）

Step2：此时会出现如图 17-68 所示的"计算过程监察"对话框，对话框左侧为残差曲线，右侧为计算过程。

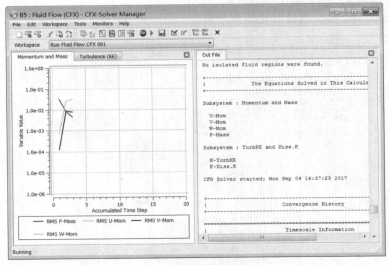

图 17-68 求解（2）

Step3：计算完成后会弹出如图 17-69 所示的对话框，单击 OK 按钮确定。

图 17-69 求解完成

Step4：单击 Fluid Flow（CFX）界面右上角的 ❌（关闭）按钮，退出 Fluid Flow（CFX），返回 Workbench 主界面。

17.3.9 结果后处理

Step1：返回 Workbench 主界面后，双击项目 B 中的 B6（Result）栏，此时会出现如图 17-70 所示的 CFD-Post 平台。

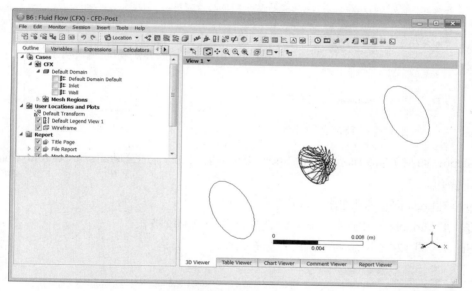

图 17-70 后处理界面

Step2：在工具栏中单击 按钮，在弹出的如图 17-71 所示的对话框中保持名称默认，单击 OK 按钮。

Step3：在如图 17-72 所示的 Details of Streamline 1 面板的 Start From 栏中选择 Inlet 选项，其余默认，单击 Apply 按钮。

Step4：图 17-73 所示为外流场在叶轮位置的绕流迹线云图。

Step5：单击工具栏中的 按钮，在弹出的如图 17-74 所示的 Insert Contour 对话框中确定默认输入，单击 OK 按钮。

图 17-71 创建流迹线

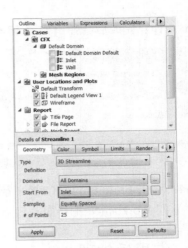

图 17-72 设置流迹线

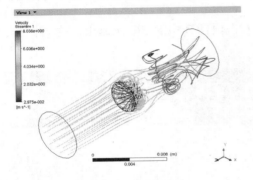

图 17-73 绕流迹线云图

图 17-74 创建云图

Step6：如图 17-75 所示，取消 Streamline 1 前面的 √，在 Details of Contour 1 面板中做如下操作。

① 在 Locations 栏中选择 Wall 选项。

② 在 Variable 栏中选择 Pressure 选项，单击 Apply 按钮。

Step7：图 17-76 所示为流体压力分布云图。

图 17-75 设置云图

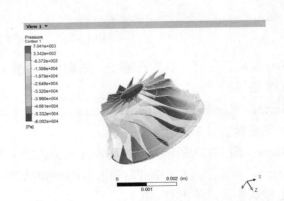

图 17-76 压力分布云图

Step8:也可以在工具栏中添加其他命令,这里不再讲述。

Step9:单击工具栏中的 (保存)按钮,再单击 Fluid Flow(CFD-Post)界面右上角的 ✖（关闭）按钮,退出 Fluid Flow（CFD-Post）,返回 Workbench 主界面。

17.3.10 结构静力分析模块

Step1:如图 17-77 所示,选择 Toolbox 工具箱中的 Analysis Systems→Static Structural（结构静力分析）模块直接拖曳到项目 B 的 B5 中,此时会创建项目 C。

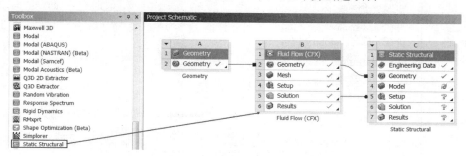

图 17-77 结构静力分析

Step2:如图 17-78 所示,右击 B2 与 C3 连接线,在弹出的快捷菜单中选择 Delete 命令,删除几何数据共享。

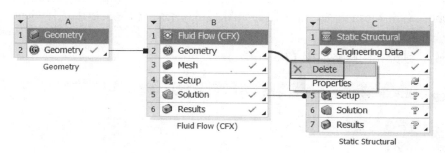

图 17-78 删除几何数据共享

Step3:如图 17-79 所示,按住 A2 不放直接拖曳到 C3 栏中,实现数据共享。

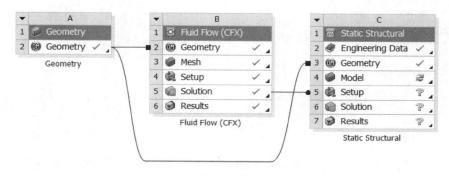

图 17-79 几何数据共享

Step4:双击项目 C 中的 C4（Model）选项，此时加载如图 17-80 所示的 Mechanical 平台。

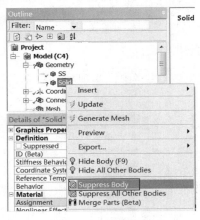

图 17-80　Mechanical 界面

Step5：右击 Solid 选项，在弹出的如图 17-81 所示的快捷菜单中选择 Suppress Body 命令。

Step6：右击 Mesh 选项，在弹出的如图 17-82 所示的快捷菜单中选择 Generate Mesh 命令。

Step7：划分完的网格如图 17-83 所示。

 此处网格划分比较粗，仅仅为了讲解过程。

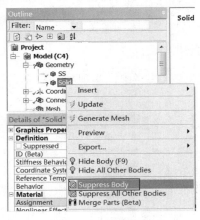 

图 17-81　几何抑制　　　　　　　　　　图 17-82　网格划分

Step8：右击 Static Structural→ImportLoad 选项，在弹出的如图 17-84 所示的快捷菜单中选择 Insert→Pressure 命令。

第 17 章　流体动力学分析

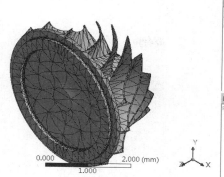

图 17-83　网格划分　　　　　　图 17-84　添加载荷

Step9：在如图 17-85 所示的 Details of "Imported Pressure" 面板中做如下设置。
① 在 Geometry 栏中确定叶轮叶片侧的 65 个曲面被选中。
② 在 CFD Surface 栏中选择 Wall 选项。

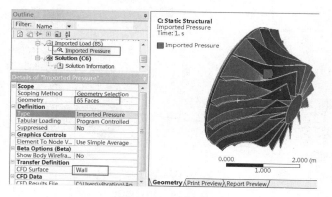

图 17-85　选择面

Step10：如图 17-86 所示，右击 Imported Pressure 选项，在弹出的快捷菜单中选择 Import Load 命令。

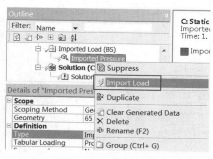

图 17-86　导入压力

Step11：如图 17-87 所示为导入成功的流体压力载荷分布。
Step12：如图 17-88 所示，选择 Static Structural（C5）选项，在工具栏中出现了 Environment 工具栏。

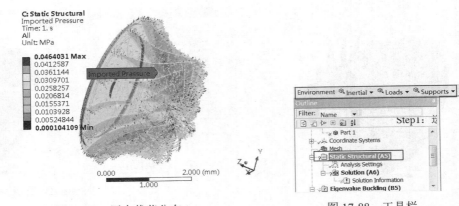

图 17-87 压力载荷分布　　　　　图 17-88 工具栏

Step13：如图 17-89 所示，选择叶轮的中心轮毂圆面，在 Details of "Fixed Support" 面板的 Geometry 栏上显示 1 Face，表明叶轮的中心轮毂圆面被选中。

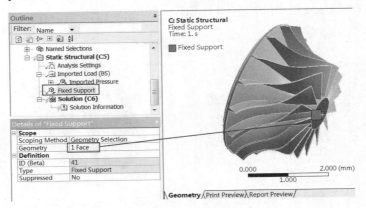

图 17-89 固定约束

Step14：如图 17-90 所示，右击 Static Structural（C5）选项，在弹出的快捷菜单中选择 Solve 命令，进行计算。

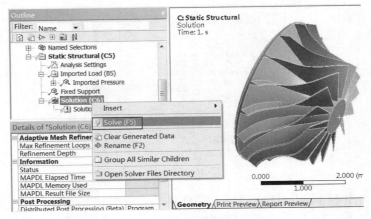

图 17-90 求解

Step15：图 17-91 所示为流体作用在叶轮上使得叶轮叶片变形的总变形云图。

Step16：图 17-92 所示为叶轮应力分布云图。

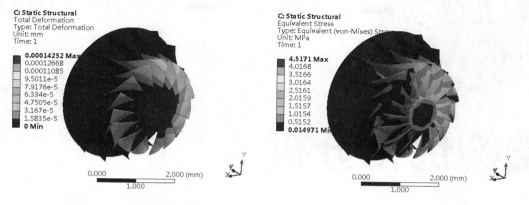

图 17-91　位移响应云图　　　　　　图 17-92　应力分布云图

Step17：单击工具栏中的 ■（保存）按钮，再单击 Mechanical 界面右上角的 ■（关闭）按钮，退出 Mechanical，返回 Workbench 主界面。

17.4　本章小结

本章介绍了 ANSYS CFX 模块的流体动力学分析功能，通过一个内流场和一个外流场两个典型算例的详细操作步骤，讲解了软件的前处理、网格剖分、求解计算及后处理等操作方法，以及流固耦合分析的处理方法。

通过本章的学习，应该对流体动力学及其耦合分析的过程有详细的了解。

第18章

结构优化分析

本章将对 ANSYS Workbench 软件的优化分析模块进行详细讲解,并通过一个典型案例对优化分析的一般步骤进行详细讲解,包括几何建模(外部几何数据的导入)、材料赋予、网格设置与划分、边界条件的设定,后处理操作。

学习目标

(1) 熟练掌握 Workbench 优化分析的方法及过程。
(2) 掌握 Workbench 优化分析的工具及优化分类。

18.1 结构优化分析简介

结构优化是众多方案选择最佳方案的技术。一般而言，设计主要有两种形式：功能设计和优化设计。功能设计强调的是该设计能达到预定的设计要求，但仍能在某些方面进行改进。优化设计是一种寻找确定最优化方案的技术。

18.1.1 优化设计概述

所谓"优化"，是指"最大化"或者"最小化"，而"优化设计"指的是一种方案可以满足所有的设计要求，而且需要的支出最小。

优化设计有两种分析方法：解析法——通过求解微分与极值，进而求出最小值；数值法——借助计算机和有限元，通过反复迭代逼近，求解出最小值。由于解析法需要列方程，求解微分方程，对于复杂的问题列方程和求解微分方程都是比较困难的，所以解析法常用于理论研究，工程上很少使用。

随着计算机的发展，结构优化算法取得了更大的发展，根据设计变量的类型不同，已由较低层次的尺寸优化到较高层次的结构形状优化，现已到达更高层次——拓扑优化。优化算法也由简单的准则法，到数学规划法，进而到遗传算法等。

传统的结构优化设计是由设计者提供几个不同的设计方案，从中比较、挑选出最优化的方案。这种方法，往往是建立在设计者的经验的基础上，再加上资源时间的限制，提供的可选方案数量有限，往往不一定是最优方案。

如果想获得最佳方案，就要提供更多的设计方案进行比较，这就需要大量的资源，单靠人力往往难以做到。只能靠计算机来完成这些，目前为止，能够做结构优化的软件并不多，ANSYS软件作为通用的有限元分析工具，除了拥有强大的前后处理器外，还有很强大的优化设计功能——既可以做结构尺寸优化亦能做拓扑优化，其本身提供的算法能满足工程需要。

18.1.2 Workbench结构优化分析简介

ANSYS Workbench Environment（AWE）是ANSYS公司开发的新一代前后处理环境，并且定位于一个CAE协同平台，该环境提供了与CAD软件及设计流程高度的集成性，并且新版本增加了ANSYS很多软件模块并实现了很多常用功能，使产品开发中能快速应用CAE技术进行分析，从而减少产品设计周期、提高产品附加价值。现今，对于一个制造商，产品质量关乎声誉、产品利润关乎发展，所以优化设计在产品开发中越来越受重视，并且方法手段也越来越多。

从易用性和高效性来说，AWE下的DesignXplorer模块为优化设计提供了一个几乎完美的方案，CAD模型需改进的设计变量可以传递到AWE环境下，并且在

DesignXplorer/VT 下设定好约束条件及设计目标后，可以高度自动化地实现优化设计并返回相关图表。这里将结合实际应用介绍如何使用 Pro/E 和 ANSYS 软件在 AWE 环境下实现快速优化设计过程。

在保证产品达到某些性能目标并满足一定约束条件的前提下，通过改变某些允许改变的设计变量，使产品的指标或性能达到最期望的目标，就是优化方法。

例如，在保证结构刚强度满足要求的前提下，通过改变某些设计变量，使结构的质量最轻最合理，这不但使得结构耗材上得到了节省，在运输安装方面也提供了方便，降低运输成本。再如，改变电器设备各发热部件的安装位置，使设备箱体内部温度峰值降到最低，是一个典型的自然对流散热问题的优化实例。

在实际设计与生产中，类似这样的实例不胜枚举。优化作为一种数学方法，通常是利用对解析函数求极值的方法来达到寻求最优值的目的。基于数值分析技术的 CAE 方法，显然不可能对我们的目标得到一个解析函数，CAE 计算所求得的结果只是一个数值。然而，样条插值技术又使 CAE 中的优化成为可能，多个数值点可以利用插值技术形成一条连续的可用函数表达的曲线或曲面，这样便回到了数学意义上的极值优化技术上来。

样条插值方法当然是一种近似方法，通常不可能得到目标函数的准确曲面，但利用上次计算的结果再次插值得到一个新的曲面，相邻两次得到的曲面的距离会越来越近，当它们的距离小到一定程度时，可以认为此时的曲面可以代表目标曲面。那么，该曲面的最小值，便可以认为是目标最优值。以上就是 CAE 方法中的优化处理过程。一个典型的 CAD 与 CAE 联合优化过程通常需要经过以下的步骤来完成。

（1）参数化建模。利用 CAD 软件的参数化建模功能把将要参与优化的数据（设计变量）定义为模型参数，为以后软件修正模型提供可能。

（2）CAE 求解。对参数化 CAD 模型进行加载与求解。

（3）后处理。约束条件和目标函数（优化目标）提取出来供优化处理器进行优化参数评价。

（4）优化参数评价。优化处理器根据本次循环提供的优化参数（设计变量、约束条件、状态变量及目标函数）与上次循环提供的优化参数作比较之后确定该次循环目标函数是否达到了最小，或者说结构是否达到了最优，如果最优，完成迭代，退出优化循环圈，否则，进行下一步。

（5）根据已完成的优化循环和当前优化变量的状态修正设计变量，重新投入循环。

18.1.3　Workbench 结构优化分析

ANSYS Workbench 平台优化分析工具有以下五种，即 Direct Optimization（Beta）（直接优化工具）、Goal Driven Optimization（多目标驱动优化分析工具）、Parameters Correlation（参数相关性优化分析工具）、Response Surface（响应曲面优化分析工具）及 Six Sigma Analysis（六西格玛优化分析工具）。

（1）Direct Optimization（Beta）（直接优化工具）：设置优化目标，利用默认参数进行优化分析，从中得到期望的组合方案。

（2）Goal Driven Optimization（多目标驱动优化分析工具）：从给定的一组样本中得

到最佳的设计点。

（3）Parameters Correlation（参数相关性优化分析工具）：可以得出某一输入参数对应响应曲面的影响的大小。

（4）Response Surface（响应曲面优化分析工具）：通过图表来动态地显示输入与输出参数之间的关系。

（5）Six Sigma Analysis（六西格玛优化分析工具）：基于6个标准误差理论，来评估产品的可靠性概率，以判断产品是否满足六西格玛准则。

18.2 项目分析——响应曲面优化分析

本节主要介绍 ANSYS Workbench 18.0 的响应曲面优化分析模块，在 Design Exploration 中进行 DOE 分析的流程，并建立响应图。

学习目标：熟练掌握 ANSYS Workbench 响应曲面优化分析的方法及过程。

模型文件	Chapter18\char18-1\DOE2.agdb
结果文件	Chapter18\char18-1\DOE2.wbpj

18.2.1 问题描述

某几何模型如图 18-1 所示，请用 ANSYS Workbench 平台中的优化分析工具对几何模型进行优化分析。

18.2.2 启动 Workbench 并建立分析项目

Step1：在 Windows 系统下选择"开始"→"所有程序"→ANSYS 18.0→Workbench 18.0 命令，启动 ANSYS Workbench 18.0，进入主界面。

Step2：双击主界面 Toolbox（工具箱）中的 Analysis Systems→Static Structural（静态结构分析）选项，即可在 Project Schematic（项目管理区）创建分析项目 A，如图 18-2 所示。

图 18-1 几何模型

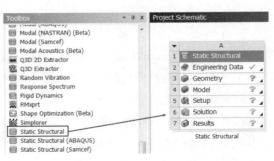

图 18-2 创建分析项目 A

18.2.3 导入几何模型

Step1：在 A2 Geometry 上右击，在弹出的快捷菜单中选择 Import Geometry→Browse 命令，如图 18-3 所示，此时会文件打开对话框。

Step2：选择文件路径，如图 18-4 所示，选择文件 DOE2.agdb，并单击"打开"按钮。

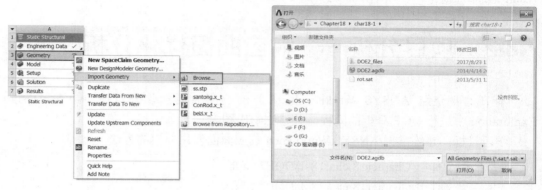

图 18-3　导入几何体　　　　　　　　　　　图 18-4　选择文件

Step3：双击项目 A 中的 A2（Geometry），此时会加载 DesignModeler，如图 18-5 所示，在模型中有个参数被设置为参数化。

图 18-5　几何模型

Step4：单击 DesignModeler 界面右上角的 ![close] （关闭）按钮，退出 DesignModeler，返回到 Workbench 主界面，此时项目流程图表如图 18-6 所示，下面出现的 Parameter Set 可以进行参数化设置。

Step5：双击 A4（Model）进入如图 18-7 所示的有限元分析平台，设置边界条件如下。

① 选择 Support→Fixed Support 并选择右侧的两个圆孔。

② 选择 Load→Force 选择左侧的圆面，载荷大小为 10 000N。

③ 在 Solution 中添加 Equivalent Stress 及 Total Deformation 两个选项，并分别设置最大应力及最大总应变为参数化，如图 18-8 所示。

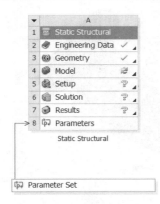

图 18-6　参数化设置

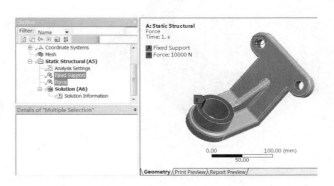

图 18-7　添加条件

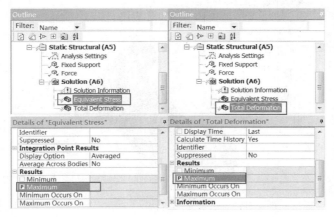

图 18-8　添加选项

Step6：选择最小安全系数进行后处理，并将最小安全系数及质量设置为参数，如图 18-9 和图 18-10 所示。

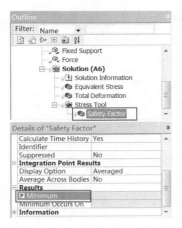

图 18-9　参数化设置（1）　　　　　　　　图 18-10　参数化设置（2）

Step7：计算完成后的应力云图及变形云图如图 18-11 和图 18-12 所示。

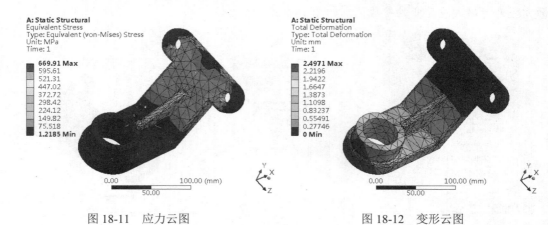

图 18-11　应力云图　　　　　　　图 18-12　变形云图

Step8：其安全系数如图 18-13 所示。

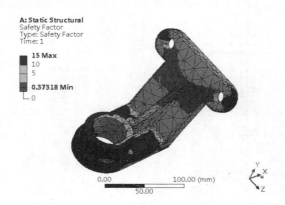

图 18-13　安全系数

Step9：双击 Workbench 平台中的 Parameter Set 选项，此时弹出如图 18-14 所示的输入/输出列表框。

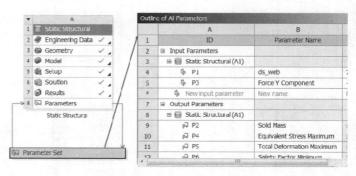

图 18-14　输入/输出列表框

Step10：返回到 Workbench 平台。

Step11：双击 Design Exploration→Response Surface Optimization 选项，如图 18-15

所示。

Step12：双击项目 B 中的 B2（Design of Experiments），进入参数列表，如图 18-16 所示确定输入/输出。

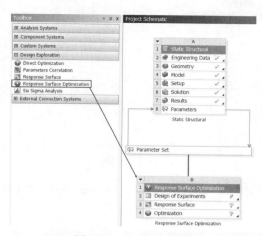

图 18-15　添加响应面

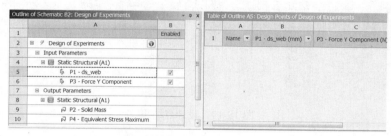

图 18-16　输入/输出

Step13：单击 P1-ds_web 栏，在下面出现的窗口的 Lower Bound 栏中输入 63，在 Upper Bound 栏中输入 77；单击 P3-Force Y Component 栏，在下面出现的窗口的 Lower Bound 栏中输入-11 000，在 Upper Bound 栏中输入-9000，如图 18-17 所示。

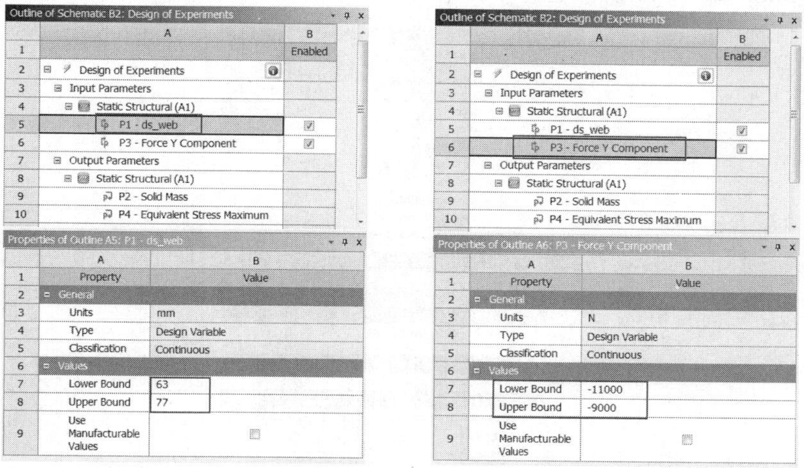

图 18-17　输入限值

Note

Step14：单击 Workbench 平台上工具栏中的 Preview 命令，生成如图 18-18 所示的设计点。

	A	B	C	D	E	F
1	Name	P1 - ds_web (mm)	P3 - Force Y Component (N)	P2 - Solid Mass (kg)	P4 - Equivalent Stress Maximum (MPa)	P5 - Total Deformation Maximum (mm)
2	1 DP 0	70	-10000			
3	2	63	-10000			
4	3	77	-10000			
5	4	70	-11000			
6	5	70	-9000			
7	6	63	-11000			
8	7	77	-11000			
9	8	63	-9000			
10	9	77	-9000			

图 18-18　生成设计点

Step15：单击工具栏中的 Update 命令，进行计算。计算完成后设计点结果如图 18-19 所示。

Table of Outline A2: Design Points of Design of Experiments

	A	B	C	D	E	F
1	Name	P1 - ds_web (mm)	P3 - Force Y Component (N)	P2 - Solid Mass (kg)	P4 - Equivalent Stress Maximum (MPa)	P5 - Total Deformation Maximum (mm)
2	1 DP 0	70	-10000	2.6304	669.91	2.4971
3	2	63	-10000	2.6171	701.15	2.6564
4	3	77	-10000	2.643	714.9	2.3439
5	4	70	-11000	2.6304	736.91	2.7468
6	5	70	-9000	2.6304	602.92	2.2474
7	6	63	-11000	2.6171	771.26	2.922
8	7	77	-11000	2.643	786.39	2.5782
9	8	63	-9000	2.6171	631.03	2.3907
10	9	77	-9000	2.643	643.41	2.1095

图 18-19　设计点结果

Step16：选择 Design of Experiments 选项，在下面出现的如图 18-20 所示的 Properties of Outline “Design of Experiments” 对话框中进行如下设置。

① 在 Design of Experiments Type 栏中选择 Central Composite Design 选项。

② 在 Design Type 栏中选择 Face-Centered 选项。

③ 在 Template Type 栏中选择 Enhanced 选项。

Outline of Schematic B2: Design of Experiments

	A	B
1		Enabled
2	Design of Experiments	
3	Input Parameters	
4	Static Structural (A1)	
5	P1 - ds_web	☑
6	P3 - Force Y Component	☑
7	Output Parameters	
8	Static Structural (A1)	
9	P2 - Solid Mass	
10	P4 - Equivalent Stress Maximum	

Properties of Outline A2: Design of Experiments

	A	B
1	Property	Value
2	Design Points	
3	Preserve Design Points After DX Run	☐
4	Failed Design Points Management	
5	Number of Retries	0
6	Design of Experiments	
7	Design of Experiments Type	Central Composite De...
8	Design Type	Face-Centered
9	Template Type	Enhanced

图 18-20　设置

Step17：单击工具栏中的 Preview 命令生成设计点，如图 18-21 所示。

Table of Outline A2: Design Points of Design of Experiments

	A	B	C	D	E	F
1	Name	P1 - ds_web (mm)	P3 - Force Y Component (N)	P2 - Solid Mass (kg)	P4 - Equivalent Stress Maximum (MPa)	P5 - Total Deformation Maximum (mm)
2	1 DP 0	70	-10000	2.6304	669.91	2.4971
3	2	63	-10000	2.6171	701.15	2.6564
4	3	66.5	-10000			
5	4	77	-10000	2.643	714.9	2.3439
6	5	73.5	-10000			
7	6	70	-11000	2.6304	736.91	2.7468
8	7	70	-10500			
9	8	70	-9000	2.6304	602.92	2.2474
10	9	70	-9500			
11	10	63	-11000	2.6171	771.26	2.922
12	11	66.5	-10500			
13	12	77	-11000	2.643	786.39	2.5782
14	13	73.5	-10500			
15	14	63	-9000	2.6171	631.03	2.3907
16	15	66.5	-9500			
17	16	77	-9000	2.643	643.41	2.1095
18	17	73.5	-9500			

图 18-21　生成设计点

Step18：单击工具栏中的 Update 命令，进行计算。计算完成后设计点结果如图 18-22 所示。

Table of Outline A2: Design Points of Design of Experiments

	A	B	C	D	E	F
1	Name	P1 - ds_web (mm)	P3 - Force Y Component (N)	P2 - Solid Mass (kg)	P4 - Equivalent Stress Maximum (MPa)	P5 - Total Deformation Maximum (mm)
2	1 DP 0	70	-10000	2.6304	669.91	2.4971
3	2	63	-10000	2.6171	701.15	2.6564
4	3	66.5	-10000	2.6238	708.97	2.5778
5	4	77	-10000	2.643	714.9	2.3439
6	5	73.5	-10000	2.6368	671.8	2.4187
7	6	70	-11000	2.6304	736.91	2.7468
8	7	70	-10500	2.6304	703.41	2.622
9	8	70	-9000	2.6304	602.92	2.2474
10	9	70	-9500	2.6304	636.42	2.3722
11	10	63	-11000	2.6171	771.26	2.922
12	11	66.5	-10500	2.6238	744.42	2.7067
13	12	77	-11000	2.643	786.39	2.5782
14	13	73.5	-10500	2.6368	705.39	2.5397
15	14	63	-9000	2.6171	631.03	2.3907
16	15	66.5	-9500	2.6238	673.52	2.4489
17	16	77	-9000	2.643	643.41	2.1095
18	17	73.5	-9500	2.6368	638.21	2.2978

图 18-22　设计点结果

18.2.4　结果后处理

Step1：右击项目 B 的 B2 栏，在弹出的快捷菜单中选择 Edit 命令，此时进入设计点处理界面。

Step2：在 Outline of Schematic B3:Surface 栏中选择 Response 栏；在下面出现的 Properties of Outline: Response 栏中做如下操作。

① 在 X Axis 栏中选择 P3-Force Y Component 选项。

② 在 Y Axis 栏中选择 P5-Total Deformation Maximum 选项。

此时右下角对话框中显示出前面载荷和变形的关系曲线，如图 18-23 所示。

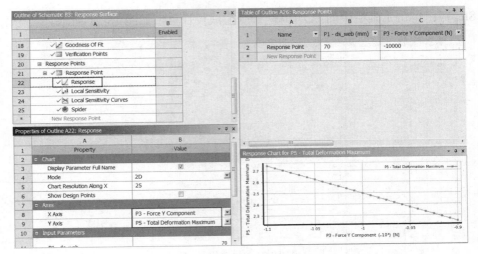

图 18-23 载荷与变形的关系曲线

Step3：选择 Response 选项，在下面的对话框中做如下操作。

① 在 Mode 栏中选择 3D。

② 在 X Axis 栏中选择 P3-Force Y Component 选项。

③ 在 Y Axis 栏中选择 P1-ds_web 选项。

④ 在 Z Axis 栏中选择 P5-Total Deformation Maximum 选项。

此时将显示如图 18-24 右侧所示的三维曲面关系曲面。

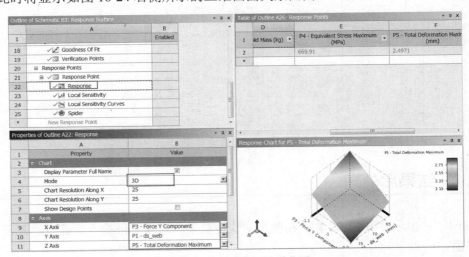

图 18-24 三维曲面关系曲面

Step4：单击 Goodness of Fit 选项，其余保持默认，此时将显示如图 18-25 右侧所示的拟合曲线与离散数据点。

Step5：选择 Response Surface 选项，然后在 Properties of Schematic B3:Response Surface 表中做如下设置。

在 Response SurfaceType 栏中选择 Kriging 选项，单击工具栏中的 Update 命令，如图 18-26 所示。

第 18 章　结构优化分析

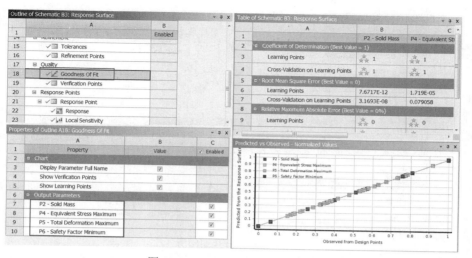

图 18-25　Goodness of Fit 图表

Step6：选择 Response 选项，在下面的对话框中做如下操作。

① 在 Mode 栏中选择 3D。

② 在 X Axis 栏中选择 P3-Force Y Component 选项。

③ 在 Y Axis 栏中选择 P1-ds_web 选项。

④ 在 Z Axis 栏中选择 P5-Total Deformation Maximum 选项。

此时将显示如图 18-27 右侧所示的三维曲面关系曲面。

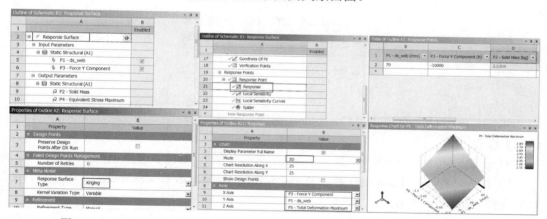

图 18-26　设置　　　　　　图 18-27　三维曲面关系曲面

Step7：单击 Local Sensitivity 选项，显示如图 18-28 所示的柱状图图表。

Step8：返回到项目管理窗口，双击 B4 栏，在出现的如图 18-29 所示的对话框中做如下设置。

① 选择 Optimization 选项。

② 在 Properties of Outline A2: Method 窗口的，Method Name 栏中选择 Screening 选项；在 Number of Samples 栏中输入数值 1000。

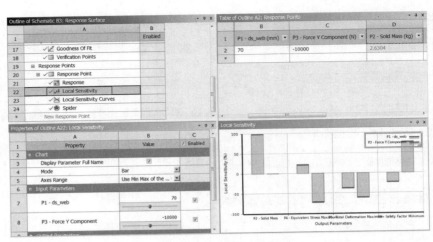

图 18-28 柱状图图表

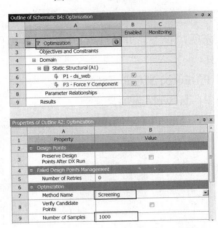

图 18-29 设置

Step9：单击 Objectives and Constraints 选项，在右侧出现的如图 18-30 所示的窗口中做如下设置。

① 在 Parameter 栏中选择 P2-Solid Mass 选项，在 Type 栏中选择 Minimize 选项。

② 插入一行，在 Parameter 栏中选择 P5-Total Deformation Maximum 选项，在 Type 栏中选择 Minimize 选项。

③ 此时在 Objectives and Constraints 选项下面将出现 Minimize P2 和 Minimize P5 两个选项。

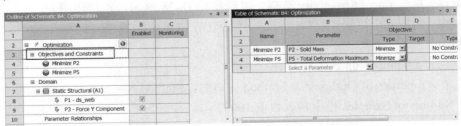

图 18-30 快捷菜单

Step10：单击工具栏中的 Update 选项，计算完成后显示如图 18-31 所示。

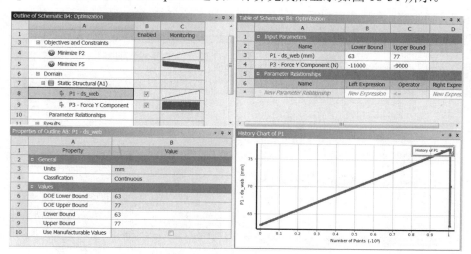

图 18-31　计算完成后显示的图表

Step11：单击 Candidate Points 选项，此时右侧将出现如图 18-32 所示的基于目标优化的最优设计的三个候选方案。

图 18-32　候选方案

Step12：单击 Tradeoff 选项，此时将出现如图 18-33 所示的质量与应力关系图。

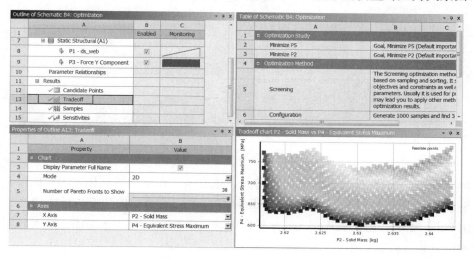

图 18-33　质量与应力关系图

Step13：单击 Samples 选项，此时将出现如图 18-34 所示的质量与应力关系曲线。从本图和上面的点状关系图可以看出，增加质量就会降低应力分布。

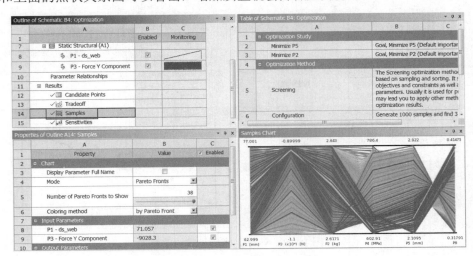

图 18-34　质量与应力关系曲线

Step14：如图 18-35 所示，右击 Candidate Point 2 栏，在弹出的快捷菜单中选择 Verify by Design Point Update 命令。

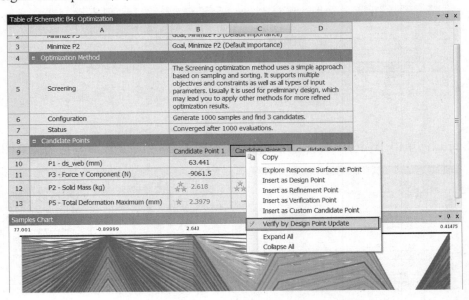

图 18-35　快捷菜单

Step15：如图 18-36 所示，此时能看到获选方案 2 在总体的优化方案中的位置。

Step16：如图 18-37 所示，右击 Candidate Point 2，在弹出的快捷菜单中选择 Insert as Design Point 命令，返回到 Workbench 平台中。双击 Parameter Set 选项，进入如图 18-38 所示的创建设计点窗口中。

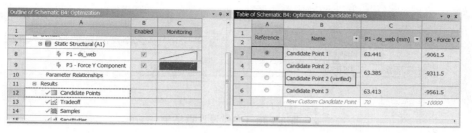

图 18-36　快捷菜单

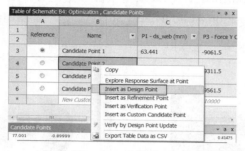

图 18-37　快捷菜单

图 18-38　创建设计点

Step17：如图 18-39 所示，右击 DP 2 栏，在弹出的快捷菜单中选择 Copy inputs to Current 命令，此时创建了一个新 Current 选项，右击该选项，在弹出的快捷菜单中选择 Update Selected Design Points 命令，进行计算。

Step18：如图 18-40 所示为计算完成后的 Current 选项结果。

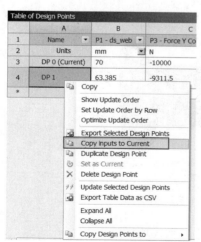
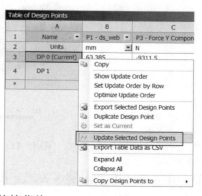

图 18-39　快捷菜单

Table of Design Points								
	A	B	C	D	E	F	G	H	I
1	Name	P1 - ds_web	P3 - Force Y Component	P2 - Solid Mass	P4 - Equivalent Stress Maximum	P5 - Total Deformation Maximum	P6 - Safety Factor Minimum	Retai	Retained D
2	Units	mm	N	kg	MPa	mm			
3	DP 0 (Current)	63.385	-9311.5	2.6179	648.29	2.4668	0.38563	☑	✓
4	DP 1	63.385	-9311.5					☐	
*									

图 18-40 当前设计点结果

Step19：返回到 Workbench 平台中，双击项目 B 中的 B7（Results）栏，进入 Mechanical 界面。单击 Total Deformation 和 Equivalent Stress 命令，云图如图 18-41 所示。

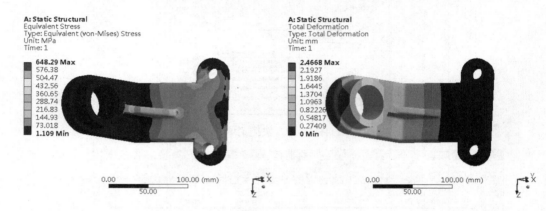

图 18-41 云图

Step20：选择安全系数计算命令，如图 18-42 所示为安全系数云图。

Step21：单击 Mechanical 界面右上角的 ☒ （关闭）按钮，退出 Mechanical，返回到 Workbench 主界面。

Step22：在 Workbench 主界面中单击常用工具栏中的 🖫 （保存）按钮，保存文件名为 DOE2.wbpj。

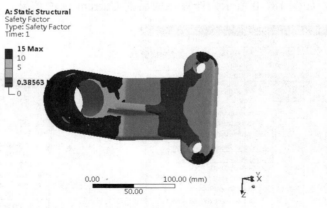

图 18-42 安全系数云图

Step23：单击右上角的 ☒ （关闭）按钮，完成项目分析。

18.3 本章小结

本章详细地介绍了 ANSYS Workbench 18.0 软件内置的优化分析功能，包括几何导入、网格划分、边界条件设定、后处理等操作，同时还讲解了响应曲面优化设置及处理方法。

通过本章的学习，应该对优化分析的过程有详细的了解。

第19章 耦合场分析

本章主要介绍 ANSYS Workbench 18.0 与 ANSYS Electromagnetics Suite 18.0 的单向耦合分析功能，讲解通过 Maxwell 软件计算通有电流的四分裂导线的磁场，磁场与电流相互作用产生磁场力，然后将磁场力结果映射到 Workbench 的模型中，进行静力分析。

学习目标

(1) 熟练掌握 Maxwell 静态磁场分析的方法及过程。
(2) 熟练掌握 ANSYS Workbench 静力学分析的方法及过程。
(3) 掌握两个软件静态磁场结构单向耦合分析的方法及过程。

第 19 章 耦合场分析

19.1 多物理场耦合分析简介

多物理场耦合分析是考虑两个或两个以上工程学科（物理场）间相互作用的分析。例如，流体与机构的耦合分析（流固耦合）、电磁与结构耦合分析、电磁与热耦合分析、热与结构耦合分析、电磁与流体耦合分析、流体与声学耦合分析、结构与声学耦合分析（振动声学）等。

以流固耦合为例，流体流动的压力作用到结构上，结构产生变形，而结构的变形又影响了流体的流道，因此是相互作用的问题。

再如，通有电流的螺线管会在其周围产生磁场，同时流有电流的螺线管在磁场中会受到磁场力的作用而产生形变，形变会使得螺线管的磁场分布发生变化，因此是相互作用的问题。

耦合分析总体来说分为两种，即单向耦合与双向耦合。

- 单向耦合：以流固耦合分析为例，如果结构在流道中受到流体压力产生的变形很小，忽略掉亦可满足工程计算的需要，则不需要将变形反馈给流体，这样的耦合称为单向耦合。
- 双向耦合：以流固耦合分析为例，如果结构在流道中受到的流体的压力很大，或者即使压力很小也不能被忽略掉，则需要将结构变形反馈给流体，这样的耦合称为双向耦合。

ANSYS Workbench 18.0 新版本的仿真平台具有多物理场的双向耦合分析的能力，其中包括以下几种：流体—结构耦合（CFX 与 Mechanical 或 FLUENT 与 Mechanical）、流体—热耦合（CFX 与 Mechanical 或 FLUENT 与 Mechanical）、流体—电磁耦合（FLUENT 与 Ansoft Maxwell）、热—结构耦合（Mechanical）、静电—结构耦合（Mechanical）、电磁—热耦合（Ansoft Maxwell 与 Mechanical）、电磁—结构—噪声耦合（Ansoft Maxwell 与 Mechanical）。

以上耦合为场耦合分析方法，其中部分分析能实现双向耦合计算。

除此之外，自从 ANSYS 13 版本以来，ANSYS Workbench 软件还可与 Ansoft Simplorer 软件集成在一起实现场路耦合计算。

场路耦合计算适用于进行电动机、电力电子装置及系统、交直流传动、电源、电力系统、汽车部件、汽车电子与系统、航空航天、船舶装置与控制系统、军事装备仿真。

19.2 项目分析1——四分裂导线电磁结构耦合分析

本节主要介绍 ANSYS Workbench 18.0 的电磁场分析模块 Maxwell 的建模方法及求解过程，计算四分裂导线在大电流作用下的受力情况。

学习目标：熟练掌握 Maxwell 的建模方法及求解过程，同时掌握电磁结构耦合分析方法。

模型文件	Chapter19\char19-1\wire.x_t
结果文件	Chapter19\char19-1\magnetostructure.wbpj

19.2.1 问题描述

图 19-1 所示为一个四分裂导线模型，单根导线直径为 ϕ70mm，导线长为 10m，每两根导线间距离为 600mm，每根导线都通有 50kA 的大电流（如图 19-1 中箭头方向所示），当四分裂导线两端用间隔棒固定后，试分析其变形情况及应力分布情况。为了简化分析，此处直接将两端设置成固定约束。

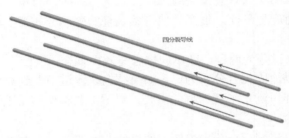

图 19-1 四分裂导线模型

19.2.2 软件启动与保存

Step1：启动 Workbench。如图 19-2 所示，在 Windows XP 下选择"开始"→"所有程序"→ANSYS 18.0→Workbench 18.0 命令，即可进入如图 19-3 所示的主界面，其中包含了 Getting Started 窗口。

Step2：保存工程文档。进入 Workbench 后，单击工具栏中的 按钮，将文件保存为 01，如图 19-3 所示。单击 Getting Started 窗口右上角的 （关闭）按钮将其关闭。

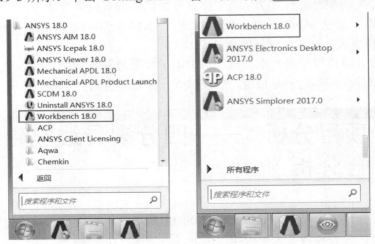

图 19-2 Workbench 启动方法

本节算例需要用到 ANSYS Electromagnetics Suite 18.0 软件,请读者进行安装。由于 ANSYS Electromagnetics Suite 18.0 软件不支持保存路径中存在中文名,故在进行文档保存时,保存的路径不能含有中文字符,否则会发生错误。

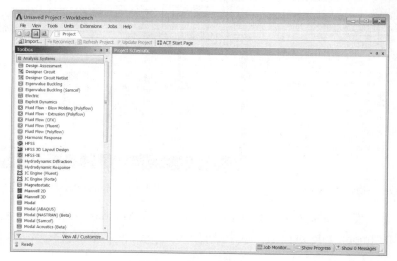

图 19-3　保存工程文档

19.2.3　建立电磁分析与数据读取

Step1：创建电磁场分析。在 Workbench 左侧 Toolbox（工具箱）的 Analysis Systems 中选择 Maxwell 3D 选项并按住左键不放将其拖到右侧的 Project Schematic 窗口中,此时即可创建一个如同 Excel 表格的工程分析流程表 A,如图 19-4 所示。

 工程分析流程表 A 的 A1～A4 是 Maxwell 3D 软件前处理、计算及后处理的三个过程。

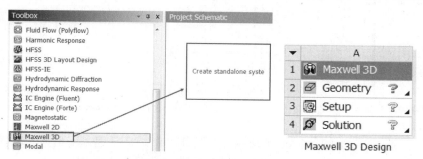

图 19-4　创建电磁分析环境

Step2：打开 Maxwell 3D 软件。在表 A2（Geometry）中右击会弹出如图 19-5 所示的快捷菜单,从中选择 Edit 命令启动 Maxwell 3D 软件,在 Workbench 18.0 中,Maxwell 模块集成于 Electronics Desktop 2017 中,启动界面如图 19-6 所示。

在工程分析流程表 A 中直接双击 A2（Geometry）栏也可启动 Maxwell 3D 软件。

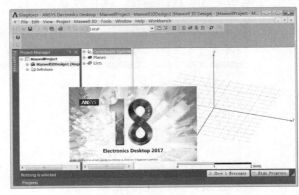

图 19-5　启动 Maxwell　　　　　图 19-6　Maxwell 3D 界面

Step3：读入模型数据文件。如图 19-7 所示，选择 Modeler→Import 命令，会弹出如图 19-8 所示的 Import File 对话框，从中选择 wire.x_t 文件，单击"打开"按钮，即可打开模型文件。

读取的模型数据已经被设置成 mm，这里就不需要对软件进行单位设定。如果模型简单，可以直接在 Maxwell 软件中创建图形。本例的模型用 Pro/E 创建并保存为通用格式 x_t。

图 19-7　读入模型数据文件　　　　图 19-8　Import File 对话框

如果在 Model Analysis 对话框左侧的表格中不显示或不全部显示 Good，说明读入的数据模型中存在问题，请检查建模时是否存在错误操作。

19.2.4　求解器与求解域的设置

Step1：设置求解器类型。如图 19-9 所示，选择 Maxwell 3D→Solution Type 命令，

在弹出的如图 19-10 所示的 Solution Type 对话框中选择 Magnetostatic（静态磁场分析）选项，单击 OK 按钮关闭 Solution Type 对话框。

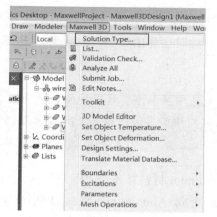

图 19-9　设置求解器类型

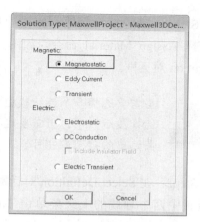

图 19-10　Solution Type 对话框

 单击绘图工具栏中的 ⊙ 按钮，也可创建模型求解域。

Step2：如图 19-11 所示，在 Region 对话框的 Pad individual directions 栏中输入表 19-1 中的相关数据。

表 19-1　参数设置值

+X	Percentage Offset	500
-X	Percentage Offset	500
+Y	Percentage Offset	0
-Y	Percentage Offset	0
+Z	Percentage Offset	500
-Z	Percentage Offset	500

Step3：图 19-12 所示为设置完成的求解域模型。

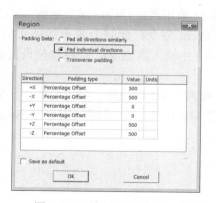

图 19-11　输入求解域大小

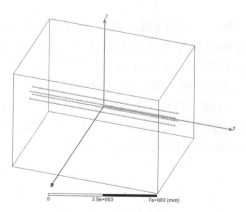

图 19-12　建立求解区域

19.2.5 赋予材料属性

Step1：赋予材料属性。在模型树中选择相应模型名，右击后在弹出的快捷菜单中选择 Assign Material 命令，如图 19-13 所示。此时会弹出如图 19-14 所示的 Select Definition 对话框。

当需要选择多个连续模型名时，可以先选中第一个，然后按住 Shift 键，同时选择最后一个。当需要选择多个不连续的模型名时，按住 Ctrl 键同时选择需要选中的模型名即可。

Step2：在 Select Definition 对话框中选择 Aluminum 材料并单击"确定"按钮，此时模型树中四个导线的上级菜单由 Not Assigned 变成 Aluminum，求解域默认为真空 Vacuum。

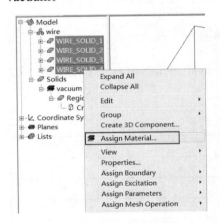

图 19-13 赋予材料属性

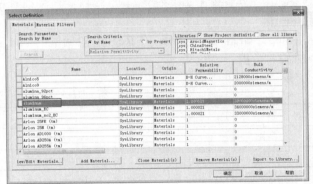

图 19-14 Select Definition 对话框

19.2.6 添加激励

Step1：创建激励。按住 F 键，然后单击如图 19-15 所示四根导线的四个端面，右击后在弹出的快捷菜单中选择 Assign Excitation→Current 命令，此时会弹出如图 19-16 所示的 Current Excitation 对话框。在该对话框的 Value 中输入数值 50，并将单位设置成 kA，单击 OK 按钮，完成参数的设置。

Step2：同样，将四根导线的另外一个端面也设置为 50kA 的电流，与上面操作步骤不同之处为此处的电流方向设置为自里向外的，如图 19-17 所示，此时只需单击 Swap Direction 按钮即可完成相应的操作。

第 19 章　耦合场分析

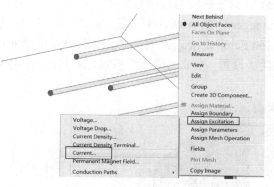

图 19-15　创建激励

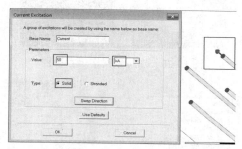

图 19-16　Current Excitation 对话框

图 19-17　设置激励

19.2.7　网格划分与分析步创建

Step1：剖分网格并调整网格大小。这里采用自行设置网格大小剖分网格，选中四根导线，右击后在弹出的快捷菜单中选择如图 19-18 所示的 Assign Mesh Operation→Inside Selection→Length Based 命令，此时会弹出 Element Length Based Refinement 对话框。

Step2：在弹出对话框的 Maximum Length of Elements 中输入 500，单位选择 mm，如图 19-19 所示。单击 OK 按钮完成相关参数的设置。

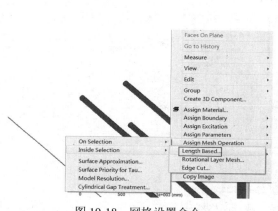

图 19-18　网格设置命令

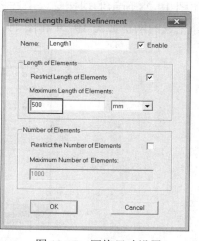

图 19-19　网格尺寸设置

Step3：采用同样的方法设置如图 19-20 所示求解域网格剖分大小。

Step4：添加一个分析步。在 Project Manager 中的 Analysis 选项上右击，在弹出的快捷菜单中选择如图 19-21 所示的 Add Solution Setup 命令，此时会弹出如图 19-22 所示的 Solve Setup 对话框，其中的参数全部采用默认设置，单击"确定"按钮，此时在 Analysis 下会出现一个 Setup1 选项。

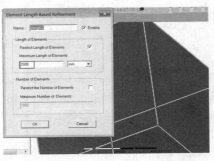

图 19-20 求解域网格尺寸设置

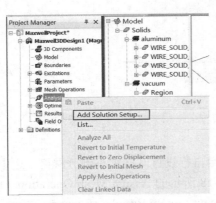

图 19-21 添加一个分析步

图 19-22 Solve Setup 对话框

Step5：划分网格。在 Project Manager 中的 Analysis→Setup1 选项上右击，在弹出的如图 19-23 所示的快捷菜单中选择 Apply Mesh Operations 命令，执行网格划分操作。划分完成的网格如图 19-24 和图 19-25 所示。

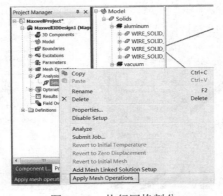

图 19-23 执行网格剖分

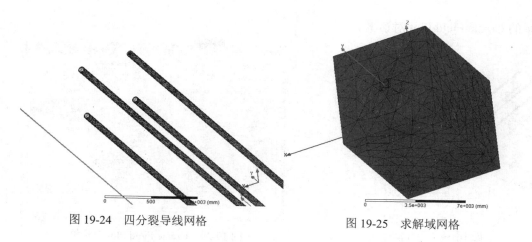

图 19-24 四分裂导线网格　　　　　图 19-25 求解域网格

19.2.8 模型检查与计算

通过上面的操作步骤,有限元分析的前处理工作全部结束,为了保证求解能顺利完成计算,需要先检查一下前处理的所有操作是否正确。

Step1:模型检查。单击工具栏上的 按钮出现如图 19-26 所示的 Validation Check 对话框,对号说明前面的基本操作步骤没有问题。

 如果出现了 ⊗,说明前处理过程中某些步骤有问题,请根据右侧的提示信息进行检查。

Step2:求解计算。右击 Project Manager 中的 Analysis→Setup1 选项,在弹出的快捷菜单中选择如图 19-27 所示的 Analyze 命令,进行求解计算,求解需要一定的时间。

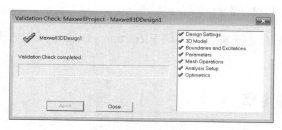　　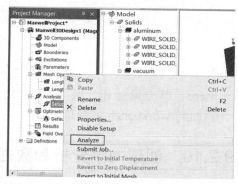

图 19-26 模型检查　　　　　　　图 19-27 求解模型

19.2.9 后处理

Step1:后处理操作。求解完成后,选中四根导线模型,右击后在弹出的如图 19-28 所示的快捷菜单中选择 Fields→Other→Volume_Force_Density 命令,此时弹出如图 19-29

所示的 Create Field Plot 对话框。

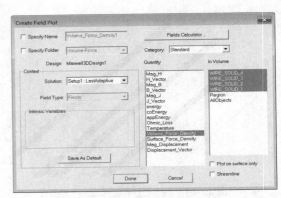

图 19-28　后处理操作　　　　图 19-29　Create Field Plot 对话框

Step2：在 Create Field Plot 对话框的 Quantity 中选择 Volume_Force_Density 选项，在 In Volume 中选择四根导线实体。体积力密度云图如图 19-30 所示。

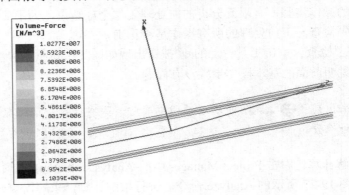

图 19-30　体积力密度云图

Step3：单击 按钮，保存文档，然后单击 按钮关闭 Electronics Desktop 2017 软件，返回到 Workbench 主窗口。

19.2.10　创建力学分析和数据共享

Step1：回到 Workbench 窗口中，在如图 19-31 所示的表格 A4（Solution）上右击，在弹出的快捷菜单中选择 Transfer Data To New→Static Structural 命令，此时会在 A 表的右侧出现一个 B 表，同时 A4 与 B5 之间出现连接曲线，这说明 A4 的结果数据可以作为 B5 的外载荷使用。

第 19 章 耦合场分析

图 19-31 创建耦合的静力分析模型

Step2：共享几何模型数据。选择如图 19-32 所示的 A2（Geometry）选项不放拖曳到 B3（Geometry）中。

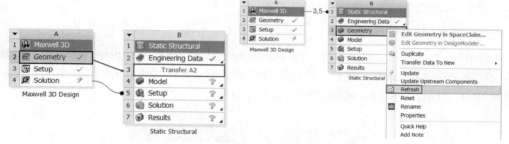

图 19-32 共享几何模型数据

Step3：在 B3（Geometry）上右击，在弹出的快捷菜单中选择 Refresh 命令，当数据被成功读入后，会在 B3 表格后面出现 ✓。

Step4：启动 DesignModeler。在 B3（Geometry）中右击，在弹出的如图 19-33 所示的快捷菜单中选择 Edit Geometry 命令。

Step5：在如图 19-34 所示的 DesignModeler 操作界面里，可以对模型进行修改等一些操作，在弹出的"单位设置"对话框中选择 Millimeter 选项，单击 OK 按钮。

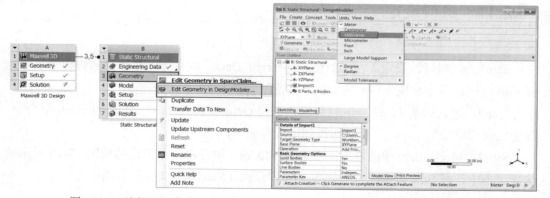

图 19-33 编辑几何命令　　　　　图 19-34 启动 DesignModeler

489

Step6：共享数据模型导入。在左侧的模型树 Tree Outline 中 Import1 上右击，在弹出的如图 19-35 所示的快捷菜单中选择 Generate 命令，四分裂导线模型被显示到 DesignModeler 绘图区域中，如图 19-36 所示，单击"保存"按钮并关闭 DesignModeler，回到 Workbench 主窗口。

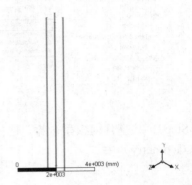

图 19-35　生成模型数据　　　　图 19-36　四分裂导线模型

Step7：体积力密度数据传递。在 Workbench 主窗口 A4（Solution）中右击，在弹出的快捷菜单中选择 Update 命令，经过数分钟的计算，A4（Solution）表格由 ⚡ 变成 ✓，如图 19-37 所示，说明 A4 数据已经成功传递给 B5。

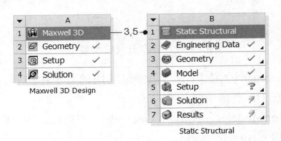

图 19-37　体积力密度数据传递

19.2.11　材料设定

Step1：材料属性设定。在 B2（Engineering Data）中右击，在弹出的快捷菜单中选择 Edit 命令，单击如图 19-38 所示工具栏上的 按钮。

Step2：进入如图 19-39 所示材料库，选择 General Materials→Aluminum Alloy 命令，设定完成后单击 Project 按钮切换到工程界面下。

Step3：Mechanical 中的模型。在 B4（Model）中右击，在弹出的如图 19-40 所示的快捷菜单中选择 Edit 命令，进入如图 19-41 所示的 Mechanical 操作界面。

第19章 耦合场分析

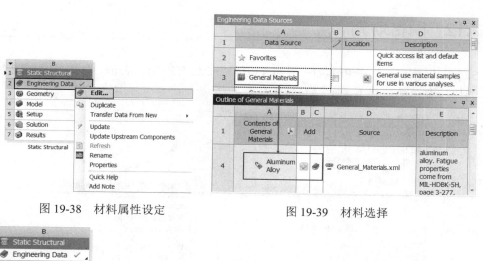

图 19-38　材料属性设定　　　　图 19-39　材料选择

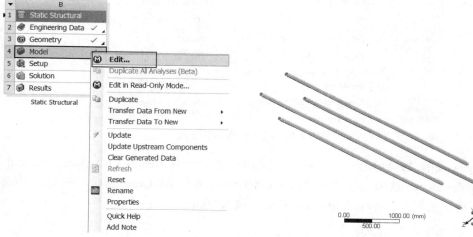

图 19-40　编辑 Mechanical　　　　图 19-41　Mechanical 中模型

Step4：赋予材料属性。选择如图 19-42 所示 Outline 中 Model（B4）→Geometry 里面的四个模型，在下面的 Details of "Multiple Selection" 面板的 Material→Assignment 中选择 Aluminum Alloy 选项。

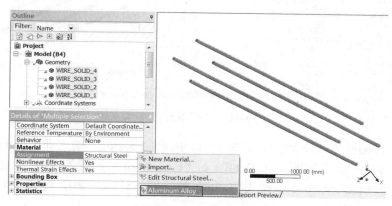

图 19-42　赋予材料属性

19.2.12 网格划分

Step1：网格设置。在 Project→Model（B4）→Mesh 选项上右击，在弹出的如图 19-43 所示的快捷菜单中选择 Insert→Method 命令。

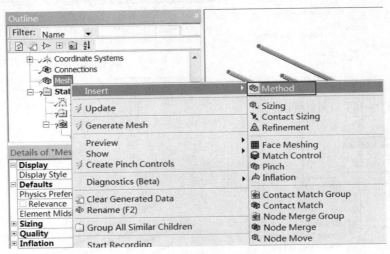

图 19-43 插入网格划分方式

Step2：如图 19-44 所示，选中里面的四个模型，选择 Details of "Sweep Method"中的 Method→Sweep 选项，在 Free Face Mesh Type 中选择 All Quad 选项，在 Type 中选择 Element Size 选项，在 Sweep Element Size 中输入 20mm。

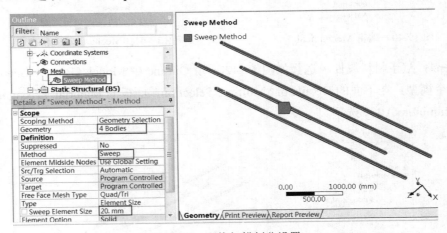

图 19-44 网格扫描剖分设置

Step3：用同样方式添加一个如图 19-45 所示的 Sizing，确定在 Geometry 栏中选中了四分裂导线的四个端面，在 Details of "Face Sizing"面板的 Type 中选择 Element Size 选项，在 Element Size 中输入 20mm，执行网格计算，如图 19-46 所示，网格生成结果如图 19-47 所示。

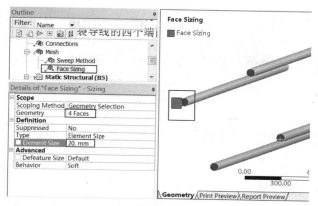

图 19-45　模型端面网格设置

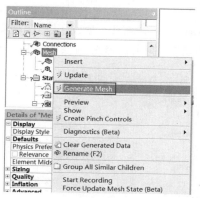

图 19-46　执行网格计算

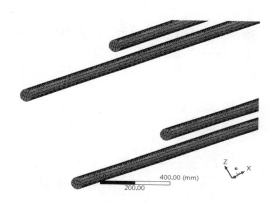

图 19-47　网格生成

19.2.13　添加边界条件与映射激励

Step1：添加边界条件。选中如图 19-48 所示四根导线的四个端面，并右击，从弹出的快捷菜单中选择 Insert→Fixed Support 命令，同样在另一端也添加同样的边界条件，请读者自己完成。

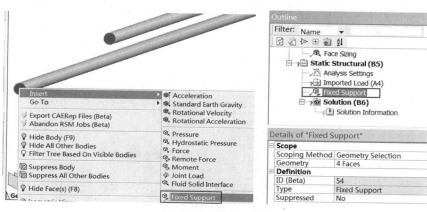

图 19-48　边界条件

Step2:映射力密度到结构网格上。右击 Static Structural（B5）下面的 Imported Load 命令，在弹出的如图 19-49 所示的快捷菜单中选择 Insert→Body Force Density 命令。

Step3：选择如图 19-50 所示绘图区域中的导线模型，单击 Apply 按钮确定。

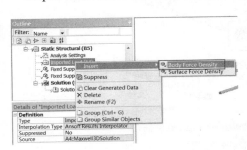

图 19-49　映射力密度　　　　　　图 19-50　选择实体

Step4：如图 19-51 所示，选择 Body Force Density 选项并右击，在弹出的快捷菜单中选择 Import Load 命令，经过一段时间计算，映射完后的力密度分布云图如图 19-52 所示。

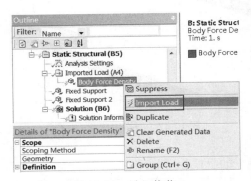 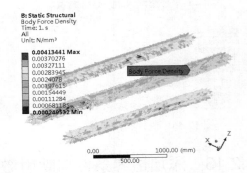

图 19-51　导入载荷　　　　　　　图 19-52　力密度分布云图

19.2.14　求解计算

在 Static Structural（B5）选项上右击，从弹出的如图 19-53 所示的快捷菜单中选择 Solve 命令进行求解计算。

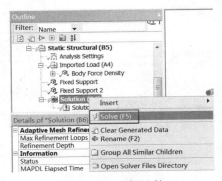

图 19-53　求解计算

19.2.15 后处理

Step1：位移云图。右击 Solution 选项，在弹出的如图 19-54 所示的快捷菜单中选择 Insert→Deformation→Total 命令，添加位移云图。

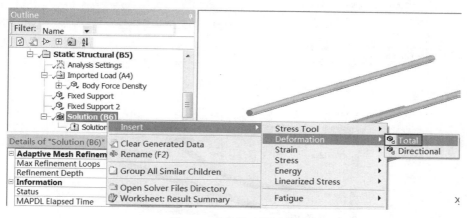

图 19-54 位移云图设置

右击 Total Deformation 选项，在弹出的快捷菜单中选择 Evaluate All Results 显示位移云图，将工具栏 Result 1.0 (True Scale) 中的数值设置为 1.0。位移云图如图 19-55 所示。

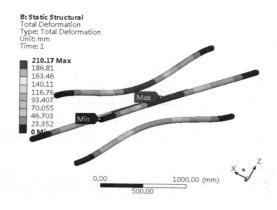

图 19-55 位移云图

Step2：应力云图。右击 Solution 选项，在弹出的如图 19-56 所示的快捷菜单中选择 Insert→Stress→Equivalent（von-Mises）命令，添加应力云图。右击 Equivalent Stress 选项，在弹出的快捷菜单中选择 Evaluate All Results 显示应力分布云图，将工具栏 Result 1.0 (True Scale) 中的数值设置为 1.0。应力云图如图 19-57 所示。

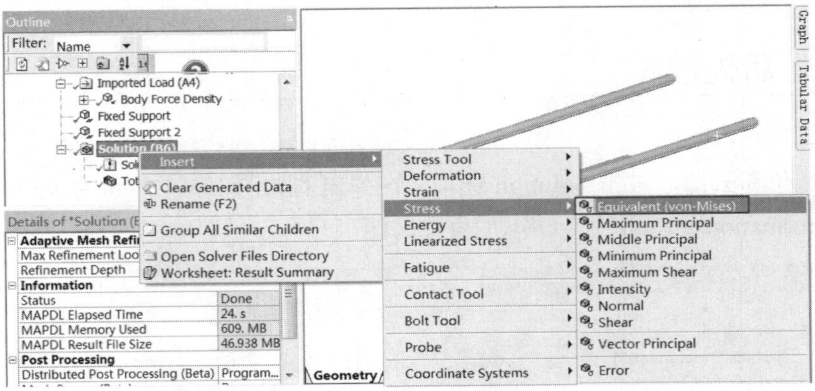

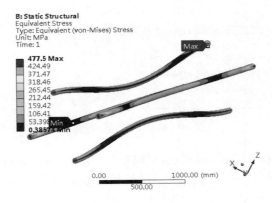

图 19-56 应力云图设置

图 19-57 应力云图

Step3：保存并退出。选择 File→Save Project 命令，保存，单击 按钮退出，并返回 Workbench 窗口。

19.2.16 保存与退出

返回到 Workbench 窗口，单击 按钮保存文件，然后单击 按钮退出。

19.3 项目分析 2——螺线管电磁结构耦合分析

本节主要介绍 ANSYS Workbench 18.0 的电磁场分析模块 Maxwell 的建模方法及求解过程，计算螺线管在通有电流情况下的变形情况。

学习目标：熟练掌握 Maxwell 的建模方法及求解过程，同时掌握电磁结构耦合分析方法。

模型文件	Chapter19\char19-2\coil.x_t
结果文件	Chapter19\char19-2\coil_force.wbpj

19.3.1 问题描述

图 19-59 所示为一个螺线管模型，螺线管通有 5kA 的大电流（如图 19-58 中箭头方向所示），当螺线管进出电流位置固定后，试分析其变形情况及应力分布情况。为了简化分析，此处直接将两端设置成固定约束。

图 19-58　螺线管模型

19.3.2 软件启动与保存

Step1：启动 Workbench。如图 19-59 所示，在 Windows XP 下选择"开始"→"所有程序"→ANSYS 18.0→Workbench 18.0 命令，即可进入 Workbench 主界面。

图 19-59　Workbench 启动方法

Step2：保存工程文档。进入 Workbench 后，单击工具栏中的 按钮，将文件保存为 coil_force，如图 19-60 所示，单击 Getting Started 窗口右上角的 （关闭）按钮将其关闭。

 本节算例需要用到 ANSYS Electromagnetics Suite 18.0 软件，请读者进行安装。由于 ANSYS Electromagnetics Suite 18.0 软件不支持保存路径中存在中文名，故在进行文档保存时，保存的路径不能含有中文字符，否则会发生错误。

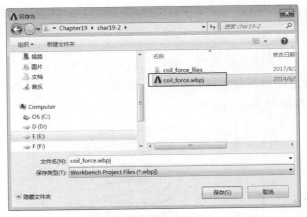

图 19-60 保存工程文档

19.3.3 导入几何数据文件

Step1：创建几何生成器。如图 19-61 所示，在 Workbench 左侧 Toolbox（工具箱）的 Component Systems 中选择 Geometry 选项并按住左键不放将其拖到右侧的 Project Schematic 窗口中，此时即可创建一个如同 Excel 表格的几何数据生成器 A。

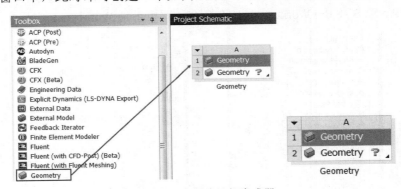

图 19-61 创建几何生成器

Step2：导入几何数据文件。如图 19-62 所示，在几何数据生成器 A 中的 A2（Geometry）上右击，在弹出的快捷菜单中选择 Import Geometry→Browse 命令，此时会弹出"打开"对话框。

Step3：选择几何数据文件。如图 19-63 所示，在"打开"对话框中做如下操作。

① 在文件类型栏中选择 Parasolid（*.x_t）文件类型。

② 在模型存储文件夹（model）中选择 coil.x_t 几何文件，单击"打开"按钮。

Step4：如图 19-64 所示，在 Workbench 左侧 Toolbox（工具箱）的 Component Systems 中再次选择 Geometry 选项并按住左键不放，将其拖到右侧的 Project Schematic 窗口中，创建几何数据生成器 B。

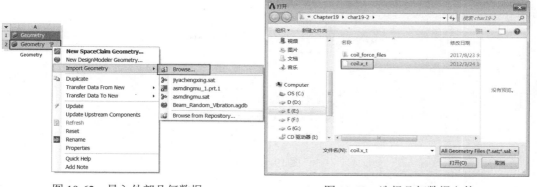

图 19-62 导入外部几何数据　　　　图 19-63 选择几何数据文件

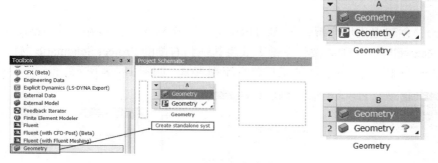

图 19-64 几何数据生成器

Step5：导入几何数据文件。如图 19-65 所示，在几何数据生成器 B 中的 B2（Geometry）上右击，在弹出的快捷菜单中选择 Import Geometry→Browse 命令，此时会弹出"打开"对话框。

Step6：选择几何数据文件。如图 19-66 所示，在"打开"对话框中做如下操作。

在模型存储文件夹（model）中选择 air.sat 几何文件，单击"打开"按钮。

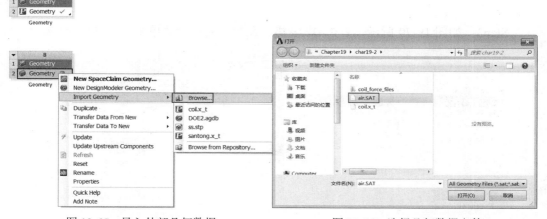

图 19-65 导入外部几何数据　　　　图 19-66 选择几何数据文件

Step7：如图 19-67 所示为完成读取几何的两个项目，两种文件格式的图标略有不同。

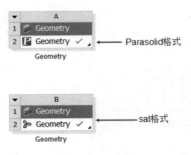

图 19-67　项目

19.3.4　建立电磁分析与数据读取

Step1：创建电磁场分析。在 Workbench 左侧 Toolbox（工具箱）的 Analysis Systems 中选择 Maxwell 3D 选项并按住左键不放将其拖到右侧的 Project Schematic 窗口中，此时即可创建一个如同 Excel 表格的工程分析流程表 B，如图 19-68 所示。

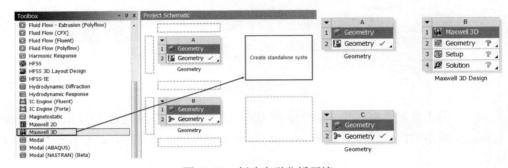

图 19-68　创建电磁分析环境

Step2：共享数据。选择 A2（Geometry）选项不放直接拖曳到项目 B 的 B2 表格中，如图 19-69 所示，此时 B2 表格后面的提示符由 ? 变成 ⟳，同时 Maxwell 3D 软件会自动启动。

Step3：如图 19-70 所示，右击 B2 表格，在弹出的快捷菜单中选择 Refresh 命令。

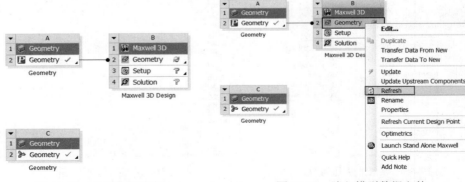

图 19-69　几何数据共享　　　　　图 19-70　读入模型数据文件

Step4：此时模型文件已经成功显示在 Maxwell 软件中，如图 19-71 所示。

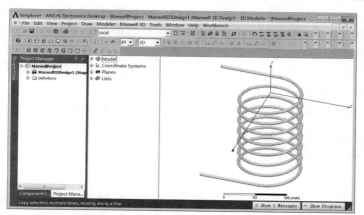

图 19-71　读取的模型

Step5：同样操作，选择 C2（Geometry）选项不放直接拖曳到项目 B 的 B2 表格中，如图 19-72 所示，此时 B2 表格后面的提示符由 ❓ 变成 🔄。

Step6：如图 19-73 所示，右击 B2 表格，在弹出的快捷菜单中选择 Refresh 命令。

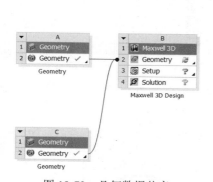

图 19-72　几何数据共享

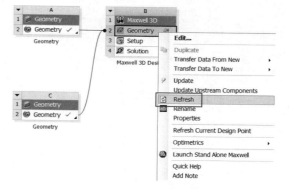

图 19-73　读入模型数据文件

Step7：此时模型文件已经成功显示在 Maxwell 软件中，如图 19-74 所示。

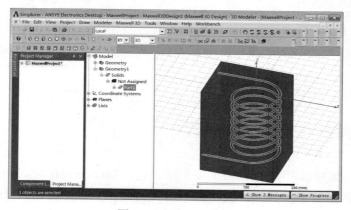

图 19-74　读取的模型

Step8：模型检查。经检查发现在 Workbench 平台的下方弹出一个警告信息，如图 19-75 所示，此信息表明导入到 Maxwell 软件的几何尺寸超出预期范围。

Step9：模型调整。如图 19-76 所示，在 Maxwell 软件中选中外面的长方体几何（air.sat），右击并在弹出的快捷菜单中选择 Edit→Scale 命令。

Step10：模型调整。如图 19-77 所示，在弹出的对话框中输入三个方向的比例均为 0.001，单击 OK 按钮。

Step11：单击工具栏中的 ⊕ 按钮，此时两个几何文件同时显示出来，如图 19-78 所示。

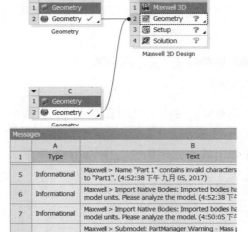

图 19-75　模型检查

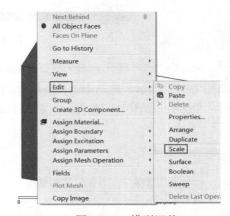

图 19-76　模型调整

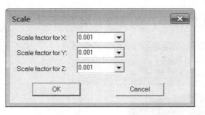

图 19-77　调整模型比例

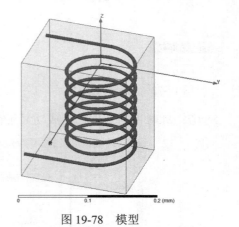

图 19-78　模型

19.3.5　求解器与求解域的设置

Step1：设置求解器类型。如图 19-79 所示，选择 Maxwell 3D→Solution Type…命令。

Step2：在弹出的如图 19-80 所示的 Solution Type 对话框中选择 Magnetostatic（静态磁场分析）选项，单击 OK 按钮，关闭 Solution Type 对话框。

19.3.6 赋予材料属性

Step1：赋予材料属性。在模型树中选择 COIL 模型名，右击后在弹出的快捷菜单中选择 Assign Material 命令，如图 19-81 所示。此时会弹出 Select Definition 对话框。

Step2：在如图 19-82 所示的 Select Definition 对话框中选择 Aluminum 材料并单击"确定"按钮，此时模型树中螺线管的上级菜单由 Not Assigned 变成 Aluminum，求解域默认为真空 Vacuum。

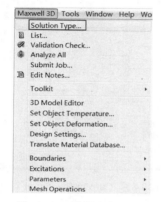

图 19-79 设置求解器类型

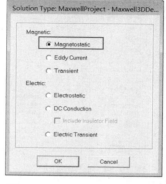

图 19-80 Solution Type 对话框

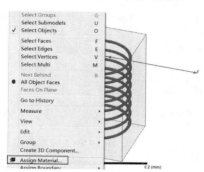

图 19-81 赋予材料属性

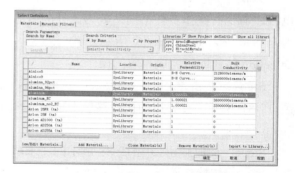

图 19-82 Select Definition 对话框

Step3：同样，如图 19-83 所示，将 Part1 模型设置为 Vacuum。

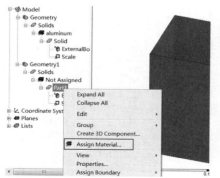

图 19-83 材料库

19.3.7 添加激励

Step1：创建激励。按住 F 键，然后单击如图 19-84 所示的一个端面，右击后在弹出的快捷菜单中选择 Assign Excitation→Current 命令。

Step2：此时会弹出如图 19-85 所示的 Current Excitation 对话框，在该对话框的 Value 中输入数值 5，并将单位设置成 kA，单击 OK 按钮，完成参数的设置。

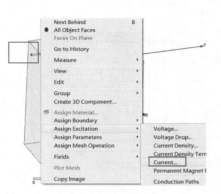

图 19-84 创建激励

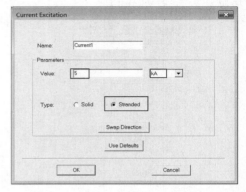

图 19-85 Current Excitation 对话框

Step3：同样，将螺线管另外一个端面也设置为 5kA 电流，与上面操作步骤不同之处为此处的电流方向设置为自里向外，如图 19-86 所示，此时只需单击 Swap Direction 按钮即可完成相应的操作。

Step4：右击 Project Manager→Analysis 选项，如图 19-87 所示，在弹出的快捷菜单中选择 Add Solution Setup 命令，添加求解器。

Step5：此时弹出如图 19-88 所示的"求解器设置"对话框，保持默认设置，单击"确定"按钮。

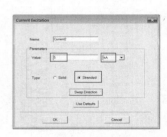

图 19-86 设置激励

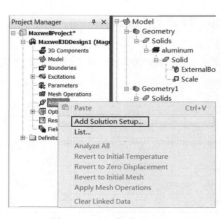

图 19-87 添加求解器

图 19-88 求解器设置

19.3.8 模型检查与计算

通过上面的操作步骤,有限元分析的前处理工作全部结束,为了保证求解能顺利完成计算,需要先检查一下前处理的所有操作是否正确。

Step1:模型检查。单击工具栏上的 按钮出现如图 19-89 所示的 Validation Check 对话框,对号说明前面的基本操作步骤没有问题。

如果出现了❌,则说明前处理过程中某些步骤有问题,请根据右侧的提示信息进行检查。

Step2:求解计算。右击 Project Manager 中的 Analysis→Setup1 选项,在弹出的快捷菜单中选择如图 19-99 所示的 Analyze 命令,进行求解计算,求解需要一定的时间。

图 19-89 Validation Check 对话框

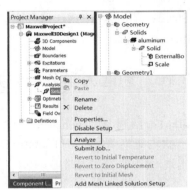
图 19-99 求解模型

19.3.9 后处理

Step1:后处理操作。求解完成后,选中螺线管模型,右击后在弹出的如图 19-100 所示的快捷菜单中选择 Fields→Other→Volume_Force_Density 命令,此时将弹出 Create Field Plot 对话框。

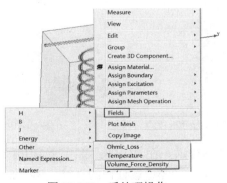
图 19-100 后处理操作

Step2：在弹出的如图 19-101 所示的"Create Field Plot"对话框的 Quantity 中选择 Volume_Force_Density 选项，在 In Volume 中选择螺线管。体积力密度云图如图 19-102 所示。

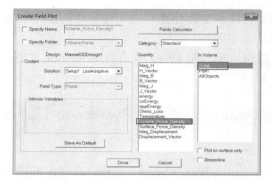

图 19-101 Create Field Plot 对话框　　　　　图 19-102 体积力密度云图

Step3：单击 ■ 按钮，保存文档，然后单击 ✕ 按钮关闭 Maxwell 3D 软件，返回 Workbench 主窗口。

19.3.10 创建力学分析和数据共享

Step1：回到 Workbench 窗口中，在如图 19-103 所示的表格 B4（Solution）上右击，在弹出的快捷菜单中选择 Transfer Data To New→Static Structural 命令，此时会在 B 表的右侧出现一个 C 表，同时 B4 与 C5 之间出现连接曲线，这说明 B4 的结果数据可以作为 C5 的外载荷使用。

Step2：共享几何模型数据。选择如图 19-104 所示的 A2（Geometry）选项不放直接拖曳到 C3（Geometry）中。

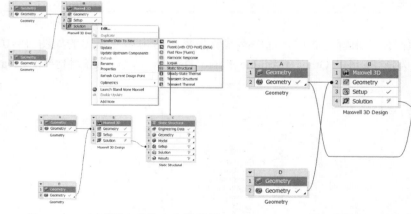

图 19-103 创建耦合的静力分析模型　　　　　图 19-104 共享几何模型数据

Step3：体积力密度数据传递。在 Workbench 主窗口 B4（Solution）中右击，在弹出的快捷菜单中选择 Update 命令，经过数分钟的计算，B4（Solution）表格由 ⚡ 变成 ✓，如图 19-105 所示，说明 B4 数据已经更新完成。

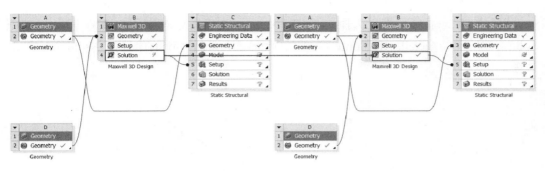

图 19-105　数据传递

19.3.11　材料设定

Step1：材料属性设定。在 C2（Engineering Data）中右击，在弹出的快捷菜单中选择 Edit 命令，单击如图 19-106 所示工具栏上的 Engineering Data Sources 按钮。

Step2：进入如图 19-107 所示材料库，选择 General Materials→Aluminum Alloy 命令，设定完成后单击 Project 按钮切换到工程界面下。

图 19-106　材料属性设定

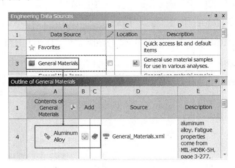

图 19-107　材料选择

Step3：Mechanical 中的模型。在 C4（Model）中右击，在弹出的如图 19-108 所示快捷菜单中选择 Edit 命令，进入如图 19-109 所示的 Mechanical 操作界面。

图 19-108　编辑 Mechanical

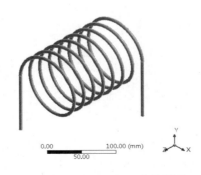

图 19-109　Mechanical 中的模型

Step4：赋予材料属性。选择如图19-110所示Outline中Model（C4）→Geometry→Solid，在下面的Details of "Solid"面板的Material→Assignment中选择Aluminum Alloy选项。

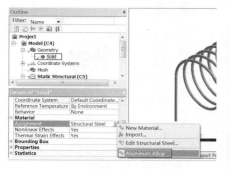

图19-110　赋予材料属性图

19.3.12　网格划分

Step1：网格设置。在Project→Model（B4）→Mesh选项上右击，在弹出的如图19-111所示快捷菜单中选择Insert→Method命令。

Step2：如图19-112所示，选中里面的螺线管，选择Details of "Sweep Method"中的Method→Sweep选项，在Free Face Mesh Type中选择All Quad选项，在Type中选择Element Size选项，在Sweep Element Size中输入20mm。

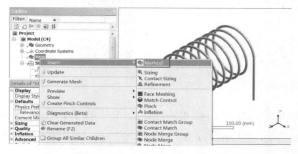

图19-111　插入网格划分方式

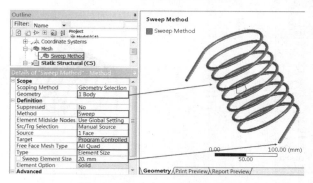

图19-112　网格扫描剖分设置

本算例将网格划分得较粗糙，实际工程中需要对网格进行细化。本算例只演示网格划分过程。

Step3：如图 19-113 所示，右击 Mesh 选项，在弹出的快捷菜单中选择 Generate Mesh 命令。

Step4：划分完成的网格如图 19-114 所示。

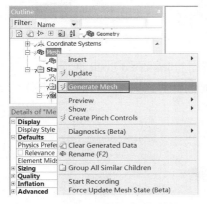

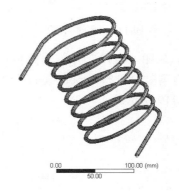

图 19-113　执行网格计算　　　　　图 19-114　网格生成

19.3.13　添加边界条件与映射激励

Step1：添加边界条件。添加一个 Fixed Support 命令，在如图 19-115 所示的 Details of "Fixed Support" 面板的 Geometry 中确保线圈的两个端面被选中。

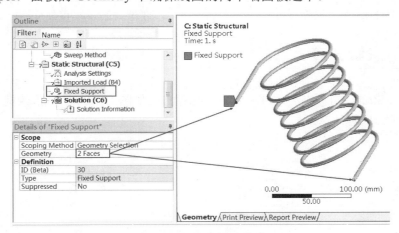

图 19-115　添加边界条件

Step2：映射力密度到结构网格上。右击 Static Structural（B5）下面的 Imported Load 选项，在弹出的如图 19-116 所示的快捷菜单中选择 Insert→Body Force Density 命令。

Step3：选择如图 19-117 所示绘图区域中的螺线管模型，单击 Apply 按钮确定。

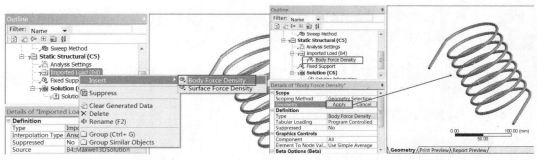

图 19-116　映射力密度　　　　　　图 19-117　选择实体

Step4：如图 19-118 所示，选择 Static Structural 下面的 Imported Load 选项并右击，在弹出的快捷菜单中选择 Import Load 命令，经过一段时间计算，映射完成后的力密度分布云图如图 19-119 所示。

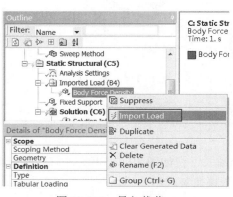
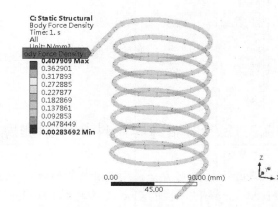

图 19-118　导入载荷　　　　　　图 19-119　力密度分布云图

19.3.14　求解计算

在 Static Structural（C5）选项上右击，在弹出的如图 19-120 所示的快捷菜单中选择 Solve 命令进行求解计算。

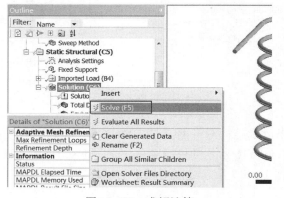

图 19-120　求解计算

19.3.15 后处理

Step1：位移云图。右击 Solution 选项，在弹出的快捷菜单中选择 Insert→Deformation→Total 命令，添加位移云图，然后执行计算即可得到如图 19-121 所示的位移响应云图。

Step2：应力云图。用同样方式可以得到应力分布云图，如图 19-122 所示。

Step3：保存并退出。选择 File→Save Project 命令，保存，单击 按钮退出，并返回 Workbench 窗口。

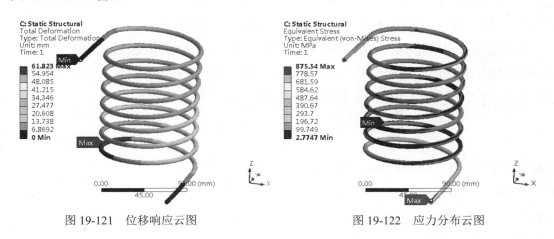

图 19-121 位移响应云图　　　　　　　图 19-122 应力分布云图

19.3.16 保存与退出

返回 Workbench 窗口，单击 按钮保存文件，然后单击 按钮退出。

19.4 本章小结

本章通过两个典型实例，针对电磁场力问题进行了详细的讲解，讲解了 ANSYS Workbench 中的 Maxwell 电磁计算模块的模型导入、电流的施加、求解域的设置，即如何将体积力密度值导入到 Mechanical 平台中进行电磁力分析，同时得到云图。

ANSYS Workbench 平台除了可以进行电磁场力计算外，还可以进行电磁热耦合计算，其操作方法与电磁结构耦合相似，请读者自己练习。通过本章的学习，应该对电磁结构耦合分析的过程有详细的了解。

反侵权盗版声明

电子工业出版社依法对本作品享有专有出版权。任何未经权利人书面许可，复制、销售或通过信息网络传播本作品的行为；歪曲、篡改、剽窃本作品的行为，均违反《中华人民共和国著作权法》，其行为人应承担相应的民事责任和行政责任，构成犯罪的，将被依法追究刑事责任。

为了维护市场秩序，保护权利人的合法权益，我社将依法查处和打击侵权盗版的单位和个人。欢迎社会各界人士积极举报侵权盗版行为，本社将奖励举报有功人员，并保证举报人的信息不被泄露。

举报电话：（010）88254396；（010）88258888
传　　真：（010）88254397
E-mail：　dbqq@phei.com.cn
通信地址：北京市万寿路 173 信箱
　　　　　电子工业出版社总编办公室
邮　　编：100036